电力系统时滞稳定性

贾宏杰　著

科学出版社

北　京

内 容 简 介

本书重在阐述电力系统时滞稳定性研究中涉及的一些基本概念、适用模型、关键问题和相关分析方法。在简单回顾电力系统时滞环节的一些特点后，重点分析时滞现象带给电力系统稳定性的影响。内容涉及时滞系统稳定性的频域和时域两类分析方法、电力系统时滞稳定裕度计算方法、时滞稳定域的构建及求解方法、时滞电力系统的模型降维以及分岔分析等部分。

本书可作为高等院校电气工程专业的高年级本科生和研究生的参考教材，也可作为从事电力系统稳定性研究的相关技术人员的参考资料。

图书在版编目(CIP)数据

电力系统时滞稳定性/贾宏杰著. —北京：科学出版社，2016.11
ISBN 978-7-03-050256-8

Ⅰ. ①电… Ⅱ. ①贾… Ⅲ. ①电力系统－时滞－稳定性
Ⅳ. ①TM712

中国版本图书馆 CIP 数据核字(2016)第 252482 号

责任编辑：赵艳春 / 责任校对：桂伟利
责任印制：徐晓晨 / 封面设计：迷底书装

科学出版社 出版
北京东黄城根北街 16 号
邮政编码：100717
http://www.sciencep.com

北京建宏印刷有限公司 印刷

科学出版社发行 各地新华书店经销

*

2016 年 11 月第 一 版 开本：720×1 000 B5
2018 年 1 月第三次印刷 印张：17
字数：342 000

定价：96.00 元

(如有印装质量问题，我社负责调换)

前　言

时滞是自然界中的一种常见现象，会对动力系统的稳定运行产生重要影响，如：时滞动力系统作为典型的无穷维系统，理论上存在无穷多的特征根，分析甚为困难；时滞会导致系统原有振荡模态发生改变，引起控制器失效；时滞可能诱发多种复杂的分岔现象，甚至导致系统出现混沌等，因此在航空航天、信息通信、工业生产、能源交通、社会调控等诸多领域内，都需要科学考虑时滞因素影响。电力系统作为最大的人造动力系统之一，时滞对其稳定运行也至关重要。本书是探讨时滞现象对电力系统稳定性影响的一本专业书籍，内容涉及电力系统时滞现象的成因和特点、电力系统时滞稳定性分析的适用模型和常见方法、时滞电力系统小扰动稳定域和时滞电力系统分岔现象等内容。通过本书，希望读者对电力系统时滞稳定性有一个基本认知。

作者所在课题组的研究生的科研工作构成了本书的主要内容，对尚蕊、陈建华、曹晓东、谢星星、宋婷婷、姜懿郎、安海云、姜涛、李晓萌、董朝宇、董晓红、王蕾等的辛勤工作表示感谢。在本书撰写过程中，天津大学的余晓丹副教授和穆云飞副教授给予了大力支持和帮助；本书初稿承蒙天津大学余贻鑫院士和王成山教授审阅，提出了很多宝贵的意见和建议，在此一并表示衷心感谢。

本书研究成果曾获得国家自然科学基金项目“基于自由权矩阵的电力系统数据延时可接受性研究”（50707019）和“基于空间分解及变换技术的高维随机时滞电力系统稳定性研究”（51277128）的共同资助。

由于作者水平有限，书中难免存在不足之处，敬请读者批评指正。

作　者

2016年8月

前言

目　　录

第 1 章　电力系统与时滞环节概述

电力系统是一个非常复杂的非线性动力系统，时滞（time delay）是其中常见的一种现象，它会对系统的稳定性产生重要影响。本章首先简单介绍动力系统的基本概念，进而分析电力系统中可能存在的时滞环节及其影响。

1.1　时滞动力系统

电力系统是一个典型的动力系统（dynamic system），当动力系统存在时滞环节时，则称时滞动力系统（time delayed dynamic system）。动力系统在数学上有着非常严谨的定义，而本书并非数学专著，因此在这里我们只给出一个形象化的说明。

动力系统：当一个系统未来的发展趋势，可以完全由它先前的运行状态所决定时，这个系统就被称为动力系统。

在数学上，通常选用系统的一组关键动态参量来描述其运行状态，这组关键参量被称为系统的状态变量 $\boldsymbol{x}(t)\in\mathbf{R}^n$。随着时间的演变，$\boldsymbol{x}(t)$会在相空间上绘出一条 n 维的运行轨迹 $\boldsymbol{\phi}(t;\ x_0(t_0))$，其含义是在 $t=t_0$ 时，该轨迹刚好通过 $\boldsymbol{x}_0(t_0)$点。因此动力系统指利用当前和以往的系统运行状态，可预测其未来运行轨迹的这样一种系统。动力系统可以是连续的，也可以是离散的，在电力系统中，我们更多关注连续型动力系统。连续型动力系统的运动变化规律，可用如下的一组微分方程（differential equation）加以描述，即

$$\frac{\mathrm{d}\boldsymbol{x}(t)}{\mathrm{d}t}=\boldsymbol{f}(\boldsymbol{x}(t),\boldsymbol{x}(t-\tau_1),\boldsymbol{x}(t-\tau_2),\cdots,\boldsymbol{x}(t-\tau_k),\boldsymbol{p},t) \tag{1-1}$$

式中，$\boldsymbol{p}\in\mathbf{R}^p$ 为系统控制参数；$\boldsymbol{\tau}=(\tau_1,\tau_2,\cdots,\tau_k)$ 为系统时滞向量，$\tau_i\geqslant 0,i=1,2,\cdots,k$ 为系统时滞变量，$\tau_{\max}=\max\limits_{1\leqslant i\leqslant k}(\tau_i)$；$\boldsymbol{\varphi}(t,\xi)$ 定义了 $\boldsymbol{x}(t)$ 在区间 $[-\tau_{\max},0)$ 上的历史轨迹，即满足 $\boldsymbol{x}(t+\xi)=\boldsymbol{\varphi}(t,\xi),\xi\in[-\tau_{\max},0)$。

在自然界中，存在很多实际的物理系统，其未来的发展规律只受当前状态决定，而与其先前的状态无关（或近似无关），则此时方程（1-1）可简化为如下形式，即

$$\frac{\mathrm{d}\boldsymbol{x}(t)}{\mathrm{d}t}=\boldsymbol{f}(\boldsymbol{x}(t),\boldsymbol{p},t) \tag{1-2}$$

进一步，当动力系统的运动变化规律与所观测的时刻无关时，相应微分方程的右端将不再显含时间 t，此时系统模型将进一步简化为如下形式，即

$$\frac{\mathrm{d}\boldsymbol{x}}{\mathrm{d}t}=\boldsymbol{f}(\boldsymbol{x},\boldsymbol{p}) \tag{1-3}$$

我们称式（1-3）所描述的动力系统为定常（time invariant）动力系统，而式（1-3）所示模型被称为常微分方程（Ordinary Differential Equation, ODE）；当系统中存在随时间变化的参数时，则需用式（1-2）来描述其动态，它被称为时变（time varying）动力系统，相应地，式（1-2）也被称为时变微分方程；而用式（1-1）描述的动态系统则更为复杂，我们称为时滞动力系统，相应的方程被称为时滞微分方程（time delayed differential equation）。当系统中仅包含时滞环节，而不包含其他时变参量时，式（1-1）也常被简化为如下形式，即

$$\frac{\mathrm{d}\boldsymbol{x}}{\mathrm{d}t}=\boldsymbol{f}(\boldsymbol{x},\boldsymbol{x}_{\tau 1},\boldsymbol{x}_{\tau 2},\cdots,\boldsymbol{x}_{\tau k},\boldsymbol{p}) \tag{1-4}$$

式中，$\boldsymbol{x}_{\tau i}=\boldsymbol{x}(t-\tau_i),i=1,2,3,\cdots,k$。注意，尽管从形式上看，式（1-4）右侧不再显含时间 t，但由于时滞环节的存在，该系统仍属于时变动力系统。因为除时滞环节外，系统不包含其他时变环节，所以称该模型为定常时滞系统。下面，我们以图 1-1 所示简单电路系统为例，对上述模型进行示例和讨论。

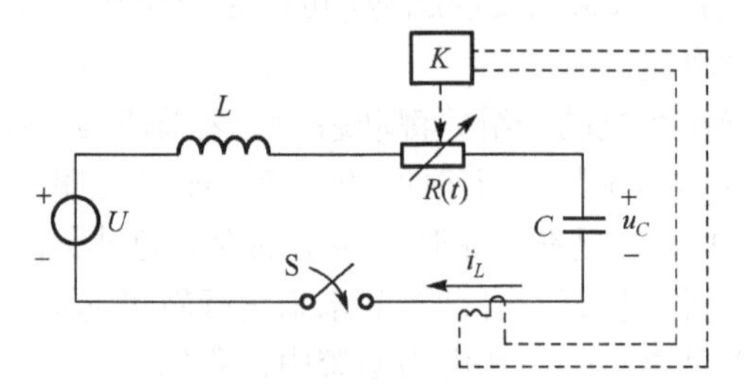

图 1-1　简单 RLC 电路

例 1-1　对于图 1-1 所示电路系统，假设外加电源为恒电压源，电感 L 和电容 C 的大小均不变。由电路的知识可知，当任何时刻该系统电感上的电流 $i_L(t)$ 和电容上的电压 $u_C(t)$ 已知时，整个系统的运行状态即已知，因此它们构成该系统的状态量，即 $\boldsymbol{x}(t)=[i_L(t),u_C(t)]\in\mathbf{R}^2$；当系统外加电压 U 发生变化时，整个系统的运行状态也将发生变化，因此这里的外加电压 U 可考虑为该系统的控制参数，即 $\boldsymbol{p}=U\in\mathbf{R}^1$。下面分几种情况来讨论该系统的动态模型。

（1）情形一，电阻 R 取值为常数：此时由于系统参数 R,C,L 均为常数，由电路知识可知，该系统的动态可由如下常微分方程来刻画，即

$$\begin{cases} C\dfrac{\mathrm{d}u_C}{\mathrm{d}t}=i_L \\ L\dfrac{\mathrm{d}i_L}{\mathrm{d}t}=U-R\cdot i_L-u_C \end{cases} \tag{1-5}$$

（2）情形二，电阻 R 取值为时变参数：这里我们假设电阻 R 的取值随着时间会发生变化，此时系统动态需由如下时变的微分方程来描述，即

$$\begin{cases} C\dfrac{\mathrm{d}u_C(t)}{\mathrm{d}t}=i_L(t) \\ L\dfrac{\mathrm{d}i_L(t)}{\mathrm{d}t}=U-R(t)\cdot i_L(t)-u_C(t) \end{cases} \tag{1-6}$$

（3）情形三，电阻 R 为被控制对象：假设电阻 R 的取值大小受回路电流 i_L 的控制，满足 $R=K\cdot i_L$。但考虑到控制回路中存在一定的数据传输时滞 τ，则在 t 时刻控制回路形成的控制信号，实际上是基于 $t-\tau$ 时刻的测量数据形成的，即 $R(t)=K\cdot i_L(t-\tau)$，则系统模型将变为

$$\begin{cases} C\dfrac{\mathrm{d}u_C}{\mathrm{d}t}=i_L \\ L\dfrac{\mathrm{d}i_L}{\mathrm{d}t}=U-K\cdot i_L(t-\tau)\cdot i_L-u_C \end{cases} \tag{1-7}$$

具体说明如下。

（1）在情形一下，系统方程的两端不显含时间 t，其物理含义是，对于该电路系统，若我们现在做一个实验，与我们两年前、十年前或更长时间以前做同样的实验，所观测到的规律是完全一样的，则相关规律不受实验时间的影响。电气领域的很多定理和规律均满足这一性质，如麦克斯韦方程在一百多年前发现，现在还成立；法拉第定理在发现时成立，我们还在应用，表明这些规律与我们所观测的时间是无关的。

（2）在情形二下，由于电阻的时变性，情况会略为复杂。我们知道，白炽灯的内阻就是一个典型的时变参数，开灯时间不同，其内阻取值会发生变化。假设图 1-1 中的电阻即代表一只白炽灯的内阻，则我们在它刚刚点亮和过一会儿再做同一个实验，其实验结果会因为电阻值的不同而存在差异；同样，我们用两个型号一样的白炽灯做上述实验，一个已用了很长时间，一个刚刚出厂，则实验结果一定也存在差异。因此，当系统中存在时变参数时，实验结果会受实验观测时刻前“历史”因素的影响。

（3）在情形三下，电阻的大小受“远方”测量数据 i_L 的控制，由于测量系统存在传输时滞，系统动态最后用一个时滞微分方程来描述。这一场景可看成对电力系统真实场景的一种抽象：电阻可考虑为电力系统中的一条输电线路，我们通过安装在其上的控制设备（如 FACTS 设备）来调节其阻值大小，控制环节的输入量来自远方的测量数据，存在一定的时滞。不难看出，情形三与情形二相似，系统的运行变化规律会与实验时刻前的“历史”有关，而情形三可看成情形二的一种特殊形式。

上述式（1-1）和式（1-4）所示的时滞动力系统模型，将成为本书主要讨论和研究的对象。在现代电力系统中，当采用广域信号（即远程测量信号）进行控制器设计时，时滞环节将难以避免，使得系统的变化规律与定常系统相比会更为复杂。

1.2 电力系统时滞环节及变化规律

电力系统是有史以来最为复杂的人造系统之一，事实上时滞现象存在于电力系统运行控制的很多环节，但多数情况下，人们并不考虑它的影响，这主要基于如下两点考虑。

（1）传统的电力系统控制环节，多采用本地测量信息作为其控制输入量，由于输入环节的时滞非常小（一般小于 10ms），时滞对分析结果和控制器控制效果的影响完全可以被忽略。

（2）控制回路中存在的时滞固定不变，此时就可以用一些补偿手段（如 Smith 预估器）直接抵消时滞环节，使得在系统模型中不用再考虑它的影响，从而简化分析和计算过程。

但随着现代电力系统的不断发展，已出现了很多时滞明显而难以忽略的场景，且多数情况下时滞的大小会随时间随机变化，无法通过传统补偿手段直接消除其影响，此时就需要适合的分析手段来科学考虑这些时滞环节的影响。下面将简单回顾一些电力系统中存在明显时滞且需要在分析和研究中加以科学考虑的场景。

1.2.1 广域协调控制中的时滞环节

如前所述，传统的电力系统运行控制手段，均基于本地测量信息来实现，如传统的继电保护设备、励磁控制装置、电力系统稳定器（PSS）、稳控设备、负荷控制装置、FACTS 设备等均直接基于本地测量信息实施就地控制。这类控制环节的特点是，以电力系统的单个元件（如线路、变压器、发电机、用户等）为保护或控制对象，以快速切除被保护元件的内部故障或维持其最佳运行状态为目标，不同的控制环节间不存在协调关系，彼此相互独立。这类控制的优点是，本地测量信息准确且几乎不存在时滞，因此控制环节反应迅速，可有效保障关键设备在故障过程中免受损害；但其缺点也显而易见，控制策略完全基于本地信息，控制执行单元无法掌握系统的整体运行状况，因此极容易出现为了保护局部利益而导致系统全局利益受损的情况。一个典型的例子是 2003 年 8 月 14 日的美加大停电事故，由于在事故发展过程中，数以千计的线路、变压器、发电机的保护装置和低频、低压切负荷装置都基于本地信息进行动作，实施就地控制，缺乏系统级的协调与配合，在故障演变过程中，部分关键的联络线路快速退出，在保护了个别元件的同时，却导致整个系统稳定性状况的不断恶化，并最终引发了系统大面积的停电事故。

为避免上述在故障过程中因保护局部利益而导致全局利益受损情况的发生，一种可能的办法就是在电力系统中采用广域协调控制。而协调控制需要基于系统的全局实时信息来实施，这些信息则由广域测量系统（Wide Area Measurement System, WAMS）来提供。WAMS 是基于全球定位技术（Global Positioning System, GPS）发展起来的实时测量系统，它的核心设备是相量测量单元（Phasor Measurement Unit, PMU）。PMU 设备可看成一种改进的故障录波器，它采集系统在运行过程中的各类运行数据（如电压、电流、功率、频率等），但与传统故障录波器不同，PMU 为每一个测量信息都打上一个全球唯一的时间坐标信息（由 GPS 提供）。WAMS 则将采集于不同区域的远方测量信息，在统一的时间坐标下加以归并，从而使人们可在时间-空间-幅值三维坐标下，在线实时地观察并分析散布在广袤地域上复杂互联电力系统的全局机电动态，并为广域协调控制系统提供支持。至今，在电力系统中，基于广域测量信息，人们已经提出了多种全局控制策略，在了解系统全局运行状况的情况下，可通过全局优化以决定控制设备的动作策略。

但在广域协调控制过程中，需要科学考虑 WAMS 测量数据中存在的复杂时滞。由于 WAMS 采集的数据，可能来自数千千米之外设备的运行信息，测量数据在传输和处理环节的时滞非常明显，且在通常情况下时滞的大小会发生随机变化；同时，不同测点数据的时滞变化规律和时滞的大小也不相同，如美国 BPA 系统曾对其 WAMS 数据进行分析，当采用光纤通信时，WAMS 数据的单向（上传或下传）采集时滞为 38～40ms；而采用微波通信，该时滞则在 80ms 以上，同时发现采集数据的时滞与测量地点、传输途径存在密切联系，时滞大小随机分布。我国江苏电网 WAMS 工程的实测数据显示，基于国家电力数据网络（SPDNet）的数据时滞在 40～60ms；而当 WAMS 采用由不同介质（如光纤、电话线、数字微波、卫星等）组成的异构通信系统进行数据传输时，时滞将大于 100ms，甚至高达数百毫秒；同时，随着系统运行工况的不同，数据时滞呈现随机变化。已有的一些研究表明，对于电力系统的广域协调控制器，当其控制回路中输入数据存在的时滞大于 20ms 时，即使是固定时滞，也可能会完全改变系统的稳定状况，如导致其主导特征根和主导振荡模式发生变化，导致控制设备由稳定状态变为不稳定等；此外，已有研究也表明，随机时滞对动力系统稳定性的影响较固定时滞的情况要复杂得多，而电力系统广域协调控制所用广域测量数据的时滞均随机变化，如何科学考虑其影响就显得尤为重要。

1.2.2　智能电网场景中的时滞环节

智能电网技术的不断发展，未来可使电力用户通过双向互动的通信手段参与电网的优化运行中，如用户通过响应来自系统的控制信号（或电价信号），主动参与电力系统的削峰填谷或在紧急情况下为系统提供紧急备用等；还能实现可再生能源发电的大规模并网运行（集中并网或分散的分布式并网），从而为减排温室气体、降低环境污染和最终实现人类能源可持续供应提供支持；电力系统将支持大量电动汽车并网运行的要求，不仅为电动汽车提供方便的插拔充电服务，而且通过对大量车载电池系统的协调调度和有效管理，电动汽车系统可为电力系统运行优化及安全防控提供宝贵的储能支持。但无论用户的主动参与、可再生能源的大规模开发还是电动汽车的大规模并网运行，都需深入考虑测量和监控环节时滞对系统稳定运行的影响。

1. 用户通过双向互动技术主动参与电网运行过程中的时滞

图 1-2 给出了国际上一种常见的智能电网功能框架，从功能上考虑，智能电网将由四部分构成：即高级测量体系（Advanced Metering Infrastructure, AMI），高级配电运行（Advanced Distribution Operations, ADO），高级输电管理（Advanced Transmission Operations, ATO）和高级资产管理（Advanced Asset Management, AAM）。其中，基于双向通信构建的 AMI，被认为是智能电网的基础。它由数以万计、具有双向通信功能的智能电表以及在此基础上的数据采集分析和监控系统共同构成，主要负责对大量用户运行信息的收集、整理、分析和处理；同时通过所安装的辅助控制手段，帮助电力用户响应来自电力系统的各种控制信号，以实现用户主动参与电网优化运行的目的。

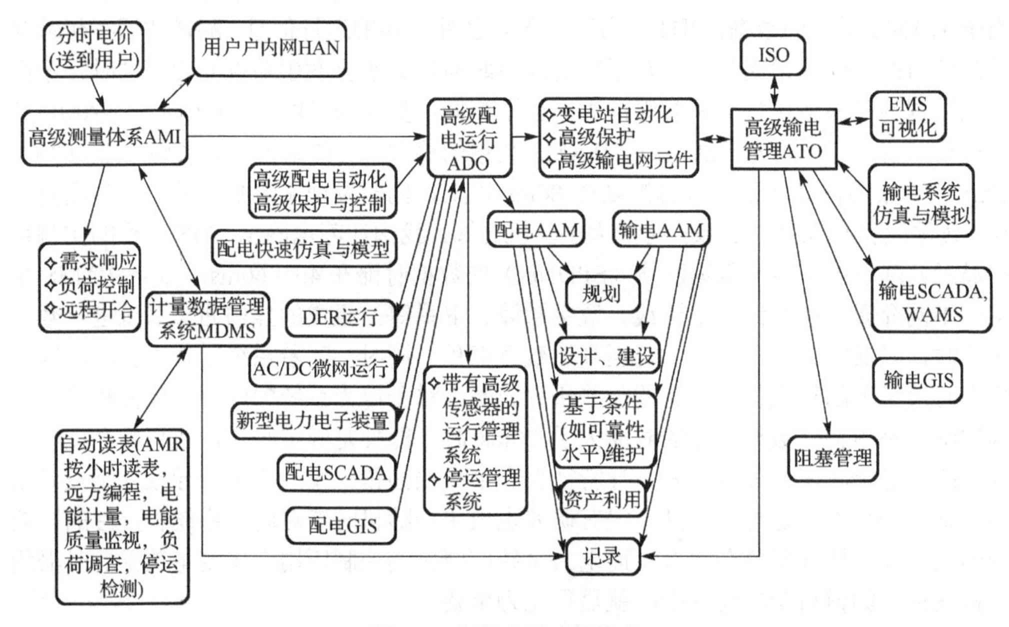

图 1-2 智能电网功能构成

考虑到电力终端用户数量非常庞大，以天津为例：2010 年天津居民户数约为 366.18 万户，再加上各类工业、企业及商业电力用户，若他们未来全部更换为智能电表，实现用户用电信息的实时采集和双向互动，则天津 AMI 系统需采集和处理的实时用户信息将超过 400 万户；已完成智能电表更换的意大利，其 AMI 实时采集用户数已达 3200 万户；而按照国家电网公司的总体规划，到 2020 年，智能电表安装数将超过 5 亿只。面对如此众多的电力终端用户，出于经济上的考虑，我国在构建 AMI 系统时，不可能采用输电网 WAMS 的通信方式，而只可能综合运用各种可行的低成本通信手段来实现，如综合运用电力载波、无线通信（ZigBee, WiFi, GPRS, WiMAX, WCDMA, CDMA2000, TD-SCDMA 等）、电话线（ADSL, HDSL, ISDN）等技术，从而形成了 AMI

系统复杂的异构式通信网络体系。用户数量极其庞大，所用通信手段又形式多样，这将导致AMI系统的数据采集时滞特性极其复杂，如美国现有在建AMI系统的双向通信时滞在数十秒到分钟级。当基于AMI系统进行负荷需求侧响应时，稳态情况下（主要实现削峰填谷），通信回路时滞对系统稳定运行的影响较小；而在大电网故障，人们欲借助AMI系统及负荷需求侧响应为电网提供紧急备用时（此时等效于为电力大系统提供紧急切负荷控制），AMI系统时滞的影响就非常关键。

2. 可再生能源大规模并网运行中的时滞

中国已进入工业化时代，经济发展迅速，但高能耗、高污染排放所带来的负面影响也越来越严重。我国如何在发展自身经济的同时，在环境保护、节能减排和能源可持续发展方面发挥更大的作用，就成为我国未来能源领域发展所面临的根本问题。而实现可再生能源（如水能、风能、太阳能、生物质能、潮汐能等）的规模化开发利用，无疑是解决上述问题的最可能途径。考虑到我国自然资源分布与电力负荷需求分布的不平衡性，现阶段可再生能源规模化开发存在两种途径：①集中式、大容量的规模化开发，如我国西北部在建的数个大规模风电基地和太阳能发电基地，即属于此类；②在用户侧进行分布式的、分散的开发，如在天津中新生态城构建的微网示范工程，目的是实现可再生能源发电在用户侧的就地开发和并网运行。无论何种开发方式，均需考虑控制回路时滞对系统稳定运行的影响。

首先，对于集中式的可再生能源开发。由于这些电能难以在本地被完全消纳，大部分要经长距离输电线路外送到远方（如我国中东部地区）的负荷中心，为消除可再生能源发电强间歇性和随机性对输电通道及受端系统的不利影响，更好地消纳这些宝贵的绿色能源，需要受端与源端系统进行很好的协调配合。而两端系统一般相距上千千米，交互信号的时滞不可避免，数据时滞与源端输出电能及受端负荷的随机波动夹杂在一起，会使问题变得更为复杂。因此，在进行可再生能源发电外送控制系统设计时，需要深入研究数据时滞以及两端系统电能随机波动的影响。

其次，对于用户侧分散、分布式的可再生能源开发。为实现未来基于可再生能源的分布式发电设备即插即用的入网需求，同时为有效消除可再生能源发电随机波动对并网系统的影响，一种可能的解决方案，是将分布式发电设备首先构成微网，然后再接入用户侧的配电系统。微网是指由分布式电源、储能装置、能量变换装置、相关负荷和监控、保护装置汇集而成的小型发配电系统，是一个能够实现自我控制、自我保护和自我管理的自治系统，既可以与大电网并网运行，又可以孤立运行。只有对微网内部所包含的各类分布式发电设备进行有效协调，才能真正达到消除可再生能源发电随机间歇性影响、提高终端能源供应品质的目的。但出于经济性的考虑，微网控制系统难以采用输电系统较昂贵的专用通信手段，而需综合运用载波、无线通信及电缆通信等手段来实现设备的协调控制，这一点与前述AMI系统类似；同时微网控制器在设计时，信息采集往往采用传统电力SCADA系统中所用信息轮询模式来实现，数据采集及控制信号传输中存在较明显的随机时滞，为保证各种分布式发电设备的协调工作，同时保证微网的安全稳定运行，在其监控系统设计时，数据时滞现象必须加以考虑。

3. 电动汽车大规模并网运行中的时滞

电动汽车作为一个潜在的动态储能设备，通过它与电网的有机互动，以及对汽车充放电过程的动态管理，可对电网的优化运行（如削峰填谷、平滑负荷波动、提高设备利用率、降低系统损耗）和故障应对起到很好支撑，因此备受世界各国关注，其核心是电动汽车能量转换及有序充放电技术。目前世界范围内已建成的公共电动汽车充电设施，多采用单向无序电能供给模式（即所谓的 V0G 模式），在这种模式下，电动汽车作为一种流动的用电设备，无序、无协调地接入电网，电动汽车的流动性和充电的随机性，会增大电网调峰难度，对系统安全运行极为不利。而被人们寄予厚望的两种未来的充放电模式分别为：单向有序充电模式（V1G）和双向有序电能供给模式（V2G），两种模式的特点均要求电动汽车与电网进行实时通信，并根据电网控制信号进行有序充放电，区别仅在于，在 V1G 模式下，电动汽车不向电网反送电能，仅作为一个可调度负荷出现；而在 V2G 模式下，每辆电动汽车既可作为一台可协调的用电设备，进行有序充电，又可作为一个储能设备，在必要时根据电网指令向电网反送电能。

无论采用 V1G 还是 V2G 模式，电动汽车由于需要与电网进行实时通信，通信系统的时滞必将对其性能产生影响。例如，对于 V1G 模式的一个典型方案，由美国西北太平洋国家实验室（PNNL）发布的名为“Smart Charger Controller”的电动汽车充电控制装置，配备了采用 ZigBee 技术的近距离无线通信模块，可接收来自电力企业的电价等信息，目的是自动避开高峰时间充电；而作为 V2G 的试验样板，美国特立华（Delaware）大学的 Kempton 教授所研制的配备无线通信手段的电动汽车，可接收来自电网的调度命令，从而作为调频和备用发电设备。两种试验车型，均基于无线手段与电网进行数据通信，而电网命令则通过公共 Internet 网络进行传输，考虑到电动汽车充电地点的不确定以及 Internet 拥塞程度随时间的不断变化，电动汽车与电网的双向互动通信呈现出复杂的时滞特性。未来，当大量电动汽车与电网进行实时交互时，必须考虑通信回路复杂时滞对系统稳定运行的影响。尤其在 V2G 模式下，电动汽车被用于电力系统的一种紧急控制手段，在严重故障出现后为电网提供储能服务，此时控制回路的时滞将会对系统稳定运行产生重要影响，需要特别加以关注。

1.2.3　电力系统时滞环节的特点

通过上述分析不难看出，无论已有的广域测量系统，还是未来智能电网中的双向互动环节，数据采集中的时滞将非常明显。而已有研究表明，时滞是造成系统工作性能恶化，引发系统振荡、失稳乃至崩溃的一个重要原因，若不加以科学考虑，即使系统只存在很小的随机时滞，也可能导致原本稳定运行的系统出现失稳，因此深入研究电力系统各类时滞对其稳定运行的影响意义重大。

电力系统测量和控制环节的时滞，以及考虑时滞影响后的电力系统模型一般具有如下一些特点。

1. 电力系统时滞模型维数高

对于高压输电系统，以我国现已建成的WAMS为例，其所安装的PMU装置在数百台以上，综合考虑PMU设备的测量时滞和系统各类设备动态后，高压输电系统时滞模型维数将达千维以上。同时，随着电力系统联网规模的不断增大，PMU设备安装数量的不断增多，输电系统时滞模型的维数还会更高。

而对于未来的智能配电系统，一方面，大量的用户实时信息需经AMI系统实现采集，如前所述，采集数据中将伴随复杂通信时滞；另一方面，大量分布式发电设备将在用户侧并网运行，其动态行为在智能配电系统建模和分析时必须加以考虑，因此随着智能电表的普及以及大量分布式电源在用户侧的并网运行，未来配电系统的动态也需由高维时滞动力系统模型来描述。

因此，未来无论对于输电系统还是配电系统，欲保证其安全、稳定、高效运行，均需研究适用于高维复杂时滞动力系统模型的稳定性分析方法。

2. 时滞环节与随机动态环节相互交织、相互影响，导致系统动态异常复杂

首先，在电源侧，大型可再生能源发电基地并网后，会导致电力系统动态模型更为复杂（如风电场、光伏电场等新型发电场动态行为与传统发电设备存在很大不同），同时可再生能源发电具有的随机性、波动性和难以预测性，会导致电源输出功率不可控，需要由远方受端系统通过快速协调加以平抑，这就导致源端系统随机环节与协调控制系统的时滞环节相互交织，彼此影响，使电力系统的模型及动态行为变得更为复杂。

其次，在用户侧，分布式发电设备(多属于不可控的可再生能源分布式发电设备)、电动汽车等新型用电设备的大量出现和并网运行，也大大增加了受端系统运行的随机性。尽管用户未来可借助AMI系统提供的双向通信，通过用户需求响应等技术来对受端系统的功率波动进行一定平抑，但AMI系统中异构式多样的通信手段，会为这一过程引入复杂的随机时滞。这就导致用户侧大量随机波动因素（由分布式发电输出、电动汽车及用户不可控的用电行为引起）与用户侧协调控制系统中的随机时滞环节相互交织，从而使电力系统模型和动态行为更为复杂。

由上述分析可见，未来电力系统的复杂动态行为均需由高维随机时滞动力系统模型来描述。

3. 电力系统时滞均在一定区间内随机变动

电力系统测量和控制回路的时滞是由信息在通信回路的传输引起的，因此测量地点和所用通信手段就决定了时滞的内在规律。对于电力系统中的每一个时滞环节，时滞的取值均存在一个可能的上、下限，并随着系统运行状况（如通信系统的阻塞程度）的变化而变动。如前所述，BPA系统的WAMS的数据时滞分布在38ms到数百毫秒，

江苏电网 WAMS 的数据时滞分布在 40ms 到数百毫秒。在进行电力系统时滞稳定性分析时，需要考虑电力系统时滞在区间内随机变动这一特点的影响。

1.3 时滞动力系统稳定性分析方法概述

时滞是导致控制器性能降低、诱发动力系统失稳的一个重要原因，而如何消除和减轻时滞的不利影响，属于时滞动力系统稳定性的研究范畴。人们对时滞动力系统稳定性的研究开展较早，早在 20 世纪 50 年代末，Smith 就提出 Smith 预估器（Smith predictor）较完整的理论，在已知系统时滞环节变化规律时，采用 Smith 预估器可消除系统传递函数中的时滞项，使得在系统稳定性分析和反馈控制器设计时，不需要再考虑时滞环节的影响，也常被称为 Smith 补偿技术；此外，在 20 世纪 80 年代，就已形成关于线性时滞系统稳定性分析较为完整的理论体系。

在讨论电力系统时滞稳定性之前，我们先简单回顾一下现有时滞动力系统稳定性分析的主要方法，大致包含三类：时域仿真法、线性时滞系统稳定性分析方法（也称频域方法）和基于 Lyapunov 稳定性理论的方法。

1.3.1 时域仿真法

时域仿真法是进行动力系统稳定性分析的一种最通用方法，其原理是采用数值积分算法，直接对动力系统的微分方程进行积分以求解其完整的运行轨迹，并根据轨迹的变化情况来判断系统的稳定性状况。时域仿真法易于计算机实现，适用范围广，理论上只需知道一个系统完整准确的数学模型和参数，无论存在时滞与否，都可以对其稳定性进行精确分析。因此直到今天，在动力系统各类稳定性分析方法中，时域仿真法仍是最基本和最有效的，通常作为其他方法正确与否的校验工具。但利用该方法研究时滞系统稳定性时，存在一些难以克服的困难。

（1）采用时域仿真法进行动力系统稳定性分析的前提，是需要确切知道待研究系统的模型和参数，但在很多实际系统中，包括时滞环节在内的很多系统参数往往无法确切得到。例如，在广域电力系统中，很多情况下，我们只是知道某个测量参数的时滞为连续、有界的随机变化量，但却无法给出其准确的表达式，这时就无法采用时域仿真法进行系统稳定性的研究。

（2）即使在完全知晓系统模型和参数的情况下，时域仿真法也只能给出动力系统在特定场景下稳定与否的评判，而无法为运行人员提供更多的有用信息，如无法给出系统的稳定程度（稳定裕度）、系统参数变动的最大允许范围等信息，而这些信息对于很多实际控制器的设计、控制策略的优化和控制方案的制订意义重大。

（3）时域仿真法以数值积分算法为基础，在高维的和复杂的动力系统应用时，其求解过程是非常费时的，在一些对实时性要求较高的场合，如电力系统的在线安全监控，时域仿真法往往会由于计算效率低下的问题而难以胜任。

1.3.2　线性时滞系统稳定性分析方法

该方法利用理论上已较为成熟的线性时滞系统稳定性分析理论，来间接研究非线性时滞系统在特定场景下的稳定性状况。这类方法在分析计算中，往往需要进行拉普拉斯变换，并在频域下开展研究，故又常被称为频域方法。属于此类的常见分析方法如下。

1. 基于 Smith 补偿技术的方法

该方法的主要思想是利用 Smith 预估器尽量消除时滞环节影响。当动力系统中的时滞变量为常数时，利用 Smith 预估器技术，可完全消除时滞环节的影响，从而把时滞动力系统模型转换为传统的定常系统模型来加以研究，其稳定性分析和计算过程将大大得以简化。当时滞环节并非常数，但可表示为某些参数的单值函数时，同样可采用 Smith 预估器技术，消除时滞环节的影响。当时滞随机变动，但变动规律已知且变化率较小时，可首先采用 Smith 预估器抵消时滞环节的主要影响，而将无法补偿的时滞微扰量处理为传递函数的扰动项，进一步采用线性鲁棒反馈控制方法加以遏制，也可达到很好的效果。

但这类方法只对时滞环节的规律已知且形式较为简单的情况有效，当时滞环节的变化规律较为复杂或存在时滞变量的微分和积分项时，则难以奏效。

2. 线性时滞系统特征分析法

这类方法是利用线性时滞系统的特征方程来对系统的稳定性进行分析和研究的。线性时滞系统的特征方程一般可表示为下式所示的通用形式，即

$$a_n(s)\mathrm{e}^{-b_n\cdot\tau\cdot s}+a_{n-1}(s)\mathrm{e}^{-b_{n-1}\cdot\tau\cdot s}+\cdots+a_i(s)\mathrm{e}^{-b_i\cdot\tau\cdot s}+\cdots+a_1(s)\mathrm{e}^{-b_1\cdot\tau\cdot s}+a_0(s)=0 \tag{1-8}$$

式中，$a_i(s),\ i=0,1,2,\cdots,n$ 为特征根 s 的多项式；$b_j,\ j=1,2,\cdots,n$ 为时滞相关系数。由于 $\mathrm{e}^{-\tau\cdot s}$ 的存在，时滞系统的特征方程属于超越方程（transcendental equation），往往难以直接通过式（1-8）来求解系统的特征根；此外，式（1-8）的特征方程，理论上存在无穷多种可能的解，因此时滞系统又常被称为无穷维系统。

特征方程中的超越项 $\mathrm{e}^{-\tau\cdot s}$ 是造成特征方程求解困难的关键，因此采用不同的方法对这一项进行变换，将之变换为易于处理的形式，然后再对系统特征根在复平面的分布情况进行研究，就成为这类方法的惯用手段。

1）基于 Rekasius 变换的方法

称如下变换形式为 Rekasius 变换，即

$$\mathrm{e}^{-\tau\cdot s}=\frac{1-T\cdot s}{1+T\cdot s} \tag{1-9}$$

式中，$T\in R$ 为变换的待求变量。从式（1-9）可以看出，Rekasius 变换可将左侧超越

项 $e^{-\tau \cdot s}$ 变换为右侧的多项式形式，当将式（1-9）代入式（1-8）后，后者可转化为一个简单的多项式方程，即

$$c_{2n}(T,s)+c_{2n-1}(T,s)+\cdots+c_i(T,s)+\cdots+c_1(T,s)+c_0(s)=0 \tag{1-10}$$

对式（1-10）根的求解就要容易得多。但 Rekasius 变换只有在 s 为纯虚数时才是等效变换，因此基于 Rekasius 变换的这类方法，往往用于求解时滞系统位于虚轴上的关键特征根（纯虚特征根），并根据其他特征根与关键特征根的相对位置来对时滞系统的稳定性进行研究。

2）基于 Pade 变换的方法

称如下变换形式为 Pade 变换，即

$$e^{-\tau \cdot s}=\frac{b_0+b_1\cdot\tau\cdot s+b_2\cdot(\tau\cdot s)^2+\cdots+b_m\cdot(\tau\cdot s)^m}{a_0+a_1\cdot\tau\cdot s+a_2\cdot(\tau\cdot s)^2+\cdots+a_n\cdot(\tau\cdot s)^n} \tag{1-11}$$

式中，a_i,b_j 为变换系数，由下式给出，即

$$a_i=\frac{(m+n-i)!\ \ n!}{i!(n-i)!} \tag{1-12}$$

$$b_j=(-1)^j\frac{(m+n-j)!\ \ m!}{j!(m-j)!} \tag{1-13}$$

理论上，式（1-11）中的 m,n 取值越大，Pade 变换越逼近 $e^{-\tau \cdot s}$ 的真值；同时在应用中，通常取 $m=n$。与 Rekasius 变换一样，Pade 变换通常用于将时滞特征方程转化为一个多项式方程，再实现对其特征根的求解。

Pade 变换在实际系统应用时，m,n 取值一般小于 10，此时 Pade 变换实际是一个有差变换，但因为其变换的误差很小，而在实际应用中常被采用。特殊情况下，当取 $m=n=1$ 时，可知此时的 Pade 变换（称一阶 Pade 变换）表达式为

$$e^{-\tau \cdot s}=\frac{1-0.5\tau\cdot s}{1+0.5\tau\cdot s} \tag{1-14}$$

对比式（1-14）和式（1-9）不难看出，Rekasius 变换实际上是一阶 Pade 变换的一种特殊形式，此时满足

$$T=0.5\tau \tag{1-15}$$

采用 Pade 变换时，除时滞系统原有的特征根外，还会引入新的特征根，且 m,n 取值越大，新引入的特征根也越多。Pade 变换引入的特征根与系统真实特征根之间的交互影响，也是在采用该方法时需要注意的。

3. 基于朗伯函数的方法

称如下所示函数为朗伯函数（Lambert W function），即

$$we^{w}=z \tag{1-16}$$

式中，$w,z\in C$。式（1-17）为其逆函数，即

$$w=W(z) \tag{1-17}$$

也称$W(\cdot)$为朗伯函数，即满足式（1-16）的解函数。

朗伯函数最早由 Lambert 在 1758 年提出，并引起同时代伟大的物理学家和数学家欧拉（Euler）的浓厚兴趣。但一直到 20 世纪，朗伯函数的价值才被学术界真正认识到，并得到较深入的研究。现在它已在量子力学、引力场、时滞系统稳定分析等领域得到一定应用。

朗伯函数在复数域内是一个多值函数，具有无穷多分支，现在已有较为成熟的数值方法，可对这些分支进行精确的求解。因此基于朗伯函数的分析方法，实际上就是将时滞系统的特征方程，通过某种变换，变换为可以用朗伯函数求解的形式，然后再利用现有朗伯函数的数值求解方法，实现对时滞系统特征根的求解和性质的分析，进而实现对系统稳定性的判别。

除上述讨论的三种方法外，还有其他的一些方法，不再一一赘述，感兴趣的读者可自行查阅相关资料。但无论何种方法，由于时滞系统特征方程的求解计算量较大，这类方法通常只对较低维数的简单时滞系统有效。当系统时滞环节很多时，利用上述方法直接求解系统的特征根，将会面临难以承受的计算压力。

1.3.3　基于 Lyapunov 稳定性理论的方法

由俄国数学家 Lyapunov 于 1892 年提出的 Lyapunov 稳定性理论，为各类动力系统稳定性分析提供了一种通用的方法，它不求解系统的轨迹（通常需要通过时域仿真来求解），而是通过列解 Lyapunov 函数$V(\cdot)$，直接判定动力系统的稳定性状况，因此这类方法也常被称为 Lyapunov 直接法。该方法是现今进行非线性时变动力系统（包括非线性时滞系统）稳定性分析最为有效的一种方法。用于时滞动力系统稳定性分析的 Lyapunov 方法大体可分为两大类。

1. Lyapunov-Razumikhin 类方法

该方法基于 Lyapunov-Razumikhin 定理（L-R 定理）实现对时滞动力系统的判稳分析，L-R 定理给出利用 Lyapunov 函数判稳的简化条件：当时滞系统存在有界正定函数$V(\cdot)$，且在一预先设定的状态子空间上负定时，则时滞系统是渐近稳定的，L-R 定理同时还给出了时滞系统稳定时收敛率的估计。L-R 定理简化了时滞系统应用 Lyapunov 直接法的判稳条件，但却未给出有效列解 Lyapunov 函数的系统性方法。当采用不当的 Lyapunov 函数时，该方法往往会造成分析结果过于保守，因此有关 Lyapunov-Razumikhin 方法的研究，主要集中在寻求更为有效的 Lyapunov 函数以降低分析结果的保守性。尽管 Lyapunov-Razumikhin 方法最早用于时滞系统稳定性的研究，

但由于缺乏系统有效的 Lyapunov 函数列解方法，大大限制了它的应用范围和效果，该方法有逐渐被 Lyapunov-Krasovskii 方法取代的趋势。

2. Lyapunov-Krasovskii 方法

该方法基于 Lyapunov-Krasovskii 定理（L-K 定理）实现对时滞系统的判稳分析，L-K 定理同样给出时滞系统 Lyapunov 直接法的判稳简化条件：当时滞系统存在有界正定函数 $V(\cdot)$，且在系统轨迹上负定时，则时滞系统是渐近稳定的，L-K 定理同时也可给出对时滞系统稳定收敛率的估计。采用该方法时，所列解的 Lyapunov 函数与时滞系统的轨迹相关，属于泛函范畴，因此该方法常被称为 Lyapunov-Krasovskii 泛函分析方法。由于 L-K 定理同样未给出列解 Lyapunov 泛函数的具体方法，早期的 Lyapunov-Krasovskii 方法研究，主要在于寻求保守性较小的 Lyapunov 泛函数。

后期，通过 Lur'e, Yakubovich, Willems, Pyatnitskii, Horisberger 等一大批学者的共同努力，线性矩阵不等式（Linear Matrix Inequations, LMI）技术被引入 Lyapunov-Krasovskii 方法的求解过程中，它沿系统轨迹直接采用二次型方法列解 Lyapunov 泛函，再通过合理选择 LMI 矩阵以达到降低分析结果保守性的目的。此类方法后来多被称为 LMI 方法，它解决了一个长期困扰 Lyapunov 直接法应用的难题——没有构造适用 Lyapunov 函数的系统性方法，使其得到广泛应用，并成为近期研究时滞系统稳定性问题的主流方法。但该方法在形成 LMI 判稳条件时，多需利用牛顿-莱布尼茨公式，实现对 Lyapunov 导函数的化简，在此过程中需人为指定一些权矩阵（weighting matrix），当这些权矩阵选取不合适时，会给分析结果带来较大的保守性，因此寻找优选牛顿-莱布尼茨公式权矩阵的系统性方法，就成为多年来 LMI 方法的一个研究重点，而这也是决定 LMI 方法成败的关键。

中国学者吴敏、何勇等，对 LMI 方法的上述问题进行了深入研究，提出一种解决该问题的系统性方法——自由权矩阵（free-weighting matrices）方法，它通过在牛顿-莱布尼茨公式中引入自由权矩阵以表示式中各项系数间的相互关系，再通过扩展后的线性矩阵不等式求解时滞系统最优的权矩阵系数。该方法为 LMI 方法中牛顿-莱布尼茨公式权矩阵的优选提供了系统的解决方案，使得采用 Lyapunov-Krasovskii 泛函方法研究各类时滞系统的稳定性问题成为可能。由于在 Lyapunov 导函数推导过程中，未引入任何明显的放大操作，自由权矩阵方法的保守性得以降低；同时经过改进后，该方法被扩展应用到模型中存在时滞微分和积分项、随机多时滞（鲁棒稳定问题）、时滞函数对时间的变化率较大等情况，均收到很好的效果。

但无论 Lyapunov-Razumikhin 方法、Lyapunov-Krasovskii 方法还是自由权矩阵方法，保守性和计算效率仍是这类方法的两大软肋：首先是保守性，这些方法均基于 Lyapunov 稳定性理论来构建，而动力系统存在 Lyapunov 函数只是其稳定的必要条件，由此决定了这类方法永远无法完全消除分析结果的保守性，而大量研究的目的，即是尽量减少方法的保守性。其次是方法的计算效率，上述方法在问题求解时，需要求解大量的权系数矩阵，待求变量数通常正比于系统动态变量个数的平方。当动力系统的维数较大时，采用这类方法的计算效率极低。以自由权矩阵方法为例，对于一个包含 n 维动态变量的时滞系统，当存在 k 个时滞变量时，该方法的待求变量数为：$(0.25k^4+1.25k^3+2k^2+1.5k+0.5)n^2+(0.25k^3+0.75k^2+k+0.5)n$。即使对于仅含两个时滞环节的 50 维简单动力系统，即 $n=50,k=2$，不难知道其待求变量也高达 64125 个。而当系统规模增大（n 增大）或时滞环节增多（k 增大）时，待求变量数和计算量将按 n 的二次方关系急剧增加，因此现有基于 Lyapunov 理论的上述方法，尚难以应用于高维复杂时滞动力系统的稳定性分析。

由上述分析可知，尽管在时滞稳定性研究领域内，已存在了诸多分析方法，但在很多情况下还是需要对已有方法加以改进，才能适应电力系统的特殊需要。

1.4　电力系统时滞稳定分析的需求及本书关注

时滞是动力系统中一类常见的自然现象，它对系统的稳定运行会产生不利影响，因此很早就引起人们的关注，并发展了很多成熟的分析方法。而电力系统作为有史以来最为复杂的一种人造系统，在其运行过程中存在一些独特的规律和特殊的需求。当我们研究时滞现象对电力系统稳定性影响时，往往难以直接使用现有的一些方法而需对其进行改进。本节将讨论电力系统的一些特殊需求，它们构成本书研究内容的主要驱动力，本书后续内容也将按照解决不同问题的需要来进行章节的组织，主要包括如下五方面。

1. 电力系统模型的特殊性

电力系统在运行过程中，包含一些动态环节，如发电机转子的机械运动、感应电机（发电机和负荷电动机）绕组的电磁动态、励磁系统和 FACTS 设备的控制回路动态等，这些环节需要用微分方程来描述；同时，电力系统中还存在很多静态的约束，如网络的潮流方程、发电机端电压方程、静态负荷的功率特性方程等，这些环节需要用代数方程加以描述。这就决定了电力系统模型必然包含微分方程和代数方程两部分，即电力系统动态一定是由微分-代数方程（Differential Algebraic Equation, DAE）来描述的，常被称为 DAE 模型。

在电力系统的 DAE 模型中，状态变量和代数变量都可能存在时滞，如对于一个电力系统的广域控制器，如果它使用一个远方发电机的转速（系统的状态变量）作为其输入，则此状态量的时滞就需要考虑；反之，如果它采用一个远方支路的有功功率（系统的代数变量）作为其输入，则需要考虑这一代数变量存在的时滞。但已有的时滞动力系统稳定性研究，通常采用时滞微分方程模型作为研究对象。在时滞电力系统稳定性研究时，如何科学处理微分和代数变量中所存在的时滞，就是我们首先需要解决的问题。

本书第 2 章将主要研究适用于描述时滞电力系统动态的模型，它首先从传统的电力系统 DAE 模型入手，通过合理考虑微分和代数环节的时滞影响，构建适用于电力系统时滞稳定性研究的时滞微分-代数方程（Time-delayed Differential Algebraic Equation，TDAE）模型。进一步结合电力系统运行中的一些特点，探讨 TDAE 模型的线性化形式；最后，借助一个简单的电力系统，通过分析时滞变化对系统特征根的影响，来示意时滞环节对系统稳定性的影响。

2. 电力系统时滞稳定裕度

时滞稳定裕度（delay margin）是指动力系统稳定运行时所能承受的最大时滞。时滞稳定裕度对电力系统运行控制意义重大，例如，在设计一个广域控制器时，远方输入信息中的时滞一定要小于其时滞稳定裕度，才能保证控制器稳定运行。

求解时滞稳定裕度有两种思路，一是对于定常时滞系统，由于系统参数中不包含随机变量，可通过一些方法精确计算系统的时滞稳定裕度；二是借助 Lyapunov 稳定性判据来近似估计系统的时滞稳定裕度。后一种方法尽管存在一定的估计误差（由 Lyapunov 方法的保守性决定），但其更为通用，适用范围更广，对于系统中存在随机和时变参数的情况也同样有效。

基于上述考虑，本书第 3 章将首先给出时滞稳定裕度的定义，进一步给出多种方法，用于对定常时滞系统的时滞稳定裕度进行精确求解。第 4 章，则从 Lyapunov 稳定性角度，讨论电力系统时滞稳定裕度的估计方法。在回顾 Lyapunov-Krasovskii 方法的基础上，将给出几种改进的时滞稳定裕度计算方法，而改进的目的，一是提高方法的计算效率，二是降低方法的保守性。对于 Lyapunov 方法，计算效率提升和保守性降低，往往是一对相互对立的矛盾，因此如何在两者之间寻求平衡，也是本书的一个关注点。

3. 计算效率提升和模型改进

实际电力系统的规模极其庞大，因此描述其动态的数学模型维数极高，对这种复杂的动态系统进行分析和研究，对算法的计算效率有更高的要求。本书的第 5 章，主要探讨通过模型改进或模型降维来提高时滞系统分析和计算效率的方法，主要包括两部分内容。

（1）利用电力系统的一些特性，对模型加以改进：考虑到在电力系统广域控制器设计时，时滞主要存在于远方的测量信息中，而这些信息的数目与系统动态方程的维数相比要少得多。基于这一特点，可将系统模型分解为含时滞部分和不含时滞部分，前者对应于 TDAE 模型，后者对应于传统的 DAE 模型。因造成时滞系统分析计算困难的主要原因是时滞环节，在模型分解后，含时滞环节的 TDAE 模型的维数会大大降低，而计算困难环节被牢牢限定在这个低维的部分，从而可有效提高计算效率。

（2）直接利用现代控制理论的模型降维技术：在现代控制理论中，已有一些成熟的模型降维方法，但在时滞系统中应用时，需要对其加以改进。在这部分，我们希望将现代控制理论中基于状态空间模型的降维技术推广应用到时滞电力系统，在保留系统关键特征根对应的动态环节后，对系统其他部分进行有效降维，从而提高分析计算的效率。

4. 电力系统时滞稳定域

电力系统稳定域定义在系统的关键参数空间上，是在特定场景下保证系统稳定的全部运行点的集合。稳定域是一个开集，其边界由系统的临界稳定点构成。根据所考虑的稳定约束不同，可定义不同的电力系统稳定域，如小扰动稳定域定义了系统在关键参数空间中小扰动稳定的区域，其内每一个点都满足小扰动稳定性；电压稳定域则给出了系统电压稳定运行的区域；暂态稳定域（又称为暂态稳定安全域或动态安全域）则给出了特定故障场景下，系统能够保持暂态稳定的区域。本书只简单讨论时滞电力系统的小扰动稳定域，在不引起歧义的情况下，称为时滞稳定域。时滞稳定域内的任何一点，均满足小扰动稳定的条件，即系统在此点处的特征根，全部位于复平面虚轴的左侧。

本书第 6 章将探讨电力系统时滞稳定域及其求解方法，首先将给出两种时滞稳定域的定义，一种定义在系统运行参数空间，另一种则定义在时滞变量空间。进而给出两种时滞稳定域边界的有效求解方法。

5. 时滞电力系统的分岔行为

分岔（bifurcation）是动力系统中的一种常见现象，它指在某些参数缓慢变动过程中，系统的运行特性（如稳定性、系统结构等）发生急剧变化。人们对于时滞系统中的分岔行为已有较多研究，但多集中在对时滞系统中 Hopf 分岔、时滞诱导的混沌行为等方面的讨论。本书将主要讨论时滞系统中新发现的两类特殊分岔：振荡泯灭分岔（Oscillation Disappearance Bifurcation，ODB）和振荡诞生分岔（Oscillation Emergence Bifurcation，OEB）。ODB 出现时，系统的一对共轭复特征值在实轴相遇并泯灭为实特征值；OEB 出现时，系统的一个实特征值将分裂为一对共轭特征值。两类分岔都事关时滞系统振荡模态的变化（产生或消失），并可能伴随系统特征根数目的增减，因此对时滞电力系统内在运行机理的揭示具有重要意义。

本书第 7 章主要针对 ODB、OEB 两类分岔进行探讨。首先给出两类分岔的定义，并利用朗伯（Lambert W）函数，揭示一种 ODB 和 OEB 的出现机理。进一步，给出一种时滞系统特征根轨迹追踪算法和一种基于朗伯函数的单时滞系统 OEB 判别方法，实现对 OEB 点的精确定位。

需要注意的是，如上所述，本书主要关注时滞电力系统在稳定性分析方面的一些实际需求，并据此探讨适用的分析方法，很多内容只是时滞动力系统稳定性研究领域内的一些局部问题。受限于作者的学科背景，本书未对时滞动力系统稳定性领域内的通用问题做过多讨论，对此感兴趣的读者，请直接阅读这方面的专著。此外，本书并非数学论著，因此一些数学背景知识可能并未完全交代，作者可根据需要自行查阅。

第 2 章　时滞电力系统模型及其稳定性

本章将结合电力系统时滞稳定性研究的需要，简要回顾一下动力系统及其稳定性的一些基本概念和基本理论，作为本书后续研究的理论基础；进一步，给出传统电力系统及含时滞环节电力系统模型的构建方法；最后，以简单电力系统为例，示意时滞对系统稳定运行的影响。

2.1　动力系统基本概念

动力系统源于人们对常微分方程性态的研究，是对用牛顿方程描述的力学系统概念的推广，本节对动力系统的相关背景加以简单回顾。现代数学领域中的集合理论以及在此基础上发展的微分拓扑学，是描述动力系统的得力工具。

定义 2-1（群）　对于集合 $\boldsymbol{G}$ 和其上的运算 $\cdot$ ，满足如下性质：

（1）对于 $\forall\alpha,\beta\in\boldsymbol{G}$ ，可唯一定义 $\alpha\cdot\beta$ ，且满足 $\alpha\cdot\beta\in\boldsymbol{G}$ ；（自闭性，唯一性）

（2）对于 $\forall\alpha,\beta,\gamma\in\boldsymbol{G}$ ，满足 $(\alpha\cdot\beta)\cdot\gamma=\alpha\cdot(\beta\cdot\gamma)$ ；（结合律）

（3）对于 $\forall\alpha\in\boldsymbol{G}$ ， $\boldsymbol{G}$ 中存在一个元 e ，满足 $e\cdot\alpha=\alpha\cdot e=\alpha$ ；（单位元存在性）

（4）对于 $\forall\alpha\in\boldsymbol{G}$ ，存在 $\alpha^{-1}\in\boldsymbol{G}$ ，使得 $\alpha^{-1}\cdot\alpha=\alpha\cdot\alpha^{-1}=e$ 成立；（逆元存在性）

则称 $\boldsymbol{G}$ 为一个群。

进一步，如果群 $\boldsymbol{G}$ 满足：对于 $\forall\alpha,\beta\in\boldsymbol{G}$ ，满足 $\alpha\cdot\beta=\beta\cdot\alpha$ （交换律），则称 $\boldsymbol{G}$ 为可换群（或阿贝尔群）；如果运算 $\cdot$ 为加法时，则 $\boldsymbol{G}$ 被称为加法群，此时有 $e=0$ ， $\alpha^{-1}=-\alpha$ ；当 $\boldsymbol{G}$ 为阿贝尔群，且运算 $\cdot$ 为乘法时，则称 $\boldsymbol{G}$ 为乘法可换群，此时有 $e=1$ ， $\alpha^{-1}=1/\alpha$ 。

定义 2-2（连续动力系统）　设 $\boldsymbol{M}$ 为任一集合，对于 $\forall\boldsymbol{x}\in\boldsymbol{M}$ ，定义如下单参数变换集合 $\boldsymbol{\varPsi}_c$ 为

$$\boldsymbol{\varPsi}_c=\{\boldsymbol{\phi}(t,\boldsymbol{x})\in\boldsymbol{M}\mid t\in\mathbf{R},\forall\boldsymbol{x}\in\boldsymbol{M}\}\tag{2-1}$$

式中， t 为系统参数； $\mathbf{R}$ 为实数集。当映射 $\boldsymbol{\phi}(\cdot)$ 满足如下性质：

（1） $\boldsymbol{\phi}(0,\boldsymbol{x})=\boldsymbol{x},\forall\boldsymbol{x}\in\boldsymbol{M}$ ；

（2）对于 $\forall s,t\in R$ ，满足 $\boldsymbol{\phi}(s+t,\boldsymbol{x})=\boldsymbol{\phi}(s,\boldsymbol{\phi}(t,\boldsymbol{x}))=\boldsymbol{\phi}(t,\boldsymbol{\phi}(s,\boldsymbol{x}))$ ；

（3） $\boldsymbol{\phi}(t,\boldsymbol{x})$ 对 t 和 $\boldsymbol{x}$ 都连续。

则称二元组 $\{\boldsymbol{M},\boldsymbol{\varPsi}_c\}$ 为一个连续动力系统。

上述以群理论所定义的动力系统与微分运算无关，因而也常被称为拓扑动力系

统，这说明动力系统的范围更广。对定义 2-2 略加改动，即可给出离散动力系统的如下定义。

定义 2-3（离散动力系统）　设 $\boldsymbol{M}$ 为任一集合，对于 $\forall \boldsymbol{x} \in \boldsymbol{M}$，定义如下单参数变换集合 $\boldsymbol{\Psi}_z$ 为

$$\boldsymbol{\Psi}_z = \{\boldsymbol{\phi}(t, \boldsymbol{x}) \in \boldsymbol{M} \mid t \in \mathbf{Z}^+, \forall \boldsymbol{x} \in \boldsymbol{M}\} \tag{2-2}$$

式中，t 为系统参数；$\mathbf{Z}^+ = [0,1,2,3,\cdots)$ 为非负整数集。当映射 $\boldsymbol{\phi}(\cdot)$ 满足如下性质：

（1）$\boldsymbol{\phi}(0, \boldsymbol{x}) = \boldsymbol{x}, \forall \boldsymbol{x} \in \boldsymbol{M}$；

（2）对于 $\forall s,t \in \mathbf{Z}^+$，满足 $\boldsymbol{\phi}(s+t, \boldsymbol{x}) = \boldsymbol{\phi}(s, \boldsymbol{\phi}(t, \boldsymbol{x})) = \boldsymbol{\phi}(t, \boldsymbol{\phi}(s, \boldsymbol{x}))$。

则称二元组 $\{\boldsymbol{M}, \boldsymbol{\Psi}_z\}$ 为一个离散动力系统。

尽管原始的动力系统对集合 $\boldsymbol{M}$ 没有特殊要求，但对于电力系统这样的实际物理系统，描述其动态的模型往往构建在欧氏空间 $\mathbf{R}^n$ 上，因而本书在后续讨论中，不加特殊说明，总是假设 $\boldsymbol{M} = \mathbf{R}^n$。在我们研究包括电力系统在内的许多实际物理系统的稳定性时，主要针对的是微分动力系统，在给出其具体定义之前，首先给出几个与之相关概念的说明。

流形（manifold）在数学上用于描述局部具有欧氏空间性质的一个特定空间，是欧氏空间中的曲线、曲面、空间等概念的推广。如果一个流形处处可微，则称为微分流形（differential manifold）。在电力系统稳定性研究中，多数情况下，我们都要求模型处处可微，因此在本书后续章节中，不加特殊说明，流形均指微分流形。自然界中微分流形的例子比比皆是：一条曲线，除了其两端顶点外，处处存在唯一的切线（实际上可能要求系统在每一点处都 C^r 阶可微，其中 $r \geqslant 1$），则称其为 1 维微分流形；一个二维曲面，除了边界外，处处都存在唯一的切平面，则称其为 2 维微分流形；进一步，若 $\boldsymbol{M}^k$ 中的每一点都有唯一的 k 维切空间（边界点除外）存在，则称 $\boldsymbol{M}^k \subset \mathbf{R}^n$ 为一个 k 维微分流形。

定义 2-4（微分动力系统）　给定连续动力系统 $\{\boldsymbol{M}, \boldsymbol{\Psi}\}$，若 $\boldsymbol{M}$ 是紧致的微分流形，且 $\boldsymbol{\Psi}: \mathbf{R} \times \boldsymbol{M} \to \boldsymbol{M}$ 是 C^r 连续可微的（$r \geqslant 1$）的，则称 $\{\boldsymbol{M}, \boldsymbol{\Psi}\}$ 为微分动力系统。

定义 2-5（微分动力系统的轨迹）　设 $\boldsymbol{\phi}(\cdot)$ 为定义 2-4 中对应的映射，定义如下集合 $\boldsymbol{O}(\boldsymbol{x}) \subset \boldsymbol{M}$：

$$\boldsymbol{O}(\boldsymbol{x}) = \{\boldsymbol{\phi}(t, \boldsymbol{x}) \big| t \in \mathbf{R}, \forall \boldsymbol{x} \in \boldsymbol{M}\} \tag{2-3}$$

则称 $\boldsymbol{O}(\boldsymbol{x})$ 为系统过 $\boldsymbol{x}$ 的轨迹；进一步，若将式（2-3）中的 $\mathbf{R}$ 改为 $\mathbf{R}^+$（或 $\mathbf{R}^-$），则称对应的 $\boldsymbol{O}(\boldsymbol{x})$ 为过 $\boldsymbol{x}$ 的正半轨迹（或负半轨迹），并简记为 $\boldsymbol{O}^+(\boldsymbol{x})$（或 $\boldsymbol{O}^-(\boldsymbol{x})$）。

定义 2-6（动力系统的极限点和极限集）　若存在一个序列 $t_i \to \infty$（或 $t_i \to -\infty$），使得 $\boldsymbol{\phi}(t_i, \boldsymbol{x}) \to \boldsymbol{y}, \boldsymbol{y} \in \boldsymbol{M}$，则称点 $\boldsymbol{y}$ 为 $\boldsymbol{x}$ 的一个 ω 极限点（或 α 极限点）。$\boldsymbol{x}$ 的全体 ω 极限点（或 α 极限点）组成的集合称为 $\boldsymbol{x}$ 的 ω 极限集（或 α 极限集），记为 $\omega(\boldsymbol{x})$（或 $\alpha(\boldsymbol{x})$），即

$$\omega(\boldsymbol{x}) = \{\cup \boldsymbol{y}_i \big| \forall t_i \to +\infty, \boldsymbol{\phi}(t_i, \boldsymbol{x}) \to \boldsymbol{y}_i, \boldsymbol{y}_i \in \boldsymbol{M}, \boldsymbol{x} \in \boldsymbol{M}\} \tag{2-4}$$

$$\boldsymbol{\alpha}(\boldsymbol{x})=\left\{\bigcup \boldsymbol{y}_i \middle| \forall t_i \to -\infty, \boldsymbol{\phi}(t_i,\boldsymbol{x}) \to \boldsymbol{y}_i, \boldsymbol{y}_i \in \boldsymbol{M}, \boldsymbol{x} \in \boldsymbol{M}\right\} \tag{2-5}$$

上述定义中的参数 t 理论上可代表任何实数序列，但在实际的应用中，t 通常被考虑为时间序列，从而为动力系统赋予了实际的物理含义。每一个给定的微分动力系统 $\{\boldsymbol{M},\boldsymbol{\Psi}\}$，都伴生一个微分方程，而该方程则由对应的向量场所决定，向量场的每一个取值可看成相应轨迹在 t 时刻的切向量。

定义 2-7（微分动力系统的伴生向量场） 设 $\{\boldsymbol{M},\boldsymbol{\Psi}\}$ 为定义 2-4 给定的一个微分动力系统，称 $\boldsymbol{f}(\boldsymbol{x})$ 为在 $\boldsymbol{M}$ 上由动力系统 $\{\boldsymbol{M},\boldsymbol{\Psi}\}$ 伴生的向量场，定义为

$$\boldsymbol{f}(\boldsymbol{x},t) \triangleq \frac{\mathrm{d}\boldsymbol{\phi}(t,\boldsymbol{x})}{\mathrm{d}t}, \quad t \in \mathbf{R}, \quad \forall \boldsymbol{x} \in \boldsymbol{M} \tag{2-6}$$

向量场可描述为微分方程的右端项，若向量场 $\boldsymbol{f}$ 不依赖于时间 t，则称相应的动力系统是定常的。一个定常动力系统，可以用如下的微分方程来描述，即

$$\dot{\boldsymbol{x}}=\boldsymbol{f}(\boldsymbol{x}), \quad \boldsymbol{x} \in \boldsymbol{M} \tag{2-7}$$

反之，如果向量场 $\boldsymbol{f}$ 依赖于时间 t，则相应的动力系统为时变系统，此时相应的微分方程描述为

$$\dot{\boldsymbol{x}}=\boldsymbol{f}(\boldsymbol{x},t), \quad \boldsymbol{x} \in \boldsymbol{M} \tag{2-8}$$

式中，$\boldsymbol{x}$ 为状态变量；$\boldsymbol{M}$ 为状态空间。

对于电力系统，除特殊情况外，它通常可视为一个定常动力系统，因此，不加特殊说明，在后续章节中，我们仅讨论定常微分动力系统。

2.2 动力系统平衡点的稳定性

在对自然界实际的动力系统（如电力系统）稳定性的研究中，通常会遇到两类不同性质的稳定性问题：一类是研究系统的单个运行状态在受到扰动后的特性，通常被称为平衡点的稳定性（也称 Lyapunov 意义下的稳定性）；另一类是讨论一族相邻的动力系统轨迹间的性质和系统拓扑结构的变化，称为结构稳定性。本节将介绍一些与平衡点稳定性相关的基本概念，结构稳定性将在 2.3 节进行讨论。

2.2.1 平衡点及周期点

平衡点是对动力系统稳态运行情况的一种数学抽象，如电力系统正常运行状态就对应一个系统的平衡点。

定义 2-8（动力系统的临界元） 设 $\{\boldsymbol{M},\boldsymbol{\Psi}\}$ 为一个微分动力系统，$\boldsymbol{x} \in \boldsymbol{M}$ 为任意一点，当可找到一时间 $t \neq 0$，使下式满足时，则称 $\boldsymbol{x}$ 为该动力系统的一个临界元，有

$$\boldsymbol{\phi}(t,\boldsymbol{x})=\boldsymbol{x} \tag{2-9}$$

动力系统的全部临界元构成该系统的临界元集合，记为

$$\boldsymbol{C}_r = \{\boldsymbol{x} \mid \exists\, t \neq 0, \boldsymbol{\phi}(t, \boldsymbol{x}) = \boldsymbol{x}\} \tag{2-10}$$

动力系统中两类重要的临界元是平衡点（也称不动点）和周期点，它们在动力系统稳定性研究中扮演着重要的角色。

定义 2-9（连续系统的平衡点）　设 $\boldsymbol{x}_e \in \boldsymbol{C}_r$ 为动力系统的一个临界元，对于 $\forall t \in \mathbf{R}$，式（2-11）永远成立，则称 $\boldsymbol{x}_e$ 为系统的一个平衡点（equilibrium point），有

$$\boldsymbol{\phi}(t, \boldsymbol{x}) \equiv \boldsymbol{x} \tag{2-11}$$

进一步，记系统全部平衡点的集合为 $\boldsymbol{X}_e$。由动力系统伴生向量场的定义可知，向量场 $\boldsymbol{f}$ 对应于动力系统轨迹对 t 的变化率。而由定义 2-9 可看出，从平衡点出发的系统轨迹全部湮没在平衡点内，因此在平衡点处的轨迹变化率始终为零。

定义 2-10（伴生向量场的奇点）　设 $\boldsymbol{x}_e \in \boldsymbol{X}_e$ 为动力系统的一个平衡点，则其伴生的向量场满足如下性质，即

$$\boldsymbol{f}(\boldsymbol{x}_e, t) = 0 \tag{2-12}$$

此时，称点 $\boldsymbol{x}_e$ 为向量场 $\boldsymbol{f}$ 的一个奇点（或零点）。

定义 2-11（连续系统的周期点）　设 $\boldsymbol{x}_p \in \boldsymbol{C}_r$ 为动力系统的一个临界元，且存在非空集合 $\boldsymbol{T}_p = \{T_1, T_2, T_3, \cdots\}$，使得系统满足

$$\begin{cases} \boldsymbol{\phi}(T_i, \boldsymbol{x}_p) = \boldsymbol{x}_p, & \forall T_i \in \boldsymbol{T}_p \\ \boldsymbol{\phi}(T_j, \boldsymbol{x}_p) \neq \boldsymbol{x}_p, & \forall T_j \notin \boldsymbol{T}_p \end{cases} \tag{2-13}$$

则称 $\boldsymbol{x}_p$ 为系统的一个周期点。进一步，若假设 $\boldsymbol{T}_p$ 的元素满足 $T_1 < T_2 < T_3 < \cdots$，则称 T_1 为该系统的周期。为描述方便，用 $\boldsymbol{X}_p$ 表示动力系统全部周期点的集合。

在一个存在周期点的连续动力系统中，每一个周期点都有一个对应的系统闭轨，而其上每一个点都为系统的周期点。

定义 2-12（连续系统的闭轨）　设 $\boldsymbol{x}_p \in \boldsymbol{X}_p$ 为动力系统的一个周期点，则称如下集合为该系统的一个闭轨，即

$$\boldsymbol{O}_c = \{\boldsymbol{\phi}(t, \boldsymbol{x}_p) \mid \boldsymbol{x}_p \in \boldsymbol{X}_p, t \in \mathbf{R}\} \tag{2-14}$$

对于离散动力系统，可给出平衡点及周期点类似的定义。

定义 2-13（离散系统的周期点和平衡点）　设 $\boldsymbol{x}_p \in \boldsymbol{C}_r$ 为动力系统的一个临界元，且存在一个整数 $k \in \mathbf{Z}^+$，使得

$$\boldsymbol{\phi}(k, \boldsymbol{x}_p) = \boldsymbol{x}_p \tag{2-15}$$

则称 $\boldsymbol{x}_p$ 为该系统的一个周期点，并称满足式（2-15）条件的最小正整数为 $\boldsymbol{x}_p$ 的周期。当 $\boldsymbol{x}_p$ 的周期为 1 时，它即对应于系统的一个平衡点。

定义 2-14（离散系统的闭轨） 设$\boldsymbol{x}_p \in \boldsymbol{X}_p$为动力系统的一个周期点，则称如下集合为该系统的一个闭轨，即

$$\boldsymbol{O}_c = \{\boldsymbol{\phi}(k, \boldsymbol{x}_p) \mid \boldsymbol{x}_p \in \boldsymbol{X}_p, k \in \mathbf{Z}^+\} \tag{2-16}$$

由上述定义不难看出：①$\boldsymbol{X}_p$既是由系统全部周期点构成的集合，又是由系统全部闭轨构成的集合；②若 T 为$\boldsymbol{x}_p$的周期，则同时它也是$\boldsymbol{x}_p$所在闭轨的周期；③动力系统闭轨上的每一个点都不是向量场的奇点；④对于连续动力系统，当一个周期点$\boldsymbol{x}_p$的$\boldsymbol{T}_p = \mathbf{R}$，且不存在$\boldsymbol{\phi}(t, \boldsymbol{x}_p) \neq \boldsymbol{x}_p$的情况，则$\boldsymbol{x}_p$为系统的一个平衡点，因此与离散系统类似，连续动力系统的平衡点也可看成其周期点的一种特殊形式。由电力系统的特点所决定，本书后续章节将以连续动力系统为主要讨论对象。

2.2.2 平衡点的分类

由定义 2-10 可以看出，动力系统的平衡点与其伴生向量场的奇点一一对应。同时，式（2-12）也为我们提供了求解系统平衡点集的原理式，即满足该式的全部点构成了系统平衡点的集合。下面进一步给出几类在稳定性研究中重要平衡点的定义。

定义 2-15（稳定平衡点，Stable Equilibrium Point, SEP） 设$\boldsymbol{x}_e$为动力系统$\{\boldsymbol{M}, \boldsymbol{\Psi}\}$的一个稳定平衡点，对于$\forall \alpha > 0$，均可找到一个由$\boldsymbol{x}_e$和$t_0$决定的实数$\delta > 0$，它决定$\boldsymbol{x}_e$的一个邻域：

$$\boldsymbol{U} = \{\boldsymbol{x}(t_0) \| \boldsymbol{x}(t_0) - \boldsymbol{x}_e \| < \delta\} \tag{2-17}$$

对于从$\boldsymbol{U}$内出发的轨迹$\boldsymbol{\phi}(t, \boldsymbol{U})$，均满足$\|\boldsymbol{\phi}(t, \boldsymbol{U}) - \boldsymbol{x}_e\| < \alpha$。这里$\boldsymbol{\phi}(t, \boldsymbol{U})$表示如下系统轨迹的集合，即

$$\boldsymbol{\phi}(t, \boldsymbol{U}) = \bigcup\{\boldsymbol{\phi}(t, \boldsymbol{x}) \mid \forall \boldsymbol{x} \in \boldsymbol{U}, t \geqslant t_0\} \tag{2-18}$$

定义 2-16（一致稳定的平衡点） $\boldsymbol{x}_e$是由定义 2-15 给定的一个系统稳定平衡点，若δ的取值不依赖于时间t_0，则称$\boldsymbol{x}_e$是系统的一个一致（uniform）稳定的平衡点。

定义 2-17（渐近稳定平衡点） $\boldsymbol{x}_e$是由定义 2-15 给定的系统稳定平衡点，且满足$t \to +\infty$时，有$\boldsymbol{\phi}(t, \boldsymbol{x}) \to \boldsymbol{x}_e$，则称$\boldsymbol{x}_e$是系统的一个渐近（asymptotic）稳定平衡点。

有了稳定平衡点的定义后，系统不稳定平衡点（Unstable Equilibrium Point, UEP）就不难理解了，就是不满足上述稳定条件的系统平衡点。

图 2-1 给出了动力系统稳定平衡点的示意，我们可以看到定义 2-15 设定的条件较宽松，只要求从平衡点周围邻域（图中阴影部分的小圈，由δ决定）出发的任何一条轨迹，不超出外圈圈定的范围（由α决定），并不要求它们一定都回到平衡点。但渐近稳定就严格得多，需要同时满足两点：①每一个从小圈中出发的轨迹都位于大圈之内；②每一条轨迹，不管它的行程如何复杂，其终点必须收敛到原来的稳定平衡点。此外，我们可以将上述定义中的t_0看成观测或研究时刻，当一个平衡点一致稳定时，

该结论就与所研究和观测的时刻无关。电力系统中所研究的稳定平衡点，均指的是渐近且一致稳定的平衡点，因此本书不特别说明，下面所提及的稳定平衡点均指渐近且一致稳定的平衡点。

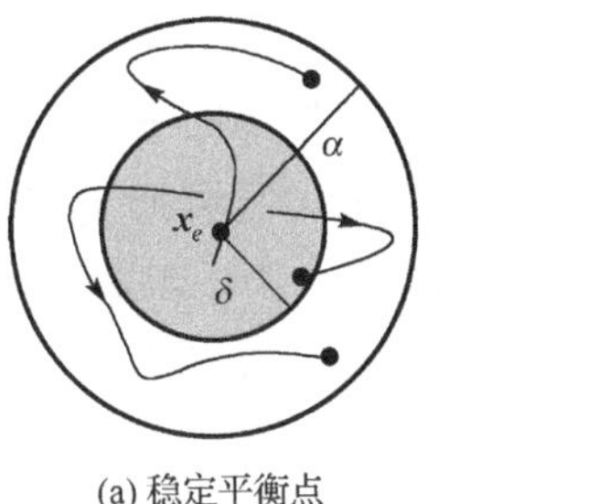

(a) 稳定平衡点　　(b) 渐近稳定平衡点

图 2-1　动力系统稳定平衡点和渐近稳定平衡点

定理 2-1（稳定平衡点与雅可比矩阵的关系）　若 $\boldsymbol{x}_s$ 为动力系统 $\{\boldsymbol{M},\boldsymbol{\Psi}\}$ 的一个稳定平衡点，也常称系统在 $\boldsymbol{x}_s$ 附近是（小扰动）稳定的，则在该平衡点处的系统雅可比矩阵 $\boldsymbol{A}$ 的特征值没有正实部。这里的雅可比矩阵 $\boldsymbol{A}$ 定义为

$$\boldsymbol{A}=D_{\boldsymbol{x}}\boldsymbol{f}(\boldsymbol{x}_s)=\left.\frac{\partial \boldsymbol{f}}{\partial \boldsymbol{x}}\right|_{\boldsymbol{x}_s} \tag{2-19}$$

定理 2-2（不稳定平衡点与雅可比矩阵的关系）　若 $\boldsymbol{x}_u$ 为动力系统 $\{\boldsymbol{M},\boldsymbol{\Psi}\}$ 的一个不稳定平衡点，也称系统在 $\boldsymbol{x}_u$ 附近是小扰动不稳定的，则在该平衡点处的系统雅可比矩阵 $\boldsymbol{A}$ 至少存在一个特征值的实部为正。

定义 2-18（双曲平衡点）　设 $\boldsymbol{x}_e$ 为动力系统 $\{\boldsymbol{M},\boldsymbol{\Psi}\}$ 的一个平衡点且在该点处，系统雅可比矩阵 $\boldsymbol{A}$ 的所有特征值的实部均不为零，则称 $\boldsymbol{x}_e$ 为该动力系统的一个双曲平衡点。

上述两定理告诉我们，动力系统平衡点的稳定性，可以通过其伴生向量场雅可比矩阵特征值的性质来判断。同时，我们知道对于系统的一个双曲平衡点，要么它是稳定平衡点，要么就是不稳定平衡点。

定理 2-3（Hartman-Grobman 定理）　设 $\boldsymbol{x}_e$ 为微分动力系统 $\{\boldsymbol{M},\boldsymbol{\Psi}\}$ 的一个双曲平衡点，$\boldsymbol{U}\subset\boldsymbol{M}$ 是包含 $\boldsymbol{x}_e$ 的一个开集，则存在 $\boldsymbol{x}_e$ 的开邻域 $\boldsymbol{V}\subset\boldsymbol{U}$，使向量场 $\boldsymbol{f}(\boldsymbol{x}_e)$ 与其线性化后的向量场 $D_{\boldsymbol{x}}\boldsymbol{f}(\boldsymbol{x}_e)$ 在 $\boldsymbol{V}$ 上拓扑轨道等价。

Hartman-Grobman 定理的重要意义在于，它使我们可以在系统的双曲平衡点 $\boldsymbol{x}_e$ 处对微分动力系统 $\{\boldsymbol{M},\boldsymbol{\Psi}\}$ 的向量场进行线性化，并通过系统向量场的线性化部分 $D_{\boldsymbol{x}}\boldsymbol{f}(\boldsymbol{x}_e)$ 来研究原向量场 $\boldsymbol{f}(\boldsymbol{x}_e)$ 的性质，Hartman-Grobman 定理保证两个研究结果的拓扑轨道等价。上述定理用到拓扑学中的同胚和拓扑轨道等价概念，下面是其定义。

定义 2-19（同胚）　设 $\boldsymbol{X}$ 和 $\boldsymbol{Y}$ 是两个拓扑空间。如果 $F:\boldsymbol{X}\to\boldsymbol{Y}$ 是一一映射，并且 F 及其逆 $F^{-1}:\boldsymbol{Y}\to\boldsymbol{X}$ 都是连续的，则称 F 是一个同胚映射，简称同胚。当拓扑空间 $\boldsymbol{X}$ 和 $\boldsymbol{Y}$ 之间存在同胚映射时，称 $\boldsymbol{X}$ 与 $\boldsymbol{Y}$ 同胚。

在拓扑学中，如果两个流形可以通过弯曲、延展、剪切（只要最终完全沿着当初剪开的缝隙再重新粘贴起来）等操作把其中一个变为另一个，则认为两者是同胚的，如圆和正方形是同胚的，而球面和环面则不是同胚的。

定义 2-20（拓扑轨道等价） 设$\{\boldsymbol{M},\boldsymbol{\Psi}\}$是一个微分动力系统，$\mathrm{Dif}^r(\boldsymbol{M})$为$\boldsymbol{M}$上所有$\boldsymbol{C}^r$微分同胚的集合，$\boldsymbol{\Theta}^r(\boldsymbol{M})$为$\boldsymbol{M}$上所有$\boldsymbol{C}^r$向量场的集合，这里$r\geqslant 1$。对于两个向量场$\boldsymbol{f}_1,\boldsymbol{f}_2\in\boldsymbol{\Theta}^r(\boldsymbol{M})$，如果存在同胚$h:\boldsymbol{M}\to\boldsymbol{M}$，它可把$\boldsymbol{f}_1$的每条轨道保向地映到$\boldsymbol{f}_2$的相应轨道，则称$\boldsymbol{f}_1,\boldsymbol{f}_2$是拓扑轨道等价的。进一步，如果同胚$h$还能保持$\boldsymbol{f}_1,\boldsymbol{f}_2$相应轨道的时间对应性，则称$\boldsymbol{f}_1,\boldsymbol{f}_2$是拓扑等价。如果存在微分同胚$h:\boldsymbol{M}\to\boldsymbol{M}$，使$h_2=h^{-1}\cdot h_1\cdot h$，则称两个微分同胚$h_1,h_2:\boldsymbol{M}\to\boldsymbol{M}$拓扑共扼。

当平衡点$\boldsymbol{x}_c$处的雅可比矩阵存在实部为零的特征值时，$\boldsymbol{x}_c$将为非双曲平衡点，并被称为系统的中心点。

定义 2-21（动力系统的中心点） 设$\boldsymbol{x}_c$为动力系统$\{\boldsymbol{M},\boldsymbol{\Psi}\}$的一个非双曲平衡点，即在该点处系统雅可比矩阵$\boldsymbol{A}$至少存在一个特征值的实部为零，则称$\boldsymbol{x}_c$为该动力系统的一个中心点。

设$\boldsymbol{x}_e$为微分动力系统$\{\boldsymbol{M},\boldsymbol{\Psi}\}$的一个平衡点，$D_{\boldsymbol{x}}\boldsymbol{f}(\boldsymbol{x}_e)$为该点处系统的雅可比矩阵，$n_s$、$n_u$和$n_c$分别代表$D_{\boldsymbol{x}}\boldsymbol{f}(\boldsymbol{x}_e)$的特征值中实部小于零、大于零和等于零的个数，则状态空间$\boldsymbol{M}$可被分解为三个子空间的直和。

稳定子空间：

$$\boldsymbol{M}^s=\mathrm{span}(\boldsymbol{u}^1,\boldsymbol{u}^2,\cdots,\boldsymbol{u}^{n_s}) \tag{2-20}$$

不稳定子空间：

$$\boldsymbol{M}^u=\mathrm{span}(\boldsymbol{v}^1,\boldsymbol{v}^2,\cdots,\boldsymbol{v}^{n_u}) \tag{2-21}$$

中心子空间：

$$\boldsymbol{M}^c=\mathrm{span}(\boldsymbol{w}^1,\boldsymbol{w}^2,\cdots,\boldsymbol{w}^{n_c}) \tag{2-22}$$

式中，$\boldsymbol{u}^1,\boldsymbol{u}^2,\cdots,\boldsymbol{u}^{n_s}$为$n_s$个$D_{\boldsymbol{x}}\boldsymbol{f}(\boldsymbol{x}_e)$的负实部特征值所对应的特征向量；$\boldsymbol{v}^1,\boldsymbol{v}^2,\cdots,\boldsymbol{v}^{n_u}$为$n_u$个正实部特征值所对应的特征向量；$\boldsymbol{w}^1,\boldsymbol{w}^2,\cdots,\boldsymbol{w}^{n_c}$为$n_c$个实部为零特征值所对应的特征向量。不难知道$n_s+n_u+n_c=n$，$n$为空间$\boldsymbol{M}$的维数。进一步，若$\boldsymbol{x}_e$是动力系统的一个双曲平衡点，则状态空间$\boldsymbol{M}$可被唯一地分解为两个子空间的直和$\boldsymbol{M}^s\oplus\boldsymbol{M}^u$。

对于双曲平衡点，往往用n_u的取值来区分平衡点$\boldsymbol{x}_e$的类型：$n_u=0$的平衡点称为汇（sink）或稳定平衡点，简记为 SEP；$n_u=n$的平衡点称为源（source），也称为n型不稳定平衡点，简记为 UEP-n；$n_u=i$时，平衡点被称为i型不稳定平衡点，简记为 UEP-i。

2.2.3 稳定平衡点的吸引域

如前所述，稳定平衡点在电力系统中一般对应于其正常运行状态，在经受扰动后，系统还能保持稳定运行状态，所有满足这一性质的扰动点，就构成该平衡点的吸引域（attractive region，也称稳定域）。吸引域对于运行控制人员具有现实意义，而它定义在微分动力系统的稳定与不稳定流形概念之上。

定义 2-22（局部稳定流形和局部不稳定流形）　设 $\boldsymbol{x}_e$ 是微分动力系统 $\{\boldsymbol{M},\boldsymbol{\Psi}\}$ 的一个平衡点，$\boldsymbol{U}\subset\boldsymbol{M}$ 是包含 $\boldsymbol{x}_e$ 的邻域，则 $\boldsymbol{x}_e$ 的局部稳定流形 $\boldsymbol{W}_{\text{loc}}^s$ 和局部不稳定流形 $\boldsymbol{W}_{\text{loc}}^u$ 定义为

$$\boldsymbol{W}_{\text{loc}}^s=\{\boldsymbol{x}\in\boldsymbol{U}\,|\,\boldsymbol{\phi}(t,\boldsymbol{x})\to\boldsymbol{x}_e,\ t\to+\infty\text{且}\boldsymbol{\phi}(t,\boldsymbol{x})\in\boldsymbol{U},\forall t\geqslant 0\}\tag{2-23}$$

$$\boldsymbol{W}_{\text{loc}}^u=\{\boldsymbol{x}\in\boldsymbol{U}\,|\,\boldsymbol{\phi}(t,\boldsymbol{x})\to\boldsymbol{x}_e,\ t\to-\infty\text{且}\boldsymbol{\phi}(t,\boldsymbol{x})\in\boldsymbol{U},\forall t\leqslant 0\}\tag{2-24}$$

进一步，可定义微分动力系统的全局稳定流形 $\boldsymbol{W}^s$ 和全局不稳定流形 $\boldsymbol{W}^u$ 为

$$\boldsymbol{W}^s=\bigcup_{t\geqslant 0}\{\boldsymbol{\phi}(t,\boldsymbol{x}),\boldsymbol{x}\in\boldsymbol{W}_{\text{loc}}^s\}\tag{2-25}$$

$$\boldsymbol{W}^u=\bigcup_{t\leqslant 0}\{\boldsymbol{\phi}(t,\boldsymbol{x}),\boldsymbol{x}\in\boldsymbol{W}_{\text{loc}}^u\}\tag{2-26}$$

结合定义 2-6 可知，$\boldsymbol{x}_e$ 同时是 $\boldsymbol{W}^s$ 的 ω 极限点和 $\boldsymbol{W}^u$ 的 α 极限点，且 $\boldsymbol{W}^s$ 和 $\boldsymbol{W}^u$ 是 $\boldsymbol{M}$ 的 $\boldsymbol{C}^r$ 浸入子流形（但未必是 $\boldsymbol{M}$ 的子流形）。进一步，对于一个 UEP-i，其稳定流形的维数小于等于 $n-i$，不稳定流形的维数小于等于 i（可能存在重根情况）。平衡点稳定流形和不稳定流形存在如下几个特点。

（1）平衡点的稳定流形（不稳定流形）不能自交，如图 2-2 的情况是不存在的。

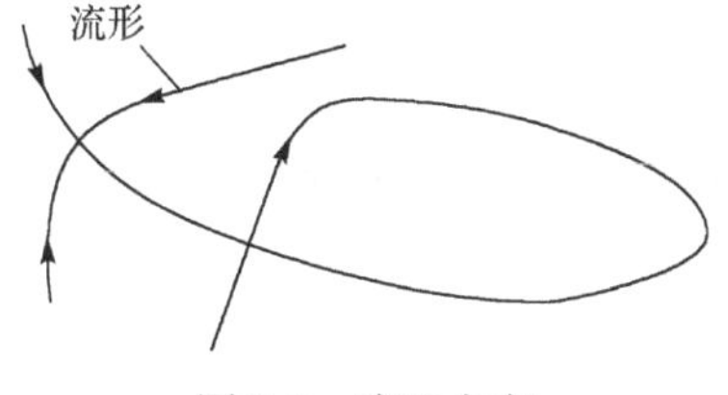

图 2-2　流形自交

（2）若 $\boldsymbol{x}_1$ 和 $\boldsymbol{x}_2$ 是两个不同的平衡点，则 $\boldsymbol{W}^s(\boldsymbol{x}_1)$ 和 $\boldsymbol{W}^s(\boldsymbol{x}_2)$ 不相交。

（3）若 $\boldsymbol{x}_1$ 和 $\boldsymbol{x}_2$ 是两个不同的平衡点，如果 $\boldsymbol{W}^s(\boldsymbol{x}_1)$ 和 $\boldsymbol{W}^u(\boldsymbol{x}_2)$ 存在一个交点，则它们将存在无穷多个交点。

（4）如果对于一个平衡点 $\boldsymbol{x}_e$，它自己的稳定流形和自己的不稳定流形存在交点，即

$$\boldsymbol{W}^s(\boldsymbol{x}_e)\bigcap\boldsymbol{W}^u(\boldsymbol{x}_e)\neq\varnothing\tag{2-27}$$

这相当于从平衡点 $\boldsymbol{x}_e$ 出发的轨迹（不稳定流形），经过长时间的运动后，又回到了平衡点本身，则此时称对应的闭合轨线为该平衡点的同宿轨道（homoclinic orbit，图 2-3(a) 示意了这种情况）；而平衡点 $\boldsymbol{x}_e$，既是同宿轨道上所有点的 ω 极限集，又是它们的 α 极限集，因此该平衡点就称这些轨迹上点的同宿点（homoclinic point）。

（5）如果对于两个平衡点 $\boldsymbol{x}_1$ 和 $\boldsymbol{x}_2$，它们的稳定流形和不稳定流形刚好形成如图 2-3(b)所示的情形，即 $\boldsymbol{x}_1$ 的不稳定流形的一部分刚好是 $\boldsymbol{x}_2$ 的稳定流形；而 $\boldsymbol{x}_2$ 的部分不稳定流形又是 $\boldsymbol{x}_1$ 的稳定流形。理论上讲，从 $\boldsymbol{x}_1$ 出发一个点，顺着图中的闭合轨迹，当时间充分长时可重新回到 $\boldsymbol{x}_1$，此时该轨线称为 $\boldsymbol{x}_1$ 和 $\boldsymbol{x}_2$ 的异宿轨道（heteroclinic orbit），而两个平衡点 $\boldsymbol{x}_1$ 和 $\boldsymbol{x}_2$ 分别称为对方的异宿点（heteroclinic point）。值得一提的是，非线性动力系统在运行变化过程中，如果存在同宿现象或异宿现象，则在系统参数变化过程中很可能会诱发混沌现象，并称是由同/异宿轨道引起的混沌现象，相应的判断方法称为 Melnikov 判别法。

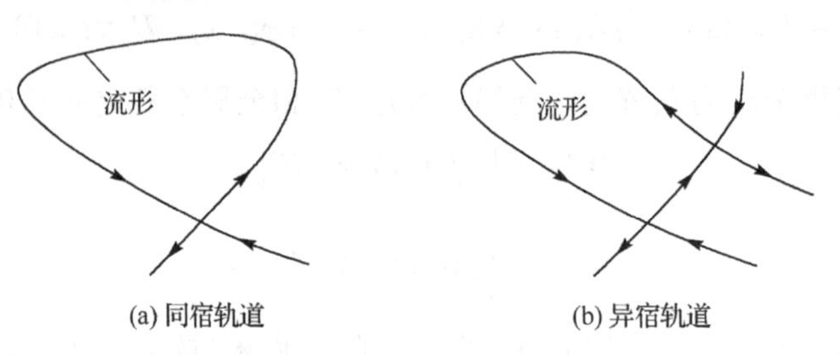

(a) 同宿轨道　　(b) 异宿轨道

图 2-3　同宿轨道和异宿轨道

进一步，如下定理给出了双曲平衡点的稳定流形（不稳定流形）与其稳定子空间（不稳定子空间）之间的关系。

定理 2-4（平衡点稳定流形和不稳定流形性质定理）　设 $\boldsymbol{x}_e$ 是微分动力系统 $\{\boldsymbol{M},\boldsymbol{\Psi}\}$ 的一个双曲平衡点，$\boldsymbol{f}$ 是其伴生向量场，$\Delta\dot{\boldsymbol{x}} = D_{\boldsymbol{x}}\boldsymbol{f}(\boldsymbol{x}_e)\cdot\Delta\boldsymbol{x}$ 为其线性化系统，$\boldsymbol{W}_{\text{loc}}^s$ 为 $\boldsymbol{x}_e$ 附近的局部稳定流形，则 $\boldsymbol{W}_{\text{loc}}^s$ 与稳定子空间 $\boldsymbol{M}^s$ 在 $\boldsymbol{x}_e$ 处相切；$\boldsymbol{W}_{\text{loc}}^u$ 为 $\boldsymbol{x}_e$ 附近的局部不稳定流形，则 $\boldsymbol{W}_{\text{loc}}^u$ 与不稳定子空间 $\boldsymbol{M}^u$ 在 $\boldsymbol{x}_e$ 处相切。其中，$\boldsymbol{M}^s$ 和 $\boldsymbol{M}^u$ 分别由式（2-20）和式（2-21）给出。

定义 2-23（稳定平衡点的吸引域）　设 $\boldsymbol{x}_s$ 是微分动力系统 $\{\boldsymbol{M},\boldsymbol{\Psi}\}$ 的一个稳定平衡点，则 $\boldsymbol{x}_s$ 的吸引域是由全部满足 $\lim\limits_{t\to+\infty}\boldsymbol{\phi}(t,\boldsymbol{x})\to\boldsymbol{x}_s$ 的 x 点的集合构成的，记为 $A_R(\boldsymbol{x}_s)$。利用极限集的概念，可将 $\boldsymbol{x}_s$ 的吸引域表述为

$$A_R(\boldsymbol{x}_s) = \{\boldsymbol{x} | \omega(\boldsymbol{x}) = \boldsymbol{x}_s\} \tag{2-28}$$

即 $\boldsymbol{x}_s$ 是 $A_R(\boldsymbol{x}_s)$ 中每个点的ω极限点。平衡点的吸引域 $A_R(\boldsymbol{x}_s)$，具有如下几点拓扑学性质。

（1）稳定平衡点的吸引域由该平衡点的全部稳定流形构成，同时在实际系统分析时，一般假设系统中不存在同宿点和异宿点。

（2）设 $\boldsymbol{N}\in\boldsymbol{M}$ 是包含稳定平衡点 $\boldsymbol{x}_s$ 的一个邻域，$A_R(\boldsymbol{x}_s)$ 的任何解轨迹要想收敛到平衡点，必然与 $\boldsymbol{N}$ 相交。

（3）$A_R(\boldsymbol{x}_s)$ 是 $\boldsymbol{M}$ 中的一个开集并被其边界所包围，其边界记为 $\partial A_R(\boldsymbol{x}_s)$。

（4）$A_R(\boldsymbol{x}_s)$ 是孤立的，不同稳定平衡点的吸引域互不相交。

进一步，我们来简单介绍一些稳定平衡点吸引域及其边界的拓扑学性质，为此先给出 $A_R(\boldsymbol{x}_s)$ 边界的假设条件。

假设 2-1（吸引域边界假设条件）　假设 $\partial A_R(\boldsymbol{x}_s)$ 为稳定平衡点 $\boldsymbol{x}_s$ 吸引域的边界，且满足如下条件。

A1：位于吸引域边界 $\partial A_R(\boldsymbol{x}_s)$ 上的平衡点全部都是双曲的。

A2：位于吸引域边界 $\partial A_R(\boldsymbol{x}_s)$ 上的全部平衡点的稳定流形和不稳定流形满足横截条件，即设 $\boldsymbol{x}_i$ 和 $\boldsymbol{x}_j$ 是稳定域边界面上任意两个不同的平衡点，则 $\boldsymbol{W}^s(\boldsymbol{x}_i)$ 和 $\boldsymbol{W}^u(\boldsymbol{x}_j)$ 满足横截条件，当然 $\boldsymbol{W}^s(\boldsymbol{x}_j)$ 和 $\boldsymbol{W}^u(\boldsymbol{x}_i)$ 也满足横截条件。

A3：在吸引域 $A_R(\boldsymbol{x}_s)$ 内存在严格的 Lyapunov 函数。

上述假设 A3 涉及的 Lyapunov 函数将在下面解释，而假设 A2 用到了动力系统中横截性条件，它是动力系统中一个非常基本的概念，其定义如下。

定义 2-24（横截性条件）　若 $\boldsymbol{A}$ 和 $\boldsymbol{B}$ 是 $\boldsymbol{M}$ 上内射的浸入流形，同时满足：在每一点 $\boldsymbol{x}\in\boldsymbol{A}\cap\boldsymbol{B}$ 处，$\boldsymbol{A}$ 和 $\boldsymbol{B}$ 的切空间生成了 $\boldsymbol{x}$ 处 $\boldsymbol{M}$ 的切空间；或者它们根本不相交，则称 $\boldsymbol{A}, \boldsymbol{B}$ 满足横截性条件。

需要说明的是，横截性条件是动力系统的一个基本属性，但对于复杂动力系统横截性条件的理论证明往往非常复杂而难以实现，因此至今多停留在假设阶段。基于上述假设，下述定理揭示了平衡点吸引域边界的拓扑学性质。

定理 2-5（一个不稳定平衡点位于吸引域边界上的充要条件）　若 $A_R(\boldsymbol{x}_s),\partial A_R(\boldsymbol{x}_s)$ 是微分动力系统 $\{\boldsymbol{M},\boldsymbol{\Psi}\}$ 中稳定平衡点 $\boldsymbol{x}_s$ 的吸引域及其边界，并满足 A1～A3 假设条件，若不稳定平衡点 $\boldsymbol{x}_i^u$ 位于吸引域边界 $\partial A_R(\boldsymbol{x}_s)$ 上，当且仅当 $\boldsymbol{W}^u(\boldsymbol{x}_i^u)\cap A_R(\boldsymbol{x}_s)\neq\varnothing$，即必然有从 $\boldsymbol{x}_i^u$ 出发的不稳定流形收敛于 $\boldsymbol{x}_s$。

定理 2-6（吸引域边界的构成）　若 $A_R(\boldsymbol{x}_s),\partial A_R(\boldsymbol{x}_s)$ 是微分动力系统 $\{\boldsymbol{M},\boldsymbol{\Psi}\}$ 的稳定平衡点 $\boldsymbol{x}_s$ 的吸引域及其边界，并满足 A1～A3 假设条件，并设 $\boldsymbol{x}_i^u, i=1,2,3,\cdots$ 为吸引域边界 $\partial A_R(\boldsymbol{x}_s)$ 上的全部不稳定平衡点，则

$$\partial A_R(\boldsymbol{x}_s)=\bigcup_i \boldsymbol{W}^s(\boldsymbol{x}_i^u) \tag{2-29}$$

即 $\partial A_R(\boldsymbol{x}_s)$ 是由其上全部不稳定平衡点的稳定流形构成的。

定理 2-7（吸引域边界的构成）　若 $A_R(\boldsymbol{x}_s),\partial A_R(\boldsymbol{x}_s)$ 是微分动力系统 $\{\boldsymbol{M},\boldsymbol{\Psi}\}$ 的稳定平衡点 $\boldsymbol{x}_s$ 的吸引域及其边界，并满足 A1～A3 假设条件，并设 $\boldsymbol{x}_i^{\mathrm{I}}, i=1,2,3,\cdots$ 为稳定平衡点 $\boldsymbol{x}_s$ 吸引域边界 $\partial A_R(\boldsymbol{x}_s)$ 上的全部 I 型不稳定平衡点，则

$$\partial A_R(\boldsymbol{x}_s)=\bigcup_i \overline{\boldsymbol{W}^s(\boldsymbol{x}_i^{\mathrm{I}})} \tag{2-30}$$

即 $\partial A_R(\boldsymbol{x}_s)$ 是由其上全部 I 型不稳定平衡点稳定流形的闭包构成的。其中，$\overline{\boldsymbol{W}^s(\cdot)}$ 表示稳定流形 $\boldsymbol{W}^s(\cdot)$ 的闭包。该定理说明吸引域边界上，高阶不稳定平衡点（II 型及以上）的数目较 I 型不稳定平衡点的数目要少得多，数学上称为测度为零。

2.2.4 Lyapunov 稳定理论初步

俄国数学家兼工程师 Lyapunov（1857—1918），1892 年在他的博士论文中提出了后来被人们称为 Lyapunov 稳定性判别的方法，并在 1899 年左右形成了完整的理论体系。它是动力系统直接判稳理论的一个基础，同时也是一个很庞大的理论与方法体系，这里只介绍与平衡点稳定判别相关的一些基本概念。

Lyapunov 判稳方法的思想来源于对保守力场系统（如重力场）中能量性质的研究，它的基本思想可以描述为：对于动力系统的一个平衡点 $\boldsymbol{x}_s \in \mathbf{R}^n$，存在 $\mathbf{R}^n$ 空间中的一个范数 $\|\cdot\|$，使得在 $\boldsymbol{x}_s$ 附近的解 $\boldsymbol{x}(t)$，满足 $\|\boldsymbol{x}(t)-\boldsymbol{x}_s\|$ 随时间 t 递减，则 Lyapunov 证明只要能找到这样的一个范数，就可直接判定 $\boldsymbol{x}_s$ 是稳定平衡点。在实际应用中，范数 $\|\cdot\|$ 往往被取为系统中的某种能量，故而常被称为 Lyapunov 能量函数，使得数学上抽象的范数，被赋予了实际的物理意义。

定理 2-8（Lyapunov 稳定性定理） 设 $\boldsymbol{x}_e \in \boldsymbol{M}$ 为微分动力系统 $\{\boldsymbol{M},\boldsymbol{\Psi}\}$ 的一个平衡点，设 $V:\boldsymbol{M}\to\mathbf{R}$ 为定义在 $\boldsymbol{x}_e$ 邻域 $\boldsymbol{U}\subset\boldsymbol{M}$ 上的一个连续函数，且在 $\boldsymbol{U}$ 上可微，如果满足如下条件：

（1）$V(\boldsymbol{x}_e)=0$，且 $V(\boldsymbol{x})>0,\forall \boldsymbol{x}\neq\boldsymbol{x}_e$；

（2）在 $\boldsymbol{U}$ 上，V 满足 $\dfrac{\mathrm{d}V(\boldsymbol{x})}{\mathrm{d}t}\leqslant 0$，则 $\boldsymbol{x}_e$ 是稳定的。进一步，如果将上述第二个条件加强为

（2′）在 $\boldsymbol{U}$ 上，V 满足 $\dfrac{\mathrm{d}V(\boldsymbol{x})}{\mathrm{d}t}<0$，则 $\boldsymbol{x}_e$ 是渐近稳定的。

定理 2-8 是进行动力系统稳定性判别的一般性描述，在应用中需要根据实际情况，寻求合适的 Lyapunov 函数形式，而这也构成这类方法的重要研究内容。下面以一个简单的单摆系统为例，对 Lyapunov 判稳方法进行示意说明（图 2-4）。

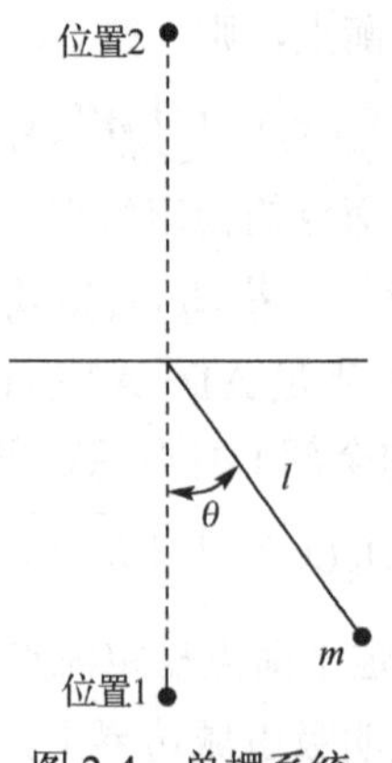

图 2-4 单摆系统

例 2-1　对于图 2-4 所示的单摆系统，杆长 l，杆与竖直轴的夹角为θ，单摆的角速度为$\dfrac{\mathrm{d}\theta}{\mathrm{d}t}$，运动速度为$l\dfrac{\mathrm{d}\theta}{\mathrm{d}t}$，假设单摆在运动中受到的摩擦力为其速度的线性函数：$-kl\dfrac{\mathrm{d}\theta}{\mathrm{d}t}$，其中 k 为大于 0 的小实数。由物理知识可知，系统存在两个可能的平衡点，即图中的位置 1 和位置 2，下面分别利用定理 2-1 和定理 2-8 对该系统的这两个平衡点进行稳定性的判别。

解：

1）系统方程

由图 2-4 可知，单摆小球是沿着半径为 l 的圆周做运动，其运动的方向就是圆周的切线方向，在该方向上小球受到的作用力为

$$F=-mg\sin\theta-kl\frac{\mathrm{d}\theta}{\mathrm{d}t} \tag{2-31}$$

式中，前者是小球的重力加速度分量；后者是其所受的摩擦力。根据牛顿第二定律，物体所受加速度与外力成正比，即

$$F=m\cdot a=-mg\sin\theta-kl\frac{\mathrm{d}\theta}{\mathrm{d}t} \tag{2-32}$$

式中，$a=l\dfrac{\mathrm{d}^2\theta}{\mathrm{d}t^2}$为小球的加速度，将其代入式（2-32）后经简单整理可得

$$\frac{\mathrm{d}^2\theta}{\mathrm{d}t^2}=-\frac{g}{l}\sin\theta-\frac{k}{m}\frac{\mathrm{d}\theta}{\mathrm{d}t} \tag{2-33}$$

引入角速度这一新变量：$\omega=\dfrac{\mathrm{d}\theta}{\mathrm{d}t}$，则式（2-33）可改写为如下标准形式，即

$$\begin{cases}\dfrac{\mathrm{d}\theta}{\mathrm{d}t}=f_1(\theta,\omega)=\omega\\[2mm]\dfrac{\mathrm{d}\omega}{\mathrm{d}t}=f_2(\theta,\omega)=-\dfrac{g}{l}\sin\theta-\dfrac{k}{m}\omega\end{cases} \tag{2-34}$$

2）系统的平衡点

根据定义 2-9 和式（2-12），我们可以根据式（2-35）确定单摆系统的平衡点，即

$$\begin{cases}f_1(\theta,\omega)=\omega=0\\[2mm]f_2(\theta,\omega)=-\dfrac{g}{l}\sin\theta-\dfrac{k}{m}\omega=0\end{cases} \tag{2-35}$$

经简单推导，可得系统的平衡点集合 $\boldsymbol{X}_e=\{(\theta_e,\ \omega_e)|\theta_e=i\pi,\omega_e=0,i=0,\pm1,\pm2,\cdots\}$。不难看出，平衡点对应于图 2-4 中所标的两个特殊位置。

位置 1：垂直轴的最低点，此时 $\boldsymbol{X}_e^1 = \{(\theta_e, \omega_e) \mid \theta_e = 2k \cdot \pi, \omega_e = 0, k = 0, \pm 1, \cdots\}$，系统的雅可比矩阵为

$$\boldsymbol{A} = \begin{bmatrix} \dfrac{\partial f_1}{\partial \theta} & \dfrac{\partial f_1}{\partial \omega} \\ \dfrac{\partial f_2}{\partial \theta} & \dfrac{\partial f_2}{\partial \omega} \end{bmatrix}_{\boldsymbol{X}_e^1} = \begin{bmatrix} 0 & 1 \\ -\dfrac{g}{l}\cos\theta & -\dfrac{k}{m} \end{bmatrix}_{\boldsymbol{X}_e^1} = \begin{bmatrix} 0 & 1 \\ -\dfrac{g}{l} & -\dfrac{k}{m} \end{bmatrix} \tag{2-36}$$

进一步，可求得雅可比矩阵的两个特征值为

$$s_{1,2} = \frac{-\dfrac{k}{m} \pm \sqrt{\left(\dfrac{k}{m}\right)^2 - 4\dfrac{g}{l}}}{2} \tag{2-37}$$

不难看出，此时雅可比矩阵的特征值均位于虚轴左侧（即实部小于零），同时考虑到空气摩擦力较小，即 k 的数值较小，则两个特征值通常为一对共轭特征值。根据定理 2-1 可知，位置 1 处对应的平衡点 $\boldsymbol{X}_e^1$ 均为稳定平衡点。

位置 2：垂直轴的最高点，此时 $\boldsymbol{X}_e^2 = \{(\theta_e, \omega_e) \mid \theta_e = (2k+1) \cdot \pi, \omega_e = 0, k = 0, \pm 1, \cdots\}$，此时系统的雅可比矩阵为

$$\boldsymbol{A} = \begin{bmatrix} \dfrac{\partial f_1}{\partial \theta} & \dfrac{\partial f_1}{\partial \omega} \\ \dfrac{\partial f_2}{\partial \theta} & \dfrac{\partial f_2}{\partial \omega} \end{bmatrix}_{\boldsymbol{X}_e^2} = \begin{bmatrix} 0 & 1 \\ -\dfrac{g}{l}\cos\theta & -\dfrac{k}{m} \end{bmatrix}_{\boldsymbol{X}_e^2} = \begin{bmatrix} 0 & 1 \\ \dfrac{g}{l} & -\dfrac{k}{m} \end{bmatrix} \tag{2-38}$$

进一步，可求得雅可比矩阵的两个特征值为

$$s_{1,2} = \frac{-\dfrac{k}{m} \pm \sqrt{\left(\dfrac{k}{m}\right)^2 + 4\dfrac{g}{l}}}{2} \tag{2-39}$$

不难看出，雅可比矩阵的特征值为一正一负两个实数，因此必然存在一个特征值位于虚轴右侧（实部大于零），根据定理 2-1 可知，位置 2 处对应的平衡点 $\boldsymbol{X}_e^2$ 均为不稳定平衡点。

3）稳定平衡点的 Lyapunov 函数和吸引域

由上述分析可知，位置 1 对应于系统的稳定平衡点集 $\boldsymbol{X}_e^1$，但考虑到圆周运动的周期性特点，我们只讨论其中的平衡点 $\boldsymbol{x}_0 = (0,0)$，并将角度限定在 $[-\pi, \pi]$ 范围内，在如下包含 $\boldsymbol{x}_0$ 的邻域 $\boldsymbol{U}$ 内讨论问题，即

$$\boldsymbol{U} = \{(\theta, \omega) \mid \omega \in R, -\pi \leqslant \theta \leqslant \pi\} \tag{2-40}$$

下面利用定理 2-8 方法对 $\boldsymbol{x}_0$ 的稳定性进行分析，并与定理 2-1 结论互为印证。选择系统总能量为其 Lyapunov 函数，即

$$V = V_{KE} + V_{PE} = \frac{1}{2} m \cdot l^2 \cdot \omega^2 + mg(l - l\cos\theta) \tag{2-41}$$

式中，动能和势能分别为

$$\begin{cases} V_{KE} = \dfrac{1}{2} mv^2 = \dfrac{1}{2} m(l\omega)^2 = \dfrac{1}{2} m \cdot l^2 \cdot \omega^2 \\ V_{PE} = mg(l - l\cos\theta) \end{cases} \tag{2-42}$$

该函数对时间的导数为

$$\begin{aligned} \frac{\mathrm{d}V}{\mathrm{d}t} &= m \cdot l^2 \omega\dot{\omega} + mgl\sin\theta\dot{\theta} = m \cdot l^2 \omega\left(-\frac{g}{l}\sin\theta - \frac{k}{m}\omega\right) + mgl\sin\theta\omega \\ &= -mg \cdot l\omega\sin\theta - kl^2\omega^2 + mg \cdot l\omega\sin\theta = -kl^2\omega^2 < 0 \end{aligned} \tag{2-43}$$

进一步，验证定理 2-8 中的两个条件。

（1）根据式（2-41）可知，系统的 Lyapunov 函数只有在平衡点 $\boldsymbol{x}_0$ 处取值为零，而在 $\boldsymbol{U}$ 领域的其他情况下取值均大于零，因此定理 2-8 的第一个条件满足。

（2）由式（2-43）可知，定理 2-8 的第二个（加强后的）条件也满足，因此由定理 2-8 可知，平衡点 $\boldsymbol{x}_0$ 为系统的一个渐近稳定平衡点，这与定理 2-1 结论是完全一致的。

对于 $\boldsymbol{X}_e^1$ 中的其他平衡点，进行类似分析可得相同结论；对于位置 2 对应的 $\boldsymbol{X}_e^2$ 平衡点集（在邻域 $\boldsymbol{U}$ 内时，涉及两个平衡点：$\boldsymbol{x}_1 = (-\pi, 0)$ 和 $\boldsymbol{x}_2 = (\pi, 0)$），读者可自行验证，无论如何努力都无法找到一个 Lyapunov 函数使得它同时满足定理 2-8 所设定的两个条件。

图 2-5 绘制了在一组典型参数（$m = 0.1\text{kg}, l = 10\text{m}, k = 0.1\text{Ns/m}$）下，单摆系统平衡点 $\boldsymbol{x}_0$ 的吸引域。从图中可清晰地看到如下规律。

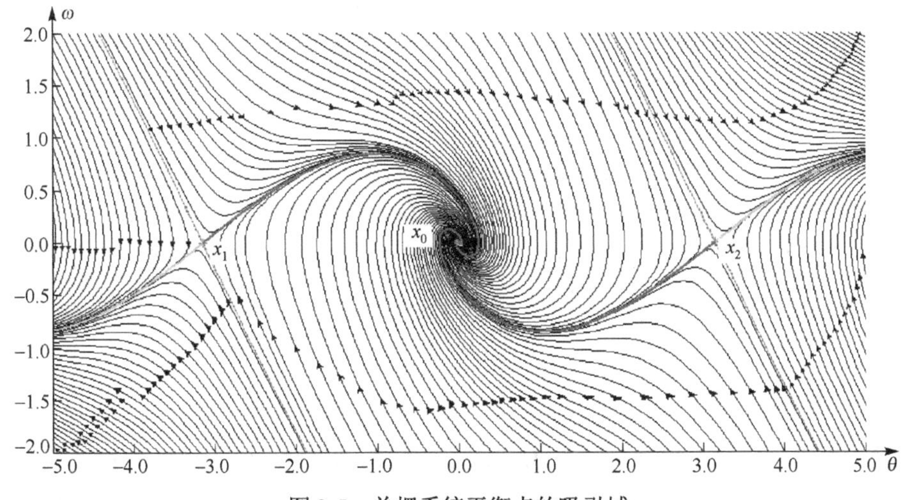

图 2-5　单摆系统平衡点的吸引域

（1）$\boldsymbol{x}_0$的吸引域由其周围全部的稳定流形构成（定义 2-23）。

（2）$\boldsymbol{x}_0$吸引域的边界由其边界上的不稳定平衡点$\boldsymbol{x}_1$和$\boldsymbol{x}_2$的稳定流形构成（定理 2-6），同时可以看到，两个不稳定平衡点均存在不稳定流形位于$\boldsymbol{x}_0$吸引域内（定理 2-5）。

利用 Lyapunov 稳定性理论进行动力系统稳定分析的核心工作，一是确定合适的 Lyapunov 函数，也常被称为寻求合适的稳定判据；二是估计稳定平衡点吸引域的大小和范围，一般通过估计吸引域的边界来实现。

2.3　动力系统结构稳定性

与平衡点的稳定性不同，结构稳定性是针对动力系统轨道的结构（或向量场的性质）而言的，主要研究受扰动后的动力系统与原系统之间的拓扑关系是否相同。

2.3.1　结构稳定性

定义 2-25（向量场的结构稳定性）　对于向量场$\boldsymbol{f} \in \boldsymbol{\Theta}^r(\boldsymbol{M})$，若存在$\boldsymbol{C}^k (k \leqslant r)$的邻域$\boldsymbol{U} \subset \boldsymbol{\Theta}^r(\boldsymbol{M})$，使得$\boldsymbol{f} \in \boldsymbol{U}$，且$\forall \boldsymbol{f}' \in \boldsymbol{U}$拓扑轨道等价于$\boldsymbol{f}$，则称向量场$\boldsymbol{f}$为$\boldsymbol{C}^k$结构稳定的。

定义 2-26（轨迹的结构稳定性）　对于轨迹$\boldsymbol{\phi}(\cdot) \in \mathrm{Dif}^r(\boldsymbol{M})$，若存在$\boldsymbol{C}^k$的小邻域$\boldsymbol{U} \subset \mathrm{Dif}^r(\boldsymbol{M})$，使得$\boldsymbol{\phi}(\cdot) \in \boldsymbol{U}$，且$\forall \boldsymbol{\phi}'(\cdot) \in \boldsymbol{U}$拓扑共轭于$\boldsymbol{\phi}(\cdot)$，则称$\boldsymbol{\phi}(\cdot)$是结构稳定的。

上述两个定义中的$\boldsymbol{f}'$和$\boldsymbol{\phi}'(\cdot)$，可看成动力系统在受扰之后对应的向量场和系统轨迹。由 Hartman-Grobman 定理（定理 2-3）可知，向量场的双曲奇点（或动力系统的双曲平衡点）附近的性质，可用其线性化形式加以研究，不难知道双曲奇点（或动力系统的双曲平衡点）是局部结构稳定的，因此有如下定理。

定理 2-9（局部结构稳定性定理）　设$\boldsymbol{f} \in \boldsymbol{\Theta}^r(\boldsymbol{M})$，$\boldsymbol{x}_e$是$\boldsymbol{f}$的一个双曲奇点，则向量场$\boldsymbol{f}$在$\boldsymbol{x}_e$附近是局部结构稳定的，即存在包含$\boldsymbol{f}$的$C^1$小邻域$\boldsymbol{U} \subset \boldsymbol{\Theta}^r(\boldsymbol{M})$，对于$\forall \boldsymbol{f}' \in \boldsymbol{U}$，$\boldsymbol{f}'$在$\boldsymbol{x}_e$附近有唯一的双曲奇点$\boldsymbol{x}_e' \in \boldsymbol{M}$，且$\boldsymbol{f}'$在$\boldsymbol{x}_e'$附近的某邻域与$\boldsymbol{f}$在$\boldsymbol{x}_e$的某邻域内拓扑轨道等价。

类似定义 2-26，我们可以将定理 2-9 进行修改，写为针对平衡点局部结构稳定的描述形式。结构稳定性主要研究动力系统在受到扰动（哪怕是微小扰动）之后，其拓扑学性质（表现为向量场和轨道的性质）是否会发生急剧变化的问题，动力系统的扰动多表现为系统某些运行参数的变动。针对动力系统结构稳定性的研究是分岔理论的核心内容。

2.3.2　动力系统分岔

定义 2-27（分岔点集合）　设$\boldsymbol{M}$为光滑流形，$\boldsymbol{\Omega}(\boldsymbol{M})$为$\boldsymbol{\Theta}^r(\boldsymbol{M})$中结构稳定的向量场集合，则称如下集合$\boldsymbol{\Lambda}=\boldsymbol{\Theta}^r(\boldsymbol{M}) \setminus \boldsymbol{\Omega}(\boldsymbol{M})$为分岔点集合，其中符号“\”表示排除之意。

定义 2-28（分岔值及分岔）　设 $\boldsymbol{p}\in\mathbf{R}^p$ 为动力系统的某一参数，$\boldsymbol{f}(\boldsymbol{p})\in\Theta^r(\boldsymbol{M})$ 为随 $\boldsymbol{p}$ 取值变动而得到的系统向量场，若 $\boldsymbol{f}(\boldsymbol{p}_0)\in\boldsymbol{\varLambda}$，则称 $\boldsymbol{p}_0$ 为向量场族 $\boldsymbol{f}(\boldsymbol{p})$ 的分岔值。当参数 $\boldsymbol{p}$ 通过分岔值时，在相空间中向量场 $\boldsymbol{f}(\boldsymbol{p})$ 对应的拓扑轨道的性质会发生变化，则称此时系统出现了分岔。

对于离散动力系统，可类似给出其分岔点集合和分岔的定义，在此不再赘述。

定义 2-29（同宿轨道和异宿轨道）　如果这一轨道不是奇点（或闭轨）本身，而且它的 α 极限集与 ω 极限集都与这个奇点（或闭轨）一致，向量场的相轨迹称为奇点（或闭轨）的同宿轨道；如果它的 α 极限集与 ω 极限集是不同的奇点（或闭轨），则相轨迹被称为异宿轨道。

由定理 2-9 和定义 2-28 可知，如果向量场在奇点附近发生分岔，则该奇点必是非双曲型的（即中心点）。在进行稳定性分析中，通常将发生在奇点（或闭轨）的小邻域内，且与它的双曲性破坏相关联的分岔称为局部分岔；将发生在有限个同宿轨道或异宿轨道的小邻域内的分岔现象称为半局部分岔；所有其他需要考虑向量场全局行为的分岔称为全局分岔。当然，局部与全局是相对的，局部分岔有时也会影响向量场的全局结构。习惯上还可按研究对象，将分岔问题分为静态分岔和动态分岔两类。对于如下的非线性系统，即

$$\dot{\boldsymbol{x}}=\boldsymbol{f}(\boldsymbol{x},t,\boldsymbol{p}),\quad \boldsymbol{x}\in\boldsymbol{M},\quad \boldsymbol{p}\in\mathbf{R}^p \tag{2-44}$$

式中，$\boldsymbol{x}$ 为状态变量；$\boldsymbol{p}$ 为分岔变量。静态分岔研究如下形式的分岔方程（即平衡点方程）解的数目或解的性态（如双曲性的变化）随分岔变量 $\boldsymbol{p}$ 连续变化而出现的分岔现象。

$$\boldsymbol{f}(\boldsymbol{x},t,\boldsymbol{p})=0 \tag{2-45}$$

动态分岔则是研究与动力系统的闭轨，同宿轨道，异宿轨道，不变环面的产生、消失和变化相关的分岔现象。

本书在研究和讨论时滞电力系统的稳定性时，既会涉及时滞动力系统的局部分岔现象，又会涉及其全局分岔现象，同时既涉及其静态分岔现象，又涉及其动态分岔现象。

此外，将本节与 2.2 节平衡点的稳定性内容加以比较会发现，两者既有联系又有区别，主要表现在：①平衡点稳定性是针对系统相空间平衡点曲线来定义的，而系统结构稳定性是针对系统参数空间定义的；②系统的平衡点是结构稳定的，但平衡点可能是稳定的，也可能是不稳定的，因为双曲不稳定平衡点同样是结构稳定的；③系统的稳定运行点可能是结构稳定的，也可能是结构不稳定的，而系统的渐近稳定平衡点（对应于双曲稳定平衡点），必然是结构稳定的。

2.3.3　中心流形定理

由于双曲稳定平衡点是结构稳定的，系统结构稳定性的破坏与非双曲平衡点（即

中心点）密切相关。直接对高维复杂动力系统的分岔行为进行分析和研究的难度较大，而中心流形定理告诉我们，可以将这个复杂问题转换为对一个低维等价系统的研究。

定义 2-30（中心流形） 设 $\boldsymbol{x}_c \in \boldsymbol{M}$ 为微分动力系统 $\{\boldsymbol{M},\boldsymbol{\Psi}\}$ 的一个中心点，$\boldsymbol{W}^c(\boldsymbol{x}_c)$ 是该系统的一个不变流形，它与 $\boldsymbol{x}_c$ 的中心子空间 $\boldsymbol{M}^c$ 具有相同维数，且在 $\boldsymbol{x}_c$ 点处与 $\boldsymbol{M}^c$ 相切，则称 $\boldsymbol{W}^c(\boldsymbol{x}_c)$ 为该系统的中心流形。

结合式（2-20）～式（2-22）可知，在动力系统的中心点附近存在三种流形：稳定流形 $\boldsymbol{W}^s(\boldsymbol{x}_c)$、不稳定流形 $\boldsymbol{W}^u(\boldsymbol{x}_c)$ 和中心流形 $\boldsymbol{W}^c(\boldsymbol{x}_c)$，且它们在 $\boldsymbol{x}_c$ 处分别与稳定子空间 $\boldsymbol{M}^s$、不稳定子空间 $\boldsymbol{M}^u$ 和中心子空间 $\boldsymbol{M}^c$ 相切，同时三个流形的维数也与三个子空间的维数相同。稳定流形和不稳定流形是结构稳定的，而中心点在参数变动中的动态行为就与中心流形存在密切关系。

定理 2-10（中心流形定理） 设 $\boldsymbol{f}(\cdot)$ 是微分动力系统 $\{\boldsymbol{M},\boldsymbol{\Psi}\}$ 的伴生向量场，且满足二次连续可微，$\boldsymbol{x}_c$ 是系统的一个中心点，在该点处的雅可比矩阵 $D_{\boldsymbol{x}}\boldsymbol{f}(\boldsymbol{x}_c)$ 的特征谱为：$\sigma=(s_1,s_2,\cdots,s_n)$，并记 $\sigma_s=\{s_i\,|\,\mathrm{Re}(s_i)<0\}$，$\sigma_c=\{s_i\,|\,\mathrm{Re}(s_i)=0\}$，$\sigma_u=\{s_i\,|\,\mathrm{Re}(s_i)>0\}$，相应于 $\sigma_s,\sigma_c,\sigma_u$ 的稳定子空间、中心子空间和不稳定子空间分别记为：$\boldsymbol{M}^s,\boldsymbol{M}^c,\boldsymbol{M}^u$，则有如下结果成立。

（1）系统的稳定流形 $\boldsymbol{W}^s(\boldsymbol{x}_c)$ 与 $\boldsymbol{M}^s$ 在 $\boldsymbol{x}_c$ 处相切，不稳定流形 $\boldsymbol{W}^u(\boldsymbol{x}_c)$ 与 $\boldsymbol{M}^u$ 在 $\boldsymbol{x}_c$ 处相切，同时其中心流形 $\boldsymbol{W}^c(\boldsymbol{x}_c)$ 与 $\boldsymbol{M}^c$ 也在 $\boldsymbol{x}_c$ 处相切。

（2）微分动力系统伴生的微分方程 $\dot{\boldsymbol{x}}=\boldsymbol{f}(\cdot)$，在 $\boldsymbol{x}_c$ 的局部邻域内拓扑等价于

$$\begin{cases}\dot{\tilde{\boldsymbol{x}}}=\boldsymbol{f}_c(\tilde{\boldsymbol{x}})\\ \dot{\boldsymbol{y}}=-\boldsymbol{y}\\ \dot{\boldsymbol{z}}=\boldsymbol{z}\end{cases} \tag{2-46}$$

式中，$\tilde{\boldsymbol{x}}\in\boldsymbol{M}^c$；$\boldsymbol{y}\in\boldsymbol{M}^s$；$\boldsymbol{z}\in\boldsymbol{M}^u$。

中心流形定理的一个用途，即是将一个复杂高维动力系统平衡点局部邻域拓扑结构的研究，转化为对与其拓扑等价低维系统的研究，从而使研究难度大大降低。下面利用式（2-47）所示的简单系统来对定理 2-10 的具体应用加以解释说明，即

$$\begin{cases}\dot{\boldsymbol{x}}=\boldsymbol{A}\boldsymbol{x}+\boldsymbol{f}(\boldsymbol{x},\boldsymbol{y})\\ \dot{\boldsymbol{y}}=\boldsymbol{B}\boldsymbol{y}+\boldsymbol{g}(\boldsymbol{x},\boldsymbol{y})\end{cases} \tag{2-47}$$

式中，$\boldsymbol{x}\in\mathbf{R}^n$；$\boldsymbol{y}\in\mathbf{R}^m$；$\boldsymbol{A}$ 和 $\boldsymbol{B}$ 分别为 $n\times n, m\times m$ 矩阵，且 $\boldsymbol{A}$ 的特征值实部全部为零，$\boldsymbol{B}$ 的特征值实部全部小于零。在原点处，系统（2-47）满足

$$\begin{cases}\boldsymbol{f}(0,0)=0\\ \boldsymbol{g}(0,0)=0\\ D_{\boldsymbol{x}}\boldsymbol{f}(0,0)=0\\ D_{\boldsymbol{y}}\boldsymbol{g}(0,0)=0\end{cases} \tag{2-48}$$

以上条件使得原点 (0,0) 为该系统的一个中心点，且中心子空间 $\boldsymbol{M}^c=\mathbf{R}^n$，而稳定子空间 $\boldsymbol{M}^s=\mathbf{R}^m$。中心流形 $\boldsymbol{W}^c$ 在原点处与 $\boldsymbol{M}^c$ 相切，则必然存在包含原点的邻域 $\boldsymbol{U}\subset\mathbf{R}^n$ 以及可微映射 $\boldsymbol{h}:\boldsymbol{U}\to\mathbf{R}^m$，使得 $\boldsymbol{W}^c$ 在原点邻域内可表示为如下形式，即

$$\boldsymbol{W}^c=\{(\boldsymbol{x},\boldsymbol{y})\mid \boldsymbol{y}=\boldsymbol{h}(\boldsymbol{x}),\boldsymbol{x}\in\boldsymbol{U}\} \tag{2-49}$$

同时映射 $\boldsymbol{h}$ 在该原点处满足

$$\boldsymbol{h}(0)=0,\quad D_{\boldsymbol{x}}\boldsymbol{h}(0)=0 \tag{2-50}$$

利用式（2-50），我们可以确定映射 $\boldsymbol{h}$ 的具体表达式。进一步，利用定理 2-10，我们可知式（2-47）中心流形的拓扑性质，可通过如下降维系统（2-51）来加以研究，即

$$\dot{\boldsymbol{x}}=\boldsymbol{A}\boldsymbol{x}+\boldsymbol{f}(\boldsymbol{x},\boldsymbol{h}(\boldsymbol{x})) \tag{2-51}$$

不难发现，原来 $n+m$ 维复杂系统在原点邻域内中心流形的拓扑学性质，就可通过式（2-51）这样一个降维后的 n 维系统来研究，而定理 2-10 则保证后者的结果与原复杂系统是等价的。

下面，我们用一个简单的例子来进行示意。

例 2-2　考虑如下二维微分动力系统，即

$$\begin{cases}\dot{x}=a(x+y)^2-b(x+y)y\\ \dot{y}=-y-a(x+y)^2+b(x+y)y\end{cases} \tag{2-52}$$

将式（2-52）表示为式（2-47）所示标准形式后有：$\boldsymbol{A}=[0],\boldsymbol{B}=[-1],\boldsymbol{f}(\boldsymbol{x},\boldsymbol{y})=-\boldsymbol{g}(\boldsymbol{x},\boldsymbol{y})=a(x+y)^2-b(x+y)y$。不难发现，式（2-52）在原点处，满足定理 2-10 所设定的条件。为此根据定理 2-10，我们引入映射 $y=h(x)$，并考虑其满足式（2-50），则在原点处进行泰勒展开，可得

$$y=h(x)=a_2x^2+a_3x^3+\cdots \tag{2-53}$$

对式（2-53）求导，有

$$\dot{y}=D_xh(x)\cdot\dot{x} \tag{2-54}$$

将式（2-52）的第一式代入式（2-54）得

$$\dot{y}=N_1(x)=D_xh(x)\cdot[a(x+h(x))^2-b(x+h(x))h(x)] \tag{2-55}$$

而将式（2-53）代入式（2-52）的第二式得

$$\dot{y}=N_2(x)=-h(x)-a(x+h(x))^2+b(x+h(x))h(x) \tag{2-56}$$

联立式（2-55）和式（2-56）得

$$N(x)=N_1(x)-N_2(x)=0 \tag{2-57}$$

式中

$$N_1(x)=[2a_2x+O(x^2)]\cdot[a(x+O(x^2))^2-b(x+O(x^2))O(x^2)]$$
$$=2a_2ax^3+O(x^4) \tag{2-58}$$

$$-N_2(x)=a_2x^2+a_3x^3+O(x^4)+a(x+a_2x^2+O(x^3))^2$$
$$-b(x+a_2x^2+O(x^3))(a_2x^2+O(x^3))$$
$$=a_2x^2+a_3x^3+ax^2+2aa_2x^3-ba_2x^3+O(x^4) \tag{2-59}$$

将式（2-58）和式（2-59）代入式（2-57），可得

$$N(x)=(a_2+a)x^2+(2a_2a+a_3+2aa_2-ba_2)x^3+O(x^4)=0 \tag{2-60}$$

因此有如下关系，即

$$a_2=-a \tag{2-61}$$

$$a_3=a(4a-b) \tag{2-62}$$

将式（2-61）和式（2-62）代入式（2-53），可得

$$h(x)=a_2x^2+a_3x^3+O(x^4)=-ax^2+a(4a-b)x^3+O(x^4)=-ax^2+O(x^3) \tag{2-63}$$

进一步，将式（2-63）代入式（2-52）的第一式，可得如下与原系统中心流形等价的降维系统，即

$$\dot{x}=a(x+h(x))^2-b(x+h(x))h(x)$$
$$=a(x-ax^2+O(x^3))^2-b(x-ax^2+O(x^3))(-ax^2+O(x^3))$$
$$=ax^2+a(b-2a)x^3+O(x^4) \tag{2-64}$$

由此可见，原系统的中心流形与式（2-64）的流形拓扑等价，因此可用降维后的式（2-64）系统研究原系统在原点附近的拓扑学性质。

2.3.4　几类常见分岔

为简单起见，采用如下简单动力系统来示意说明几种常见的分岔现象，即

$$\dot{\boldsymbol{x}}=\boldsymbol{f}(\boldsymbol{x},\boldsymbol{p}),\quad \boldsymbol{x}\in\mathbf{R}^n,\quad \boldsymbol{p}\in\mathbf{R}^p \tag{2-65}$$

1．鞍节点分岔（saddle node bifurcation）

鞍节点分岔是动力系统中最常见的一种静态分岔，也称为切分岔（tangential bifuration）或折叠分岔（fold bifuration），它与系统平衡点个数的增减相关。当鞍节点分岔出现时，系统（2-65）的雅可比矩阵将存在至少一个零特征值，为简单起见，这里仅考虑存在一个零特征值（余维为 1）的情况。由前面中心流形定理可知，此时系统（2-65）的中心流形可用一个 1 维动力系统来等价描述，不妨设其为

$$\dot{x}=f(x,\alpha),\quad x\in\mathbf{R},\quad \alpha\in\mathbf{R} \tag{2-66}$$

如下定理给出鞍节点分岔的定义。

定义 2-31（鞍节点分岔）　对于式（2-66）所示的微分动力系统，称 α_* 为其鞍节点分岔，若在该点处同时满足如下条件：

（1）$f(x_0,\alpha_*)=0$，即 $\alpha=\alpha_*$ 时，x_0 为该系统的一个平衡点；

（2）$\dfrac{\mathrm{d}}{\mathrm{d}x}f(x_0,\alpha_*)=f_x(x_0,\alpha_*)=0$，即存在零特征值；

（3）$\dfrac{\mathrm{d}^2}{\mathrm{d}x^2}f(x_0,\alpha_*)\neq 0$；

（4）$\dfrac{\mathrm{d}}{\mathrm{d}\alpha}f(x_0,\alpha_*)\neq 0$。

理论上可以证明，任何满足上述条件的式（2-66），在鞍节点分岔点附近邻域，均与式（2-67）拓扑等价，即

$$\dot{y}=\alpha\pm y^2,\quad y\in\mathbf{R},\quad \alpha\in\mathbf{R} \tag{2-67}$$

其线性形式为

$$\Delta\dot{y}=f_y(x_0,\alpha_*)=\pm 2y_0\cdot\Delta y \tag{2-68}$$

分两种情况来进行讨论。

（1）$\dot{y}=\alpha+y^2$ 时：不难看到，当 $\alpha>0$ 时，系统没有平衡点；$\alpha=0$ 时，系统存在一个平衡点 $y_0=0$；$\alpha<0$ 时，系统存在两个平衡点 $y_0^1=\sqrt{-\alpha},y_0^2=-\sqrt{-\alpha}$。进一步可知，平衡点 y_0^1 对应雅可比矩阵特征值为 $2\sqrt{-\alpha}>0$，故为不稳定平衡点；平衡点 y_0^2 对应雅可比矩阵特征值为 $-2\sqrt{-\alpha}<0$，故为稳定平衡点。该系统的平衡点及其相应流形的分布情况示于图 2-6(a)，图中实线部分为稳定平衡点曲线，虚线部分为不稳定平衡点曲线，随 α 数值增加，两者在原点处相遇后消失。

（2）$\dot{y}=\alpha-y^2$ 时：$\alpha<0$ 时，系统没有平衡点；$\alpha=0$ 时，系统存在一个平衡点 $y_0=0$；$\alpha>0$ 时，系统存在两个平衡点 $y_0^1=\sqrt{\alpha},y_0^2=-\sqrt{\alpha}$。进一步可知，平衡点 y_0^1 对应雅可比矩阵特征值为 $-2\sqrt{\alpha}<0$，故为稳定平衡点；平衡点 y_0^2 对应雅可比矩阵特征值为 $2\sqrt{\alpha}>0$，故为不稳定平衡点。该系统的平衡点及其相应流形的分布示于图 2-6(b)，不难发现图 2-6(a)与图 2-6(b)以原点为中心相互镜像。

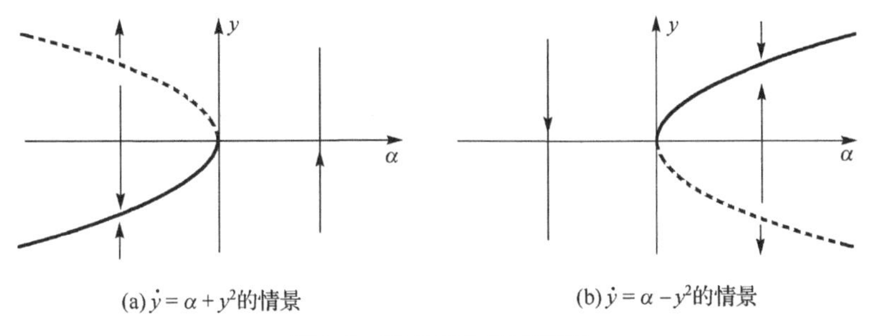

(a) $\dot{y}=\alpha+y^2$的情景　　(b) $\dot{y}=\alpha-y^2$的情景

图 2-6　鞍节点分岔示意图

2. 跨临界分岔（transcritical bifurcation）

跨临界分岔也是动力系统中最常见的一种静态分岔，它在参数变动过程中，雅可比矩阵的某个特征值会穿越原点，从而引起平衡点稳定性的改变。同样，利用中心流形定理，我们可采用式（2-66）来讨论高维复杂系统在跨临界分岔附近的拓扑结构。

定义 2-32（跨临界分岔）　对于式（2-66）所示的微分动力系统，称α_*为其跨临界分岔，若在该处同时满足如下条件：

（1）$f(x_0,\alpha_*)=0$，即$\alpha=\alpha_*$时，x_0为该系统的一个平衡点；

（2）$\dfrac{\mathrm{d}}{\mathrm{d}x}f(x_0,\alpha_*)=f_x(x_0,\alpha_*)=0$，即存在零特征值；

（3）$\dfrac{\mathrm{d}^2}{\mathrm{d}x^2}f(x_0,\alpha_*)\neq 0$；

（4）$\dfrac{\mathrm{d}}{\mathrm{d}\alpha}f_x(x_0,\alpha_*)\neq 0$。

理论上可以证明，任何复杂微分动力系统的跨临界分岔，均与式（2-69）拓扑等价，即

$$\dot{y}=y\alpha\pm y^2,\quad y\in\mathbf{R},\quad \alpha\in\mathbf{R} \tag{2-69}$$

为简单起见，我们仅以式（2-69）取负号情况为例进行讨论。此时系统存在两个平衡点：$y_0^1=0,y_0^2=\alpha$，对应的雅可比矩阵特征值为：$s_1=\alpha,s_2=-\alpha$。由此不难看出：当$\alpha<0$时，y_0^1为稳定平衡点，y_0^2为不稳定平衡点；当$\alpha>0$时，y_0^1变为不稳定平衡点，y_0^2变为稳定平衡点；而$\alpha=0$时，两个平衡点相遇，随后两个平衡点的稳定性发生逆转。此时跨临界分岔的相关情况示于图 2-7。

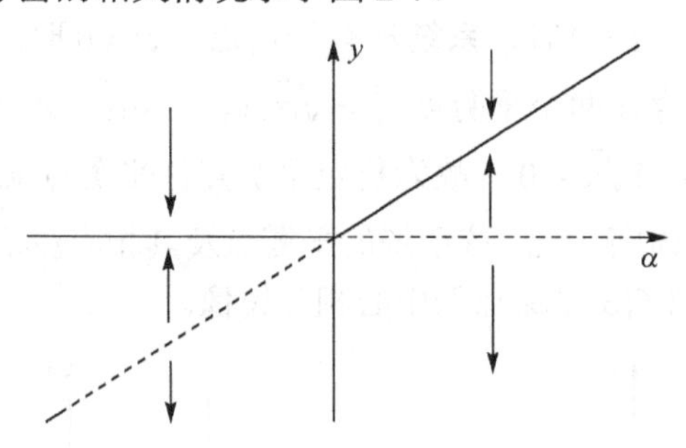

图 2-7　跨临界分岔（$\dot{y}=y\alpha-y^2$）示意图

3. 叉型分岔（pitchfork bifurcation）

定义 2-33（叉型分岔）　对于式（2-66）所示的微分动力系统，称α_*为其叉型分岔，若该系统同时满足如下条件：

（1）对于$\forall x,\alpha\in\mathbf{R}$，均有$f(-x,\alpha)=-f(x,\alpha)$；

（2）$f(x_0,\alpha_*)=0$，即 $\alpha=\alpha_*$ 时，x_0 为该系统的一个平衡点；

（3）$\dfrac{\mathrm{d}}{\mathrm{d}x}f(x_0,\alpha_*)=f_x(x_0,\alpha_*)=0$，即存在零特征值；

（4）$\dfrac{\mathrm{d}^3}{\mathrm{d}x^3}f(x_0,\alpha_*)\neq 0$；

（5）$\dfrac{\mathrm{d}}{\mathrm{d}\alpha}f_x(x_0,\alpha_*)\neq 0$。

理论上可以证明，任何复杂微分动力系统的叉型分岔，均与式（2-70）拓扑等价，即

$$\dot{y}=y\alpha\pm y^3,\quad y\in\mathbf{R},\quad \alpha\in\mathbf{R} \tag{2-70}$$

进一步，式（2-70）取减号时，称此分岔为超临界分岔，反之，当其取加号时，称为亚临界分岔，如图 2-8 所示。可仿照鞍节点分岔和跨临界分岔的思路，来分析和研究两类分岔的拓扑结构及相应特点。

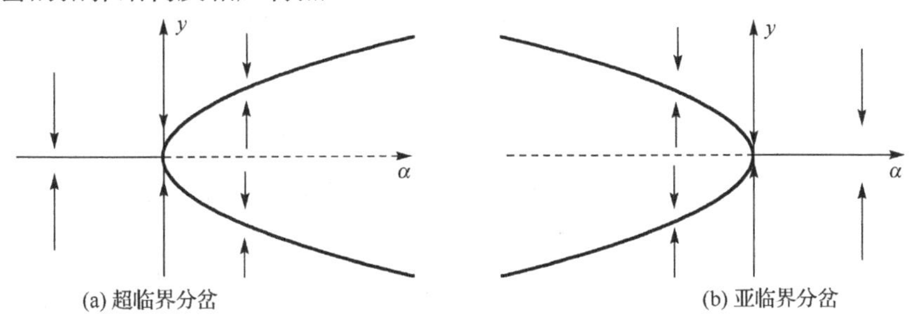

(a) 超临界分岔　　(b) 亚临界分岔

图 2-8　叉型分岔示意图

鞍节点分岔、跨临界分岔和叉型分岔点的两端均存在稳定与不稳定平衡点曲线，假设系统的某一参数驱动它的平衡点由分岔点一端的平衡点曲线运动到另一端，则其稳定性将发生逆转，反映到系统雅可比矩阵的特征值，则表现为关键特征值（即在分岔点处为零的特征值）在此过程中沿实轴穿越复平面，如图 2-9(a)所示（只示例了特征值向右穿越虚轴的情况，反之亦可），因此上述三类分岔也可简称为广义的鞍节点分岔。而 Hopf 分岔的出现将伴随系统的周期轨道（闭轨）的产生或消亡，因此它也是一类典型的动态分岔。当一个 Hopf 分岔产生时，系统雅可比矩阵的一对共轭特征值将横穿虚轴，如图 2-9(b)所示（只示例了特征值向右穿越虚轴的情况，反之亦可）。

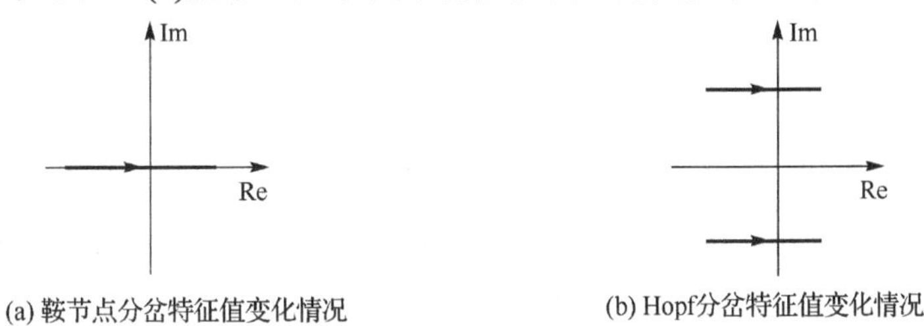

(a) 鞍节点分岔特征值变化情况　　(b) Hopf分岔特征值变化情况

图 2-9　两类分岔的关键特征值变化

4. Hopf 分岔（Hopf bifurcation）

在 Hopf 分岔点处，一对共轭特征值位于虚轴上，因此根据中心流形定理，我们可以考虑与之拓扑等价的如下二维系统，即

$$\dot{\boldsymbol{x}} = \boldsymbol{f}(\boldsymbol{x}, \alpha), \quad \boldsymbol{x} \in \mathbf{R}^2, \quad \alpha \in \mathbf{R} \tag{2-71}$$

定义 2-34（Hopf 分岔）　对于式（2-71）所示的微分动力系统，称 α_* 为其 Hopf 分岔，若系统同时满足如下条件：

（1）$\boldsymbol{f}(\boldsymbol{x}_0, \alpha_*) = 0$，即 $\alpha = \alpha_*$ 时，$\boldsymbol{x}_0$ 为该系统的一个平衡点；

（2）在 α_* 邻域内，系统雅可比矩阵特征值可表示为：$s_{1,2} = \mu(\alpha) \pm \mathrm{j}\beta(\alpha)$，且在 $\alpha = \alpha_*$ 时，该特征值为一对共轭虚数，即 $s_{1,2}(\alpha_*) = \pm \mathrm{j}\omega_0$，$\omega_0 > 0$；

（3）$\dfrac{\mathrm{d}}{\mathrm{d}\alpha}\mu(\alpha_*) \neq 0$。

进一步，在 Hopf 分岔点附近，式（2-71）与式（2-72）拓扑等价，即

$$\begin{cases} y_1 = \beta y_1 - y_2 + \chi y_1(y_1^2 + y_2^2) \\ y_2 = y_1 + \beta y_2 + \chi y_2(y_1^2 + y_2^2) \end{cases} \tag{2-72}$$

并称式（2-72）是式（2-71）在 Hopf 分岔点附近的正规型（normal form）；$(y_1, y_2) \in \mathbf{R}^2$，$\beta \in \mathbf{R}, \chi = \mathrm{sign}(l_1(0))$，$l_1$ 称为系统的第一 Lyapunov 系数（first Lyapunov coefficient），关于它的求解，请参阅相关专著。进一步，根据 χ 取值的不同，可得两类不同类型的 Hopf 分岔。

（1）$\chi = -1$，称为超临界 Hopf 分岔，此时在 $\beta \leqslant 0$，系统存在一个稳定平衡点；而在 $\beta > 0$，该平衡点变为不稳定，同时在其周围形成半径为 $\sqrt{\beta}$ 的稳定极限环（对应于系统的闭轨），如图 2-10 所示。

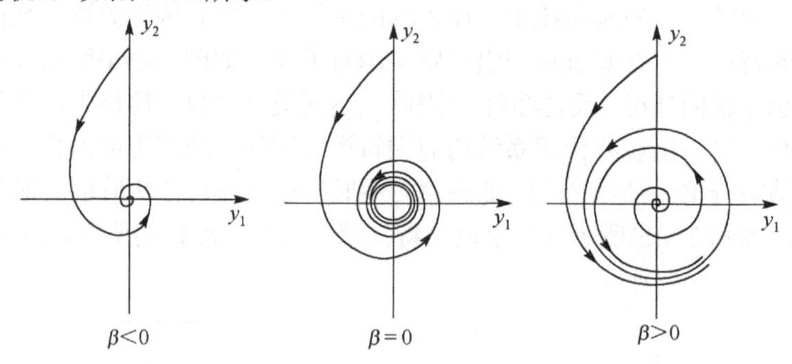

图 2-10　超临界 Hopf 分岔

（2）$\chi = +1$，称为亚临界 Hopf 分岔，此时在 $\beta \leqslant 0$，系统存在一个稳定平衡点，同时其周围存在半径为 $\sqrt{\beta}$ 的不稳定极限环；而在 $\beta > 0$，该平衡点变为不稳定，同时极限环消失，如图 2-11 所示。

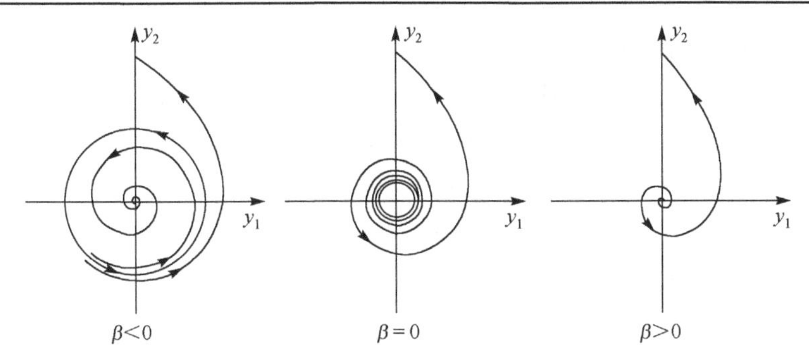

图 2-11　亚临界 Hopf 分岔

2.4　电力系统微分–代数方程模型

实际电力系统的动态非常复杂，在对其进行建模时，往往需要通过消除瞬变不连续量和时标简化两个步骤，将电力系统动态表示为微分–代数方程（Differential Algebraic Equation, DAE）模型。

2.4.1　电力系统模型简化

实际电力系统是一个高维、混杂的复杂动态系统，不仅包含动态元件和静态元件，还包含间断操作元件，其中：动态元件需要用微分方程来表示，如发电机的转动、发电机内部线圈电势的变动等，描述其运动变化规律的参量对应于系统的状态变量，如发电机的转子角、滑差和内电势等；静态元件的变化规律需要用代数方程来表示，对应的参数为系统的代数变量，如网络的潮流分布需要通过求解潮流方程来确定，潮流方程给出了系统中有功潮流和无功潮流与系统节点电压幅值及角度间的内在关系，而有功潮流、无功潮流、电压幅值和电压角度均为系统的代数变量；间断操作元件则一般需要用差分方程来表示，如有载调压变压器（OLTC）变比的变化、分组投切电容器组的变化、甩负荷控制措施等，对应的参量一般为一些不连续的瞬变变量。此外，电力系统动态环节的变化规律非常复杂，一些环节（如长线路的波过程）的动态过程非常迅速，对应的时间常数非常小；而另外一些环节（如居民热力负荷随电压幅值的缓慢变化）的动态过程则很缓慢，对应的时间常数非常大。因此，考虑以上因素后，完整的电力系统动态模型可表示为

$$\begin{cases}\dot{\boldsymbol{z}}_c=\boldsymbol{h}_c(\boldsymbol{x},\boldsymbol{y},\boldsymbol{z}_c,\boldsymbol{z}_d(k),\boldsymbol{p})\\ \boldsymbol{z}_d(k+1)=\boldsymbol{h}_d(\boldsymbol{x},\boldsymbol{y},\boldsymbol{z}_c,\boldsymbol{z}_d(k),\boldsymbol{p})\\ \dot{\boldsymbol{x}}=\boldsymbol{f}(\boldsymbol{x},\boldsymbol{y},\boldsymbol{z}_c,\boldsymbol{z}_d(k),\boldsymbol{p})\\ \boldsymbol{0}=\boldsymbol{g}(\boldsymbol{x},\boldsymbol{y},\boldsymbol{z}_c,\boldsymbol{z}_d(k),\boldsymbol{p})\end{cases} \tag{2-73}$$

式中，$\boldsymbol{z}_c\in\mathbf{R}^c$ 为慢动态变量；$\boldsymbol{x}\in\mathbf{R}^x$ 为快动态变量；$\boldsymbol{z}_d\in\mathbf{R}^d$ 为不连续的瞬变变量；

$\boldsymbol{y} \in \mathbf{R}^y$ 为代数变量；$\boldsymbol{p} \in \mathbf{R}^p$ 为分岔变量。由于该模型有快、慢两种动态，还存在不连续的瞬变变量，直接研究十分困难，在实际应用中一般需要经过如下两步进行必要简化：一是消去式（2-73）中的不连续瞬变变量，从而将式（2-73）简化为普通的微分-代数方程；二是根据所研究时段的不同，对模型中的一个时标进行简化，具体过程如下。

1. 步骤一：消去不连续的瞬变变量

（1）途径一：将 $\boldsymbol{z}_d$ 处理成分段连续函数，此时，在每一个区段内，$\boldsymbol{z}_d$ 可认为是一个代数变量，则式（2-73）将变为

$$\begin{cases}\dot{\boldsymbol{z}}_c = \boldsymbol{h}_c(\boldsymbol{x},\boldsymbol{y},\boldsymbol{z}_c,\boldsymbol{z}_d,\boldsymbol{p}) \\ \dot{\boldsymbol{x}} = \boldsymbol{f}(\boldsymbol{x},\boldsymbol{y},\boldsymbol{z}_c,\boldsymbol{z}_d,\boldsymbol{p}) \\ \boldsymbol{0} = \boldsymbol{h}_d(\boldsymbol{x},\boldsymbol{y},\boldsymbol{z}_c,\boldsymbol{z}_d,\boldsymbol{p}) \\ \boldsymbol{0} = \boldsymbol{g}(\boldsymbol{x},\boldsymbol{y},\boldsymbol{z}_c,\boldsymbol{z}_d,\boldsymbol{p})\end{cases} \tag{2-74}$$

（2）途径二：将 $\boldsymbol{z}_d$ 近似处理为连续的动态变量，此时 $\boldsymbol{z}_d$ 的变化将由一个微分方程来近似描述，同时考虑到电力系统中不连续的瞬变变量的变动周期一般较长（如OLTC分接头的变动，分组投切的电容器组的变化等），通常可将其等效的动态方程归入慢动态环节（若系统中存在变化较快的瞬变变量，则近似处理后可归入快动态环节，其处理方式是一样的，只是形式略有不同），则式（2-73）将变为

$$\begin{cases}\dot{\boldsymbol{z}} = \boldsymbol{h}(\boldsymbol{x},\boldsymbol{y},\boldsymbol{z},\boldsymbol{p}) \\ \dot{\boldsymbol{x}} = \boldsymbol{f}(\boldsymbol{x},\boldsymbol{y},\boldsymbol{z},\boldsymbol{p}) \\ \boldsymbol{0} = \boldsymbol{g}(\boldsymbol{x},\boldsymbol{y},\boldsymbol{z},\boldsymbol{p})\end{cases} \tag{2-75}$$

式中，$\boldsymbol{z} = (\boldsymbol{z}_c, \boldsymbol{z}_d)^{\mathrm{T}}$ 为合并后的慢动态变量；$\boldsymbol{h} = (\boldsymbol{h}_c, \boldsymbol{h}_d)^{\mathrm{T}}$ 为合并后慢动态变量对应的向量场。

2. 步骤二：时标简化

消去不连续的瞬变变量后的系统方程（式（2-74）和式（2-75））仍然含有快慢两个动态环节，分析和研究时存在一定难度（如仿真分析中的刚性问题），为此根据研究问题的需要，可对一种时标动态进行简化处理，使之变为单时标系统，为简单起见，下面以式（2-75）为例进行描述。

（1）主要研究系统的短期（short term）过程时，$\boldsymbol{x}$ 的变化很快，在所关心的较短时间段内，$\boldsymbol{z}_c$ 数值变化很小，$\boldsymbol{z}_d$ 往往保持不变，因此可假定 $\boldsymbol{z}_c$ 和 $\boldsymbol{z}_d$ 为已知的固定值，相应的系统方程变为

$$\begin{cases}\dot{\boldsymbol{x}} = \boldsymbol{f}(\boldsymbol{x},\boldsymbol{y},\boldsymbol{z},\boldsymbol{p}) \\ \boldsymbol{0} = \boldsymbol{g}(\boldsymbol{x},\boldsymbol{y},\boldsymbol{z},\boldsymbol{p})\end{cases} \tag{2-76}$$

式中，$\boldsymbol{z}=(\boldsymbol{z}_c,\boldsymbol{z}_d)^{\mathrm{T}}$ 且有 $\Delta\boldsymbol{z}_c=0,\Delta\boldsymbol{z}_d=0$。在实际应用中，变量 $\boldsymbol{z}$ 的变动会改变系统的运行工况，因此可将其与参数 $\boldsymbol{p}$ 一起考虑为系统的分岔变量。

（2）主要研究系统的长期（long term）过程时，$\boldsymbol{x}$ 的变化很快，相对于 $\boldsymbol{z}_c$ 和 $\boldsymbol{z}_d$ 的变化，$\boldsymbol{x}$ 的暂态过程很快就会结束，此时可以采用伪稳态（Quasi Steady State，QSS）方法，将快动态变量 $\boldsymbol{x}$ 处理为代数变量，相应的方程将变为

$$\begin{cases}\dot{\boldsymbol{z}}=\boldsymbol{h}(\boldsymbol{z},\tilde{\boldsymbol{y}},\boldsymbol{p})\\ \boldsymbol{0}=\boldsymbol{g}(\tilde{\boldsymbol{y}},\boldsymbol{z},\boldsymbol{p})\end{cases} \tag{2-77}$$

式中，$\tilde{\boldsymbol{y}}=(\boldsymbol{x},\boldsymbol{y})^{\mathrm{T}}$；$\boldsymbol{z}=(\boldsymbol{z}_c,\boldsymbol{z}_d)^{\mathrm{T}}$。

综上所述，忽略变量表示形式上的差异，则对于一个实际的复杂电力系统，其数学模型多数情况下可用如下一般形式的 DAE 模型来表示，即

$$\begin{cases}\dot{\boldsymbol{x}}=\boldsymbol{f}(\boldsymbol{x},\boldsymbol{y},\boldsymbol{p})\\ \boldsymbol{0}=\boldsymbol{g}(\boldsymbol{x},\boldsymbol{y},\boldsymbol{p})\end{cases} \tag{2-78}$$

式中，$\boldsymbol{f}$: $\mathbf{R}^n\times\mathbf{R}^m\times\mathbf{R}^p\to\mathbf{R}^n$，表示发电机、励磁系统、原动机和其他动态元件（如 SVC、UPFC 等）以及负荷等动态过程对应的向量场函数（微分方程的右端项）；$\boldsymbol{g}$: $\mathbf{R}^n\times\mathbf{R}^m\times\mathbf{R}^p\to\mathbf{R}^m$，表示网络各节点有功和无功功率平衡关系，网络潮流约束等代数方程；$\boldsymbol{x}\in\mathbf{R}^n$，表示与发电机、负荷等动态环节相关的状态变量；$\boldsymbol{y}\in\mathbf{R}^m$，表示节点电压的相角和幅值等代数变量；$\boldsymbol{p}\in\mathbf{R}^p$，表示系统各种参数，稳定性研究中常用到的参数有系统负荷水平、传输功率（P、Q）、控制系统参数等。式（2-78）就构成了描述电力系统动态的一般模型，也是本书后续分析讨论时所采用的模型形式。

2.4.2　DAE 模型的平衡点及其稳定性

在对式（2-78）所示的 DAE 模型的平衡点稳定性进行研究时，会用到如下隐函数定理。

定理 2-11（隐函数定理）　设 $\boldsymbol{U}\subset\mathbf{R}^{n+m}$ 为一开集，$\boldsymbol{F}:\boldsymbol{U}\to\mathbf{R}^n$ 为一 $\boldsymbol{C}^k$ 光滑映射函数且可表示为 $\boldsymbol{F}(\boldsymbol{x},\boldsymbol{y})$ 形式，其中：$\boldsymbol{x}\in\mathbf{R}^n,\boldsymbol{y}\in\mathbf{R}^m$。当存在一点 $(\boldsymbol{a},\boldsymbol{b})\in\boldsymbol{U}$ 满足 $\boldsymbol{F}(\boldsymbol{a},\boldsymbol{b})=\boldsymbol{0}$ 时，若在该点处雅可比矩阵 $D\boldsymbol{F}_{\boldsymbol{y}}$ 满秩（非奇异），则在 $\mathbf{R}^n$ 空间中必存在一包含 $\boldsymbol{a}$ 的小邻域 $\boldsymbol{V}$，在 $\boldsymbol{V}$ 上存在 $\boldsymbol{C}^k$ 的光滑映射函数 $\boldsymbol{g}:\boldsymbol{V}\to\mathbf{R}^m$，使得 $\boldsymbol{g}(\boldsymbol{a})=\boldsymbol{b}$，且对于 $\forall\boldsymbol{x}\in\boldsymbol{V}$ 均有 $\boldsymbol{F}(\boldsymbol{x},\boldsymbol{g}(\boldsymbol{x}))=\boldsymbol{0}$ 成立。

隐函数定理为我们在系统的平衡点处消去 DAE 模型的代数部分，从而将其化简为微分方程模型提供了一种有效途径：对于式（2-78）所示的电力系统 DAE 模型，当系统参数 $\boldsymbol{p}$ 固定（如 $\boldsymbol{p}=\boldsymbol{p}^*$）时，我们可利用式（2-79）求解系统的平衡点，即

$$\begin{cases}\boldsymbol{f}(\boldsymbol{x},\boldsymbol{y},\boldsymbol{p}^*)=\boldsymbol{0}\\ \boldsymbol{g}(\boldsymbol{x},\boldsymbol{y},\boldsymbol{p}^*)=\boldsymbol{0}\end{cases} \tag{2-79}$$

假设$(\boldsymbol{x}_e,\boldsymbol{y}_e)$是系统此时的一个平衡点，且在平衡点附近，方程（2-79）的第二式满足隐函数定理的条件，则此时必存在一个连续映射函数（可称其为系统的代数约束流形，不难看出它与式（2-79）的第二式是完全等价的，因此后者也称为系统的代数约束流形，即系统的动态只能在代数约束流形限定的范围内变动），即

$$\boldsymbol{y}=\boldsymbol{h}(\boldsymbol{x},\boldsymbol{p}^*) \tag{2-80}$$

将式（2-80）代入式（2-78）后，DAE 模型在平衡点附近的性态就可用如下微分方程来加以描述，即

$$\dot{\boldsymbol{x}}=\boldsymbol{f}(\boldsymbol{x},\boldsymbol{h}(\boldsymbol{x},\boldsymbol{p}^*),\boldsymbol{p}^*)=\boldsymbol{f}_r(\boldsymbol{x},\boldsymbol{p}^*) \tag{2-81}$$

进而可直接求解式（2-81）在平衡点附近的雅可比矩阵为

$$\boldsymbol{A}_r=\frac{\partial \boldsymbol{f}_r}{\partial \boldsymbol{x}} \tag{2-82}$$

并通过判断$\boldsymbol{A}_r$特征值在复平面的分布情况来判断$(\boldsymbol{x}_e,\boldsymbol{y}_e)$的稳定性状况。在实际应用中，隐函数（2-80）的解析形式一般难以直接给出，因此，在分析 DAE 模型平衡点的稳定性状况以及判断系统是否存在各类分岔时，通常采用如下的 DAE 线性化模型来实现：设$(\boldsymbol{x}_e,\boldsymbol{y}_e)$为系统一平衡点，在该点处对系统运行点进行微小扰动，扰动后的系统状态变量和代数变量可表示为：$\boldsymbol{x}=\boldsymbol{x}_e+\Delta\boldsymbol{x},\boldsymbol{y}=\boldsymbol{y}_e+\Delta\boldsymbol{y}$，将其代入式（2-78），并在平衡点处进行泰勒展开，可得

$$\begin{cases}\Delta\dot{\boldsymbol{x}}=\boldsymbol{f}(\boldsymbol{x}_e,\boldsymbol{y}_e,\boldsymbol{p}^*)+\boldsymbol{A}\Delta\boldsymbol{x}+\boldsymbol{B}\Delta\boldsymbol{y}+O^2(\Delta\boldsymbol{x},\Delta\boldsymbol{y})\\ \boldsymbol{0}=\boldsymbol{g}(\boldsymbol{x}_e,\boldsymbol{y}_e,\boldsymbol{p}^*)+\boldsymbol{C}\Delta\boldsymbol{x}+\boldsymbol{D}\Delta\boldsymbol{y}+O^2(\Delta\boldsymbol{x},\Delta\boldsymbol{y})\end{cases} \tag{2-83}$$

式中，$\boldsymbol{A}=\left.\frac{\partial \boldsymbol{f}}{\partial \boldsymbol{x}}\right|_{(\boldsymbol{x}_e,\boldsymbol{y}_e)}$；$\boldsymbol{B}=\left.\frac{\partial \boldsymbol{f}}{\partial \boldsymbol{y}}\right|_{(\boldsymbol{x}_e,\boldsymbol{y}_e)}$；$\boldsymbol{C}=\left.\frac{\partial \boldsymbol{g}}{\partial \boldsymbol{x}}\right|_{(\boldsymbol{x}_e,\boldsymbol{y}_e)}$；$\boldsymbol{D}=\left.\frac{\partial \boldsymbol{g}}{\partial \boldsymbol{y}}\right|_{(\boldsymbol{x}_e,\boldsymbol{y}_e)}$；$O^2(\Delta\boldsymbol{x},\Delta\boldsymbol{y})$为扰动的高次项。进一步利用式（2-79）的结果，并忽略扰动高次项可得

$$\begin{cases}\Delta\dot{\boldsymbol{x}}=\boldsymbol{A}\Delta\boldsymbol{x}+\boldsymbol{B}\Delta\boldsymbol{y}\\ \boldsymbol{0}=\boldsymbol{C}\Delta\boldsymbol{x}+\boldsymbol{D}\Delta\boldsymbol{y}\end{cases} \tag{2-84}$$

则式（2-84）即为式（2-78）在平衡点$(\boldsymbol{x}_e,\boldsymbol{y}_e)$附近的线性化形式。进一步，若在$(\boldsymbol{x}_e,\boldsymbol{y}_e)$处，方程（2-79）的第二式满足隐函数定理的条件，则根据定理 2-11 可知，此时矩阵$\boldsymbol{D}$非奇异，因此，可由式（2-84）解得

$$\Delta\boldsymbol{y}=-\boldsymbol{D}^{-1}\boldsymbol{C}\Delta\boldsymbol{x} \tag{2-85}$$

将其代入式（2-84）第一式可得

$$\Delta\dot{\boldsymbol{x}}=(\boldsymbol{A}-\boldsymbol{B}\boldsymbol{D}^{-1}\boldsymbol{C})\Delta\boldsymbol{x}=\boldsymbol{A}_r\Delta\boldsymbol{x} \tag{2-86}$$

式中，$\boldsymbol{A}_r$即为式（2-82）所定义的系统降阶雅可比矩阵，$\boldsymbol{A}_r=\boldsymbol{A}-\boldsymbol{B}\boldsymbol{D}^{-1}\boldsymbol{C}$。

用$\sigma(\boldsymbol{A}_r)=(s_1,s_2,\cdots,s_n)$表示$\boldsymbol{A}_r$的特征谱，$\sigma_r=(\mathrm{Re}(s_1),\mathrm{Re}(s_2),\cdots,\mathrm{Re}(s_n))$为特征谱

对应的实部，$\sigma_r^{\max}=\max(\sigma_r)$ 为实部的最大值；进一步，用 C_-、C_+ 和 C_0 分别表示复平面的左半开平面、右半开平面和虚轴，同时用 N_+ 表示 σ_r 中位于 C_+ 特征值的个数，则有如下结论成立。

（1）当 $\sigma_r^{\max}<0$ 时，可知 $N_+=0$，$\boldsymbol{A}_r$ 特征值全部位于 C_- 内，$(\boldsymbol{x}_e,\boldsymbol{y}_e)$ 是一个稳定平衡点。

（2）当 $\sigma_r^{\max}>0$ 时，可知 $N_+>0$，$\boldsymbol{A}_r$ 存在位于 C_+ 内的特征值，则 $(\boldsymbol{x}_e,\boldsymbol{y}_e)$ 是一个不稳定平衡点。

（3）当 $\sigma_r^{\max}=0$ 时，可知 $N_+=0$，此时 $\boldsymbol{A}_r$ 存在位于 C_0 上的特征值，则 $(\boldsymbol{x}_e,\boldsymbol{y}_e)$ 是一个中心点，系统处于临界稳定状态。若是分岔参数 $\boldsymbol{p}$ 在变动过程中，系统出现的这种情况，则此时将对应着系统的一种分岔。

2.4.3　DAE 模型的分岔现象

式（2-78）给出的电力系统 DAE 模型，当参数 $\boldsymbol{p}$ 变动时，会遇到三类常见分岔现象，分别是鞍节点分岔（Saddle Node Bifurcation，SNB）、Hopf 分岔（Hopf Bifurcation，HB）和奇异诱导分岔（Sigularity Induced Bifurcation，SIB）。

不断变换 $\boldsymbol{p}$ 的取值，假设对于代数方程隐函数定理的条件一直成立，则采用 2.4.2 节的处理方法，可得到当 $\boldsymbol{p}$ 取不同值时对应的 DAE 线性化形式、降维微分方程及其线性化形式，即

$$\begin{cases}\Delta\dot{\boldsymbol{x}}=\boldsymbol{A}(\boldsymbol{p})\Delta\boldsymbol{x}+\boldsymbol{B}(\boldsymbol{p})\Delta\boldsymbol{y}\\ \boldsymbol{0}=\boldsymbol{C}(\boldsymbol{p})\Delta\boldsymbol{x}+\boldsymbol{D}(\boldsymbol{p})\Delta\boldsymbol{y}\end{cases}\tag{2-87}$$

$$\dot{\boldsymbol{x}}=\boldsymbol{f}_r(\boldsymbol{x},\boldsymbol{p})\tag{2-88}$$

$$\Delta\boldsymbol{x}=\boldsymbol{A}_r(\boldsymbol{p})\Delta\boldsymbol{x}\tag{2-89}$$

因此，可以认为式（2-87）和式（2-89）的矩阵 $\boldsymbol{A},\boldsymbol{B},\boldsymbol{C},\boldsymbol{D}$ 和 $\boldsymbol{A}_r$ 均为参数 $\boldsymbol{p}$ 的函数，并有

$$\boldsymbol{A}_r(\boldsymbol{p})=\boldsymbol{A}(\boldsymbol{p})-\boldsymbol{B}(\boldsymbol{p})\boldsymbol{D}(\boldsymbol{p})^{-1}\boldsymbol{C}(\boldsymbol{p})\tag{2-90}$$

同时可知，矩阵 $\boldsymbol{A}_r$ 的特征谱也将成为参数 $\boldsymbol{p}$ 的函数，即

$$\sigma_r(\boldsymbol{p})=\sigma_r(\boldsymbol{A}_r(\boldsymbol{p}))=(s_1(\boldsymbol{p}),s_2(\boldsymbol{p}),\cdots,s_n(\boldsymbol{p}))\tag{2-91}$$

则随着参数 $\boldsymbol{p}$ 的变化，在如下两种情况下，系统会出现鞍节点分岔和 Hopf 分岔。

（1）鞍节点分岔：随着 $\boldsymbol{p}$ 的连续变化，$\boldsymbol{A}_r(\boldsymbol{p})$ 的某一个实特征值 $s_k\in\sigma_r(\boldsymbol{A}_r(\boldsymbol{p}))$，沿实轴由复平面的 C_- 到达 C_+（反之亦然），则系统的向量场 $\boldsymbol{f}_r(\cdot)$ 在特征值 $s_k=0$ 处（对应的参数值假设为 $\boldsymbol{p}'$）存在一个非双曲奇点，则称点 $\boldsymbol{p}'$ 为系统（2-78）的一个鞍节点分岔点。

（2）Hopf 分岔：随着 $\boldsymbol{p}$ 的连续变化，$\boldsymbol{A}_r(\boldsymbol{p})$ 有一对复特征值 $s_j,s_k\in\sigma_r(\boldsymbol{A}_r(\boldsymbol{p}))$，$s_j=a+\mathrm{j}b,s_k=a-\mathrm{j}b,a,b\in\mathbf{R}$ 且 $b\neq0$ 穿越虚轴，由复平面的 C_- 到达 C_+（反之亦然），设 s_j,s_k 刚好位于虚轴上时，对应于 $\boldsymbol{p}=\boldsymbol{p}'$，则称 $\boldsymbol{p}'$ 为系统（2-78）的一个 Hopf 分岔点。

在前面叙述鞍节点分岔和Hopf分岔时，我们均假设隐函数定理成立，即矩阵 $\boldsymbol{D}(\boldsymbol{p})$ 始终可逆。而在 $\boldsymbol{p}$ 的变化过程中，一旦 $\boldsymbol{D}(\boldsymbol{p})$ 出现奇异时，系统将出现奇异诱导分岔，它是DAE动力系统中一种独特的分岔形式。

奇异诱导分岔：随着 $\boldsymbol{p}$ 的连续变化，$\boldsymbol{D}(\boldsymbol{p})$ 在 $\boldsymbol{p}=\boldsymbol{p}'$ 时出现奇异，则称 $\boldsymbol{p}'$ 为系统（2-78）的一个奇异诱导分岔点。

当系统出现奇异诱导分岔时，隐函数定理在分岔点处将不再成立，此时理论上将无法从式（2-78）的代数方程中得到 $\boldsymbol{y}$ 与 $\boldsymbol{x}$ 之间的对应关系，即式（2-80）在此点处不再存在。

电力系统中的单调失稳现象被认为与鞍节点分岔点存在内在联系，而Hopf分岔点则与系统的振荡失稳密切相关，下面利用奇异摄动方法简单解释一下奇异诱导分岔点的特性。假设 $\boldsymbol{y}$ 也具有动态，并受一个极小量 $\varepsilon \ll 1$ 对应时标的控制，即

$$\begin{cases}\dot{\boldsymbol{x}} = \boldsymbol{f}(\boldsymbol{x},\boldsymbol{y},\boldsymbol{p},\varepsilon) \\ \varepsilon\dot{\boldsymbol{y}} = \boldsymbol{g}(\boldsymbol{x},\boldsymbol{y},\boldsymbol{p},\varepsilon)\end{cases} \tag{2-92}$$

进一步，式（2-92）的解可认为是由快、慢两种时标上的分量叠加构成的，即

$$\begin{cases}\boldsymbol{x} = \boldsymbol{x}_s + \boldsymbol{x}_f \\ \boldsymbol{y} = \boldsymbol{y}_s + \boldsymbol{y}_f\end{cases} \tag{2-93}$$

式中，下标为 s 的变量表示“慢”时标分量；下标为 f 的变量代表与 ε 相关的“快”时标分量，后者的稳态值为零。

研究慢时标时，由于快时标变化速度极快，可不计及其影响，系统可简化为

$$\begin{cases}\dot{\boldsymbol{x}}_s = \boldsymbol{f}(\boldsymbol{x}_s,\boldsymbol{y}_s,\boldsymbol{p},\varepsilon) \\ \varepsilon\dot{\boldsymbol{y}}_s = \boldsymbol{g}(\boldsymbol{x}_s,\boldsymbol{y}_s,\boldsymbol{p},\varepsilon)\end{cases} \tag{2-94}$$

而研究快时标时，可认为慢时标变量在所研究的时段内取值固定，即

$$\begin{cases}\dot{\boldsymbol{x}}_f = \boldsymbol{f}(\boldsymbol{x}_s+\boldsymbol{x}_f,\boldsymbol{y}_s+\boldsymbol{y}_f,\boldsymbol{p},\varepsilon) \\ \varepsilon\dot{\boldsymbol{y}}_f = \boldsymbol{g}(\boldsymbol{x}_s+\boldsymbol{x}_f,\boldsymbol{y}_s+\boldsymbol{y}_f,\boldsymbol{p},\varepsilon)\end{cases} \tag{2-95}$$

合理地选择 ε 能够保证由上述时标分解所得结果满足

$$\begin{cases}\boldsymbol{x} = \boldsymbol{x}_s + O(\varepsilon) \\ \boldsymbol{y} = \boldsymbol{y}_s + O(\varepsilon)\end{cases} \tag{2-96}$$

可从式（2-94）得到慢时标解，相应的慢时标约束流形可表示为

$$\boldsymbol{y}_s = \boldsymbol{h}(\boldsymbol{x}_s) \tag{2-97}$$

此时依据式（2-96）用 $\boldsymbol{x}_s$ 近似代表 $\boldsymbol{x}$，并将式（2-97）代入式（2-95）的第二式，可得

$$\varepsilon\dot{\boldsymbol{y}}_f = \varepsilon\dot{\boldsymbol{y}} - \varepsilon\dot{\boldsymbol{y}}_s \approx \boldsymbol{g}(\boldsymbol{x}_s,\boldsymbol{h}(\boldsymbol{x}_s)+\boldsymbol{y}_f,\boldsymbol{p},\varepsilon) - \boldsymbol{g}(\boldsymbol{x}_s,\boldsymbol{h}(\boldsymbol{x}_s),\boldsymbol{p},\varepsilon) \tag{2-98}$$

进一步，在 $(\boldsymbol{x}_s,\boldsymbol{h}(\boldsymbol{x}_s))$ 点处，将式（2-98）按 $\boldsymbol{y}_f$ 进行泰勒展开，并取一阶近似可得

$$\varepsilon \dot{\boldsymbol{y}}_f = \boldsymbol{g}_y \boldsymbol{y}_f \tag{2-99}$$

由此可以看出，当雅可比矩阵 $\boldsymbol{g}_y$ 奇异时，实际上是系统相应快时标分量的动态方程，在该点处发生了鞍节点分岔，使得奇异诱导分岔的出现会导致快时标分量 $\boldsymbol{y}_f$ 的单调变化。因此已有研究表明电力系统的奇异诱导分岔现象，通常与系统的单调失稳过程密切相关。

由于已有大量研究对奇异诱导分岔进行了深入讨论，且至今关于实际电力系统中是否存在该分岔仍存在一定争议，故在本书中，我们将不再涉及奇异诱导分岔的讨论，即假设系统的代数方程均满足隐函数定理设定的条件。此外，除上述三类典型分岔外，电力系统作为一个高维、非线性的复杂动力系统，还存在很多复杂的分岔现象，如倍周期分岔、Torus 分岔、极限诱导分岔等，同样将不在本书中涉及，感兴趣的读者可自行查阅相关文献。

2.4.4 电力系统小扰动稳定域及其边界

在日常运行过程中，电力系统每时每刻都在经受各种微小的扰动，保证其正常运行是一个基本要求，满足该要求的全部运行点的集合就构成电力系统的小扰动稳定域（Small Signal Stability Region，SSSR）。由此可见，小扰动稳定域内的每一个点均为稳定平衡点，即其内每一个点对应的吸引域都不为空。

给定参数 $\boldsymbol{p}$，记 $\boldsymbol{X}_p = (\boldsymbol{x}_e, \boldsymbol{y}_e)_{\boldsymbol{p}}$ 为式（2-78）所示电力系统的平衡点，满足

$$\begin{cases} \boldsymbol{f}(\boldsymbol{x}_e, \boldsymbol{y}_e, \boldsymbol{p}) = \boldsymbol{0} \\ \boldsymbol{g}(\boldsymbol{x}_e, \boldsymbol{y}_e, \boldsymbol{p}) = \boldsymbol{0} \end{cases} \tag{2-100}$$

进一步，电力系统平衡点集合可表示为

$$\mathrm{EP}_s = \{\boldsymbol{X}_{\boldsymbol{p}} \mid \forall \boldsymbol{p} \in \boldsymbol{U}^p\} \tag{2-101}$$

式中，$\boldsymbol{U}^p \subset \mathbf{R}^p$ 为参数 $\boldsymbol{p}$ 的变动范围，则电力系统的小扰动稳定域可表示为

$$\Omega_{\mathrm{SSSR}} = \left\{ \boldsymbol{p} \middle| A_R(\boldsymbol{X}_p) \neq \varnothing，\ \boldsymbol{X}_p \in \mathrm{EP}_s \right\} \tag{2-102}$$

式中，$A_R(\boldsymbol{X}_p)$ 为平衡点 $\boldsymbol{X}_p$ 对应的吸引域。位于小扰动稳定域内的每一个平衡点均为渐近稳定平衡点，则小扰动稳定域可等价定义为

$$\Omega_{\mathrm{SSSR}} = \left\{ \boldsymbol{p} \middle| \sigma_r^{\max}(\boldsymbol{p}) < 0 \right\} \tag{2-103}$$

式中，$\sigma_r^{\max}(\boldsymbol{p}) = \max(\mathrm{real}(\sigma_r(\boldsymbol{p})))$，$\mathrm{real}(\cdot)$ 为变量实部，$\sigma_r(\boldsymbol{p})$ 由式（2-91）给定，为 $\boldsymbol{X}_p$ 处系统降阶雅可比矩阵 $\boldsymbol{A}_r(\boldsymbol{p})$ 的特征谱。式（2-103）意味着 $\boldsymbol{X}_p$ 处 $\boldsymbol{A}_r(\boldsymbol{p})$ 的特征值应全部位于虚轴左侧平面内。因此，小扰动稳定域内的平衡点均为双曲稳定平衡点，每一个平衡点周围的向量场均为结构稳定的。

已有研究表明，由式（2-78）表示的电力系统小扰动稳定域边界由如下三类分岔点的闭包构成，即

$$\partial\Omega_{\mathrm{SSSR}}=\overline{\mathrm{SNB}_s}\cup\overline{\mathrm{HB}_s}\cup\overline{\mathrm{SIB}_s} \tag{2-104}$$

式中，$\mathrm{SNB}_s,\mathrm{HB}_s,\mathrm{SIB}_s$ 表示鞍节点分岔、Hopf 分岔和奇异诱导分岔点集合；$\bar{X}$ 表示集合 X 的闭包。

但需要强调的一点是，对于一个具体的电力系统，其小扰动稳定域的边界，可能只包含 SNB 点，也可能只包含 HB 点或 SIB 点，因此，式（2-104）只是强调构成电力系统小扰动稳定域边界点的性质，而并不意味着每一个小扰动稳定域的边界都包含上述三类分岔点。

2.5　时滞电力系统稳定性研究所用模型

在自然界中，动力系统未来的发展趋势既取决于当前状态，又与过去状态有关，此时就涉及动力系统中的一种常见现象——时滞。时滞现象广泛存在于电力系统各个环节，但传统控制设备的输入信号主要取自本地测量装置，时滞很小通常不予考虑；而在广域环境下，远方测量环节的时滞会非常明显，因此研究时滞对电力系统稳定性的影响具有十分重要的现实意义。

2.5.1　时滞微分方程模型及其线性化形式

时滞现象来源于自然界的真实物理系统，在第 1 章我们曾提到，数学上对含有时滞环节动力系统的描述，常用如下时滞微分方程（Time-delayed Ordinary Differential Equation，TODE）来表示，即

$$\frac{\mathrm{d}\boldsymbol{x}(t)}{\mathrm{d}t}=\tilde{\boldsymbol{f}}(\boldsymbol{x}(t),\boldsymbol{x}(t-\tau_1),\boldsymbol{x}(t-\tau_2),\cdots,\boldsymbol{x}(t-\tau_k),\boldsymbol{p},t) \tag{2-105}$$

式中，$\boldsymbol{p}\in\mathbf{R}^p$ 为系统的控制参数；$\boldsymbol{\tau}=(\tau_1,\tau_2,\cdots,\tau_k)$ 为系统的时滞向量，$\tau_i\in\mathbf{R},i=1,2,\cdots,k$ 为系统的时滞变量，$\tau_{\max}=\max\limits_{1\leqslant i\leqslant k}(\tau_i)$；$\boldsymbol{\varphi}(t,\xi)$ 定义了 $\boldsymbol{x}(t)$ 在区间 $[-\tau_{\max},0)$ 上的历史轨迹，即 $\boldsymbol{x}(t+\xi)=\boldsymbol{\varphi}(t,\xi),-\tau_{\max}\leqslant\xi<0$。在上述方程中，存在差分环节，因此它也常被称为微分差分方程（differential-difference equation)；同时考虑到函数 $\tilde{\boldsymbol{f}}(\cdot)$ 依赖于时间 t，式（2-105）被称为泛函微分方程（functional differential equation)。

当式（2-105）中的时滞变量均为正值时，该系统称为滞后型（retarded）时滞系统；反之，当式（2-105）中的时滞变量均为负数时，该系统称为超前型（advanced）时滞系统；进一步，若式（2-105）的右端项含有时滞状态变量的微分项，则称为中立型（neutral）时滞系统。本书中仅考虑滞后型时滞系统，因此不加特殊说明，下面所提时滞模型均为滞后类型。

在时滞系统中，除时滞环节外，若系统的其他参数均保持恒定不变，则式（2-105）模型可简化为如下形式，即

$$\dot{\boldsymbol{x}} = \tilde{\boldsymbol{f}}(\boldsymbol{x}, \boldsymbol{x}_\tau, \boldsymbol{p}) \tag{2-106}$$

式中，$\boldsymbol{x} \in \mathbf{R}^n$ 为系统状态变量，n 为状态变量个数；$\boldsymbol{x}_\tau = (\boldsymbol{x}_{\tau 1}, \cdots, \boldsymbol{x}_{\tau i}, \cdots, \boldsymbol{x}_{\tau k})$ 为时滞状态变量向量，$\boldsymbol{x}_{\tau i} = [x_1(t-\tau_i), \cdots, x_n(t-\tau_i)] \in \mathbf{R}^n, \tau_i \in \mathbf{R}, i = 1, 2, \cdots, k$ 为时滞系数。当 $\boldsymbol{p} = \boldsymbol{p}^*$ 时，$\boldsymbol{x}_e$ 为时滞系统的一个平衡点，即满足式（2-107）的解，即

$$\tilde{\boldsymbol{f}}(\boldsymbol{x}_e, \boldsymbol{x}_{e\tau}, \boldsymbol{p}^*) = 0 \tag{2-107}$$

在平衡点处对方程（2-106）进行线性化，经简单推导即可得到其线性化形式，即

$$\Delta\dot{\boldsymbol{x}} = \boldsymbol{A}\Delta\boldsymbol{x} + \sum_{i=1}^{k} \boldsymbol{A}_i \Delta\boldsymbol{x}_{\tau i} \tag{2-108}$$

式中，$\boldsymbol{A} = \left.\dfrac{\partial \tilde{\boldsymbol{f}}}{\partial \boldsymbol{x}}\right|_{(\boldsymbol{x}_e, \boldsymbol{p}^*)}$，$\boldsymbol{A}_i = \left.\dfrac{\partial \tilde{\boldsymbol{f}}}{\partial \boldsymbol{x}_{\tau i}}\right|_{(\boldsymbol{x}_e, \boldsymbol{p}^*)}, i = 1, 2, 3, \cdots, k$ 均为 $\mathbf{R}^{n \times n}$ 常数矩阵。

2.5.2 时滞微分-代数方程模型及其线性化形式

如前所述，电力系统在运行中，同时存在动态和静态环节，使得系统动态需要由式（2-78）所示的微分-代数方程（DAE）模型来进行描述。当系统中存在时滞时，它既可能出现在动态环节，又可能出现在静态环节，因此，考虑了时滞环节影响后的系统模型，可表示为如下的时滞微分-代数方程（Time-delayed Differential Algebraic Equation，TDAE），即

$$\begin{cases} \dot{\boldsymbol{x}} = \boldsymbol{f}(\boldsymbol{x}, \boldsymbol{x}_\tau, \boldsymbol{y}, \boldsymbol{y}_\tau, \boldsymbol{p}) \\ 0 = \boldsymbol{g}(\boldsymbol{x}, \boldsymbol{y}, \boldsymbol{p}) \\ \boldsymbol{0} = \boldsymbol{g}_i(\boldsymbol{x}_{\tau i}, \boldsymbol{y}_{\tau i}, \boldsymbol{p}), \quad i = 1, 2, \cdots, k \end{cases} \tag{2-109}$$

式中，$\boldsymbol{y}_\tau = (\boldsymbol{y}_{\tau 1}, \cdots, \boldsymbol{y}_{\tau i}, \cdots, \boldsymbol{y}_{\tau k})$ 为系统的时滞代数变量向量，$\boldsymbol{y}_{\tau i} = [y_1(t-\tau_i), \cdots, y_m(t-\tau_i)] \in \mathbf{R}^m$；$\boldsymbol{g}(\cdot)$ 给出了当前时刻系统的代数约束；$\boldsymbol{g}_i(\cdot)$ 则给出了 τ_i 之前的系统代数约束。

假设在参数 $\boldsymbol{p} = \boldsymbol{p}^*$ 时，隐函数定理对于模型中的代数方程始终是成立的，则在 $t = 0, -\tau_1, -\tau_2, \cdots, -\tau_k$ 处，可从式（2-109）中分别得到对应时刻的代数约束流形，即

$$\boldsymbol{y} = \boldsymbol{h}(\boldsymbol{x}, \boldsymbol{p}^*) \tag{2-110}$$

$$\boldsymbol{y}_{\tau i} = \boldsymbol{h}_i(\boldsymbol{x}_{\tau i}, \boldsymbol{p}^*), \quad i = 1, 2, \cdots, k \tag{2-111}$$

将式（2-110）和式（2-111）代入式（2-109）第一式，可得

$$\dot{\boldsymbol{x}} = \boldsymbol{f}(\boldsymbol{x}, \boldsymbol{x}_\tau, \boldsymbol{h}(\boldsymbol{x}, \boldsymbol{p}^*), \boldsymbol{h}_\tau(\boldsymbol{x}_\tau, \boldsymbol{p}^*), \boldsymbol{p}^*) = \boldsymbol{f}(\boldsymbol{x}, \boldsymbol{x}_\tau, \boldsymbol{p}^*) \tag{2-112}$$

式中，$\boldsymbol{h}_\tau(\boldsymbol{x}_\tau,\boldsymbol{p}^*)=[\boldsymbol{h}_1(\boldsymbol{x}_{\tau1},\boldsymbol{p}^*),\boldsymbol{h}_2(\boldsymbol{x}_{\tau2},\boldsymbol{p}^*),\cdots,\boldsymbol{h}_k(\boldsymbol{x}_{\tau k},\boldsymbol{p}^*)]$ 为系统总的代数约束流形。进一步，利用 2.5.1 节的方法，即可求解如式（2-108）所示的在 $\boldsymbol{p}=\boldsymbol{p}^*$ 处系统的线性化微分形式。当然，也可以直接对式（2-109）进行线性化和代数消元，按如下方式来求解对应的线性化微分方程。

在 $\boldsymbol{p}=\boldsymbol{p}^*$ 处，假设 $(\boldsymbol{x}_e,\boldsymbol{y}_e)$ 为时滞系统的平衡点，即为式（2-113）的解，有

$$\begin{cases}0=\boldsymbol{f}(\boldsymbol{x}_e,\boldsymbol{x}_{e\tau},\boldsymbol{y}_e,\boldsymbol{y}_{e\tau},\boldsymbol{p}^*)\\0=\boldsymbol{g}(\boldsymbol{x}_e,\boldsymbol{y}_e,\boldsymbol{p}^*)\\0=\boldsymbol{g}_i(\boldsymbol{x}_{e\tau i},\boldsymbol{y}_{e\tau i},\boldsymbol{p}^*),\quad i=1,2,\cdots,k\end{cases}\tag{2-113}$$

在该点处，对式（2-109）直接进行线性化，可得

$$\begin{cases}\Delta\dot{\boldsymbol{x}}=\tilde{\boldsymbol{A}}\Delta\boldsymbol{x}+\tilde{\boldsymbol{B}}\Delta\boldsymbol{y}+\sum\limits_{i=1}^{k}(\tilde{\boldsymbol{A}}_i\Delta\boldsymbol{x}_{\tau i}+\tilde{\boldsymbol{B}}_i\Delta\boldsymbol{y}_{\tau i})\\0=\tilde{\boldsymbol{C}}\Delta\boldsymbol{x}+\tilde{\boldsymbol{D}}\Delta\boldsymbol{y}\\0=\tilde{\boldsymbol{C}}_i\Delta\boldsymbol{x}_{\tau i}+\tilde{\boldsymbol{D}}_i\Delta\boldsymbol{y}_{\tau i},\quad i=1,2,\cdots,k\end{cases}\tag{2-114}$$

式中，$\tilde{\boldsymbol{A}}=\dfrac{\partial\boldsymbol{f}}{\partial\boldsymbol{x}},\tilde{\boldsymbol{B}}=\dfrac{\partial\boldsymbol{f}}{\partial\boldsymbol{y}},\tilde{\boldsymbol{C}}=\dfrac{\partial\boldsymbol{g}}{\partial\boldsymbol{x}},\tilde{\boldsymbol{D}}=\dfrac{\partial\boldsymbol{g}}{\partial\boldsymbol{y}},\tilde{\boldsymbol{A}}_i=\dfrac{\partial\boldsymbol{f}}{\partial\boldsymbol{x}_{\tau i}},\tilde{\boldsymbol{B}}_i=\dfrac{\partial\boldsymbol{f}}{\partial\boldsymbol{y}_{\tau i}},\tilde{\boldsymbol{C}}_i=\dfrac{\partial\boldsymbol{g}_i}{\partial\boldsymbol{x}_{\tau i}},\tilde{\boldsymbol{D}}_i=\dfrac{\partial\boldsymbol{g}_i}{\partial\boldsymbol{y}_{\tau i}}$ 均为常数矩阵，且在平衡点 $(\boldsymbol{x}_e,\boldsymbol{y}_e,\boldsymbol{p}^*)$ 处取值。式（2-114）即为式（2-109）所示时滞微分-代数模型的线性化形式。

进一步，假设在 $t=0,-\tau_1,-\tau_2,\cdots,-\tau_k$ 处，式（2-109）代数方程均满足隐函数定理所给条件，则式（2-114）中的矩阵 $\tilde{\boldsymbol{D}},\tilde{\boldsymbol{D}}_i,i=1,2,\cdots,k$ 均可逆，则由式（2-114）的第二式和第三式，可分别得到 $\Delta\boldsymbol{y},\Delta\boldsymbol{y}_{\tau i},i=1,2,\cdots,k$ 与 $\Delta\boldsymbol{x},\Delta\boldsymbol{x}_{\tau i},i=1,2,\cdots,k$ 之间的关系，即

$$\begin{cases}\Delta\boldsymbol{y}=-\tilde{\boldsymbol{D}}^{-1}\tilde{\boldsymbol{C}}\Delta\boldsymbol{x}\\\Delta\boldsymbol{y}_{\tau i}=-\tilde{\boldsymbol{D}}_i^{-1}\tilde{\boldsymbol{C}}_i\Delta\boldsymbol{x}_{\tau i},\quad i=1,2,\cdots,k\end{cases}\tag{2-115}$$

将式（2-115）代入式（2-114）的第一式，消掉代数变量后得

$$\begin{aligned}\Delta\dot{\boldsymbol{x}}&=\tilde{\boldsymbol{A}}\Delta\boldsymbol{x}-\tilde{\boldsymbol{B}}\tilde{\boldsymbol{D}}^{-1}\tilde{\boldsymbol{C}}\Delta\boldsymbol{x}+\sum_{i=1}^{k}(\tilde{\boldsymbol{A}}_i\Delta\boldsymbol{x}_{\tau i}-\tilde{\boldsymbol{B}}_i\tilde{\boldsymbol{D}}_i^{-1}\tilde{\boldsymbol{C}}_i\Delta\boldsymbol{x}_{\tau i})\\&=\boldsymbol{A}\Delta\boldsymbol{x}+\sum_{i=1}^{k}\boldsymbol{A}_i\Delta\boldsymbol{x}_{\tau i}\end{aligned}\tag{2-116}$$

式中

$$\boldsymbol{A}=\tilde{\boldsymbol{A}}-\tilde{\boldsymbol{B}}\tilde{\boldsymbol{D}}^{-1}\tilde{\boldsymbol{C}}\tag{2-117}$$

$$\boldsymbol{A}_i=\tilde{\boldsymbol{A}}_i-\tilde{\boldsymbol{B}}_i\tilde{\boldsymbol{D}}_i^{-1}\tilde{\boldsymbol{C}}_i,\quad i=1,2,3,\cdots,k\tag{2-118}$$

式（2-116）即为式（2-114）在消去代数变量后的线性微分方程，并称 $\boldsymbol{A}$ 和 $\boldsymbol{A}_i$ 为降阶雅可比矩阵和降阶时滞雅可比矩阵。

2.5.3 时滞系统特征方程及其稳定性

无论是否含有时滞环节，动力系统在平衡点附近的稳定性均由其雅可比矩阵的特征值所决定。而特征值是通过其特征方程求解的，特征方程与系统的线性化形式模型密切相关。考虑如下线性微分方程，即

$$\Delta\dot{\boldsymbol{x}} = \boldsymbol{A}\Delta\boldsymbol{x} \tag{2-119}$$

式中，$\boldsymbol{A} \in \mathbf{R}^{n\times n}$ 为常数矩阵。当该方程对应于一个非线性微分动力系统在某平衡点处的线性化形式时，$\boldsymbol{A}$ 为对应的雅可比矩阵。对式（2-119）进行 Laplace 变换，可得

$$s\boldsymbol{X}(s) - \Delta\boldsymbol{x}(0) = \boldsymbol{A}\boldsymbol{X}(s) \tag{2-120}$$

式中，$\boldsymbol{X}(s)$ 为复频域中变量 $\Delta\boldsymbol{x}$ 的相函数；$\Delta\boldsymbol{x}(0)$ 为 $\Delta\boldsymbol{x}$ 的初值。由式（2-120）可得

$$\boldsymbol{X}(s) = (s\boldsymbol{I} - \boldsymbol{A})^{-1}\Delta\boldsymbol{x}(0) \tag{2-121}$$

不难看出，$\boldsymbol{X}(s)$ 与式中矩阵 $(s\boldsymbol{I} - \boldsymbol{A})$ 的零点密切相关，这些零点就是式（2-119）系统的特征值。可引入式（2-122）来求解系统的特征值，即

$$\det(s\boldsymbol{I} - \boldsymbol{A}) = 0 \tag{2-122}$$

式（2-122）即为系统（2-119）的特征方程，其零点（解）即为系统的特征值。

当系统中存在时滞环节时，式(2-116)对应着系统的线性化方程，对其进行 Laplace 变换，可得

$$\boldsymbol{X}(s) = \left[s\boldsymbol{I} - \boldsymbol{A} - \sum_{i=1}^{k}\boldsymbol{A}_i \mathrm{e}^{-s\tau_i}\right]^{-1}\Delta\boldsymbol{x}(0) \tag{2-123}$$

与不含时滞的情形类似，矩阵 $\left(s\boldsymbol{I} - \boldsymbol{A} - \sum_{i=1}^{k}\boldsymbol{A}_i \mathrm{e}^{-s\tau_i}\right)$ 的零点构成了时滞系统的特征值，式（2-124）则为时滞系统的特征方程，即

$$\mathrm{CE}(s) = \det\left(s\boldsymbol{I} - \boldsymbol{A} - \sum_{i=1}^{k}\boldsymbol{A}_i \mathrm{e}^{-s\tau_i}\right) = 0 \tag{2-124}$$

理论上，只要从式（2-124）求得系统的全部特征值，且保证它们全部位于复平面的左半部分，即可保证时滞系统是稳定的。但将式（2-124）展开后可得

$$\mathrm{CE}(s) = \det\left(s\boldsymbol{I} - \boldsymbol{A} - \sum_{i=1}^{k}\boldsymbol{A}_i \mathrm{e}^{-s\tau_i}\right) = \sum_{i=1}^{n} a_i s^i + \sum_{i=1}^{k} c_i(s,\tau_i)\mathrm{e}^{-s\tau_i} = 0 \tag{2-125}$$

可以看出，时滞系统特征方程的展开式中包含了 $\mathrm{e}^{-s\tau_i}$ 这样的超越项，理论上存在无穷多可能的特征值；同时，由于超越项的存在，直接对式（2-125）进行求解变得非常困难，尤其当系统时滞环节较多和动力系统维数较高时，求解会更为困难。

对时滞系统稳定性判别的另一个思路是，利用 Lyapunov 理论，通过列解系统的 Lyapunov 函数来实现，这一内容将在后续章节中陆续进行讨论。

2.6　时滞对系统稳定性影响示例

前面章节回顾和讨论了时滞对微分动力系统稳定性的影响，本节将借助一个由广域电力系统等效而得到的单机无穷大系统，来示例时滞对系统的特征值和系统稳定性的影响。

2.6.1　单机无穷大等值系统

考虑图 2-12 所示单机无穷大系统，当发电机采用单绕组模型，同时考虑一阶励磁动态环节后，系统模型可表示为如下四阶微分方程，即

$$\dot{\delta} = \omega_B \cdot \omega \tag{2-126}$$

$$M\dot{\omega} = -D\omega + (P_m - P_G) \tag{2-127}$$

$$T'_{d0}\dot{E}' = -E' + (x_d - x'_d)I_d + E_{fd} \tag{2-128}$$

$$T_A\dot{E}_{fd} = -K_A(V_G - V_{\text{ref}}) - (E_{fd} - E_{fd0}) \tag{2-129}$$

式中，δ,ω,E',E_{fd} 分别为发电机的功角、角速度、电抗后电势和励磁电势；P_m,D 为原动机输出功率和发电机阻尼系数；ω_B 为系统额定转速；T'_{d0},T_A 为发电机定子和励磁回路时间常数；K_A 为励磁回路放大系数；E_{fd0},V_{ref} 分别为励磁电势和机端电压的参考值；x_d,x'_d 为发电机稳态和暂态电抗；x_e 为线路电抗；V_0 为无穷大母线电压；发电机输出功率 P_G 、机端电压 V_G 和纵轴电流 I_d 分别由下述式子给出，即

$$P_G = \frac{E' \cdot V_0 \cdot \sin\delta}{x_e + x'_d} \tag{2-130}$$

$$V_G = \frac{\sqrt{(x'_d + x_e E'\cos\delta)^2 + (x_e E'\sin\delta)^2}}{x_e + x'_d} \tag{2-131}$$

$$I_d = \frac{E' - V_0 \cdot \cos\delta}{x_e + x'_d} \tag{2-132}$$

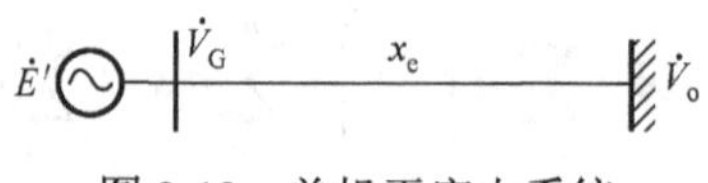

图 2-12　单机无穷大系统

将式（2-130）～式（2-132）代入式（2-126）～式（2-129），可得到如下微分方程，即

$$\dot{\boldsymbol{x}} = \boldsymbol{f}(\boldsymbol{x}, \boldsymbol{p}) \tag{2-133}$$

式中，$\boldsymbol{x} = [\delta, \omega, E', E_{fd}]^{\mathrm{T}} \in \mathbf{R}^4$ 为系统的状态变量；$\boldsymbol{p}$ 为系统的分岔变量，可根据研究的需要进行设定。

在现代互联电力系统中，励磁控制回路的控制参量可取自系统远端母线，为此，我们假设图 2-12 中的发电机为一广域互联系统的等值机，且 V_G 测量值中存在一定的时滞，此时式（2-129）将改写为如下形式，即

$$T_A \dot{E}_{fd} = -K_A(V_G(t-\tau) - V_{\mathrm{ref}}) - (E_{fd} - E_{fd0}) \tag{2-134}$$

式中，τ 为 V_G 测量环节中的时滞，考虑到它的存在后，系统模型需要由如下时滞微分方程来表示，即

$$\dot{\boldsymbol{x}} = \boldsymbol{f}(\boldsymbol{x}, \boldsymbol{x}_\tau, \boldsymbol{p}) \tag{2-135}$$

式中，$\boldsymbol{x}_\tau = \boldsymbol{x}(t-\tau) \in \mathbf{R}^4$ 为时滞状态量。

在本书研究中，将采用表 2-1 所示的系统参数取值。进一步，选择发电机输出功率 P_m 为分岔变量，下面研究在考虑和不考虑时滞情况下该系统特征值的变化情况。

表 2-1　单机无穷大系统参数取值

M	T_A	D	x_d	x'_d	T'_{d0}	x_e	E_{fd0}	V_{ref}	K_A	V_0	ω_B
10.0	1.0	5.0	1.0	0.4	10.0	0.5	2.0	1.05	190.0	1.0	377.0

2.6.2　不含时滞情况下的系统特征值及变动轨迹

取 $P_m = 0$ 作为初始状态（系统空载），利用 $\boldsymbol{f}(\boldsymbol{x}, 0) = 0$ 可得系统平衡点为

$$\boldsymbol{x}_e = [0.0000, 0.0000, 1.0979, 1.1632]^{\mathrm{T}} \tag{2-136}$$

进一步，在平衡点处对系统线性化，可得此时系统雅可比矩阵的特征值，结果示于表 2-2。从表中可以看出，系统此时存在两对共轭复根，且均位于虚轴左侧，系统处于稳定状态。

表 2-2　$P_m = 0$ 时系统特征值

s_1	s_2	s_3	s_4
−0.2500−j6.7770	−0.2500+j6.7770	−0.5833−j3.2221	−0.5833+j3.2221

不断增加 P_m 的取值，重复上述过程，求解 P_m 取不同值时系统的平衡点，并将对应的特征值绘于复平面上，可得图 2-13 所示的系统特征值轨迹（共轭特征值，只绘出实轴以上部分，下同），图中箭头指示了 P_m 增大的方向。由图可知，随着 P_m 的增大，共轭特征值 $s_{1,2}$ 不断向右运动，在穿过虚轴进入右侧后导致系统失稳（图中曲线①）；共轭特征值 $s_{3,4}$ 则随着 P_m 的增大不断向左侧运动（图中曲线②）。

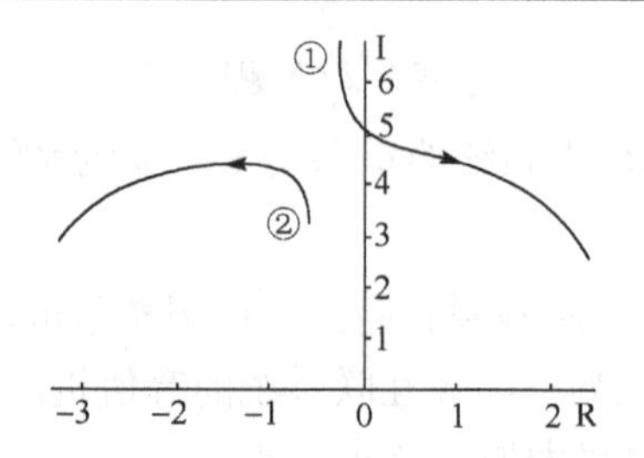

图 2-13　P_m 增大时系统的特征值轨迹

2.6.3　考虑时滞时的系统特征值轨迹

图 2-14 绘出了 τ 在 0.01～0.10s 取值时，系统特征值曲线随 P_m 的变化情况。其中虚线为考虑了时滞时对应的系统特征值曲线，实线则为不考虑时滞影响时的特征值曲线（即图 2-13 中的特征值曲线①和曲线②）。为研究两者之间的差距，定义特征值曲线间的偏差为

$$\mathrm{Err}=\sqrt{(\mathrm{Re}_\tau-\mathrm{Re}_0)^2+(\mathrm{Im}_\tau-\mathrm{Im}_0)^2} \tag{2-137}$$

式中，$\mathrm{Re}_\tau,\mathrm{Im}_\tau$ 为考虑时滞环节时，系统特征值的实部和虚部；$\mathrm{Re}_0,\mathrm{Im}_0$ 为不考虑时滞影响时，系统特征值的实部和虚部，因此 Err 给出了在考虑时滞环节影响前后，系统特征值的绝对偏差量。图 2-15 绘出了图 2-14 中 6 个时滞取值所对应的系统特征值曲线①的绝对偏差随着 P_m 变化的情况；图 2-16 则绘出了曲线②对应特征值绝对偏差随着 P_m 变化的情况。从图 2-14～图 2-16 可以看到，时滞环节的存在，对系统小扰动稳定性的影响显著。

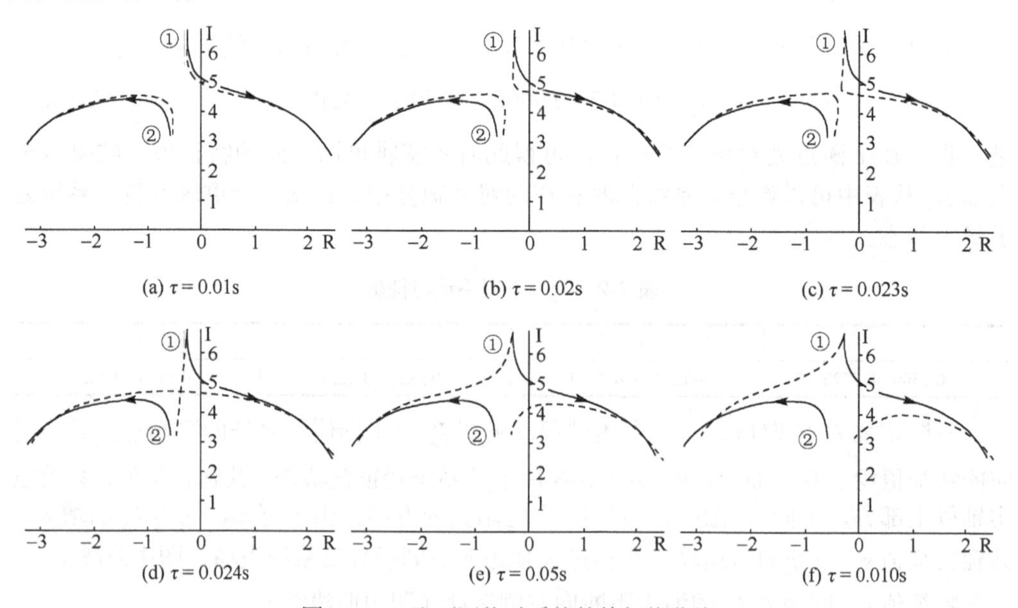

图 2-14　τ 取不同值时系统的特征值曲线

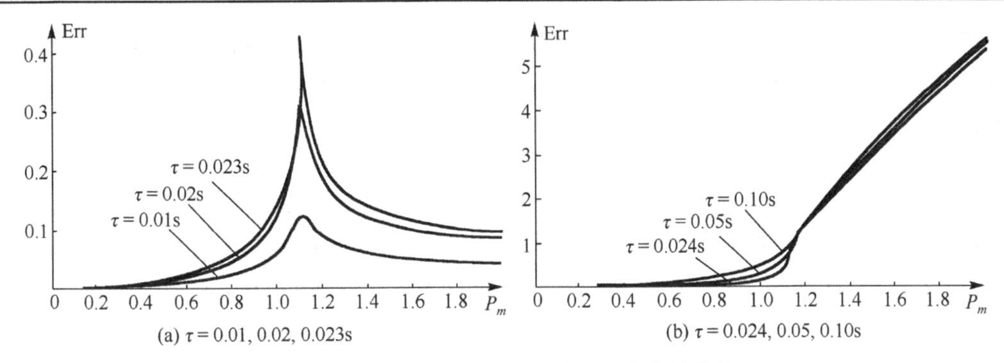

图 2-15　τ 取不同值时系统特征值①偏差曲线

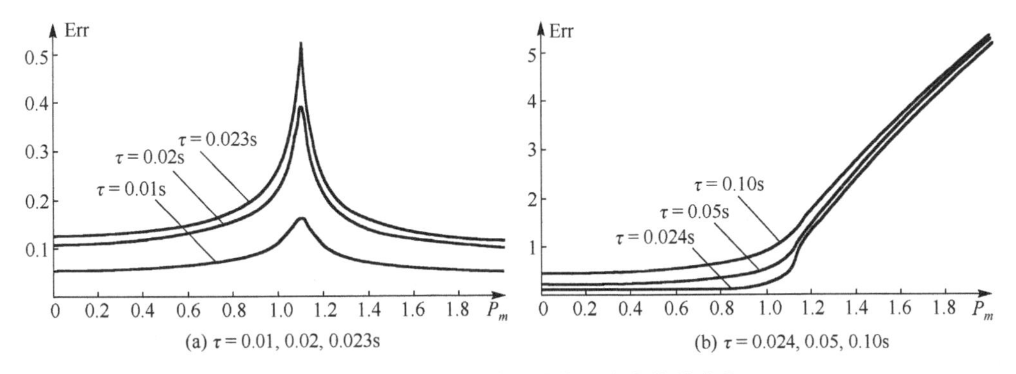

图 2-16　τ 取不同值时系统特征值②偏差曲线

（1）时滞 τ 取值较小时，其对系统小扰动稳定性的影响也较小，如 $\tau \leqslant 0.01\text{s}$（10ms）时，其对系统特征值的影响近似可以忽略（如 $\tau = 0.01\text{s}$ 时，曲线①的最大绝对偏差为 0.1220，曲线②的绝对偏差为 0.1601），考虑时滞前后的特征值轨迹距离较近，偏差较小。由于传统的电力系统控制器均采用本地测量信息实施控制，控制回路的时滞一般在 0.01s（10ms）以下，分析结果也间接验证了在传统控制器设计中不考虑时滞影响的合理性。但在时滞 τ 取值较大时，它的影响必须加以考虑。

（2）随着 τ 取值的增大，时滞系统的特征值曲线与不考虑时滞时系统的特征值曲线之间的偏差越来越大。例如，不考虑时滞时，系统在 P_m=1.1055 时出现 Hopf 分岔，对应的关键特征值为 $s_c = \pm \text{j}5.0781$；在 $\tau = 0.01\text{s}$ 时，Hopf 分岔点发生在 P_m=1.1201，主导特征值变为 $s_c = \pm \text{j}4.9053$；而在 $\tau = 0.02\text{s}$ 和 $\tau = 0.023\text{s}$ 时，Hopf 分岔分别出现在 P_m=1.1270 和 P_m=1.1271，主导特征值分别为 $s_c = \pm \text{j}4.7182$ 和 $s_c = \pm \text{j}4.6601$，可见 Hopf 分岔处的特征值变动尤为显著，在此过程中，由于时滞的存在，系统的主振荡频率产生了很大变化。

（3）在 $\tau = 0.023\text{s}$ 和 $\tau = 0.024\text{s}$ 内，系统关键特征值发生了改变：当 $\tau \leqslant 0.023\text{s}$ 时，特征值曲线①穿越虚轴，导致 Hopf 分岔的产生，因此曲线①所对应的特征值为主导

特征值；而$\tau \geqslant 0.024s$后，变为特征值曲线②穿越虚轴，引发 Hopf 分岔，系统的振荡模式因主导特征值改变而随之变化。主导特征值的改变使得特征值曲线①、②的偏差在此之后更大，这一点从图 2-15 和图 2-16 中可清楚看到。

由图 2-14 可以看到，在$\tau = 0.023s$和$\tau = 0.024s$内，系统关键特征值出现了变更，因此在$\tau = 0.023s$和$\tau = 0.024s$内，系统两对共轭特征值会出现正交，经二分法分析，我们确定相交点发生在$\tau = 0.023839s$时刻，图 2-17 绘出了此时系统特征值的变化曲线。由图可以清楚地看到，系统的两个特征值曲线在复平面上的（–0.35628, 4.67919）点处发生正交，当$\tau > 0.023839s$后，系统主导特征值曲线由①换为②。

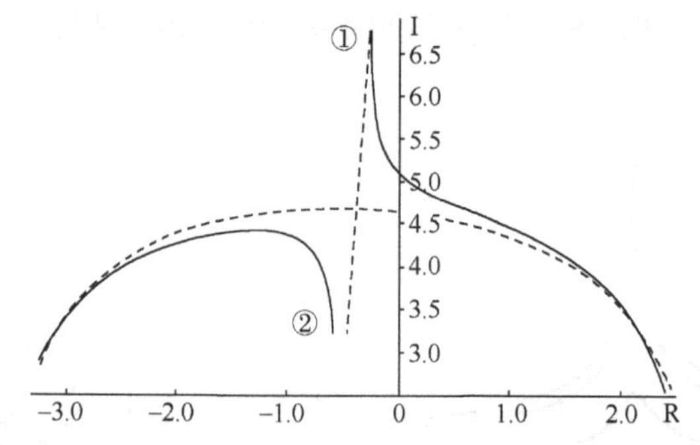

图 2-17　$\tau = 0.023839s$ 时系统特征值出现正交现象

图 2-17 给出的正交情况，与电力系统中出现的奇异诱导分岔情况很类似，不同之处在于，在奇异诱导分岔点处，一对共轭特征值在实轴上相交后蜕变为一对实特征值，特征值的性质发生了根本改变（复特征值变为实特征值，使得系统的某一振荡模式消失）；而在图 2-17 中，时滞环节导致系统两对共轭特征值在复平面左侧相交，而特征值的性质并未发生本质变化。由于每一对共轭特征值与系统的某一动态环节密切相关，系统主导特征值的变化，表明随着时滞的增加，在 P_m 增加过程中导致系统失稳的因素也发生了本质性的变化。

2.6.4　小结与讨论

本节用一个简单的含时滞环节的电力系统，讨论了时滞对系统运行特性的影响，我们发现时滞的存在对电力系统小扰动稳定性影响显著，尤其是时滞较大时，甚至会导致系统稳定性状况发生根本性的变化。因此，在设计电力系统控制器时，需要深入研究时滞环节可能导致系统控制律漂移甚至失效的情况，在基于广域测量信息实施的协调控制中，因时滞较大，故更应该关注它的影响。

此外，我们可以看到，由于时滞系统的特征方程含有超越项，如何对其进行有效求解，以确定系统能够容忍的最大时滞，也是在进行控制器设计时尤其要关注的；同时，在电力系统运行过程中，系统的很多参数实际上在不断变化，如用户的负荷、风电的出力等，使得系统模型包含了很多随机项，如何考虑它们的影响，也是在研究中需要予以考虑的；时滞给动力系统带来了更多的非线性因素，使得系统的动态行为更为丰富，如何揭示时滞动力系统中的独特动态行为，将是后续研究中的一个重点。

2.7 本 章 小 结

本章主要介绍了进行时滞电力系统稳定性研究所需的一些基本知识，包括动力系统的模型、动力系统平衡点的稳定性和结构稳定性。同时，进一步探讨了电力系统在含时滞和不含时滞情况下的适用模型。考虑到电力系统自身的特点，在其动态模型中需要考虑一些硬约束，当系统不存在时滞时，其动态需由微分-代数方程（DAE）模型来刻画。当系统中存在时滞环节时，由于时滞既可能存在于动态环节（状态量），又可能存在于静态环节（代数量，常表现为测量数据），电力系统时滞模型本身就非常复杂，此时系统动态将由时滞微分-代数方程（TDAE）模型来刻画。在给出时滞系统适用模型后，我们借助一个含时滞的单机无穷大简单电力系统，示意了时滞对系统特征值的影响。

第3章　电力系统时滞稳定裕度及其求解方法

时滞稳定裕度是指时滞系统在保证小扰动稳定的前提下，能够承受的最大时滞，它对于分析时滞电力系统的稳定性，评估含时滞环节的控制器性能等都有重要意义。本章将首先给出电力系统时滞稳定裕度的定义，进一步将给出求解单时滞系统和多时滞系统时滞稳定裕度的相关方法。

3.1　电力系统时滞稳定裕度

时滞稳定裕度指示了一个动力系统在保证小扰动稳定的前提下，可以承受的最大时滞量。对于电力系统，无论评估时滞环节对其稳定性的影响，还是基于 PMU/ WAMS 信息进行广域控制器或广域控制系统设计，确切知晓电力系统的时滞稳定裕度都非常重要。

本节首先给出电力系统时滞稳定裕度的定义，这里采用式（2-116）对应的如下线性时滞微分方程（TODE）模型，即

$$\Delta\dot{\boldsymbol{x}} = \boldsymbol{A}\Delta\boldsymbol{x} + \sum_{i=1}^{k}\boldsymbol{A}_i\Delta\boldsymbol{x}_{\tau i} \tag{3-1}$$

式中，$\boldsymbol{x}, \boldsymbol{x}_{\tau i} = \boldsymbol{x}(t-\tau_i)$ 分别为系统状态量和时滞状态量；$\Delta\boldsymbol{x}, \Delta\boldsymbol{x}_{\tau i}$ 为两者的微扰量；$\boldsymbol{\tau} = (\tau_1, \tau_2, \cdots, \tau_k)$ 为时滞向量，$\tau_i \geqslant 0, i = 1,2,3,\cdots k$ 为时滞常数，$\tau_{\max} = \max\limits_{1\leqslant i\leqslant k}(\tau_i)$；$\Delta\boldsymbol{\varphi}(t, \xi)$ 定义了 $\Delta\boldsymbol{x}$ 在区间 $[-\tau_{\max}, 0)$ 上的历史轨迹，即满足 $\Delta\boldsymbol{x}(t+\xi) = \Delta\boldsymbol{\varphi}(t, \xi), \xi \in [-\tau_{\max}, 0)$。在后续叙述中，若研究与历史轨迹无关，则省略模型中关于历史轨迹部分的叙述。

系统（3-1）对应的特征方程为

$$\det\left(s \cdot \boldsymbol{I} - \boldsymbol{A} - \sum_{i=1}^{k}\boldsymbol{A}_i \cdot \mathrm{e}^{-s\cdot\tau_i}\right) = 0 \tag{3-2}$$

式中，$s \in C$ 是时滞系统待求的特征值。

进一步，用 $\sigma(\boldsymbol{\tau}) = (s_1, s_2, s_3, \cdots)$ 表示系统（3-1）当时滞向量为 $\boldsymbol{\tau}$ 时对应的特征谱，即式（3-2）的全部可能解。这里用 C^-, C^+, C^0 分别表示复平面的左半平面、右半平面和虚轴。若 $\sigma(\boldsymbol{\tau})$ 的全部特征值都位于 C^- 内，则系统（3-1）是小扰动稳定的；反之，若存在任何位于 C^+ 内的特征值，则系统是小扰动不稳定；若存在位于 C^0 上的特征值，而剩余特征值均位于 C^+ 内，则系统将处于临界稳定状态。

对于任意一个时滞向量 $\boldsymbol{\tau}=(\tau_1,\tau_2,\cdots,\tau_k)$，它在 $\mathbf{R}^k$ 空间中可决定一个如下模值为1.0的方向向量，即

$$\vec{\gamma}=(\gamma_1,\gamma_2,\cdots,\gamma_k) \tag{3-3}$$

式中，$\gamma_i=\dfrac{\tau_i}{\|\boldsymbol{\tau}\|},i=1,2,3,\cdots,k$，$\|\cdot\|$为欧氏范数。沿着方向 $\vec{\gamma}$，时滞向量 $\boldsymbol{\tau}$ 可等效表示为

$$\boldsymbol{\tau}=\vec{\gamma}\cdot\tilde{\tau}=(\gamma_1,\gamma_2,\cdots,\gamma_k)\tilde{\tau} \tag{3-4}$$

式中，$\tilde{\tau}=\|\boldsymbol{\tau}\|\in\mathbf{R}$ 为一非负的标量，表示时滞向量 $\boldsymbol{\tau}$ 的长度。

假设在 $\tilde{\tau}=0$ 时系统（3-1）是稳定的，则沿着 $\vec{\gamma}$ 方向从0开始逐渐增大 $\tilde{\tau}$ 的取值，当 $\tilde{\tau}<\tau_{\lim}^{\gamma}$ 时，系统的全部特征值都位于 C^- 内；在 $\tilde{\tau}=\tau_{\lim}^{\gamma}$ 时，某一特征值 $s_c\in\sigma(\tau)$ 位于虚轴上，即 $s_c\in C^0$；而 $\tilde{\tau}>\tau_{\lim}^{\gamma}$ 后，$s_c\in C^+$，则 $\tau_{\lim}^{\gamma}$ 即为在 $\vec{\gamma}$ 方向上系统的局部时滞稳定裕度。

进一步，系统全局时滞稳定裕度定义为

$$\tau_{\text{mar}}:=\min_{\vec{\gamma}}(\tau_{\lim}^{\gamma}) \tag{3-5}$$

$\tau_{\lim}^{\gamma}$ 和 τ_{mar} 的含义如图3-1所示，其中阴影部分为系统可稳定运行的区域（即在时滞变量空间中的系统小扰动稳定域，本书后续章节将对该稳定域进行单独讨论和分析，本章不对它进行过多讨论）。从图中可以看出，局部稳定裕度 $\tau_{\lim}^{\gamma}$ 决定了系统在 $\vec{\gamma}$ 方向上能够承受的最大时滞；而全局时滞稳定裕度 τ_{mar}，则是在各种时滞组合的情况下，系统稳定运行对应的最小时滞稳定裕度。

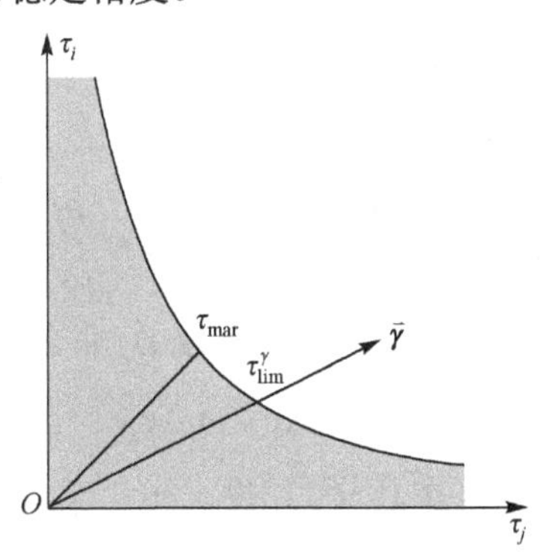

图3-1　局部时滞稳定裕度和全局时滞稳定裕度示意图

对于一个含有时滞环节的控制系统，如果其每一个时滞环节的取值已知且固定不变，则可用局部时滞稳定裕度确定系统能够稳定运行的时滞取值范围；而当系统时滞取值随着运行工况不断变化时，考虑各种可能情况的全局时滞稳定裕度就更有意义。

3.2　基于 Rekasius 变换的单时滞系统时滞稳定裕度求解方法

本节首先讨论系统只存在一个时滞环节的简单情况，并给出一种基于 Rekasius 变换的时滞稳定裕度求解方法。

3.2.1　线性单时滞系统模型及其时滞稳定裕度

当只存在一个时滞时，电力系统的动态模型将变为如下的时滞微分-代数方程，即

$$\begin{cases}\dot{\boldsymbol{x}} = \boldsymbol{f}(\boldsymbol{x}, \boldsymbol{y}, \boldsymbol{x}_\tau, \boldsymbol{y}_\tau, \boldsymbol{p}) \\ \boldsymbol{0} = \boldsymbol{g}(\boldsymbol{x}, \boldsymbol{y}, \boldsymbol{p}) \\ \boldsymbol{0} = \boldsymbol{g}(\boldsymbol{x}_\tau, \boldsymbol{y}_\tau, \boldsymbol{p})\end{cases} \tag{3-6}$$

式中，$\boldsymbol{x} \in \mathbf{R}^n, \boldsymbol{y} \in \mathbf{R}^m, \boldsymbol{p} \in \mathbf{R}^p$ 分别为系统的状态变量、代数变量和控制参数；$(\boldsymbol{x}_\tau, \boldsymbol{y}_\tau) := [\boldsymbol{x}(t-\tau), \boldsymbol{y}(t-\tau)]$ 为时滞状态变量和时滞代数变量；$\tau \geqslant 0$ 为时滞常数。

当给定控制参数 $\boldsymbol{p} = \boldsymbol{p}^*$ 后，满足式（3-7）的解 $(\boldsymbol{x}_e, \boldsymbol{y}_e)$ 为系统的平衡点，即

$$\begin{cases}\boldsymbol{0} = \boldsymbol{f}(\boldsymbol{x}, \boldsymbol{y}, \boldsymbol{x}_\tau, \boldsymbol{y}_\tau, \boldsymbol{p}^*) \\ \boldsymbol{0} = \boldsymbol{g}(\boldsymbol{x}, \boldsymbol{y}, \boldsymbol{p}^*) \\ \boldsymbol{0} = \boldsymbol{g}(\boldsymbol{x}_\tau, \boldsymbol{y}_\tau, \boldsymbol{p}^*)\end{cases} \tag{3-7}$$

进一步，在该平衡点附近对式（3-6）线性化可得

$$\begin{cases}\Delta\dot{\boldsymbol{x}} = \tilde{\boldsymbol{A}}_0\Delta\boldsymbol{x} + \tilde{\boldsymbol{A}}_\tau\Delta\boldsymbol{x}_\tau + \tilde{\boldsymbol{B}}_0\Delta\boldsymbol{y} + \tilde{\boldsymbol{B}}_\tau\Delta\boldsymbol{y}_\tau \\ \boldsymbol{0} = \tilde{\boldsymbol{C}}_0\Delta\boldsymbol{x} + \tilde{\boldsymbol{D}}_0\Delta\boldsymbol{y} \\ \boldsymbol{0} = \tilde{\boldsymbol{C}}_\tau\Delta\boldsymbol{x}_\tau + \tilde{\boldsymbol{D}}_\tau\Delta\boldsymbol{y}_\tau\end{cases} \tag{3-8}$$

式中，$\tilde{\boldsymbol{A}} = \dfrac{\partial \boldsymbol{f}}{\partial \boldsymbol{x}}, \tilde{\boldsymbol{B}} = \dfrac{\partial \boldsymbol{f}}{\partial \boldsymbol{y}}, \tilde{\boldsymbol{C}} = \dfrac{\partial \boldsymbol{g}}{\partial \boldsymbol{x}}, \tilde{\boldsymbol{D}} = \dfrac{\partial \boldsymbol{g}}{\partial \boldsymbol{y}}, \tilde{\boldsymbol{A}}_\tau = \dfrac{\partial \boldsymbol{f}}{\partial \boldsymbol{x}_\tau}, \tilde{\boldsymbol{B}}_\tau = \dfrac{\partial \boldsymbol{f}}{\partial \boldsymbol{y}_\tau}, \tilde{\boldsymbol{C}}_\tau = \dfrac{\partial \boldsymbol{g}}{\partial \boldsymbol{x}_\tau}, \tilde{\boldsymbol{D}}_\tau = \dfrac{\partial \boldsymbol{g}}{\partial \boldsymbol{y}_\tau}$ 分别为系统方程对状态变量和时滞变量的导数。当矩阵 $\tilde{\boldsymbol{D}}, \tilde{\boldsymbol{D}}_\tau$ 非奇异时，式（3-8）可简化为

$$\Delta\dot{\boldsymbol{x}} = \boldsymbol{A}\Delta\boldsymbol{x} + \boldsymbol{A}_1\Delta\boldsymbol{x}_\tau \tag{3-9}$$

式中，$\boldsymbol{A} = \tilde{\boldsymbol{A}} - \tilde{\boldsymbol{B}}\tilde{\boldsymbol{D}}^{-1}\tilde{\boldsymbol{C}}$；$\boldsymbol{A}_1 = \tilde{\boldsymbol{A}}_\tau - \tilde{\boldsymbol{B}}_\tau\tilde{\boldsymbol{D}}_\tau^{-1}\tilde{\boldsymbol{C}}_\tau$。进一步，系统的特征方程为

$$\mathrm{CE}(s) = \det(s \cdot \boldsymbol{I} - \boldsymbol{A} - \boldsymbol{A}_1 \cdot \mathrm{e}^{-s \cdot \tau}) = 0 \tag{3-10}$$

理论上，由式（3-10）可求得单时滞系统（3-6）在平衡点 $(\boldsymbol{x}_e, \boldsymbol{y}_e)$ 处的全部特征值 $\boldsymbol{\sigma}(\tau) = (s_1, s_2, s_3, \cdots)$。若 $\boldsymbol{\sigma}(\tau)$ 的全部特征值都位于 C^- 内，则系统在 $(\boldsymbol{x}_e, \boldsymbol{y}_e)$ 处是小扰动稳定的；反之，若 $\boldsymbol{\sigma}(\tau)$ 存在一个特征值位于 C^+ 内，则系统在此处是小扰动不稳定的。

进一步，设$\tau=0$（即不计时滞影响）时，时滞系统（3-6）在平衡点$(\boldsymbol{x}_e,\boldsymbol{y}_e)$处是小扰动稳定的，则有式（3-11）成立，即

$$s_i \in C^-, \forall s_i \in \boldsymbol{\sigma}(0) \tag{3-11}$$

在其他参数不变的情况下，逐渐增大时滞常数τ的取值。若在$\tau=\tau_{\text{lim}}$处，系统的某个特征值$s_c \in \boldsymbol{\sigma}(\tau)$位于虚轴上，即$s_c \in C^0$；而在$\tau>\tau_{\text{lim}}$后，$s_c \in C^+$，则$\tau_{\text{lim}}$即为系统（3-9）的时滞稳定裕度（也为原系统（3-6）在平衡点$(\boldsymbol{x}_e,\boldsymbol{y}_e)$处的时滞稳定裕度）。进一步，记$\tau_{\text{ran}}=[0,\tau_{\text{lim}})$，它给出了系统可以稳定运行的时滞取值范围。

3.2.2　基于 Rekasius 变换的时滞稳定裕度求解方法

下面在推导单时滞系统时滞稳定裕度求解方法时，会用到 Rekasius 变换和 Routh 稳定判据，为此首先对两者进行简要介绍。

1. Rekasius 变换

对于式（3-10）所示的时滞系统特征方程，其中存在形如$\mathrm{e}^{-s\cdot\tau}$的超越项，它是造成该方程求解困难的主要症结。引入 Rekasius 变换，是希望消去时滞特征方程中的超越项，以简化分析计算过程。Rekasius 变换表达式在第 1 章中已给出，现重写为

$$\mathrm{e}^{-\tau\cdot s}=\frac{1-T\cdot s}{1+T\cdot s} \tag{3-12}$$

式中，$T\in R$为待求的变换系数。Rekasius 的研究表明，当式（3-12）中的s为纯虚数（如$s=\mathrm{j}\omega_c$）时，将存在唯一的T，使得该变换是一个恒等变换，且ω_c,τ和T三者间满足

$$\tau=\frac{2}{\omega_c}[\arctan(\omega_c\cdot T)\pm l\cdot\pi],\quad l=0,1,2,3,\cdots \tag{3-13}$$

在应用中，如果式（3-10）存在某一纯虚特征值，则利用（3-12）即可消去其中的超越项$\mathrm{e}^{-s\cdot\tau}$，从而将系统特征方程变换为特征值s的多项式方程，进而可利用已成熟的多项式求解方法，实现对该纯虚特征值的求解，再返回来利用式（3-13）确定系统对应时滞变量的取值。

2. Routh 表和 Routh 稳定判据

Routh 判据是经典控制理论中的一种常见稳定判别方法。考虑如下的系统特征方程，即

$$\text{CE}(s)=\sum_{l=0}^{n} b_l s^l=0 \tag{3-14}$$

式中，$b_l\in\mathbf{R}, l=0,1,2,\cdots,n$为特征方程的幂系数。进一步，可由该特征方程的系数形成如下的 Routh 表，即

$$\boldsymbol{R}_A=\begin{matrix} s^n \\ s^{n-1} \\ s^{n-2} \\ s^{n-3} \\ \vdots \\ s^1 \\ \lambda^0 \end{matrix}\begin{bmatrix} b_0 & b_2 & b_4 & \cdots \\ b_1 & b_3 & b_5 & \cdots \\ R_{n-2,1} & R_{n-2,2} & R_{n-2,3} & \cdots \\ R_{n-3,1} & R_{n-3,2} & R_{n-2,3} & \cdots \\ \vdots & \vdots & \vdots & \vdots \\ R_{1,1} & R_{1,2} & 0 & \cdots \\ R_{0,1} & 0 & 0 & \cdots \end{bmatrix} \tag{3-15}$$

式中

$$R_{n-2,j}=-\frac{1}{b_1}\begin{vmatrix} b_0 & b_{2(j-1)+2} \\ b_1 & b_{2(j-1)+3} \end{vmatrix},\quad j=1,2,3,\cdots \tag{3-16}$$

$$R_{n-3,j}=-\frac{1}{R_{n-2,1}}\begin{vmatrix} b_1 & b_{2(j-1)+3} \\ R_{n-2,1} & R_{n-2,j+1} \end{vmatrix},\quad j=1,2,3,\cdots \tag{3-17}$$

$$R_{i,j}=-\frac{1}{R_{i,1}}\begin{vmatrix} R_{i-1,1} & R_{i-1,j+1} \\ R_{i,1} & R_{i,j+1} \end{vmatrix},\quad j=1,2,3,\cdots;\quad i=n-4,n-5,\cdots,0 \tag{3-18}$$

记 $\boldsymbol{R}_A$ 的第一列元素为：$\boldsymbol{F}_C=[b_0\quad b_1\quad R_{n-2,1}\quad R_{n-3,1}\quad \cdots\quad R_{1,1}\quad R_{0,1}]^{\mathrm{T}}$，则由 Routh 判据可得如下结果。

（1）若 $\boldsymbol{F}_C$ 内所有系数取值均大于零，则式（3-14）对应的系统是稳定的，系统特征值均位于 C^- 内；反之，若 $\boldsymbol{F}_C$ 内存在小于零的系数，则系统是不稳定的。

（2）在 $\boldsymbol{F}_C$ 内，从前至后其元素取值符号改变的次数，等于系统位于 C^+ 内特征值的个数。

3. 时滞稳定裕度求解方法

为求解系统（3-9）的时滞稳定裕度，首先将其特征方程（3-10）展开为

$$\mathrm{CE}(s)=\sum_{l=0}^{n}a_l(\lambda)\mathrm{e}^{-l\cdot\tau\cdot s}=0 \tag{3-19}$$

由时滞稳定裕度的定义可知，当 $\tau=\tau_{\lim}$ 时，系统刚好存在位于虚轴上的特征值，为简单起见，设其为 $s_c=\mathrm{j}\omega_c$。当 $\tau=\tau_{\lim}$ 时，有式（3-20）成立，即

$$\mathrm{CE}(s_c)=\sum_{l=0}^{n}a_l(s_c)\mathrm{e}^{-l\cdot\tau_{\lim}\cdot s_c}=0 \tag{3-20}$$

式（3-12）所示的 Rekasius 变换，当其中的特征值为纯虚数时是一个恒等变换，因此可利用它替换式（3-20）中的超越项 $\mathrm{e}^{-l\cdot\tau_{\lim}\cdot s_c}$，有

$$\mathrm{e}^{-l\cdot\tau_{\lim}\cdot s_c}=(\mathrm{e}^{-\tau_{\lim}\cdot s_c})^l=\left(\frac{1-T\cdot s_c}{1+T\cdot s_c}\right)^l \tag{3-21}$$

代入式（3-20）可得

$$\mathrm{CE}(s_c)=\sum_{l=0}^{n}a_l(s_c)\left(\frac{1-T\cdot s_c}{1+T\cdot s_c}\right)^l=0 \tag{3-22}$$

在式（3-22）两边同时乘以$(1+T\cdot s_c)^n$，经整理可得

$$\mathrm{CE}'(s_c)=\mathrm{CE}(s_c)(1+T\cdot s_c)^n=\sum_{l=0}^{n}a_l(s_c)\left(1-T\cdot s_c\right)^l(1+T\cdot s_c)^{n-l}=\sum_{l=0}^{2n}b_l s_c^l=0 \tag{3-23}$$

不难知道，式（3-23）中的系数$b_l\in\mathbf{R},l=1,2,3,\cdots,2n$均为变换系数$T$的函数，因此可以通过不断改变$T$的取值，来确定式(3-23)位于虚轴上的解，进而再利用式(3-13)得到对应的时滞稳定裕度。而前述的 Routh 表和 Routh 判据，就被用来确定系统的纯虚特征值。具体求解步骤如下。

（1）利用式（3-23）并按照式（3-15）形式，形成其对应的 Routh 表$\boldsymbol{R}_A$。

（2）在$-\infty\sim+\infty$内变动T的取值，监视对应的$\boldsymbol{F}_C$向量中元素正负号数目发生变动的点，设为$T=T^*$；进一步，设$\boldsymbol{F}_C$中符号变动的变量为其第j个元素，即$R_{j,1}$，其中$0\leqslant j\leqslant n-2$。

（3）根据 Routh 判据，可利用$\boldsymbol{R}_A$的第$j+1$行元素，通过如下多项式方程，求解此时对应的系统关键特征值$s_c=\mathrm{j}\omega_c$，有

$$R_{j+1,1}s_c^{j+1}+R_{j+1,2}s_c^{j-1}+R_{j+1,3}s_c^{j-3}+\cdots=0 \tag{3-24}$$

（4）将T^*和ω_c代入式（3-13），得到对应时滞τ^*的取值。

（5）重复第（2）～（4）步，直至求得所有满足条件的τ^*，其中数值最小的一个即为系统的时滞稳定裕度。

3.2.3　算法验证及示例

这里采用 2.6 节的单机无穷大系统算例，来示例上述求解方法的有效性，除特殊约定外，系统参数取值均取自 2.6 节。

1. 典型运行方式下的时滞稳定裕度求解

取该系统如下典型运行方式来进行研究：D=5.0、K_A=180 和 P_m=1.0，此时对应的系统平衡点为

$$\boldsymbol{x}_e=[0.8045,0.0000,1.2492,1.6196]^{\mathrm{T}} \tag{3-25}$$

$$\boldsymbol{y}_e=[1.000,1.0521,0.6174]^{\mathrm{T}} \tag{3-26}$$

在平衡点处，对系统模型进行线性化，可得式（3-9）所示的系统线性化模型，其中系数矩阵取值为

$$\boldsymbol{A}=\begin{bmatrix} 0 & 376.9911 & 0 & 0 \\ -0.0963 & -0.5000 & -0.0801 & 0 \\ -0.0480 & 0 & -0.1667 & 0.1000 \\ 0 & 0 & 0 & -1.0000 \end{bmatrix} \tag{3-27}$$

$$\boldsymbol{A}_1=\begin{bmatrix} 0 & 0 & 0 & 0 \\ 0 & 0 & 0 & 0 \\ 0 & 0 & 0 & 0 \\ 38.0187 & 0 & -95.2560 & 0 \end{bmatrix} \tag{3-28}$$

根据式（3-10）可得系统特征方程为

$$\begin{aligned} \mathrm{CE}(s) &= \det(s\cdot \boldsymbol{I}-\boldsymbol{A}-\boldsymbol{A}_1\cdot \mathrm{e}^{-s\cdot\tau}) \\ &= a_4(s)\mathrm{e}^{-4s\cdot\tau}+a_3(s)\mathrm{e}^{-3s\cdot\tau}+a_2(s)\mathrm{e}^{-2s\cdot\tau}+a_1(s)\mathrm{e}^{-s\cdot\tau}+a_0(s)=0 \end{aligned} \tag{3-29}$$

式中，相关系数为

$$a_4(s)=0 \tag{3-30}$$

$$a_3(s)=0 \tag{3-31}$$

$$a_2(s)=0 \tag{3-32}$$

$$a_1(s)=9.5256s^2+4.7628s+460.3899 \tag{3-33}$$

$$a_0(s)=s^4+1.6667s^3+37.0367s^2+40.9683s+4.5982 \tag{3-34}$$

进一步，利用式（3-12）代替式（3-29）中的$\mathrm{e}^{-s\cdot\tau}$项，经整理可得

$$\mathrm{CE}'(s_c)=\sum_{l=0}^{2n} b_l s_c^l = b_5 s_c^5+b_4 s_c^4+b_3 s_c^3+b_2 s_c^2+b_1 s_c+b_0=0 \tag{3-35}$$

式中

$$b_5=T \tag{3-36}$$

$$b_4=1.6667\cdot T+1.0000 \tag{3-37}$$

$$b_3=27.5111\cdot T+1.6667 \tag{3-38}$$

$$b_2=36.2054\cdot T+46.5623 \tag{3-39}$$

$$b_1=-455.7917\cdot T+45.7311 \tag{3-40}$$

$$b_0=464.9881 \tag{3-41}$$

接下来，即可利用 3.1 节中的求解过程来确定系统的时滞稳定裕度。

（1）形成式（3-15）所示的 Routh 表 $\boldsymbol{R}_A$，表中的每一个元素均为变换参数 T 的函数。

（2）在 $-\infty \sim +\infty$ 内变动 T 的取值，发现在 $T=T^*=0.034313373$ 前后，$\boldsymbol{F}_C$ 元素的正负号个数发生了变化，其中第 5 个元素在 $T<T^*$ 时为正数，在 $T=T^*$ 时变为零，而当 $T>T^*$ 时变为负数。$T=T^*$ 时的 $\boldsymbol{F}_C$ 取值为

$$\boldsymbol{F}_C=[0.0343,1.0572,1.0591,32.8320,0.0000,464.9881]^{\mathrm{T}} \tag{3-42}$$

式中，第五个元素的实际取值为

$$\boldsymbol{F}_C(5)=0.1003\times10^{-7} \tag{3-43}$$

当 $T=T^*+10^{-9}$ 时，$\boldsymbol{F}_C$ 及其第五个元素的取值分别为

$$\boldsymbol{F}_C'=[0.0343,1.0572,1.0591,32.8320,-0.0000,464.9881]^{\mathrm{T}} \tag{3-44}$$

$$\boldsymbol{F}_C'(5)=-0.3318\times10^{-6} \tag{3-45}$$

进一步，当 $\boldsymbol{F}_C$ 的第五个元素变为负数后，根据 Routh 判据可知，系统将存在两个位于虚轴右侧的特征值，由此可以判断，位于虚轴上的特征值一定是一对共轭复数。

（3）求解系统关键特征值。式（3-46）给出了 $T=T^*$ 的 $\boldsymbol{R}_A$ 结果，即

$$\boldsymbol{R}_A=\begin{bmatrix} 0.0343 & 2.6107 & 30.0913 \\ 1.0572 & 47.8046 & 464.9881 \\ 1.0591 & 14.9991 & 0 \\ 32.8320 & 464.9881 & 0 \\ 0.0000 & 0 & 0 \\ 464.9881 & 0 & 0 \end{bmatrix} \tag{3-46}$$

则此时式（3-24）变为

$$32.8320\cdot s_c^2+464.9881=0 \tag{3-47}$$

由此可得

$$s_c=\mathrm{j}\omega_c=\pm\mathrm{j}3.7633 \tag{3-48}$$

$$\tau=[68.2491\pm l\cdot1669.5826],\quad l=0,1,2,3,\cdots \tag{3-49}$$

式中，时滞的单位为毫秒。进一步，由时滞稳定裕度的定义可知，系统时滞稳定裕度为 $\tau_{\lim}=68.2491\mathrm{ms}$。

2. 不同参数取值下的系统时滞稳定裕度

这里采用上述方法，通过改变系统运行参数，来研究它们取值不同时对系统时滞稳定裕度的影响。

1）单一参数变动时的系统时滞稳定裕度

首先，固定 D=5.0, K_A=180，令 P_m 在 0～1.0 变动，计算系统相应的时滞稳定裕度 τ_{lim}，对应结果示于图 3-2。从图中可以看到，当系统其他条件不变时，发电机输出功率 P_m 增大会导致系统的时滞稳定裕度 τ_{lim} 减小，这表明系统的负载增大时，它所能承受的控制信号时滞会变小。此外，在 (P_m,τ_{lim}) 空间中，P_m-τ_{lim} 曲线对应着系统小扰动稳定域的上边界，其下为时滞系统的小扰动稳定区域。由图 3-2 不难知道，在发电机输出功率增大时，会导致系统小扰动稳定区域减小，稳定性降低。

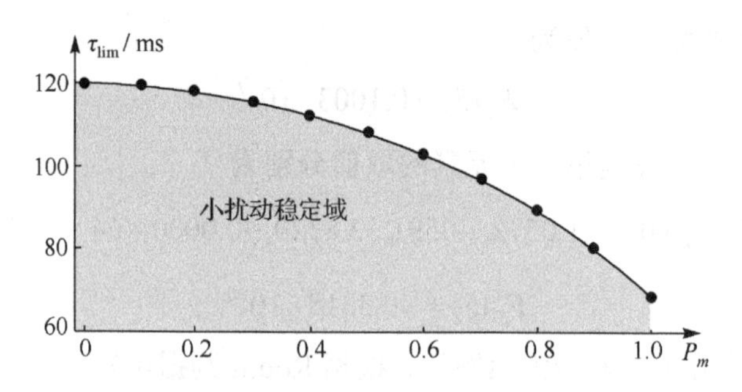

图 3-2　时滞稳定裕度随 P_m 变化的情况

进一步，固定 D=5.0, P_m=1.0 不变，将 K_A 在 50～180 变动，所得计算结果示于图 3-3。从原理上分析，K_A 越大表明励磁系统灵敏度越高，由量测环节时滞所造成的任何误差就越容易被系统觉察，因此励磁放大系数越大，系统的时滞稳定裕度应越小。图 3-3 的计算结果刚好可以验证这一推断，即在系统其他参数相同的情况下，发电机励磁放大系数 K_A 越大，则系统时滞稳定裕度 τ_{lim} 就越小。

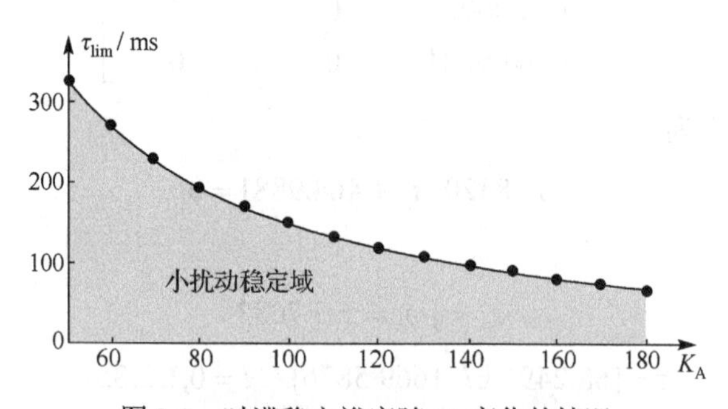

图 3-3　时滞稳定裕度随 K_A 变化的情况

最后，固定 K_A=180, P_m=1.0 不变，将 D 在 1～200 变动，计算相应的 τ_{lim} 示于图 3-4。可以看到，系统的时滞稳定裕度 τ_{lim} 随发电机阻尼系数 D 的变化规律较为复杂，在系统阻尼增强的过程中，系统的时滞稳定裕度首先减小，在图中的 M 点处 τ_{lim} 达到一个最小值；此后，随着 D 值的增大，系统的时滞稳定裕度也随之增大。由于 M 点的存在，系统小扰动稳定域出现一个明显的凹区域，说明此时的系统时滞小扰动稳定域是一个非凸集。

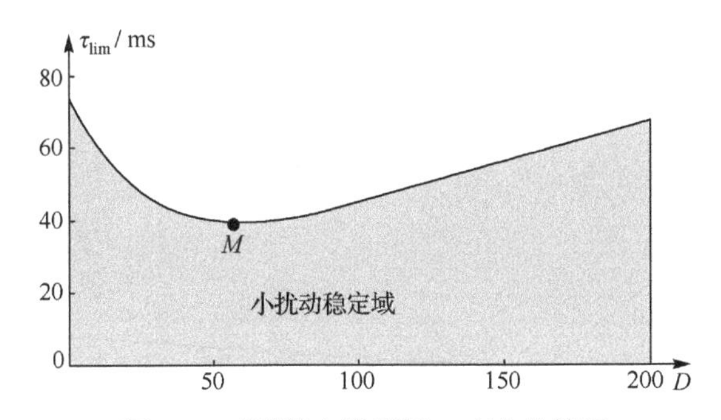

图 3-4　时滞稳定裕度随 D 变化的情况

2）两个参数变动时的时滞稳定裕度

固定 D=5.0，令 K_A 在 50～180，P_m 在 0～1.0 变动，求解系统的时滞稳定裕度 τ_{lim} 曲面，相关结果示于图 3-5，不难知道，该曲面刚好对应着系统的小扰动稳定域上边界，其下为稳定的区域，其上为不稳定的区域（下同）。由图 3-5 可以看出，在 K_A 和 P_m 增大时，系统小扰动稳定域上边界（τ_{lim} 曲面）都会降低，从而导致整个 τ_{lim} 曲面向左下角倾斜。

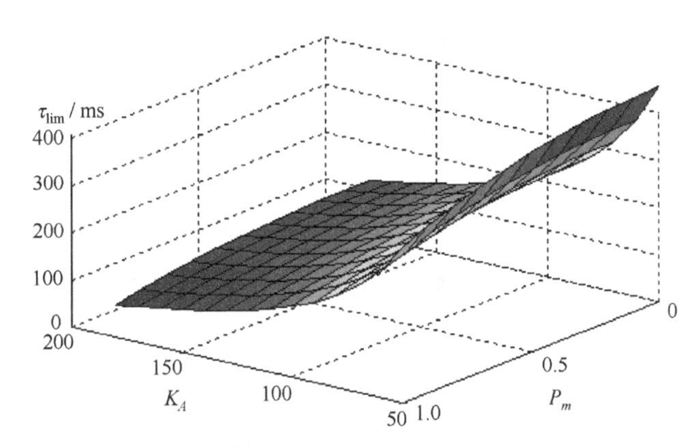

图 3-5　（K_A, P_m）空间中的时滞小扰动稳定域（D=5.0）

进一步，固定 K_A=100，将 P_m 在 0～1.0 和 D 在 1～200 变动，计算系统的小扰动稳定域的边界（即 τ_{lim} 曲面），结果示于图 3-6。从图中可以看到，在 D 增大的过程中，小扰动稳定域上边界出现明显的凹区域，这一点与图 3-4 的分析结果是一致的。同时可以看到，当 P_m 值较大，在 D 变化时，小扰动稳定域上边界的凹区域较为明显；反之，P_m 取值较小，在 D 变化时，小扰动稳定域上边界变化较为平滑，凹区域不太明显。

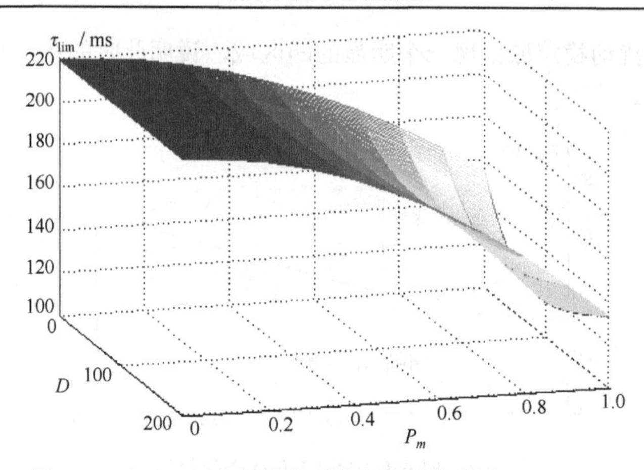

图 3-6　（D, P_m）空间中的时滞小扰动稳定域（K_A=100）

最后固定 P_m=1.0，而变动 K_A 和 D，相应的计算结果示于图 3-7。从图中可以清楚地观察到，$\tau_{\lim}$ 曲面随 K_A 和 D 变化的情景。

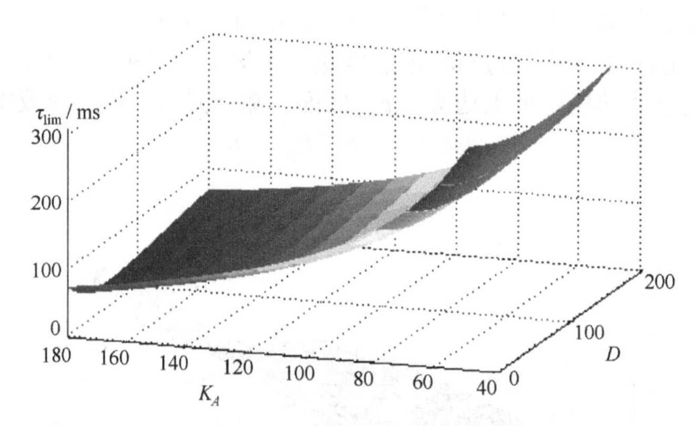

图 3-7　（K_A, D）空间中的时滞小扰动稳定域（P_m=1.0）

3.2.4　小结

这里给出一种求解只含一个时滞环节的电力系统时滞稳定裕度的有效方法，它首先利用 Rekasius 变换，将时滞系统的特征方程由超越方程变换为一个系数随变量变化的多项式方程；进一步，利用 Routh 表和 Routh 稳定判据，确定系统的临界特征值和相应的特征频率；最后，借助含时滞的单机无穷大电力系统，对所给方法进行了验证，同时讨论了影响该系统时滞稳定裕度的相关因素。仿真结果表明，在系统载荷和励磁放大系数增大时，系统的时滞稳定裕度会降低，而系统的时滞稳定裕度与发电机阻尼系数间则存在较为复杂的相互关系。

3.3　基于矩阵变换技术的时滞稳定裕度求解方法

3.2 节的方法只能用于单时滞系统时滞稳定裕度的计算，本节所给方法则可以用于含有多时滞的电力系统时滞稳定裕度的求解。

3.3.1　特定方向上的时滞稳定裕度求解

在式（3-3）的方向已知后，它将在时滞参数空间中确定一个方向（图 3-1）。而当 $\tilde{\tau}=\tau_{\lim}^{\gamma}$ 时，时滞系统处于临界稳定状态，即存在位于虚轴上的特征值 $s_c=\mathrm{j}\omega_c$，由此可知，它将满足

$$\mathrm{j}\omega_c=\mathrm{eig}\left(\boldsymbol{A}+\sum_{i=1}^{k}\boldsymbol{A}_i\cdot\mathrm{e}^{-\mathrm{j}\omega_c\cdot\tau_i}\right)\tag{3-50}$$

考虑到式（3-3），式（3-50）可进一步表示为

$$\mathrm{j}\omega_c=\mathrm{eig}\left(\boldsymbol{A}+\sum_{i=1}^{k}\boldsymbol{A}_i\cdot\mathrm{e}^{-\mathrm{j}\gamma_i\cdot\omega_c\cdot\tilde{\tau}}\right)=\mathrm{eig}[\Delta(\omega_c,\tilde{\tau})]\tag{3-51}$$

式中，

$$\Delta(\omega_c,\tilde{\tau})=\boldsymbol{A}+\sum_{i=1}^{k}\boldsymbol{A}_i\cdot\mathrm{e}^{-\mathrm{j}\gamma_i\cdot\omega_c\cdot\tilde{\tau}}\tag{3-52}$$

我们知道，对于任意超越项 $\mathrm{e}^{-\mathrm{j}\xi}$，当 $\xi\in\mathbf{R}$ 时，它的数值将随着参数 ξ 取值的改变做周期性改变，变化周期为 2π。为此令式（3-52）中的参数 $\tilde{\tau}\cdot\omega_c=\xi$，则它可等价表示为

$$\Delta(\xi,\vec{\gamma})=\boldsymbol{A}+\sum_{i=1}^{k}\boldsymbol{A}_i\cdot\mathrm{e}^{-\mathrm{j}\gamma_i\cdot\xi}\tag{3-53}$$

设复矩阵 $\Delta(\xi,\vec{\gamma})$ 相对于 ξ 的变化周期为 $\Gamma\cdot 2\pi$，则 Γ 的数值可按如下方式进行估计。

对于矢量 $\vec{\gamma}=(\gamma_1,\gamma_2,\cdots,\gamma_k)$，其中：$\gamma_i\geqslant 0, i=1,2,3,\cdots,k$（当其中一个元素取值为 0 时，则可在 R^{k-1} 空间中进行讨论），当 γ_i 为有理数时，可表示为

$$\gamma_i=\frac{M_i}{D_i}\tag{3-54}$$

式中，$M_i, D_i\in\mathbf{Z}^{+}$ 且互质。当 γ_i 为无理数时，首先保留一定有效位数后对其进行四舍五入，然后可近似表示为式（3-54）的形式。设 D 为分母 $(D_1,D_2,\cdots,D_k)$ 的最小公倍数，则可在 $[0,2\pi\cdot D]$ 区间内进行关键特征值的搜索，即 $\Gamma=D$。其原因在于，时滞向量可表示为

$$\tau=(\gamma_1,\gamma_2,\cdots,\gamma_k)\tilde{\tau}=\left(\frac{M_1}{D_1},\frac{M_2}{D_2},\cdots,\frac{M_k}{D_k}\right)\tilde{\tau}=(M_1',M_2',\cdots,M_m')\tilde{\tau}' \tag{3-55}$$

式中，

$$\tilde{\tau}'=\frac{\tilde{\tau}}{D} \tag{3-56}$$

$$M_i'=M_i\cdot\frac{D}{D_i}\in\mathbf{Z}^+ \tag{3-57}$$

$$\Delta(\xi,\vec{\gamma})=\boldsymbol{A}+\sum_{i=1}^{k}\boldsymbol{A}_i\cdot\mathrm{e}^{-\mathrm{j}\gamma_i\cdot\xi}=\boldsymbol{A}+\sum_{i=1}^{k}\boldsymbol{A}_i\cdot\mathrm{e}^{-\mathrm{j}M_i'\cdot\xi'}=\Delta(\xi',\vec{\gamma}) \tag{3-58}$$

$$\xi'=\frac{\xi}{D} \tag{3-59}$$

此时，$\Delta(\xi',\vec{\gamma})$ 的特征值将随 ξ' 以 2π 为周期进行变动，等价于 $\Delta(\xi,\vec{\gamma})$ 的特征值随 ξ 以 $2\pi\cdot D$ 为周期进行变动，则根据 $\varGamma$ 的定义可得

$$\varGamma=D \tag{3-60}$$

进一步，在 $[0,\varGamma\cdot 2\pi]$ 区间内逐渐变动 ξ 取值，求解复矩阵 $\Delta(\xi,\vec{\gamma})$ 对应的特征值，若在 ξ_c 处一特征值 $\mathrm{j}\omega_c$ 位于虚轴上，则可用式（3-61）确定此时对应的系统临界时滞 $\tilde{\tau}_c$ 为

$$\tilde{\tau}_c=\xi_c/\omega_c \tag{3-61}$$

式中，要求 $\tilde{\tau}_c>0$。若 ξ 在 $[0,\varGamma\cdot 2\pi]$ 区间内变动过程中，存在多个临界时滞的情况，则将其记为

$$\tilde{\tau}_c=(\tilde{\tau}_{c1},\tilde{\tau}_{c2},\tilde{\tau}_{c3},\cdots) \tag{3-62}$$

设最小值为

$$\tau_{\min}^k=\min(\tilde{\tau}_c)=\min(\tilde{\tau}_{c1},\tilde{\tau}_{c2},\tilde{\tau}_{c3},\cdots) \tag{3-63}$$

则 $\tau_{\min}^k$ 为该方向上的系统局部时滞稳定裕度。进一步，通过式（3-64）可确定在该方向上对应时滞的取值，即

$$\tau_c=(\tau_{c1},\tau_{c2},\cdots,\tau_{ck})=(\gamma_1,\gamma_2,\cdots,\gamma_k)\tau_{\min}^k \tag{3-64}$$

3.3.2 全局时滞稳定裕度的求解

在确定了特定方向上的局部时滞稳定裕度后，进一步给出系统全局时滞稳定裕度的求解方法。在 $(\tau_1,\tau_2,\cdots,\tau_k)$ 空间中，待研究的区域为

$$\varOmega=(\tau_i\geqslant 0,i=1,2,\cdots,k) \tag{3-65}$$

为此，考虑如下 k 维空间中的超平面 P，即

$$P = \left\{ \vec{\boldsymbol{p}} \middle| \sum_{i=1}^{k} p_i = 1 \right\} \tag{3-66}$$

超平面上任一点 $\vec{\boldsymbol{p}} = (p_1, p_2, \cdots, p_m) \in P$ 都确定了一个待研究的方向，利用 3.2 节的方法即可得到在该方向上的局部时滞稳定裕度，其中取值最小的一个即对应着系统的全局时滞稳定裕度。具体的求解算法如下。

（1）取 $p_i = 0, i = 1, 2, \cdots, k$，设定计算过程中各方向上的计算步长 Δp_i；

（2）循环求解各方向上的局部时滞稳定裕度，即

```
for p1=0: Δp1: 1.0
  for p2=0: Δp2: 1.0
   …
   for pk=0: Δpk:1.0
    γ⃗ = (p1,p2,...,pk)/‖p⃗‖
    if( p⃗ ∈P)
      τ^γ_lim =CalculateDelayMargin(γ⃗);                    (3-67)
    else
      continue;
    end if
   end for
   …
 end for
end for
```

式（3-67）中的函数 CalculateDelayMargin(·)，即是利用 3.3.1 节方法求解 $\vec{\gamma}$ 方向上的局部时滞稳定裕度。注意，只有 $\vec{\boldsymbol{p}}$ 位于超平面 P 上时，才调用该函数以避免计算。

（3）所求全部局部时滞稳定裕度的最小值即为系统的时滞稳定裕度 τ_{mar}。

下面分别采用单机无穷大和 WSCC 三机九节点系统进行算例分析，其中采用单机无穷大系统算例的目的在于与 3.2 节的方法进行比较。

3.3.3　单机无穷大系统算例

这里取 3.2 节的典型场景来进行分析，即 D=5.0、K_A=180 和 P_m=1.0，其他参数取值与 2.6 节相同，此时系统的特征方程为

$$\text{CE}(s) = \det(s \cdot \boldsymbol{I} - \boldsymbol{A} - \boldsymbol{A}_1 \cdot \mathrm{e}^{-s \cdot \tau}) \tag{3-68}$$

式中，矩阵 $\boldsymbol{A}, \boldsymbol{A}_1$ 取值由式（3-27）和式（3-28）给出。根据式（3-53）可得式（3-68）对应的形式为

$$\Delta(\xi, \vec{\gamma}) = \boldsymbol{A} + \boldsymbol{A}_1 \cdot \mathrm{e}^{-\mathrm{j}\xi} \tag{3-69}$$

式中，$\xi = \omega_c \cdot \tau$。

不难看出，对于单机无穷大系统，其参数ξ需要搜索的空间为$[0,2\pi]$，利用3.2节的方法在$[0,2\pi]$内不断变动ξ取值，求解$\Delta(\xi,\vec{\gamma})$的特征根，相关结果绘于图3-8。不难看出，在ξ变动过程中，系统将存在6处$\Delta(\xi,\vec{\gamma})$特征值位于虚轴上的情况，即图中A～F点，各点的信息示于表3-1。利用式（3-61）并考虑到时滞取值不能为负，可得系统的时滞稳定裕度为68.249ms，对应于表中的A点，所得结果与3.2节采用Rekasius变换方法的结果是完全一致的。进一步，改变系统的运行工况，采用本节和3.2节两种方法分别计算系统时滞稳定裕度，然后进行比对分析，可发现所得结果完全相同，不再一一列出。

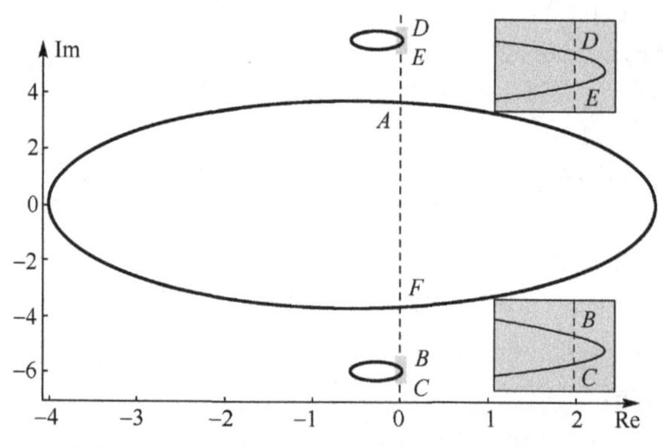

图3-8　$\Delta(\xi,\vec{\gamma})$特征根随参数ξ变动的轨迹

表3-1　图3-8中A～F点信息

点	ξ	w_c	τ_c	点	ξ	w_c	τ_c
A	0.256982	3.763327	0.068249	D	5.178601	6.015030	0.860855
B	0.429770	−5.775225	−0.074390	E	5.854044	5.775225	1.013565
C	1.105212	−6.015030	−0.183726	F	6.026831	−3.763327	−1.601334

3.3.4　WSCC三机九节点系统算例

1. 系统模型

如图3-9所示的WSCC三机九节点系统，其中发电机1考虑为无穷大母线，发电机2、3动态用如下五阶微分方程来描述，即

$$\dot{\delta}_i = \omega_i - \omega_N \tag{3-70}$$

$$2H_i \cdot \dot{\omega}_i = P_{m,i} - P_{e,i} - D_i(\omega_i - \omega_N) \tag{3-71}$$

$$T'_{d0,i} \cdot \dot{E}'_{q,i} = -E'_{q,i} + (X_{d,i} - X'_{d,i}) \cdot I_{d,i} + E_{fd,i} \tag{3-72}$$

$$T'_{q0,i} \cdot \dot{E}'_{d,i} = -E'_{d,i} - (X_{q,i} - X'_{q,i}) \cdot I_{q,i} \tag{3-73}$$

$$T_{A,i} \cdot \dot{E}_{fd,i} = -E_{fd,i} + K_{A,i}(U_{\text{ref},i} - U_i) \tag{3-74}$$

式中，$\delta_i, \omega_i, E'_{q,i}, E'_{d,i}, E_{fd,i}, i = 2,3$ 分别为两发电机的功角、角速度、横轴和纵轴内电势和励磁电势；ω_N 为系统额定频率；H_i 为发电机惯性时间常数；$P_{m,i}$ 为发电机机械输入功率；D_i 为发电机阻尼系数；$T'_{d0,i}, T'_{q0,i}$ 为发电机 d 轴和 q 轴开路时间常数（励磁绕组和阻尼绕组）；$X_{d,i}, X_{q,i}, X'_{d,i}, X'_{q,i}$ 为发电机 d 轴和 q 轴的稳态电抗和暂态电抗；$I_{d,i}$ 和 $I_{q,i}$ 分别为发电机 d 轴和 q 轴回路电流；$T_{A,i}$ 和 $K_{A,i}$ 为发电机励磁系统时间常数和放大系数；$U_{\text{ref},i}$ 为励磁控制回路参考电压；$P_{e,i}, Q_{e,i}, U_i, \theta_i$ 分别为每台发电机的电磁输出功率和机端电压（幅值和角度），如

$$P_{e,i} = E'_{q,i}I_{q,i} + E'_{d,i}I_{d,i} + (X'_{d,i} - X'_{q,i})I_{d,i}I_{q,i} \tag{3-75}$$

$$Q_{e,i} = U_{q,i}I_{d,i} - U_{d,i}I_{q,i} \tag{3-76}$$

$$U_i = \sqrt{U_{d,i}^2 + U_{q,i}^2} \tag{3-77}$$

$$U_{d,i} = E'_{d,i} - X'_{q,i} \cdot I_{q,i} \tag{3-78}$$

$$U_{q,i} = E'_{q,i} + X'_{d,i} \cdot I_{d,i} \tag{3-79}$$

$$\theta_i = \delta_i + \arctan(U_{d,i}/U_{q,i}) \tag{3-80}$$

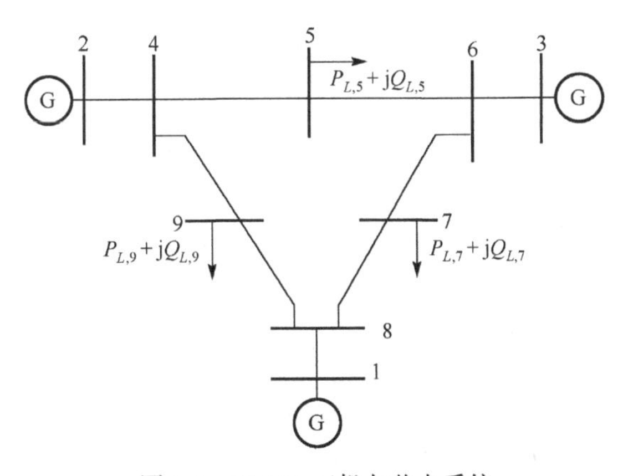

图 3-9　WSCC 三机九节点系统

系统的网络方程为

$$P_{e,2} - U_2^2 \cdot Y_{24} \cdot \cos\theta_{24} + U_2 \cdot U_4 \cdot Y_{24} \cdot \cos(\theta_2 - \theta_4 - \psi_{24}) = 0 \tag{3-81}$$

$$Q_{e,2} - U_2^2 \cdot Y_{24} \cdot \sin\theta_{24} - U_2 \cdot U_4 \cdot Y_{24} \cdot \sin(\theta_2 - \theta_4 - \psi_{24}) = 0 \tag{3-82}$$

$$P_{e,3} - U_3^2 \cdot Y_{36} \cdot \cos\theta_{36} + U_3 \cdot U_6 \cdot Y_{36} \cdot \cos(\theta_3 - \theta_6 - \psi_{36}) = 0 \tag{3-83}$$

$$Q_{e,3} - U_3^2 \cdot U_{36} \cdot \sin\theta_{36} - U_3 \cdot U_6 \cdot Y_{36} \cdot \sin(\theta_3 - \theta_6 - \psi_{36}) = 0 \tag{3-84}$$

$$\sum_{l=2,5,9} (-U_4^2 \cdot Y_{4l} \cdot \cos\psi_{4l} + U_4 \cdot U_l \cdot Y_{4l} \cdot \cos(\theta_4 - \theta_l - \psi_{4l})) = 0 \tag{3-85}$$

$$\sum_{l=2,5,9} (U_4^2 \cdot Y_{4l} \cdot \sin\psi_{4l} + 0.5U_4^2 \cdot B_{4l} + U_4 \cdot U_l \cdot Y_{4l} \cdot \sin(\theta_4 - \theta_l - \psi_{4l})) = 0 \tag{3-86}$$

$$\sum_{l=3,5,7} (-U_6^2 \cdot Y_{6l} \cdot \cos\psi_{6l} + U_6 \cdot U_l \cdot Y_{6l} \cdot \cos(\theta_6 - \theta_l - \psi_{6l})) = 0 \tag{3-87}$$

$$\sum_{l=3,5,7} (U_6^2 \cdot Y_{6l} \cdot \sin\psi_{6l} + 0.5U_6^2 \cdot B_{6l} + U_6 \cdot U_l \cdot Y_{6l} \cdot \sin(\theta_6 - \theta_l - \psi_{6l})) = 0 \tag{3-88}$$

$$\sum_{l=1,7,9} (-U_8^2 \cdot Y_{8l} \cdot \cos\psi_{8l} + U_8 \cdot U_l \cdot Y_{8l} \cdot \cos(\theta_8 - \theta_l - \psi_{8l})) = 0 \tag{3-89}$$

$$\sum_{l=1,7,9} (U_8^2 \cdot Y_{8l} \cdot \sin\psi_{8l} + 0.5U_8^2 \cdot B_{8l} + U_8 \cdot U_l \cdot Y_{8l} \cdot \sin(\theta_8 - \theta_l - \psi_{8l})) = 0 \tag{3-90}$$

$$\sum_{l=4,6} (-U_5^2 \cdot Y_{5l} \cdot \cos\psi_{5l} + U_5 \cdot U_l \cdot Y_{5l} \cdot \cos(\theta_5 - \theta_l - \psi_{5l})) - P_{L5} = 0 \tag{3-91}$$

$$\sum_{l=4,6} (U_5^2 \cdot Y_{5l} \cdot \sin\psi_{5l} + 0.5U_5^2 \cdot B_{5l} + U_5 \cdot U_l \cdot Y_{5l} \cdot \sin(\theta_5 - \theta_l - \psi_{5l})) - Q_{L5} = 0 \tag{3-92}$$

$$\sum_{l=6,8} (-U_7^2 \cdot Y_{7l} \cdot \cos\psi_{7l} + U_7 \cdot U_l \cdot Y_{7l} \cdot \cos(\theta_7 - \theta_l - \psi_{7l})) - P_{L7} = 0 \tag{3-93}$$

$$\sum_{l=6,8} (U_7^2 \cdot Y_{7l} \cdot \sin\psi_{7l} + 0.5U_7^2 \cdot B_{7l} + U_7 \cdot U_l \cdot Y_{7l} \cdot \sin(\theta_7 - \theta_l - \psi_{7l})) - Q_{L7} = 0 \tag{3-94}$$

$$\sum_{l=4,8} (-U_9^2 \cdot Y_{9l} \cdot \cos\psi_{9l} + U_9 \cdot U_l \cdot Y_{9l} \cdot \cos(\theta_9 - \theta_l - \psi_{9l})) - P_{L9} = 0 \tag{3-95}$$

$$\sum_{l=4,8} (U_9^2 \cdot Y_{9l} \cdot \sin\psi_{9l} + 0.5U_9^2 \cdot B_{9l} + U_9 \cdot U_l \cdot Y_{9l} \cdot \sin(\theta_9 - \theta_l - \psi_{9l})) - Q_{L9} = 0 \tag{3-96}$$

式（3-81）～式（3-84）给出了两台发电机的输出功率表达式；式（3-85）～式（3-90）给出了节点 4、6、8 三个枢纽节点（无负荷节点）的功率方程表达式；式（3-91）～式（3-96）给出了节点 5、7、9 三个有负荷节点的功率方程表达式。而节点 5, 7, 9 的有功和无功负荷，由系统负荷水平λ和各节点的初始负荷共同决定，即

$$P_{Ll} = \lambda \cdot P_{Ll}^0, l = 5,7,9 \tag{3-97}$$

$$Q_{Ll} = \lambda \cdot Q_{Ll}^0, l = 5,7,9 \tag{3-98}$$

将式（3-70）～式（3-74）对应的动态方程和式（3-75）～（3-98）对应的静态方程加以整合，可得到如下用微分-代数方程（DAE）描述的系统模型，即

$$\begin{cases}\dot{\boldsymbol{x}} = \boldsymbol{f}(\boldsymbol{x}, \boldsymbol{y}, \boldsymbol{p}) \\ \boldsymbol{0} = (\boldsymbol{x}, \boldsymbol{y}, \boldsymbol{p})\end{cases} \tag{3-99}$$

式中，状态变量 $\boldsymbol{x}$、代数变量 $\boldsymbol{y}$ 和分岔（控制）变量 $\boldsymbol{p}$ 分别为

$$\boldsymbol{x} = (\delta_2, \omega_2, E'_{q2}, E'_{d2}, E_{fd2}, \delta_3, \omega_3, E'_{q3}, E'_{d3}, E_{fd3}) \in \mathbf{R}^{10} \tag{3-100}$$

$$\boldsymbol{y} = (I_{d2}, I_{q2}, I_{d3}, I_{q3}, U_4, \theta_4, U_6, \theta_6, U_8, \theta_8, U_5, \theta_5, U_7, \theta_7, U_9, \theta_9) \in \mathbf{R}^{16} \tag{3-101}$$

$$\boldsymbol{p} = (\lambda, P_{m2}, P_{m3}) \in \mathbf{R}^3 \tag{3-102}$$

模型中涉及的系统参数取值如表 3-2 所示，需要指出的是：①对于任意支路 ij，其导纳满足 $Y_{ij}\angle\psi_{ij} = Y_{ji}\angle\psi_{ji}$，两端的对地充电导纳满足 $B_{ij} = B_{ji}$；②所有时间变量的单位均为秒；③所有角度变量的单位均为弧度，所有速度变量的单位为弧度/秒。除此之外，系统参数的单位均为标幺值。

表 3-2　WSCC 三机九节点系统参数取值

ω_N	$X_{d,2}$	$X'_{d,2}$	$X_{q,2}$	$X'_{q,2}$	$T'_{d0,2}$	$T'_{q0,2}$	H_2	D_2	$T_{A,2}$	$K_{A,2}$
377.00	0.8958	0.1198	0.8645	0.1969	6.00	0.54	6.4	0.05	0.02	50
$X_{d,3}$	$X'_{d,3}$	$X_{q,3}$	$X'_{q,3}$	$T'_{d0,3}$	$T'_{q0,3}$	H_3	D_2	$T_{A,2}$	$K_{A,2}$	B_{45}
0.90	0.10	0.85	0.10	8.00	0.25	3.01	0.05	0.02	50	0.149
B_{56}	B_{67}	B_{78}	B_{89}	B_{49}	Y_{18}	ψ_{18}	Y_{24}	ψ_{24}	Y_{36}	ψ_{36}
0.209	0.358	0.158	0.176	0.153	1/0.0576	$-\pi$	1/0.0625	$-\pi$	1/0.0586	$-\pi$
Y_{89}	ψ_{89}	Y_{78}	ψ_{78}	Y_{49}	ψ_{49}	Y_{67}	ψ_{67}	Y_{45}	ψ_{45}	Y_{56}
1/0.0856	−1.4537	1/0.093	−1.3881	1/0.164	−1.3746	1/0.1744	−1.3453	1/0.1114	−1.4533	1/0.1015
ψ_{56}	$U_{\text{ref},2}$	$U_{\text{ref},2}$	$P_{m,2}$	$P_{m,2}$	P_{L5}^0	Q_{L5}^0	P_{L7}^0	Q_{L7}^0	P_{L9}^0	Q_{L9}^0
−1.4533	1.03	1.03	1.0	1.0	1.0	0.5	1.0	0.5	1.0	0.5

下面我们分两种场景，来分别分析时滞环节对 WSCC 三机九节点系统时滞稳定裕度的影响。

（1）场景 1：发电机 2、3 均考虑为一个区域系统的等值发电机，各自采用广域量测信号控制其励磁回路，量测环节存在时滞 (τ_2, τ_3)，这与单机无穷大等值系统的处理方式类似。此时，式（3-74）需改为如下含时滞项的微分方程，即

$$T_{A,i} \cdot \dot{E}_{fd,i} = -E_{fd,i} + K_{A,i}(U_{\text{ref},i} - U_i(t - \tau_i)), \quad i = 2,3 \tag{3-103}$$

（2）场景 2：发电机 1 考虑为一外部等值大系统，发电机 2、3 和负荷 5、7、9 统一考虑为一个局部系统，并通过 1～8 联络线与外部系统相连。发电机 2、3 的励磁系统除了要维持其机端电压外，还通过远程控制回路，对母线 8 的电压实施远程控制，系统运行原理如图 3-10 所示。此时，式（3-74）将改为

$$T_{A,i} \cdot \dot{E}_{fd,i} = -E_{fd,i} + K_{A,i}(U_{\text{ref},i} - U_i) + K_{r,i}(U_{8,0} - U_8), \quad i = 2,3 \tag{3-104}$$

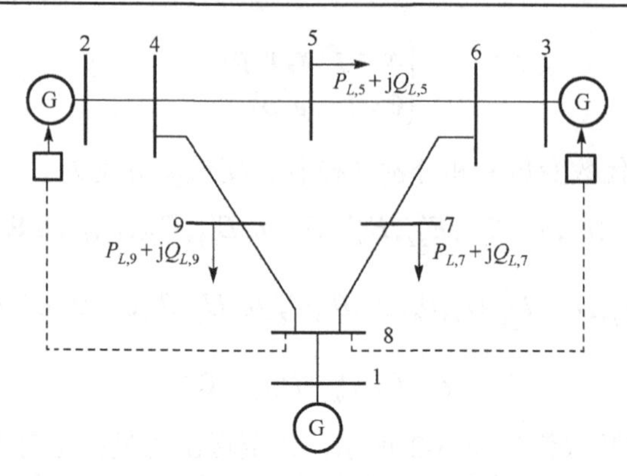

图 3-10　含远程控制的 WSCC 三机九节点系统（场景 2）

2. 场景 1 下的时滞稳定裕度计算

设系统负荷水平为 $\lambda=2.0$p.u.，P_{m2}=P_{m3}=1.0, $U_{\text{ref},2}$=$U_{\text{ref},3}$=1.03，系统其他参数取值与表 3-2 相同。在不考虑时滞影响时，可得系统的平衡点$(\boldsymbol{x}_e,\boldsymbol{y}_e)$为

$$\begin{cases}\boldsymbol{x}_e=[-0.2525,0,1.0983,-0.2923,2.3339,-0.2590,0,1.1208,-0.2857,2.7257]\\ \boldsymbol{y}_e=[-1.5923,0.4378,-2.0061,0.3809,0.9042,-0.7179,0.8741,-0.6661,\\ \quad 0.8329,-0.3154,0.7634,-0.7988,0.7198,-0.6215,0.7505,-0.6240]\end{cases}\tag{3-105}$$

在平衡点附近对系统方程进行线性化，可得不含时滞情况下系统的特征值，结果示于表 3-3。不难看出，在不考虑时滞（时滞取值为零）情况下，系统所有的特征值均位于 C^- 内，系统是小扰动稳定的。

表 3-3　不考虑时滞时的 WSCC 系统特征值（场景 1）

编号	实部	虚部	编号	实部	虚部
1	−45.8149	0	6	−3.2678	0
2	−37.5365	0	7	−1.3371	+11.5247
3	−12.6109	+1.3756	8	−1.3371	−11.5247
4	−12.6109	−1.3756	9	−0.0432	+4.9479
5	−5.0237	0	10	−0.0432	−4.9479

当考虑时滞影响后，在平衡点处可得到用式（3-1）表示的系统时滞线性模型，其中系数矩阵 $\boldsymbol{A},\boldsymbol{A}_2,\boldsymbol{A}_3$ 表达式为

$$\boldsymbol{A}=\begin{bmatrix}0&377&0&0&0&0&0&0&0&0\\-0.1421&-0.0039&-0.0249&-0.1097&0&0.1009&0&0.1202&0.0594&0\\-0.0096&0&-0.2233&0.0536&0.1667&0.1549&0&0.4965&0.0116&0\\-1.8167&0&0.2657&-5.0227&0&0.9126&0&0.2903&0.7403&0\\0&0&-2307.3912&962.2607&-50.0000&0&0&0&0&0\\0&0&0&0&0&0&377&0&0&0\\0.2157&0&0.2061&0.1216&0&-0.3470&-0.0083&-0.0708&-0.2916&0\\0.1444&0&0.3780&0.0173&0&-0.0057&0&-0.1092&0.0248&0.1250\\2.3717&0&0.4298&1.8275&0&-5.5476&0&-0.2416&-14.2578&0\\0&0&0&0&0&0&0&-2358.2911&829.7367&-50.0000\end{bmatrix}\tag{3-106}$$

$$
\boldsymbol{A}_2=\begin{bmatrix}
0 & 0 & 0 & 0 & 0 & 0 & 0 & 0 & 0 & 0\\
0 & 0 & 0 & 0 & 0 & 0 & 0 & 0 & 0 & 0\\
0 & 0 & 0 & 0 & 0 & 0 & 0 & 0 & 0 & 0\\
0 & 0 & 0 & 0 & 0 & 0 & 0 & 0 & 0 & 0\\
-257.8282 & 0 & 161.8154 & -600.5298 & 0 & -191.1358 & 0 & -1016.6381 & 88.5849 & 0\\
0 & 0 & 0 & 0 & 0 & 0 & 0 & 0 & 0 & 0\\
0 & 0 & 0 & 0 & 0 & 0 & 0 & 0 & 0 & 0\\
0 & 0 & 0 & 0 & 0 & 0 & 0 & 0 & 0 & 0\\
0 & 0 & 0 & 0 & 0 & 0 & 0 & 0 & 0 & 0\\
0 & 0 & 0 & 0 & 0 & 0 & 0 & 0 & 0 & 0
\end{bmatrix} \tag{3-107}
$$

$$
\boldsymbol{A}_3=\begin{bmatrix}
0 & 0 & 0 & 0 & 0 & 0 & 0 & 0 & 0 & 0\\
0 & 0 & 0 & 0 & 0 & 0 & 0 & 0 & 0 & 0\\
0 & 0 & 0 & 0 & 0 & 0 & 0 & 0 & 0 & 0\\
0 & 0 & 0 & 0 & 0 & 0 & 0 & 0 & 0 & 0\\
0 & 0 & 0 & 0 & 0 & 0 & 0 & 0 & 0 & 0\\
0 & 0 & 0 & 0 & 0 & 0 & 0 & 0 & 0 & 0\\
0 & 0 & 0 & 0 & 0 & 0 & 0 & 0 & 0 & 0\\
0 & 0 & 0 & 0 & 0 & 0 & 0 & 0 & 0 & 0\\
0 & 0 & 0 & 0 & 0 & 0 & 0 & 0 & 0 & 0\\
-274.9823 & 0 & -879.6285 & 9.6697 & 0 & -139.8803 & 0 & -43.9157 & -342.2694 & 0
\end{bmatrix} \tag{3-108}
$$

利用 3.3.1 节所给方法，在 (τ_2,τ_3) 空间中求解系统的时滞稳定裕度，所得结果示于图 3-11，部分典型结果示于表 3-4，表中第 2 列的夹角 θ_τ 定义为

$$
\theta_\tau=\arctan\left(\frac{\tau_3}{\tau_2}\right)=\arctan\left(\frac{\gamma_3}{\gamma_2}\right) \tag{3-109}
$$

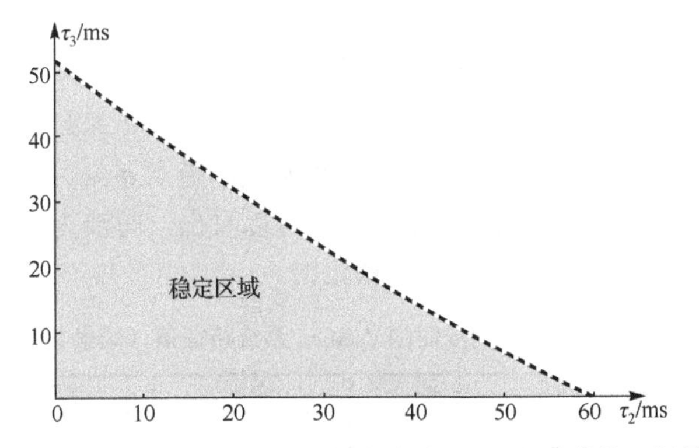

图 3-11　WSCC 系统在 (τ_2,τ_3) 空间中的时滞稳定裕度曲线（场景 1）

表 3-4　不同情况下系统的时滞稳定裕度（场景 1）

编号	夹角 θ_τ	τ_3/τ_2	τ_2/ms	τ_3/ms	$\tau_{\min}^{\gamma}$	ω_c
1	0°	0	0.0597	0	0.0597	4.9530
2	10°	0.1763	0.0480	0.0085	0.0487	4.9506
3	20°	0.3640	0.0400	0.0146	0.0426	4.9483
4	30°	0.5774	0.0339	0.0196	0.0391	4.9460
5	40°	0.8391	0.0286	0.0240	0.0374	4.9437
6	45°	1.0000	0.0262	0.0262	0.0370	4.9425
7	50°	1.1918	0.0237	0.0283	0.0370	4.9412
8	60°	1.7321	0.0189	0.0328	0.0379	4.9385
9	70°	2.7475	0.0137	0.0378	0.0402	4.9352
10	80°	5.6712	0.0077	0.0438	0.0445	4.9309
11	90°	∞	0	0.0520	0.0520	4.9248

从图 3-11 中可以看到，对于 WSCC 三机九节点系统，在所给场景下，系统可稳定运行的范围在(τ_2,τ_3)空间中是一个近似直角三角形的区域（图中阴影）。图中稳定区域右侧边界（图中虚线）上的每个小黑点均是利用 3.3.1 节算法求解的一个系统临界点。从表 3-4 则可以看到，在稳定区域右侧边界上，从右下角向左上角演变过程中，临界特征值的虚部取值逐渐变小（表中最后一列）。

对图 3-11 的计算结果做进一步分析，可得到系统全局时滞稳定裕度约为 36.97ms，对应的夹角 θ_τ 约为 48.3°。

3. 场景 2 下的时滞稳定裕度计算

系统运行工况与场景 1 相同，即 $\lambda=2.0$p.u.，P_{m2}=P_{m3}=1.0，$U_{\text{ref},2}$=$U_{\text{ref},3}$=1.03，系统其他参数取值与表 3-2 相同。远程控制环节取值为：$U_{8,0}=1.0, K_{r,2}=K_{r,3}=250$。当时滞取值为零，即 $\tau_2=\tau_3=0$ 时，可得系统的平衡点$(\boldsymbol{x}_e,\boldsymbol{y}_e)$为

$$\begin{cases}\boldsymbol{x}_e=[-0.1869,0,1.3164,-0.2832,2.4013,-0.2007,0,1.3260,-0.2876,2.6936]\\ \boldsymbol{y}_e=[-1.3981,0.4242,-1.7095,0.3834,1.1320,-0.5416,1.1109,-0.5197,0.9552,\\ \qquad -0.2648,1.0327,-0.5958,0.9208,-0.4796,0.9420,-0.4778]\end{cases} \tag{3-110}$$

与场景 1 的式（3-105）对比可发现，由于发电机 2、3 参与远程调控，场景 2 下母线 8 的电压有较明显的提高。进一步，在平衡点附近对系统方程线性化，可得不含时滞情况下系统的特征值，结果示于表 3-5。可以看出，时滞为零时，系统的所有特征值也都位于 C^- 内，因此系统是小扰动稳定的。

表 3-5　不考虑时滞时的 WSCC 系统特征值（场景 2）

编号	实部	虚部	编号	实部	虚部
1	−45.7183	0	4	−10.3022	0
2	−25.0997	+21.1447	5	−4.7477	0
3	−25.0997	−21.1447	6	−2.9788	0

续表

编号	实部	虚部	编号	实部	虚部
7	−2.1403	+14.6503	9	−0.5347	+7.2212
8	−2.1403	−14.6503	10	−0.5347	−7.2212

进一步推导由式（3-1）表示的系统线性时滞模型，各系数矩阵的取值为

$$\boldsymbol{A}=\begin{bmatrix} 0 & 377 & 0 & 0 & 0 & 0 & 0 & 0 & 0 & 0 \\ -0.2444 & -0.0039 & -0.0729 & -0.1555 & 0 & 0.1356 & 0 & 0.0678 & 0.0875 & 0 \\ -0.0769 & 0 & -0.4398 & 0.0451 & 0.1667 & 0.1105 & 0 & 0.2567 & 0.0277 & 0 \\ -2.5527 & 0 & 0.1379 & -4.8885 & 0 & 1.2720 & 0 & 0.2087 & 0.9140 & 0 \\ -139.5100 & 0 & -1762.3135 & 292.9297 & -50.0000 & -89.8659 & 0 & -540.9551 & 49.5449 & 0 \\ 0 & 0 & 0 & 0 & 0 & 0 & 377 & 0 & 0 & 0 \\ 0.2879 & 0 & 0.1401 & 0.1711 & 0 & -0.5810 & -0.0083 & -0.1558 & -0.4044 & 0 \\ 0.0834 & 0 & 0.1966 & 0.0150 & 0 & -0.0419 & 0 & -0.3209 & 0.0398 & 0.1250 \\ 3.3779 & 0 & 0.6292 & 2.2323 & 0 & -7.6411 & 0 & 0.0207 & -13.6347 & 0 \\ -124.3166 & 0 & -458.7129 & 14.4532 & 0 & -72.0147 & 0 & -1934.1632 & 365.1556 & -50.0000 \end{bmatrix} \tag{3-111}$$

$$\boldsymbol{A}_2=\begin{bmatrix} 0 & 0 & 0 & 0 & 0 & 0 & 0 & 0 & 0 & 0 \\ 0 & 0 & 0 & 0 & 0 & 0 & 0 & 0 & 0 & 0 \\ 0 & 0 & 0 & 0 & 0 & 0 & 0 & 0 & 0 & 0 \\ 0 & 0 & 0 & 0 & 0 & 0 & 0 & 0 & 0 & 0 \\ -944.5747 & 0 & -2368.8146 & -137.8384 & 0 & -932.7714 & 0 & -2646.7223 & -129.4582 & 0 \\ 0 & 0 & 0 & 0 & 0 & 0 & 0 & 0 & 0 & 0 \\ 0 & 0 & 0 & 0 & 0 & 0 & 0 & 0 & 0 & 0 \\ 0 & 0 & 0 & 0 & 0 & 0 & 0 & 0 & 0 & 0 \\ 0 & 0 & 0 & 0 & 0 & 0 & 0 & 0 & 0 & 0 \\ 0 & 0 & 0 & 0 & 0 & 0 & 0 & 0 & 0 & 0 \end{bmatrix} \tag{3-112}$$

$$\boldsymbol{A}_3=\begin{bmatrix} 0 & 0 & 0 & 0 & 0 & 0 & 0 & 0 & 0 & 0 \\ 0 & 0 & 0 & 0 & 0 & 0 & 0 & 0 & 0 & 0 \\ 0 & 0 & 0 & 0 & 0 & 0 & 0 & 0 & 0 & 0 \\ 0 & 0 & 0 & 0 & 0 & 0 & 0 & 0 & 0 & 0 \\ 0 & 0 & 0 & 0 & 0 & 0 & 0 & 0 & 0 & 0 \\ 0 & 0 & 0 & 0 & 0 & 0 & 0 & 0 & 0 & 0 \\ 0 & 0 & 0 & 0 & 0 & 0 & 0 & 0 & 0 & 0 \\ 0 & 0 & 0 & 0 & 0 & 0 & 0 & 0 & 0 & 0 \\ 0 & 0 & 0 & 0 & 0 & 0 & 0 & 0 & 0 & 0 \\ -944.5747 & 0 & -2368.8146 & -137.8384 & 0 & -932.7714 & 0 & -2646.7223 & -129.4582 & 0 \end{bmatrix} \tag{3-113}$$

与场景 1 求解过程类似，利用 3.3.1 节所给方法，在(τ_2,τ_3)空间中求解系统的时滞稳定裕度，所得结果示于图 3-12，部分时滞组合情况下的裕度结果示于表 3-6，表中第 2 列的夹角θ_τ由式（3-109）定义。

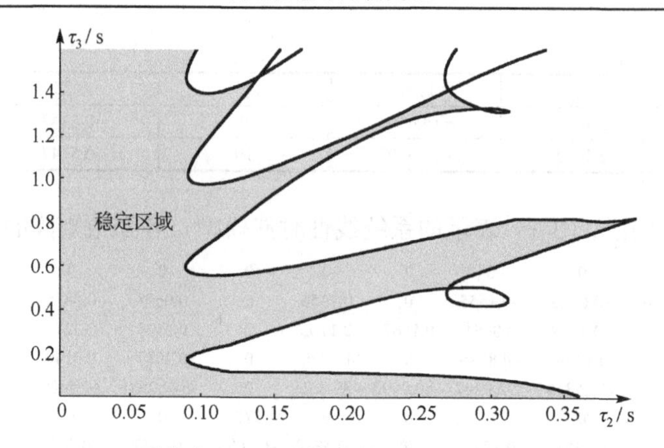

图 3-12　WSCC 系统在 (τ_2,τ_3) 空间中的时滞稳定裕度曲线（场景 2）

表 3-6　不同情况下系统的时滞稳定裕度（场景 2）

编号	夹角 θ_τ	τ_3/τ_2	τ_2/s	τ_3/s	$\tau_{\min}^{\gamma}$	ω_c
1	0°	0	0.3636	0	0.3636	7.7648
2	10°	0.1763	0.3323	0.0586	0.3375	8.2017
3	20°	0.3640	0.2723	0.0991	0.2898	9.5153
4	30°	0.5774	0.1823	0.1053	0.2105	12.1645
5	40°	0.8391	0.1361	0.1142	0.1776	13.9376
6	45°	1.0000	0.1187	0.1187	0.1679	14.5876
7	50°	1.1918	0.1056	0.1259	0.1644	14.8926
8	60°	1.7321	0.0899	0.1558	0.1799	14.5326
9	70°	2.7475	0.2815	0.7733	0.8229	9.2956
10	80°	5.6712	0.0980	0.5556	0.5642	14.9084
11	90°	∞	—	—	—	—

由图 3-11 和图 3-12 可以看出，时滞稳定裕度曲线与两个时滞轴所包围的区域为保证系统小扰动稳定的区域，时滞稳定裕度曲线对应着稳定区域的边界。而从图 3-12 可以看到，场景 2 下的时滞稳定裕度曲线结构非常复杂，它由多条曲线相交后共同构成。本书第 6 章将专门讨论时滞空间中的稳定域及其边界的相关性质，在此就不再深入讨论。

3.3.5　小结

本节推导了一种可用于含多时滞环节电力系统时滞稳定裕度求解的有效方法，它通过在一个有限闭区间内追踪一组复矩阵的特征轨迹来确定系统的关键特征值及其对应的系统时滞稳定裕度。该方法不对时滞系统特征方程超越项进行任何形式的变换，具有参数搜索范围小、可采用大步长和不遗漏关键特征值等优点，适用于大规模系统时滞稳定性问题的分析。最后利用单机无穷大和 WSCC 三机九节点两个算例系统对所给方法的有效性进行了示意。

3.4　实用时滞稳定裕度及其求解方法

理论上只需电力系统动态方程雅可比矩阵的全部特征值位于复平面左半部，即可保证系统的小扰动稳定性，但当部分特征值实部过小或对应特征值的阻尼因子过小时，在微小扰动下电力系统会出现持续的振荡甚至失稳，在实际运行中应尽量避免。为考虑电力系统这一实际的运行需求，本节给出两种新的实用时滞稳定裕度的定义，并给出有效的求解方法。

3.4.1　实用时滞稳定裕度

本节仍采用式（3-1）所示的线性时滞微分方程（TODE）模型，由其特征方程（3-2）确定的系统特征谱记为$\boldsymbol{\sigma}(\boldsymbol{\tau})=(s_1,s_2,s_3,\cdots)$。在实际运行中，为避免电力系统出现潜在危险，需要保证$\boldsymbol{\sigma}(\boldsymbol{\tau})$全部位于如图 3-13 所示的阴影区域内，其中边界 1 保证系统特征值的实部要小于某一负值，边界 2 保证系统特征值对应的阻尼因子大于给定值。此时考虑的是电力系统实际的运行需求，故称图中的阴影部分为实用的系统稳定运行区域。该区域右侧的两种边界定义如下。

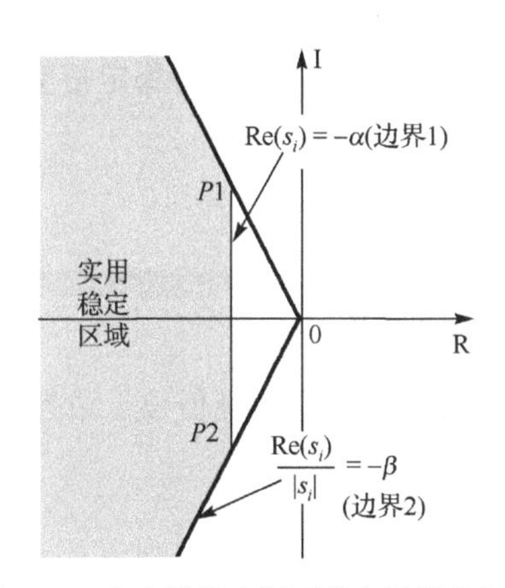

图 3-13　电力系统实际可稳定运行的区域

1）边界 1

边界 1 对应于如下约束，即

$$\mathrm{Re}(s_c)=-\alpha,\quad \exists s_c\in\boldsymbol{\sigma}(\boldsymbol{\tau}) \tag{3-114}$$

式中，$\alpha>0$为一给定常数；s_c为位于边界 1 上的关键特征值。边界 1 的存在，要求系统所有的特征值实部要小于给定负数$-\alpha$，即

$$\mathrm{Re}(s_i)<-\alpha,\forall s_i\in\boldsymbol{\sigma}(\boldsymbol{\tau}) \tag{3-115}$$

2）边界 2

边界 2 对应于如下约束，即

$$d_c = \beta \tag{3-116}$$

式中，$d_c = \dfrac{-\mathrm{Re}(s_c)}{|s_c|}$ 为 s_c 对应的阻尼因子，s_c 为位于边界 2 上的关键特征值；$\beta > 0$ 为给定常数。边界 2 的存在，要求系统所有特征值的阻尼因子要大于给定常数 β，以保证系统具有足够的阻尼，即

$$d_i = \frac{-\mathrm{Re}(s_i)}{|s_i|} > \beta, \forall s_i \in \boldsymbol{\sigma}(\boldsymbol{\tau}) \tag{3-117}$$

式中，d_i 为特征值 s_i 对应的阻尼因子。

回顾前面定义的时滞稳定裕度，其含义是在时滞向量方向 $\tilde{\gamma}$ 确定后，随着模值的增大，系统出现位于虚轴上的特征值，此时的模值 $\tilde{\tau}$ 即为系统的局部时滞稳定裕度。将这一定义按如下方式加以修改：在 $\tilde{\tau}$ 增长过程中，若出现位于边界 1 上的系统特征值，则对应的时滞向量模值 $\tilde{\tau}$ 就为由边界 1 所决定的系统局部实用时滞稳定裕度，记为 $\tau_{\lim,1}^{\gamma}$；而在 $\tilde{\tau}$ 增长过程中，若出现位于边界 2 上的系统特征值，则对应的时滞向量模值 $\tilde{\tau}$ 就为由边界 2 所决定的系统局部实用时滞稳定裕度，记为 $\tau_{\lim,2}^{\gamma}$。仿照前面的全局时滞稳定裕度，可类似定义两类局部实用时滞稳定裕度对应的系统全局实用时滞稳定裕度。

3.4.2 实用时滞稳定裕度求解方法

1. 实用时滞稳定裕度 $\tau_{\lim,1}^{\gamma}$ 的求解

由图 3-13 可知，当系统存在一关键特征值位于边界 1 上时，其实部为 $-\alpha$。设 $s_c \in \boldsymbol{\sigma}(\boldsymbol{\tau})$ 为对应的关键特征值，则

$$\mathrm{Re}(s_c) = -\alpha \tag{3-118}$$

为此，令（共轭特征值只考虑实轴以上部分，下同）

$$s_c = -\alpha + \mathrm{j}\omega_c, \quad \omega_c > 0 \tag{3-119}$$

此时系统特征方程（3-2）可等价写为

$$\det[(-\alpha + \mathrm{j}\omega_c) \cdot \boldsymbol{I} - \boldsymbol{A} - \sum_{i=1}^{k} \boldsymbol{A}_i \cdot \mathrm{e}^{-(-\alpha+\mathrm{j}\omega_c)\cdot\tau_i}] = 0 \tag{3-120}$$

或

$$\mathrm{j}\omega_c = \mathrm{eig}[\alpha \cdot \boldsymbol{I} + \boldsymbol{A} + \sum_{i=1}^{k} \boldsymbol{A}_i \cdot \mathrm{e}^{-(-\alpha+\mathrm{j}\omega_c)\cdot\tau_i}] \tag{3-121}$$

进一步整理并结合式（3-4）可得

$$\mathrm{j}\omega_c = \mathrm{eig}(\hat{\boldsymbol{A}} + \sum_{i=1}^{k} \hat{\boldsymbol{A}}_i \cdot \mathrm{e}^{-\mathrm{j}\gamma_i \cdot \xi}) = \mathrm{eig}(\Delta(\xi, \tilde{\tau})) \tag{3-122}$$

式中

$$\Delta(\xi, \tilde{\tau}) = \hat{\boldsymbol{A}} + \sum_{i=1}^{k} \boldsymbol{A}_i \cdot \mathrm{e}^{-\mathrm{j}\gamma_i \cdot \xi} \tag{3-123}$$

$$\hat{\boldsymbol{A}} = \boldsymbol{A} + \alpha \cdot \boldsymbol{I} \tag{3-124}$$

$$\hat{\boldsymbol{A}}_i = \boldsymbol{A}_i \cdot \mathrm{e}^{\alpha \cdot \gamma_i \cdot \tilde{\tau}} \tag{3-125}$$

$$\xi = \omega_c \cdot \tilde{\tau} \tag{3-126}$$

注意到在α给定的情况下，式（3-122）右端为变量$\tilde{\tau}$和ξ的函数，其中的$\Delta(\xi, \tilde{\tau})$项将随$\xi$做周期性变动（分析见 3.3.1 节），为此可采用如下步骤计算在α给定时的系统实用时滞稳定裕度$\tau_{\mathrm{lim},1}^{\gamma}$。

（1）令$\xi = 0$，启动算法。

（2）从零开始，在$\Delta(\xi, \tilde{\tau})$的一个周期内逐渐增加$\xi$并监视$\Delta(\xi, \tilde{\tau})$特征值的变化，若在$\xi_h, h = 1,2,3,\cdots$处，存在位于虚轴上的特征值$s_c^h = \mathrm{j}\omega_h, \omega_h > 0, h = 1,2,3,\cdots$，则可按式（3-127）确定$\tilde{\tau}_c$和对应的$\xi_c$，即

$$\tilde{\tau}_c = \min(\tilde{\tau}_c^h), \quad h = 1,2,3,\cdots \tag{3-127}$$

式中

$$\tilde{\tau}_c^h = \xi_h / \omega_h \tag{3-128}$$

$$\xi_c = \{\xi_h \mid \tilde{\tau}_c^h = \tilde{\tau}_c\} \tag{3-129}$$

$$\omega_c = \{\omega_h \mid \tilde{\tau}_c^h = \tilde{\tau}_c\} \tag{3-130}$$

（3）输出计算结果，程序结束。

$$\tau_{\mathrm{lim},1}^{\gamma} = \tilde{\tau}_c \tag{3-131}$$

$$s_c = -\alpha + \mathrm{j}\omega_c \tag{3-132}$$

2. 实用时滞稳定裕度$\tau_{\mathrm{lim},2}^{\gamma}$的求解

与 3.4.1 节分析类似，当系统存在关键特征值位于边界 2 上时，其对应的阻尼因子应为β。设$s_c \in \sigma(\tau)$为对应的关键特征值，则

$$s_c = -s_c^r + \mathrm{j}\omega_c = (M_c + \mathrm{j})\omega_c, \quad \omega_c > 0 \tag{3-133}$$

式中

$$M_c = -\frac{s_c^r}{\omega_c} = -\frac{\beta}{\sqrt{1-\beta^2}} \tag{3-134}$$

$$\beta = -\frac{s_c^r}{\sqrt{(s_c^r)^2 + \omega_c^2}} \tag{3-135}$$

其中，s_c^r, ω_c 分别为特征值 s_c 的实部和虚部。当 s_c 位于边界 2 上时，M_c 为一常数。根据时滞系统特征方程（3-2）可得

$$\begin{aligned}
-s_c^r + \mathrm{j}\omega_c &= \mathrm{eig}[\boldsymbol{A} - \sum_{i=1}^{k} \boldsymbol{A}_i \cdot \mathrm{e}^{(-s_c^r + \mathrm{j}\omega_c)\cdot\tau_i}] = \mathrm{eig}[\boldsymbol{A} - \sum_{i=1}^{k} \boldsymbol{A}_i \cdot \mathrm{e}^{(M_c + \mathrm{j})\cdot\omega_c\cdot\tau_i}] \\
&= \mathrm{eig}[\boldsymbol{A} - \sum_{i=1}^{k} \boldsymbol{A}_i \cdot \mathrm{e}^{(M_c + \mathrm{j})\cdot\gamma_i\omega_c\tilde{\tau}}] = \mathrm{eig}[\boldsymbol{A} - \sum_{i=1}^{k} \boldsymbol{A}_i \cdot \mathrm{e}^{(M_c + \mathrm{j})\cdot\gamma_i\cdot\xi}] \\
&= \mathrm{eig}[\boldsymbol{A} - \sum_{i=1}^{k} \boldsymbol{A}_i \cdot \mathrm{e}^{M_c\cdot\gamma_i\cdot\xi} \cdot \mathrm{e}^{\gamma_i\cdot\xi\cdot\mathrm{j}}] = \mathrm{eig}(\Delta'(\vec{\gamma}, \xi))
\end{aligned} \tag{3-136}$$

式（3-136）中的向量 $\vec{\gamma}$ 由式（3-3）给出，ξ 则由式（3-126）给出，类似于 $\tau_{\lim,1}^{\gamma}$ 的求解过程，$\vec{\gamma}$ 方向上的 $\tau_{\lim,2}^{\gamma}$ 可由如下过程进行求解。

（1）$\xi = 0$，启动算法。

（2）从零开始，在 $\Delta'(\vec{\gamma}, \xi)$ 的一个周期内逐渐增加 ξ 并监视 $\Delta'(\vec{\gamma}, \xi)$ 的特征值变化情况，若在 $\xi_h, h = 1,2,3,\cdots$ 处，则存在 $s_c^h = -\alpha_h + \mathrm{j}\omega_h, h = 1,2,3,\cdots$ 满足

$$\frac{-\alpha_h}{|\omega_h|} = M_c, \quad h = 1,2,3,\cdots \tag{3-137}$$

从中确定最小的时滞参数为

$$\tilde{\tau}_c = \min(\tilde{\tau}_c^h), \quad h = 1,2,3,\cdots \tag{3-138}$$

式中

$$\tilde{\tau}_c^h = \xi_h / \omega_h \tag{3-139}$$

$$\xi_c = \{\xi_h \mid \tilde{\tau}_c^h = \tilde{\tau}_c\} \tag{3-140}$$

$$\omega_c = \{\omega_h \mid \tilde{\tau}_c^h = \tilde{\tau}_c\} \tag{3-141}$$

（3）输出计算结果，程序结束。

$$\tau_{\lim,2}^{\gamma} = \tilde{\tau}_c \tag{3-142}$$

$$s_c = (M_c + \mathrm{j})\omega_c \tag{3-143}$$

需要说明的一点是，对于式（3-136），在 ξ 变动过程中，尽管每一项 $\mathrm{e}^{-\mathrm{j}\gamma_i\cdot\xi}$ 都做周

期性的变动，但由于 $e^{M_c \cdot \gamma_i \cdot \xi}$ 项的存在，$\Delta'(\vec{\gamma},\xi)$ 的元素及其特征值将进行类螺旋运动，但并不影响对问题的求解，可以直接采用 3.3.1 节中的周期数据进行计算。

3.4.3　单机无穷大系统算例

系统模型推导见 2.6 节，取 D=7.0、K_A=180 和 P_m=1.0，其他参数取值与 2.6 节相同，此时系统的平衡点为

$$\boldsymbol{x}_e = [0.8045, 0.0000, 1.2492, 1.6196]^{\mathrm{T}} \tag{3-144}$$

$$\boldsymbol{y}_e = [1.000, 1.0521, 0.6175]^{\mathrm{T}} \tag{3-145}$$

在平衡点处线性化，可得如式（3-1）所示的线性 TODE 模型，式中矩阵取值为

$$\boldsymbol{A} = \begin{bmatrix} 0 & 376.9911 & 0 & 0 \\ -0.0963 & -0.7000 & -0.0801 & 0 \\ -0.0480 & 0 & -0.1667 & 0.1000 \\ 0 & 0 & 0 & -1.0000 \end{bmatrix} \tag{3-146}$$

$$\boldsymbol{A}_1 = \begin{bmatrix} 0 & 0 & 0 & 0 \\ 0 & 0 & 0 & 0 \\ 0 & 0 & 0 & 0 \\ 38.0187 & 0 & -95.2560 & 0 \end{bmatrix} \tag{3-147}$$

表 3-7 给出了在不考虑时滞情况下系统的特征值及对应的阻尼因子，不难看出，此时系统全部特征值都位于图 3-13 中的阴影区域。利用 3.3.1 节的方法，可确定系统此时的时滞稳定裕度（即特征值位于虚轴上时对应的时滞量，下同）为 65.46ms。不难想象，当 τ 在 0～65.46ms 变动时，系统必然存在特征值会穿越两个边界。取 $\alpha = 0.05, \beta = 0.03$，利用 3.4.2 节的方法，计算可得系统的 $\tau_{\mathrm{lim},1}^{\gamma} = 59.22\mathrm{ms}$，对应的关键特征值为 $-0.05 \pm \mathrm{j}3.7778$；$\tau_{\mathrm{lim},2}^{\gamma} = 51.64\mathrm{ms}$，对应的关键特征值为 $-0.1141 \pm \mathrm{j}3.8005$。不难看出，在 τ 不断增加的过程中，关键特征值是首先穿越边界 2 而后穿越边界 1。

表 3-7　不考虑时滞时单机无穷大系统特征值

编号	实部	虚部	阻尼因子 d_i
1	−0.3193	5.5606	0.0573
2	−0.3193	−5.5606	0.0573
3	−0.6140	3.8225	0.1586
4	−0.6140	−3.8225	0.1586

为进一步研究 $\tau_{\mathrm{lim},1}^{\gamma}$ 和 $\tau_{\mathrm{lim},2}^{\gamma}$ 两个时滞稳定裕度与系统参数之间的关系，图 3-14～图 3-16 分别给出了它们随参数 K_A、D、P_m 变动的情况，从中可以看到如下规律（表 3-8）。

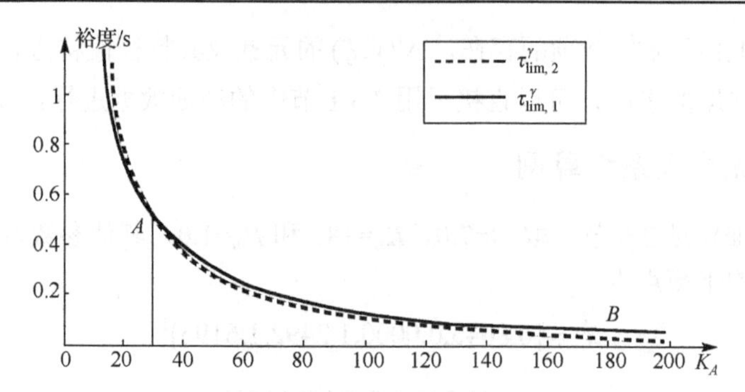

图 3-14　实用时滞稳定裕度随 K_A 的变化曲线（D=7.0, P_m=1.0）

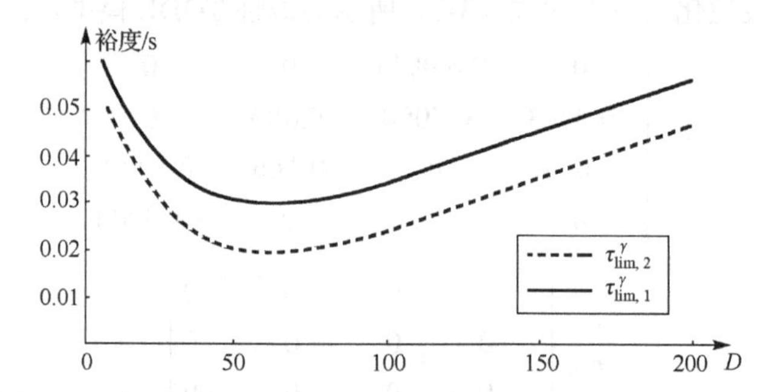

图 3-15　实用时滞稳定裕度随 D 的变化曲线（K_A=180, P_m=1.0）

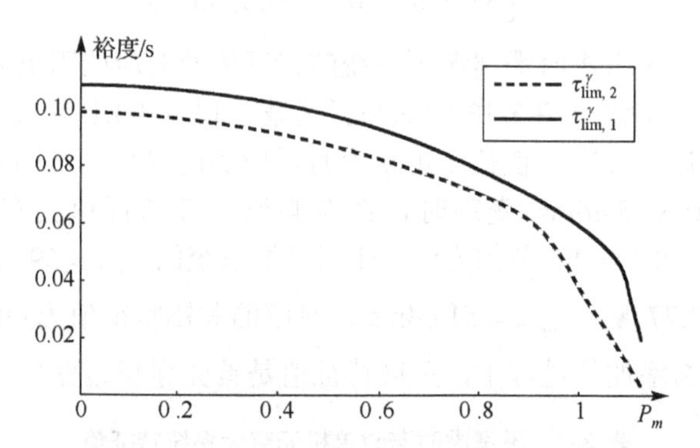

图 3-16　实用时滞稳定裕度随 P_m 的变化曲线（K_A=180，D=7.0）

表 3-8　图 3-14 中典型点对应的时滞稳定裕度及关键特征值

K_A	边界 1			边界 2		
	τ/ms	实部	虚部	τ/ms	实部	虚部
15	1081.9484	−0.05	±0.8564	1187.6135	−0.0249	±0.8310
20	788.3149	−0.05	±1.0336	839.3783	−0.0305	±1.0166
25	617.5872	−0.05	±1.1889	644.7752	−0.0353	±1.1776
30	506.3081	−0.05	±1.3286	520.9697	−0.0397	±1.3213

续表

K_A	边界 1			边界 2		
	τ/ms	实部	虚部	τ/ms	实部	虚部
35	428.1365	–0.05	±1.4565	435.4323	–0.0436	±1.4524
40	370.2408	–0.05	±1.5754	372.8600	–0.0472	±1.5737
45	325.6436	–0.05	±1.6869	325.1272	–0.0506	±1.6872
50	290.2320	–0.05	±1.7923	287.5272	–0.0539	±1.7944
55	261.4256	–0.05	±1.8927	257.1482	–0.0569	±1.8962
60	237.5259	–0.05	±1.9888	232.0931	–0.0598	±1.9935
65	217.3686	–0.05	±2.0812	211.0739	–0.0626	±2.0870
70	200.1310	–0.05	±2.1703	193.1855	–0.0653	±2.1772
75	185.2124	–0.05	±2.2567	177.7736	–0.0680	±2.2644
80	172.1670	–0.05	±2.3405	164.3531	–0.0705	±2.3491
85	160.6546	–0.05	±2.4222	152.5574	–0.0730	±2.4315
90	150.4129	–0.05	±2.5019	142.1037	–0.0754	±2.5119
95	141.2347	–0.05	±2.5798	132.7707	–0.0778	±2.5905
100	132.9560	–0.05	±2.6562	124.3826	–0.0801	±2.6676
105	125.4428	–0.05	±2.7312	116.7978	–0.0823	±2.7432
110	118.5872	–0.05	±2.8050	109.9013	–0.0846	±2.8176
115	112.2992	–0.05	±2.8777	103.5982	–0.0868	±2.8908
120	106.5040	–0.05	±2.9494	97.8100	–0.0889	±2.9632
125	101.1390	–0.05	±3.0203	92.4702	–0.0911	±3.0346
130	96.1503	–0.05	±3.0905	87.5233	–0.0932	±3.1054
135	91.4920	–0.05	±3.1601	82.9215	–0.0953	±3.1755
140	87.1254	–0.05	±3.2291	78.6236	–0.0974	±3.2452
145	83.0150	–0.05	±3.2978	74.5940	–0.0995	±3.3145
150	79.1311	–0.05	±3.3662	70.8015	–0.1016	±3.3835
155	75.4465	–0.05	±3.4344	67.2183	–0.1036	±3.4525
160	71.9364	–0.05	±3.5026	63.8197	–0.1057	±3.5214
165	68.5788	–0.05	±3.5709	60.5831	–0.1078	±3.5906
170	65.3534	–0.05	±3.6394	57.4878	–0.1098	±3.6600
175	62.2400	–0.05	±3.7083	54.5140	–0.1119	±3.7299
180	59.2194	–0.05	±3.7778	51.6430	–0.1141	±3.8005
185	56.2726	–0.05	±3.8480	48.8560	–0.1162	±3.8721
190	53.3804	–0.05	±3.9193	46.1333	–0.1184	±3.9450
195	50.5200	–0.05	±3.9919	43.4542	–0.1206	±4.0195
200	47.6681	–0.05	±4.0663	40.7939	–0.1229	±4.0962

由图 3-14 可以看出：当 K_A 值较小时，随着 τ 的增大，系统关键特征值首先穿越边界 1，而后穿越边界 2；而在 K_A 值较大时，则首先穿越边界 2，而后才是边界 1。为验证该结果的正确性，我们逐渐增加时滞 τ 的取值，采用数值方法直接求解时滞系

统的关键特征值轨迹示于图 3-17，其中图 3-17(a)给出了 K_A=30 的情况（图 3-14 中的 A 点），图 3-17(b)则给出了 K_A=180 的情况（图 3-14 中的 B 点）。从图中可以看出，K_A=30 时，随着时滞 τ 的增加（图中箭头方向，下同），关键特征值首先穿越了边界 1，而后穿越边界 2，因此 $\tau_{\lim,1}^{\gamma}$ 要小于 $\tau_{\lim,2}^{\gamma}$；而 K_A=180 时的情况则刚好相反，随着 τ 的增加，关键特征值首先穿越边界 2，而后穿越边界 1，因此 $\tau_{\lim,2}^{\gamma}$ 小于 $\tau_{\lim,1}^{\gamma}$。

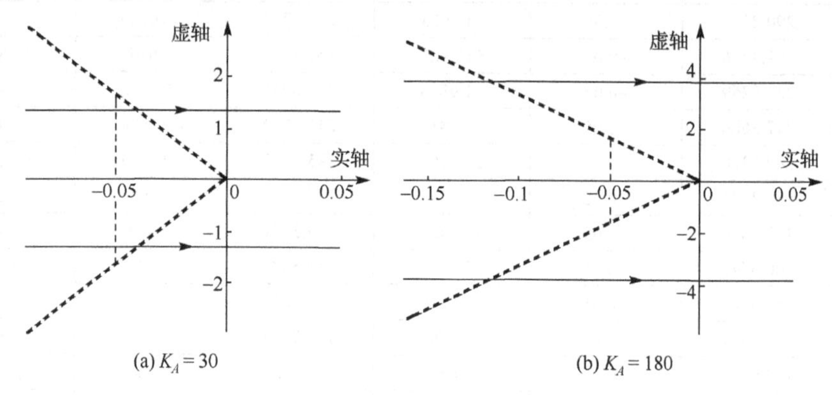

图 3-17　关键特征值随 τ 增加时的变化曲线

由图 3-15 和图 3-16 可以看出，当其他参数不变而 D 和 P_m 增大过程时，$\tau_{\lim,1}^{\gamma}$ 对应的曲线始终位于 $\tau_{\lim,2}^{\gamma}$ 曲线之上，原因在于，在这两种情况下系统关键特征值的虚部绝对值较大，在 τ 增加时，关键特征值首先穿越边界 2 而后穿越边界 1。由图 3-13 可知，欲使 $\tau_{\lim,1}^{\gamma}$ 小于 $\tau_{\lim,2}^{\gamma}$，即要出现图 3-17(a)情形，需使系统关键特征值由左及右穿越图 3-13 中的 $P1$～$P2$ 段，在 $\alpha=0.05, \beta=0.03$ 时，$P1$ 和 $P2$ 两点为一对共轭复数：$(-0.05, \pm \mathrm{j}1.6659)$，此时要求系统关键特征值虚部的绝对值小于 1.6659，否则，关键特征值将首先穿越边界 2，然后再穿越边界 1。表 3-9 和表 3-10 分别给出了图 3-15 和图 3-16 中一些典型点处时滞稳定裕度和关键特征值的信息，不难看出，$\tau_{\lim,1}^{\gamma}$ 对应的系统关键特征值虚部的绝对值均大于 1.6659，因此决定了 $\tau_{\lim,2}^{\gamma}$ 曲线一直位于 $\tau_{\lim,1}^{\gamma}$ 曲线之下。

表 3-9　图 3-15 中典型点对应的时滞稳定裕度及关键特征值

D	边界 1			边界 2		
	τ/ms	实部	虚部	τ/ms	实部	虚部
10	55.11	−0.05	±3.7663	47.31	−0.1138	±3.7901
20	43.96	−0.05	±3.7113	35.41	−0.1121	±3.7356
30	36.62	−0.05	±3.6445	27.46	−0.1101	±3.6670
40	32.26	−0.05	±3.5781	22.69	−0.1080	±3.5979
50	30.06	−0.05	±3.5169	20.22	−0.1061	±3.5342
60	29.35	−0.05	±3.4622	19.37	−0.1044	±3.4774
70	29.70	−0.05	±3.4141	19.64	−0.1029	±3.4276

续表

D	边界 1			边界 2		
	τ/ ms	实部	虚部	τ/ ms	实部	虚部
80	30.77	–0.05	±3.3721	20.68	–0.1016	±3.3841
90	32.33	–0.05	±3.3353	22.25	–0.1004	±3.3462
100	34.23	–0.05	±3.3031	24.17	–0.0994	±3.3132
110	36.33	–0.05	±3.2749	26.31	–0.0986	±3.2843
120	38.55	–0.05	±3.2502	28.59	–0.0978	±3.2591
130	40.84	–0.05	±3.2285	30.92	–0.0972	±3.2369
140	43.13	–0.05	±3.2093	33.27	–0.0966	±3.2174
150	45.41	–0.05	±3.1923	35.60	–0.0961	±3.2002
160	47.64	–0.05	±3.1773	37.89	–0.0956	±3.1850
170	49.82	–0.05	±3.1639	40.11	–0.0952	±3.1715
180	51.92	–0.05	±3.1520	42.26	–0.0948	±3.1596
190	53.95	–0.05	±3.1414	44.33	–0.0945	±3.1489
200	55.90	–0.05	±3.1318	46.32	–0.0942	±3.1393

表 3-10　图 3-16 中典型点对应的时滞稳定裕度及关键特征值

P_m	边界 1			边界 2		
	τ/ ms	实部	虚部	τ/ ms	实部	虚部
0	108.10	–0.05	3.0993	98.63	–0.0934	3.1124
0.1	107.67	–0.05	3.1041	98.20	–0.0936	3.1172
0.2	106.35	–0.05	3.1186	96.91	–0.0940	3.1318
0.3	104.17	–0.05	3.1432	94.76	–0.0947	3.1566
0.4	101.11	–0.05	3.1785	91.76	–0.0958	3.1922
0.5	97.15	–0.05	3.2258	87.90	–0.0972	3.2398
0.6	92.26	–0.05	3.2869	83.14	–0.0991	3.3014
0.7	86.35	–0.05	3.3646	77.41	–0.1014	3.3799
0.8	79.23	–0.05	3.4646	70.56	–0.1045	3.4806
0.9	70.50	–0.05	3.5949	62.25	–0.1084	3.6134
1.0	59.22	–0.05	3.7778	51.64	–0.1141	3.8005
1.1	41.95	–0.05	4.0821	35.57	–0.1237	4.1222

时滞动力系统属于典型的非线性动力系统，导致两类实用时滞稳定裕度曲线具有较强的非线性特征，甚至出现转折的情况，从图 3-14～图 3-16 中均可看出。

3.4.4　WSCC 三机九节点系统算例

本节仍采用 3.3.4 节的系统模型，采用所给方法和场景 1 来示意实用时滞稳定裕度的求解和分析过程；对于场景 2，感兴趣的读者可自行研究。

系统的运行工况如下：负荷水平取为 $\lambda = 2.0$p.u.，P_{m2}=P_{m3}=1.0，$U_{\text{ref},2}$=$U_{\text{ref},3}$=1.04，其他参数取值见表 3-2。

首先求解系统此时的平衡点$(\boldsymbol{x}_e, \boldsymbol{y}_e)$为

$$\boldsymbol{x}_e = [-0.2377, 0, 1.1046, -0.2944, 2.3162, -0.2461, 0, 1.1270, -0.2883, 2.7002]^{\mathrm{T}} \quad (3\text{-}148)$$

$$\begin{aligned}\boldsymbol{y}_e = [&-1.5612, 0.4411, -1.9666, 0.3843, 0.9163, -0.7003, 0.8867, -0.6509,\\ &0.8416, -0.3108, 0.7785, -0.7791, 0.7333, -0.6079, 0.7633, -0.6102]^{\mathrm{T}}\end{aligned} \quad (3\text{-}149)$$

进一步，在平衡点处求解系统在不考虑时滞情况下的特征值，所得结果示于表3-11。不难看出，系统此时是小扰动稳定的。

表3-11　不考虑时滞时的WSCC系统特征值（场景1）

编号	实部	虚部	阻尼因子 d_i	编号	实部	虚部	阻尼因子 d_i
1	−45.8187	0	1.0	6	−3.2323	0	1.0
2	−38.2955	0	1.0	7	−1.3932	11.6858	0.1183
3	−12.1446	+1.2822	0.9945	8	−1.3932	−11.6858	0.1183
4	−12.1446	−1.2822	0.9945	9	−0.1237	5.1744	0.0239
5	−4.9756	0	1.0	10	−0.1237	−5.1744	0.0239

取$\alpha = 0.05, \beta = 0.02$进行研究，首先利用3.3节的方法求解系统的时滞稳定裕度曲线，同时用本节所给方法计算系统的两种实用时滞稳定裕度，所得结果示于图3-18。图中虚线为该系统的时滞稳定裕度曲线，即系统存在纯虚特征值时对应的系统时滞量；实线和点划线则对应着系统由边界1和边界2确定的两个实用时滞稳定裕度曲线。从图中可以看到，系统的时滞稳定裕度曲线由图中封闭区域的边界构成，而两个实用时滞稳定裕度曲线均位于其下，$\tau_{\lim,2}^{\gamma}$始终小于$\tau_{\lim,1}^{\gamma}$的取值。

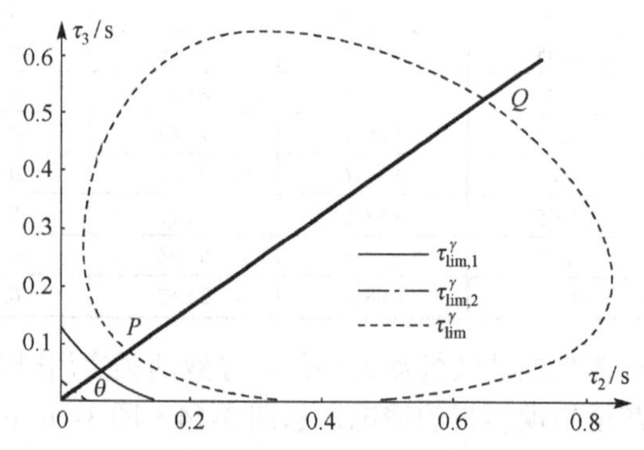

图3-18　WSCC系统的时滞稳定裕度和实用时滞稳定裕度曲线（场景1）

下面分析图3-18的成因，根据式（3-109）的定义，对于每个θ_τ值，WSCC系统的时滞向量均可表示为

$$\boldsymbol{\tau} = (\tau_2, \tau_3) = (\cos\theta_\tau, \sin\theta_\tau)\tilde{\tau} \quad (3\text{-}150)$$

令θ_τ在0°～90°变动，并令$\tilde{\tau}$从0逐渐增大以确定系统三种时滞稳定裕度的取值。

表 3-12 给出了一些典型 θ_τ 值处的结果，同时在图 3-19 绘出了时滞系统对应关键特征值的变动轨迹（共轭特征值只绘出实轴以上部分），从表 3-12 和图 3-19 可以看出如下特点。

表 3-12　不同时滞方向上三类时滞稳定裕度值（场景 1）

θ_τ	实用时滞稳定裕度（边界 1）		实用时滞稳定裕度（边界 2）		时滞稳定裕度	
	$\tilde{\tau}$	关键特征值	$\tilde{\tau}$	关键特征值	$\tilde{\tau}$	关键特征值
0°	0.1493	−0.05±5.1701j	0.0382	−0.1036±5.1793j	0.3504	±5.1066j
10°	0.1116	−0.05±5.1712j	0.0309	−0.1036±5.1770j	0.1930	±5.1494j
20°	0.0948	−0.05±5.1685j	0.0268	−0.1035±5.1752j	0.1581	±5.1509j
30°	0.0867	−0.05±5.1653j	0.0246	−0.1035±5.1738j	0.1433	±5.1479j
40°	0.0820	−0.05±5.1606j	0.0231	−0.1035±5.1721j	0.1358	±5.1413j
50°	0.0814	−0.05±5.1556j	0.0226	−0.1034±5.1708j	0.1363	±5.1328j
60°	0.0842	−0.05±5.1494j	0.0229	−0.1034±5.1693j	0.1440	±5.1209j
70°	0.0911	−0.05±5.1412j	0.0239	−0.1034±5.1676j	0.1632	±5.1020j
80°	0.1052	−0.05±5.1285j	0.0260	−0.1033±5.1656j	0.2159	±5.0598j
83.45°	0.1133	−0.05±5.1221j	0.0270	−0.1033±5.1648j	0.3168	±4.9886j
90°	0.1390	−0.05±5.1020j	0.0296	−0.1033±5.1630j	—	—

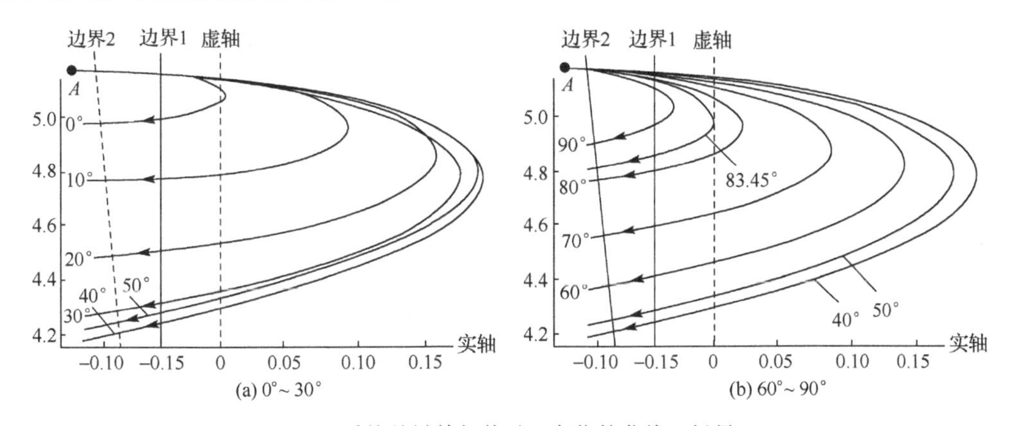

图 3-19　系统关键特征值随 $\tilde{\tau}$ 变化的曲线（场景 1）

（1）WSCC 系统三类时滞稳定裕度均与一对共轭特征值密切相关，在 $\tilde{\tau}$ 增大过程中，该特征值由同一起点 A 开始向右运动（图 3-19 中箭头所指为 $\tilde{\tau}$ 增大方向），当 $\theta_\tau < 83.45°$ 时，它将依次穿越边界 2、边界 1 和虚轴；而在 $\theta_\tau > 83.45°$ 后，它将只穿越边界 2 和边界 1，由此决定了 $\tau_{\lim,2}^{\gamma} < \tau_{\lim,1}^{\gamma} < \tau_{\lim}^{\gamma}$（如果系统时滞稳定裕度 $\tau_{\lim}^{\gamma}$ 存在）。

（2）在 $\tilde{\tau}$ 增大时，关键特征值运动到右侧顶点后将调头返回，在 $\theta_\tau < 83.45°$ 时，它在返回过程中将再度穿越虚轴，第一次穿越点对应着图 3-18 中的 P 点，而第二次穿越点则对应该图中的 Q 点；当 $\theta_\tau = 83.45°$ 时，系统的关键特征值曲线将与虚轴相切，这导致图 3-18 中的 P, Q 两点融为一点，从而形成图中虚线所围封闭区域，该区域的左下部边界则对应于系统的时滞稳定裕度。

（3）从0°开始，在θ_τ取值增大过程中，关键特征值轨迹的右侧顶点首先向右运动；在$\theta_\tau>40°$之后，随θ_τ角增大，该顶点又向左运动，并在$\theta_\tau=83.45°$时，右侧顶点位于虚轴上，导致此时关键特征值轨迹与虚轴相切；而在$\theta_\tau>83.45°$后，该顶点将位于虚轴左侧，导致关键特征值轨迹全部位于虚轴左侧，系统的时滞稳定裕度不再存在。

3.4.5 小结

实用时滞稳定裕度的引入是考虑了电力系统的实际需求，即当系统的关键特征值距离虚轴较近或者系统的阻尼系数过小时，尽管理论上系统并未失稳，但任何微小变化都可能导致系统出现持续振荡，因此在实际运行过程中需要特别加以考虑。实用时滞稳定裕度正是考虑了上述两种情形后，系统能够允许的最大时滞取值，它对于工程实际具有一定的借鉴意义。本章给出了实用时滞稳定裕度的定义，并给出了有效的求解方法，最后通过简单的时滞电力系统进行了示意。

3.5 本章小结

在本书中，时滞稳定裕度指一个动力系统在保证小扰动稳定的前提下，可以承受的最大时滞。本章首先给出了电力系统时滞稳定裕度的定义；进而给出了单时滞系统和多时滞系统时滞稳定裕度的有效求解方法，前者用到了Rekasius变换和Routh稳定判据，后者则利用了矩阵变换技术；最后，考虑电力系统在运行中的实际需要，给出了两种实用时滞稳定裕度的定义，并给出了有效的求解方法。利用单机无穷大系统和WSCC三机九节点系统，对本章所给方法进行了示例。

时滞稳定裕度曲线对应于时滞参数空间中电力系统小扰动稳定域的边界，时滞电力系统的小扰动稳定域的拓扑性质较为复杂，我们将在后续章节中对其性质进行单独分析。

第 4 章　电力系统 Lyapunov 时滞稳定分析方法

利用 Lyapunov 稳定性理论，通过构造 Lyapunov 函数（或泛函数）来判断时滞系统的稳定性是一种常见的研究思路（简称为 Lyapunov 方法），且已形成了大量的研究成果。这些方法在电力系统这样一个非常复杂的动态系统中应用时，还需要关注三方面问题：①方法的保守性。Lyapunov 方法的保守性是难以避免的，但一种好的分析方法的保守性应尽量小。②方法的适用性。方法应能适用于不同的应用场合和使用需求。③方法的计算效率。所用方法应具有较高的计算效率，以便在复杂大规模系统中加以应用。在众多基于 Lyapunov 理论的时滞稳定性研究中，方法的保守性和适用性是学者重点关注的，而在以往研究中，对 Lyapunov 方法计算效率的讨论则相对较少，但计算效率往往是决定相关方法是否能在复杂电力大系统应用的关键，因此在电力系统时滞稳定性研究中需要引起足够重视。

我们将利用两章内容，重点讨论如何提升 Lyapunov 时滞稳定分析方法的计算效率，并对改善判据保守性的一些方法进行介绍。本章重点探讨通过 Lyapunov 稳定判据的改进，来提升其计算效率和改善其保守性；第 5 章则重点探讨通过时滞系统模型的变换和降维，来提升稳定分析方法的计算效率。

本章将首先简单回顾利用 Lyapunov 理论分析时滞系统稳定性的基本思路，进一步给出两种具有更高计算效率的时滞稳定判据，最后给出一种含积分二次型的改进稳定判据，可有效降低判据的保守性。

4.1　基于 Lyapunov 稳定性理论的时滞系统判稳方法

利用 Lyapunov 稳定性理论，对时滞动力系统进行判稳分析的一般途径是，首先列解适合的 Lyapunov 函数（或泛函数），然后沿系统的运行轨迹推导 Lyapunov 函数对时间的导数，最后依据 Lyapunov 稳定性定理对系统的稳定性进行判断。基于 Lyapunov 稳定性理论的时滞系统判稳方法，进一步可分为 Lyapunov-Razumikhin 类方法和 Lyapunov-Krasovskii 类方法两类，它们分别基于 Lyapunov-Razumikhin 定理和 Lyapunov-Krasovskii 定理来形成适用判据。

4.1.1　时滞系统稳定性

本章将借助如下时滞微分方程来介绍两类判稳方法，即

$$\dot{\boldsymbol{x}}(t) = \tilde{\boldsymbol{f}}(\boldsymbol{x}(t), \boldsymbol{x}(t-\tau_1), \boldsymbol{x}(t-\tau_2), \cdots, \boldsymbol{x}(t-\tau_k), t) \tag{4-1}$$

式中，$\boldsymbol{\tau}=(\tau_1,\tau_2,\cdots,\tau_k)$ 为系统的时滞向量，$\tau_i\in\mathbf{R}^+,i=1,2,\cdots,k$ 为系统的时滞变量，$\tau_{\max}=\max\limits_{1\leqslant i\leqslant k}(\tau_i)$；$\boldsymbol{\varphi}(t,\xi)$ 定义了 $\boldsymbol{x}(t)$ 在区间 $[-\tau_{\max},0)$ 上的历史轨迹，$-\tau_{\max}\leqslant\xi<0$。

为简化描述，用 $\mathbb{C}([a,b],R^n)$ 表示巴拿赫（Banach）空间中，将区间 $[a,b]$ 映射到 $\mathbf{R}^n$ 空间的连续映射函数集合，并记 $\mathbb{C}_\tau=\mathbb{C}([-\tau_{\max},0],\mathbf{R}^n)$。设 $\psi\in\mathbb{C}([t_0-\tau_{\max},t_0+r],\mathbf{R}^n)$ 为一连续函数，其中 $r>0$ 为任意常数，当取 $t_0\leqslant t\leqslant t_0+r$ 时，记 $\psi_t\in\mathbb{C}_\tau$ 为 ψ 的一个片段，并满足

$$\psi_t(\theta)=\psi(t+\theta),-\tau_{\max}\leqslant\theta\leqslant 0 \tag{4-2}$$

定义 4-1（连续映射范数） 对于 $\forall\psi\in\mathbb{C}([a,b],\mathbf{R}^n)$，其连续映射范数 $\|\cdot\|_c$ 定义为

$$\|\psi\|_c=\max_{a\leqslant\theta\leqslant b}\|\psi(\theta)\| \tag{4-3}$$

式中，范数 $\|\cdot\|$ 可任意选取，本章默认为 2-范数。

进一步引入映射函数 $\boldsymbol{f}:\mathbb{C}_\tau\times\mathbf{R}\to\mathbf{R}^n$，有

$$\boldsymbol{f}(\boldsymbol{x}_t,t)\triangleq\tilde{\boldsymbol{f}}(\boldsymbol{x}(t),\boldsymbol{x}(t-\tau_1),\boldsymbol{x}(t-\tau_2),\cdots,\boldsymbol{x}(t-\tau_k),t) \tag{4-4}$$

式中，$\boldsymbol{x}_t\in\mathbb{C}_\tau$ 为满足式（4-2）的时间连续映射函数。式（4-1）可简化表示为如下通用泛函微分方程形式，即

$$\dot{\boldsymbol{x}}(t)=\boldsymbol{f}(\boldsymbol{x}_t,t) \tag{4-5}$$

不难看出，式（4-5）给出了状态变量 $\boldsymbol{x}$ 在 t 时刻的导函数，而右侧导函数的取值取决于所研究的时刻 t 和系统在 $-\tau_{\max}\leqslant\xi<0$ 的历史轨迹 $\boldsymbol{\varphi}(\xi)$。如下定理给出了时滞系统（4-5）存在唯一解的条件。

定理 4-1 设 Ω 是一个 $\mathbb{C}_\tau\times R$ 上的开集，$\boldsymbol{f}:\Omega\to\mathbf{R}^n$ 为连续映射，$\boldsymbol{f}(\boldsymbol{x}_t,t)$ 在 Ω 的任意紧致子集上，对于参数 $\boldsymbol{x}_t$ 均满足李普希兹（Lipschitzian）条件，即对于任意紧致子集 $\boldsymbol{U}\subset\Omega$ 及其上任意两元素 $(\boldsymbol{x}_t^a,t)\in\boldsymbol{U}$ 和 $(\boldsymbol{x}_t^b,t)\in\boldsymbol{U}$，总存在一个常数 $L\geqslant 0$，使得式（4-6）成立，即

$$\left\|\boldsymbol{f}(\boldsymbol{x}_t^a,t)-\boldsymbol{f}(\boldsymbol{x}_t^b,t)\right\|\leqslant L\left\|\boldsymbol{x}_t^a-\boldsymbol{x}_t^b\right\| \tag{4-6}$$

则对于任意 $(\boldsymbol{x}_t,t)\in\Omega$，系统（4-5）存在过 $(\boldsymbol{x}_t,t)$ 的唯一解轨迹。

在本书后续章节中，不加特殊说明，所研究的时滞系统均满足定理 4-1 的条件。在第 2 章有关动力系统稳定性内容的基础上，我们首先给出时滞系统（4-5）稳定性的相关定义。

设 $\boldsymbol{x}_0(t)$ 是式（4-5）的解，则时滞系统稳定性主要关注轨迹 $\boldsymbol{x}(t)$ 偏离开 $\boldsymbol{x}_0(t)$ 后的相关行为。为简单起见，假设 $\boldsymbol{x}(t)=0$ 是系统（4-5）的一个平凡解，当我们研究其非平凡解 $\boldsymbol{y}(t)$ 时，只需引入如下变换，即

$$\boldsymbol{z}(t)=\boldsymbol{x}(t)-\boldsymbol{y}(t) \tag{4-7}$$

则对于如下新的动态系统，$z(t)=0$ 即为其平凡解。

$$\dot{z}(t)=\boldsymbol{f}(\boldsymbol{z}_t+\boldsymbol{y}_t,t)-\boldsymbol{f}(\boldsymbol{y}_t,t) \tag{4-8}$$

因此，不失一般性，在下面讨论时，均假设 $\boldsymbol{x}(t)=0$ 是系统（4-5）的一个平凡解。

定义 4-2（时滞系统稳定）　对于时滞系统（4-5），称 $\boldsymbol{x}(t)=0$ 为其稳定的平凡解，则满足对于 $\forall t_0\in\mathbf{R}$ 和 $\forall\varepsilon>0$，均存在一个由 t_0 和 ε 决定的实数 $\delta(t_0,\varepsilon)>0$，当 $\left\|\boldsymbol{x}_{t_0}\right\|_c<\delta$ 时，对于 $t\geqslant t_0$ 均有 $\left\|\boldsymbol{x}(t)\right\|<\varepsilon$。

定义 4-3（时滞系统的渐近稳定）　设 $\boldsymbol{x}(t)=0$ 是由定义 4-2 给出的系统（4-5）的稳定解，且满足 $\lim\limits_{t\to\infty}\boldsymbol{x}(t)=0$，则称 $\boldsymbol{x}(t)=0$ 是系统的渐近稳定解。

定义 4-4（时滞系统的一致稳定）　设 $\boldsymbol{x}(t)=0$ 是由定义 4-2 给出的系统（4-5）的稳定解，且 δ 的取值不依赖于 t_0，则称 $\boldsymbol{x}(t)=0$ 是系统的一致稳定解。

定义 4-5（时滞系统的渐近一致稳定）　设 $\boldsymbol{x}(t)=0$ 是由定义 4-4 给出的系统（4-5）的一致稳定解，若对于 $\forall\eta>0$，均存在常数 $\delta>0$ 以及由 δ 和 η 决定的常数 $T(\delta,\eta)$，使得当 $\left\|\boldsymbol{x}_{t_0}\right\|_c<\delta$ 和 $t\geqslant t_0+T$ 时，满足 $\left\|\boldsymbol{x}(t)\right\|<\eta$。此时，称 $\boldsymbol{x}(t)=0$ 为系统的渐近一致稳定解。若上述条件中的 δ 可取任意大常数，则称 $\boldsymbol{x}(t)=0$ 为系统的全局渐近一致稳定解。

与第 2 章中不含时滞环节动力系统稳定性的定义相比后，我们会发现，不含时滞系统的稳定是针对系统的平衡点来讨论的；而对于时滞系统，其平衡解既要考虑当前的平衡态，又要考虑系统在 $[-\tau_{\max},0]$ 区间内的历史痕迹。在本书后续章节讨论中，不加特殊说明，时滞系统的稳定性均指其渐近稳定性。

4.1.2　Lyapunov-Krasovskii 判稳方法和 Lyapunov-Razumikhin 判稳方法

基于 Lyapunov 稳定性理论进行时滞系统稳定性判别，其核心问题是寻找适当的 Lyapunov 函数，由此形成不同的稳定判别方法，最典型的是 Lyapunov-Krasovskii 方法和 Lyapunov-Razumikhin 方法。

1. *Lyapunov-Krasovskii 判稳方法*

在不含时滞环节的动力系统中，Lyapunov 函数 $V(\boldsymbol{x}(t),t)$ 可看成系统状态 $\boldsymbol{x}(t)$ 偏离平衡状态后系统势能的一种度量。当前的系统状态与系统的历史轨迹无关，因此 $V(\boldsymbol{x}(t),t)$ 仅与 $\boldsymbol{x}(t)$ 有关。当动力系统为定常系统时，因系统方程不显含时间 t，$V(\boldsymbol{x}(t),t)$ 甚至可简化表示为 $V(\boldsymbol{x})$。对于时滞系统，其运行状态 $\boldsymbol{x}(t)$ 不仅取决于 t 时刻的系统状态，还受 $[t-\tau_{\max},t]$ 区间内历史轨迹的影响，因此时滞系统的 Lyapunov 函数本质上应该是一种范函数，可记为 $V(\boldsymbol{x}_t,t)$，即它不是依赖于系统当前状态 $\boldsymbol{x}(t)$，而是依赖于系统在区间 $[t-\tau_{\max},t]$ 上的映射函数 $\boldsymbol{x}_t$。$V(\boldsymbol{x}_t,t)$ 常被称为 Lyapunov-Krasovskii 泛函，如下定理给出了采用它来判别时滞系统（4-5）稳定性的系统方法。

定理 4-2（Lyapunov-Krasovskii 稳定性定理）　$\boldsymbol{f}:\mathbb{C}_\tau\times\mathbf{R}\to\mathbf{R}^n$ 为式（4-5）给定

的连续映射，它可将$\mathbb{C}_\tau \times \mathbf{R}$上任意有界子集映射为$\mathbf{R}^n$空间中的有界子集。设存在非负且非减标量函数$u,v,w$，满足当$s>0$时，$u(s)>0,v(s)>0$；当$s=0$时，$u(s)=v(s)=0$。若时滞系统（4-5）存在可微泛函$V:\mathbb{C}_\tau \times \mathbf{R} \to \mathbf{R}$，满足

（1）
$$u(\|\boldsymbol{x}_t(0)\|) \leqslant V(\boldsymbol{x}_t,t) \leqslant v(\|\boldsymbol{x}_t\|_c) \tag{4-9}$$

（2）
$$\dot{V}(\boldsymbol{x}_t,t) \leqslant -w(\|\boldsymbol{x}_t(0)\|) \tag{4-10}$$

则系统（4-5）的平凡解是一致稳定的。

进一步，若要求当$s>0$时，$w(s)>0$，则系统此时是渐近一致稳定的；若进一步要求$\lim\limits_{s\to\infty} u(s)\to\infty$，则系统此时是全局渐近一致稳定的。

2. Lyapunov-Razumikhin 判稳方法

Lyapunov-Krasovskii 方法在对时滞系统（4-5）判稳时，需要用其在$[t-\tau_{\max},t]$区间上的轨迹来列解所需的 Lyapunov 泛函，而寻求合适的 Lyapunov 泛函有时较为困难。Lyapunov-Razumikhin 方法则直接使用 Lyapunov 函数而非泛函来对系统（4-5）进行判稳。

定理 4-3（Lyapunov-Razumikhin 稳定性定理）　$f:\mathbb{C}_\tau \times \mathbf{R} \to \mathbf{R}^n$为式（4-5）给定的连续映射，它可将$\mathbb{C}_\tau \times \mathbf{R}$上任意有界子集映射为$\mathbf{R}^n$空间中的有界子集。设存在非负且非减标量函数$u,v,w$，满足当$s>0$时，$u(s)>0,v(s)>0$；当$s=0$时，$u(s)=v(s)=0$，且要求$v$为严格递增函数。若时滞系统（4-5）存在可微函数$V:\mathbf{R}^n \times \mathbf{R} \to \mathbf{R}$，满足

（1）对于$\forall t \in \mathbf{R}$和$\forall \boldsymbol{x} \in \mathbf{R}^n$，有

$$u(\|\boldsymbol{x}\|) \leqslant V(\boldsymbol{x},t) \leqslant v(\|\boldsymbol{x}\|) \tag{4-11}$$

（2）对任何$V(\boldsymbol{x}(t+\theta),t+\theta) \leqslant V(\boldsymbol{x}(t),t)$的场景，其中$\theta \in [-\tau_{\max},0]$，$V(\boldsymbol{x},t)$沿系统轨迹$\boldsymbol{x}(t)$对$t$的导数均满足

$$\dot{V}(\boldsymbol{x}(t),t) \leqslant -w(\|\boldsymbol{x}(t)\|) \tag{4-12}$$

则系统（4-5）的平凡解是一致稳定的。

进一步，若函数w满足当$s>0$时，$w(s)>0$；以及存在另一非减标量函数p，满足当$s>0$时，$p(s)>s$，同时将式（4-12）条件强化为如下形式。

（2′）对任何$V(\boldsymbol{x}(t+\theta),t+\theta) \leqslant p(V(\boldsymbol{x}(t),t))$的场景，其中$\theta \in [-\tau_{\max},0]$，$V(\boldsymbol{x},t)$沿系统轨迹$\boldsymbol{x}(t)$对$t$的导数均满足

$$\dot{V}(\boldsymbol{x}(t),t) \leqslant -w(\|\boldsymbol{x}(t)\|) \tag{4-13}$$

则系统（4-5）此时是渐近一致稳定的；同样，若进一步要求$\lim\limits_{s\to\infty} u(s)\to\infty$，则系统此时是全局渐近一致稳定的。

上述两定理只给出了进行时滞系统稳定性判别的一般性方法描述，并没有给出列解 Lyapunov（泛）函数的具体方法，这一点与 Lyapunov 稳定性定理类似。而如何结合实际需求，选择适合的 Lyapunov 函数（或泛函）进而利用上述两定理，形成可用的

时滞稳定判据是该领域研究的关键。此外，就电力系统而言，人们更多关注的是系统在某一平衡点附近受到扰动之后的动态行为，此时含有时滞环节的系统模型往往可用如下线性时滞微分方程表示，即

$$\Delta\dot{\boldsymbol{x}} = \boldsymbol{A}\Delta\boldsymbol{x} + \sum_{i=1}^{k}\boldsymbol{A}_i\Delta\boldsymbol{x}_{\tau i} \tag{4-14}$$

式中，$\boldsymbol{x}\in\mathbf{R}^n$ 为系统的状态量；$\Delta\boldsymbol{x}$ 为其偏差量；$\boldsymbol{x}_{\tau i}=\boldsymbol{x}(t-\tau_i)$ 为时滞状态变量；$\Delta\boldsymbol{x}_{\tau i}$ 为其偏差量；$\tau_i\geqslant 0$ 为时滞变量，$i=1,2,3,\cdots,k$，$\tau_{\max}=\max\limits_{1\leqslant i\leqslant k}(\tau_i)$ 为系统最大时滞，$\Delta\boldsymbol{x}(t+\xi)=\Delta\boldsymbol{\varphi}(t,\xi),\xi\in[-\tau_{\max},0)$ 给出了该系统在 $[-\tau_{\max},0)$ 区间的历史轨迹。

由于本章的后续内容，均针对采用式（4-14）所示的线性模型来开展讨论，为描述方便，在本章后续讨论及公式推导中，将隐去状态变量的增量符号“Δ”，从而将式（4-14）变为如下形式，特此说明，即

$$\dot{\boldsymbol{x}} = \boldsymbol{A}\boldsymbol{x} + \sum_{i=1}^{k}\boldsymbol{A}_i\boldsymbol{x}_{\tau i} = \boldsymbol{A}\boldsymbol{x}(t) + \sum_{i=1}^{k}\boldsymbol{A}_i\boldsymbol{x}(t-\tau_i) \tag{4-15}$$

4.2　线性矩阵不等式

借助 Lyapunov 理论，在进行时滞系统稳定性判据推导和求解过程中，往往会用到线性矩阵不等式（Linear Matrix Inequalities，LMI）这一求解工具。其在众多控制领域问题表述方面具有优良性能并拥有较为完善的求解方法，近年来在控制领域受到越来越多的关注。有关这一方法的理论基础和相关背景，可参见 MATLAB 中 LMI 工具箱所附文档或 Boyd S 与 Ghaoui L 撰写的论著，本书在这里仅介绍与时滞稳定判据推导有关的一些基本概念。

4.2.1　LMI 的一般表示

一个线性矩阵不等式（LMI）可表示为以下一般形式：

$$\boldsymbol{F}(\boldsymbol{x}) = \boldsymbol{F}_0 + x_1\boldsymbol{F}_1 + \cdots + x_m\boldsymbol{F}_m < 0 \tag{4-16}$$

式中，$\boldsymbol{x}=(x_1,\cdots,x_m)^{\mathrm{T}}\in\mathbf{R}^m$，$x_1,x_2,\cdots,x_m$ 为 m 个待求实数变量，$\boldsymbol{x}$ 称为式（4-16）的决策向量；$\boldsymbol{F}_i=\boldsymbol{F}_i^{\mathrm{T}}\in\mathbf{R}^{n\times n},i=0,1,2,\cdots,m$ 为一组给定的实对称矩阵；式（4-16）中的符号“<”表示矩阵 $\boldsymbol{F}(\boldsymbol{x})$ 是负定的。

式（4-16）中的 $\boldsymbol{F}(\boldsymbol{x})$ 可视为从空间 $\mathbf{R}^m$ 到实对称矩阵集 $\mathbf{S}^n=\{\boldsymbol{M}:\boldsymbol{M}=\boldsymbol{M}^{\mathrm{T}}\in\mathbf{R}^{n\times n}\}$ 的一个仿射函数。如果在式（4-16）中用“⩽”替代“<”，则为非严格的线性矩阵不等式。对于 $\mathbf{R}^m\to\boldsymbol{S}^n$ 的任意仿射函数 $\boldsymbol{F}(\boldsymbol{x})$ 和 $\boldsymbol{G}(\boldsymbol{x})$，$\boldsymbol{F}(\boldsymbol{x})>0$ 和 $\boldsymbol{F}(\boldsymbol{x})<\boldsymbol{G}(\boldsymbol{x})$ 也属于 LMI，因为它们可以等价表示为

$$\boldsymbol{F}'(\boldsymbol{x}) = -\boldsymbol{F}(\boldsymbol{x}) < 0 \tag{4-17}$$

$$\boldsymbol{F}'(\boldsymbol{x}) = \boldsymbol{F}(\boldsymbol{x}) - \boldsymbol{G}(\boldsymbol{x}) < 0 \tag{4-18}$$

很多方程虽然最初不具备式（4-16）的标准形式，但经过适当处理后，可将其转化成标准格式，下面介绍几种常见形式。

1）线性矩阵不等式系统

线性矩阵不等式系统由多个线性矩阵不等式构成，形如 $\boldsymbol{F}_1(\boldsymbol{x}) < 0, \cdots, \boldsymbol{F}_k(\boldsymbol{x}) < 0$，若令 $\boldsymbol{F}(\boldsymbol{x}) = \text{diag}\{\boldsymbol{F}_1(\boldsymbol{x}), \cdots, \boldsymbol{F}_k(\boldsymbol{x})\}$，则当且仅当 $\boldsymbol{F}(\boldsymbol{x}) < 0$ 时，$\boldsymbol{F}_i(\boldsymbol{x}) < 0, i = 1, 2, \cdots, k$ 同时成立，即线性矩阵不等式系统可用一个等效的线性矩阵不等式表示。

2）Lyapunov 矩阵不等式

Lyapunov 矩阵不等式形式为

$$\boldsymbol{F}(\boldsymbol{X}) = \boldsymbol{A}^{\mathrm{T}}\boldsymbol{X} + \boldsymbol{X}\boldsymbol{A} + \boldsymbol{Q} < 0 \tag{4-19}$$

式中，$\boldsymbol{A}, \boldsymbol{Q} \in \mathbf{R}^{n \times n}$ 为给定的常数矩阵，且 $\boldsymbol{Q} = \boldsymbol{Q}^{\mathrm{T}}$ 为对称矩阵；$\boldsymbol{X} = \boldsymbol{X}^{\mathrm{T}} \in \mathbf{R}^{n \times n}$ 为对称的未知待求矩阵变量。注意，与式（4-16）的标准形式不同，式（4-19）中的待求变量是一个矩阵。设 $\boldsymbol{E}_1, \boldsymbol{E}_2, \cdots, \boldsymbol{E}_M$ 是 $\boldsymbol{S}^n$ 的一组基，则对任意对称矩阵 $\boldsymbol{X} = \boldsymbol{X}^{\mathrm{T}} \in \mathbf{R}^{n \times n}$，均存在一向量 $\boldsymbol{x}_M = (x_1, \cdots, x_M)^{\mathrm{T}} \in \mathbf{R}^M, M \leqslant n$，使得

$$\boldsymbol{X} = \sum_{i=1}^{M} x_i \boldsymbol{E}_i \tag{4-20}$$

将其代入式（4-19）可得

$$\begin{aligned}\boldsymbol{F}(\boldsymbol{X}) &= \boldsymbol{F}\left(\sum_{i=1}^{M} x_i \mathbf{E}_i\right) = \boldsymbol{A}^{\mathrm{T}}\left(\sum_{i=1}^{M} x_i \boldsymbol{E}_i\right) + \left(\sum_{i=1}^{M} x_i \boldsymbol{E}_i\right)\boldsymbol{A} + \boldsymbol{Q} \\ &= \boldsymbol{Q} + x_1(\boldsymbol{A}^{\mathrm{T}}\boldsymbol{E}_1 + \boldsymbol{E}_1\boldsymbol{A}) + x_2(\boldsymbol{A}^{\mathrm{T}}\boldsymbol{E}_2 + \boldsymbol{E}_2\boldsymbol{A}) + \cdots + x_M(\boldsymbol{A}^{\mathrm{T}}\boldsymbol{E}_M + \boldsymbol{E}_M\boldsymbol{A}) < 0\end{aligned} \tag{4-21}$$

从而将式（4-19）的 Lyapunov 矩阵不等式变换为式（4-21）所示的标准 LMI 形式。

3）含等式约束的不等式问题

如下含有等式约束的不等式问题，在很多控制系统问题中会遇到

$$\begin{cases}\boldsymbol{F}(\boldsymbol{x}) < 0 \\ \boldsymbol{A}\boldsymbol{x} = \boldsymbol{b}\end{cases} \tag{4-22}$$

式中，$\boldsymbol{F}: \mathbf{R}^m \to S^n$ 是形如式（4-16）的线性矩阵不等式；$\boldsymbol{A} \in \mathbf{R}^{n \times m}, \boldsymbol{b} \in \mathbf{R}^n$ 为给定常数矩阵和向量。$\boldsymbol{A}\boldsymbol{x} = \boldsymbol{b}$ 解向量的全体构成了 $\mathbf{R}^m$ 中的一个线性子空间，因此可考虑更一般的问题，即

$$\begin{cases}\boldsymbol{F}(\boldsymbol{x}) < 0 \\ \boldsymbol{x} \in \boldsymbol{M}\end{cases} \tag{4-23}$$

式中，$\boldsymbol{M}$ 是 $\mathbf{R}^m$ 空间中的仿射集，满足

$$\boldsymbol{M}=\boldsymbol{x}_0+\boldsymbol{M}_0=\left\{\boldsymbol{x}_0+\boldsymbol{y}\,\middle|\,\boldsymbol{y}\in\boldsymbol{M}_0\right\} \tag{4-24}$$

式中，$\boldsymbol{x}_0\in\mathbf{R}^m$；$\boldsymbol{M}_0$ 是 $\mathbf{R}^m$ 中的一个线性子空间。进一步设 $\boldsymbol{e}_1,\boldsymbol{e}_2,\cdots,\boldsymbol{e}_k\in\mathbf{R}^m,k\leqslant m$ 是线性空间 $\boldsymbol{M}_0$ 的一组基。此时仿射函数 $\boldsymbol{F}(\boldsymbol{x})$ 可分解为 $\boldsymbol{F}(\boldsymbol{x})=\boldsymbol{F}_0+\boldsymbol{T}(\boldsymbol{x})$，其中 $\boldsymbol{T}(\boldsymbol{x})$ 为一个线性函数；而对任意的 $\boldsymbol{x}\in\boldsymbol{M}$，$\boldsymbol{x}$ 可表示为 $\boldsymbol{x}=\boldsymbol{x}_0+\sum_{i=1}^{k}x_i\boldsymbol{e}_i$。进一步，对于式（4-23）有如下结果，即

$$\begin{aligned}0>\boldsymbol{F}(\boldsymbol{x})&=\boldsymbol{F}_0+\boldsymbol{T}(\boldsymbol{x})=\boldsymbol{F}_0+\boldsymbol{T}\left(\boldsymbol{x}_0+\sum_{i=1}^{k}x_i\boldsymbol{e}_i\right)\\&=\boldsymbol{F}_0+\boldsymbol{T}(\boldsymbol{x}_0)+\sum_{i=1}^{k}x_i\boldsymbol{T}(\boldsymbol{e}_i)\\&=\tilde{\boldsymbol{F}}_0+x_1\tilde{\boldsymbol{F}}_1+x_2\tilde{\boldsymbol{F}}_2+\cdots+x_k\tilde{\boldsymbol{F}}_k\end{aligned} \tag{4-25}$$

式中，$\tilde{\boldsymbol{F}}_0=\boldsymbol{F}_0+\boldsymbol{T}(\boldsymbol{x}_0)$；$\tilde{\boldsymbol{F}}_1=\boldsymbol{T}(\boldsymbol{e}_i)$。不难看出，带等式约束的式（4-23）模型转化为式（4-25）所示的标准 LMI 模型。

4）二次型矩阵不等式

在一些控制问题中，有时会遇到一些二次型矩阵不等式，如

$$\boldsymbol{A}^{\mathrm{T}}\boldsymbol{P}+\boldsymbol{P}\boldsymbol{A}+\boldsymbol{P}\boldsymbol{B}\boldsymbol{R}^{-1}\boldsymbol{B}^{\mathrm{T}}\boldsymbol{P}+\boldsymbol{Q}<0 \tag{4-26}$$

式中，$\boldsymbol{A},\boldsymbol{B},\boldsymbol{P},\boldsymbol{Q},\boldsymbol{R}\in\mathbf{R}^{n\times n},\boldsymbol{P}=\boldsymbol{P}^{\mathrm{T}},\boldsymbol{Q}=\boldsymbol{Q}^{\mathrm{T}}>0,\boldsymbol{R}=\boldsymbol{R}^{\mathrm{T}}>0$。此时可利用如下的 Schur 补定理，将其转化为标准 LMI 形式。

定理 4-4（线性矩阵不等式等价条件，或称 Schur 补定理）　对于给定的对称矩阵 $\boldsymbol{S}=\boldsymbol{S}^{\mathrm{T}}\in\mathbf{R}^{n\times n}$，将 $\boldsymbol{S}$ 进行分块，$\boldsymbol{S}=\begin{bmatrix}\boldsymbol{S}_{11} & \boldsymbol{S}_{12}\\ \boldsymbol{S}_{21} & \boldsymbol{S}_{22}\end{bmatrix}$，其中 $\mathbf{S}_{11}\in\mathbf{R}^{r\times r},\mathbf{S}_{22}\in\mathbf{R}^{(n-r)\times(n-r)}$ 非奇异，则以下三个条件是等价的，有

（1）
$$\boldsymbol{S}<0 \tag{4-27}$$

（2）
$$\begin{bmatrix}\boldsymbol{S}_{11} & \\ & \boldsymbol{S}_{22}-\boldsymbol{S}_{12}^{\mathrm{T}}\boldsymbol{S}_{11}^{-1}\boldsymbol{S}_{12}\end{bmatrix}<0 \tag{4-28}$$

（3）
$$\begin{bmatrix}\boldsymbol{S}_{22} & \\ & \boldsymbol{S}_{11}-\boldsymbol{S}_{21}^{\mathrm{T}}\boldsymbol{S}_{22}^{-1}\boldsymbol{S}_{21}\end{bmatrix}<0 \tag{4-29}$$

式中，$\boldsymbol{S}_{22}-\boldsymbol{S}_{12}^{\mathrm{T}}\boldsymbol{S}_{11}^{-1}\boldsymbol{S}_{12}$ 称为 $\boldsymbol{S}$ 关于 $\boldsymbol{S}_{11}$ 的 Schur 补；$\boldsymbol{S}_{11}-\boldsymbol{S}_{21}^{\mathrm{T}}\boldsymbol{S}_{22}^{-1}\boldsymbol{S}_{21}$ 称为 $\boldsymbol{S}$ 关于 $\boldsymbol{S}_{22}$ 的 Schur 补。

利用定理 4-4，式（4-26）的可行性问题，可转化为如下标准 LMI 形式，即

$$\begin{bmatrix} \boldsymbol{A}^{\mathrm{T}}\boldsymbol{P}+\boldsymbol{PA}+\boldsymbol{Q} & \boldsymbol{PB} \\ \boldsymbol{B}^{\mathrm{T}}\boldsymbol{P} & -\boldsymbol{R} \end{bmatrix}<0 \tag{4-30}$$

还有很多在实际问题研究中遇到的其他模型，通过一定的变换，均可转化为 LMI 标准形式，在此不再赘述。

4.2.2　LMI 的标准问题

线性矩阵不等式存在三类标准问题，在一些 LMI 求解工具（如 MATLAB 的 LMI 工具箱、SCILAB 的 LMI 求解器）中均给出了这三类问题的求解器。下面假设 $\boldsymbol{F},\boldsymbol{G},\boldsymbol{H}$ 均为对称的和关于变量 $\boldsymbol{x}$ 的矩阵仿射函数。

1）可行性问题（LMIP）

对给定的 LMI：$\boldsymbol{F}(\boldsymbol{x})<0$，检验是否存在 $\boldsymbol{x}$，使得 $\boldsymbol{F}(\boldsymbol{x})<0$ 成立的问题称为一个 LMI 的可行性问题。如果存在这样的 $\boldsymbol{x}$，则称该 LMI 问题是可行的，否则这个 LMI 是不可行的。

2）特征值问题（EVP）

该问题是在一个 LMI 约束 $\boldsymbol{H}(\boldsymbol{x})<0$ 下，求矩阵 $\boldsymbol{G}(\boldsymbol{x})$ 最大特征值的最小化问题或者确定该问题的约束是不可行的，它的一般形式为

$$\begin{aligned} &\min\ \lambda \\ &\text{s.t.}\ \ \boldsymbol{G}(\boldsymbol{x})<\lambda\boldsymbol{I} \\ &\qquad \boldsymbol{H}(\boldsymbol{x})<0 \end{aligned} \tag{4-31}$$

式中，$\boldsymbol{I}$ 是适当维数的单位矩阵。经过一些等价变换，上述问题还可转化为如下标准形式，即

$$\begin{aligned} &\min\ \boldsymbol{c}^{\mathrm{T}}\boldsymbol{x} \\ &\text{s.t.}\ \ \boldsymbol{F}(\boldsymbol{x})<0 \end{aligned} \tag{4-32}$$

很多 LMI 求解工具选用式（4-32）作为该类问题求解的标准形式。

事实上，LMI 可行性问题也可转化为等效的特征值问题，如对于 $\boldsymbol{F}(\boldsymbol{x})<0$ 的可行性问题，可通过如下的特征值问题进行求解，即

$$\begin{aligned} &\min \lambda \\ &\text{s.t.}\ \ \boldsymbol{F}(\boldsymbol{x})-\lambda\boldsymbol{I}<0 \end{aligned} \tag{4-33}$$

显然，对于任意的 $\boldsymbol{x}$，只要我们选取足够大的 λ，一定可找到上述问题的一个初始可行解 $(\boldsymbol{x},\lambda)$，因此上述问题一定是有解的。进一步，通过问题的求解，只需保证问题的最小值 $\lambda^{*}\leqslant 0$，则原问题一定是可行的。

3）广义特征值问题（GEVP）

该问题是在一个线性矩阵不等式的约束下，求两个仿射矩阵函数的最大广义特征值的最小化问题。

对于给定的两个相同阶数的对称矩阵 $\boldsymbol{G}$ 和 $\boldsymbol{F}$，对于标量 λ，如果存在非零向量 $\boldsymbol{y}$，使得 $\boldsymbol{G}\boldsymbol{y}=\lambda\boldsymbol{F}\boldsymbol{y}$，则称 λ 为矩阵 $\boldsymbol{G}$ 和 $\boldsymbol{F}$ 的广义特征值。矩阵 $\boldsymbol{G}$ 和 $\boldsymbol{F}$ 的最大广义特征值的计算问题可以转化为一个具有线性矩阵不等式约束的优化问题。事实上，若假定矩阵 $\boldsymbol{F}$ 是正定的，则对充分大的标量 λ，必有 $\boldsymbol{G}-\lambda\boldsymbol{F}<0$。随着 λ 减小，在某个适当数值处，$\boldsymbol{G}-\lambda\boldsymbol{F}$ 将变成奇异的，因此必存在非零向量 $\boldsymbol{y}$ 使得 $\boldsymbol{G}\boldsymbol{y}=\lambda\boldsymbol{F}\boldsymbol{y}$，此时的 λ 就是矩阵 $\boldsymbol{G}$ 和 $\boldsymbol{F}$ 的广义特征值。不难看出，矩阵 $\boldsymbol{G}$ 和 $\boldsymbol{F}$ 的最大广义特征值可以通过以下优化问题加以求解，即

$$\begin{aligned}&\min\ \lambda\\&\text{s.t.}\ \ \boldsymbol{G}-\lambda\boldsymbol{F}<0\end{aligned}\tag{4-34}$$

当矩阵 $\boldsymbol{G}$ 和 $\boldsymbol{F}$ 是 $\boldsymbol{x}$ 的一个仿射函数时，求矩阵函数 $\boldsymbol{G}(\boldsymbol{x})$ 和 $\boldsymbol{F}(\boldsymbol{x})$ 最大广义特征值问题的一般形式为

$$\begin{aligned}&\min\ \lambda\\&\text{s.t.}\ \ \boldsymbol{G}(\boldsymbol{x})<\lambda\boldsymbol{F}(\boldsymbol{x})\\&\qquad\ \boldsymbol{F}(\boldsymbol{x})>0\end{aligned}\tag{4-35}$$

在后续研究中，我们将综合运用上述三类标准问题来构建时滞系统稳定性分析判据。

4.3　改进自由权矩阵方法

国内的吴敏、何勇等，借助 Lyapunov-Krasovskii 定理和线性矩阵不等式，针对式（4-15）所示的线性时滞系统，给出了一种系统性的稳定性判别方法——自由权矩阵方法，该方法避免了稳定判据推导过程中的放大操作，因此具有较小的保守性。本节首先简单介绍一下自由权矩阵方法的基本原理，进而给出一种效率更高的改进自由权矩阵方法。

4.3.1　自由权矩阵方法原理

首先以单时滞系统这一简单场景为例，通过推导相应的稳定判据来介绍自由权矩阵方法的基本原理。当系统只存在单一时滞环节时，式（4-15）将变为

$$\dot{\boldsymbol{x}}=\boldsymbol{A}\boldsymbol{x}+\boldsymbol{A}_1\boldsymbol{x}_{\tau1}=\boldsymbol{A}\boldsymbol{x}(t)+\boldsymbol{A}_1\boldsymbol{x}(t-\tau_1)\tag{4-36}$$

式中，$\boldsymbol{x}\in\mathbf{R}^n$ 为系统状态量；$\boldsymbol{x}(t-\tau_1)$ 为系统时滞状态变量；$\tau_1>0$ 为时滞变量；$\boldsymbol{x}(t+\xi)=\boldsymbol{\varphi}(t,\xi),\xi\in[-\tau_1,0)$ 给出了系统在 $[-\tau_1,0)$ 区间上的历史轨迹。

如下定理 4-5 给出了式（4-36）所描述系统渐近稳定的条件。

定理 4-5　对于式（4-36）所示的线性单时滞系统，当 $\tau_1\geqslant 0$ 时，若存在对称正定矩阵 $\boldsymbol{P}=\boldsymbol{P}^{\mathrm{T}}>0$，$\boldsymbol{Q}=\boldsymbol{Q}^{\mathrm{T}}>0$，对称半正定矩阵 $\boldsymbol{W}=\boldsymbol{W}^{\mathrm{T}}\geqslant 0,\boldsymbol{X}_{ii}=\boldsymbol{X}_{ii}^{\mathrm{T}}\geqslant 0(i=1,2)$，任意矩阵 $\boldsymbol{N}_l(l=1,2)$ 和 $\boldsymbol{X}_{12}$，且满足如下条件，则该系统是渐近稳定的。

$$\bar{\varphi}=\begin{bmatrix}\varphi_{11} & \varphi_{12}\\ \varphi_{12}^{\mathrm{T}} & \varphi_{22}\end{bmatrix}<0 \tag{4-37}$$

$$\bar{\psi}=\begin{bmatrix}\boldsymbol{X}_{11} & \boldsymbol{X}_{12} & \boldsymbol{N}_1\\ \boldsymbol{X}_{12}^{\mathrm{T}} & \boldsymbol{X}_{22} & \boldsymbol{N}_2\\ \boldsymbol{N}_1^{\mathrm{T}} & \boldsymbol{N}_2^{\mathrm{T}} & \boldsymbol{W}\end{bmatrix}\geqslant 0 \tag{4-38}$$

式中

$$\varphi_{11}=\boldsymbol{PA}+\boldsymbol{A}^{\mathrm{T}}\boldsymbol{P}+\boldsymbol{Q}+\boldsymbol{N}_1+\boldsymbol{N}_1^{\mathrm{T}}+\tau_1\boldsymbol{X}_{11}+\boldsymbol{A}^{\mathrm{T}}\tau_1\boldsymbol{WA} \tag{4-39}$$

$$\varphi_{12}=\boldsymbol{PA}_1-\boldsymbol{N}_1+\boldsymbol{N}_2^{\mathrm{T}}+\tau_1\boldsymbol{X}_{12}+\boldsymbol{A}_0^{\mathrm{T}}\tau_1\boldsymbol{WA}_1 \tag{4-40}$$

$$\varphi_{22}=-\boldsymbol{Q}-\boldsymbol{N}_2-\boldsymbol{N}_2^{\mathrm{T}}+\tau_1\boldsymbol{X}_{22}+\boldsymbol{A}_1^{\mathrm{T}}\tau_1\boldsymbol{WA}_1 \tag{4-41}$$

证明：取如下的 Lyapunov-Krasovskii 泛函为

$$V(t)=\boldsymbol{x}^{\mathrm{T}}(t)\boldsymbol{Px}(t)+\int_{t-\tau_1}^{t}\boldsymbol{x}^{\mathrm{T}}(s)\boldsymbol{Qx}(s)\mathrm{d}s+\int_{-\tau_1}^{0}\int_{t+\theta}^{t}\dot{\boldsymbol{x}}^{\mathrm{T}}(s)\boldsymbol{W}\dot{\boldsymbol{x}}(s)\mathrm{d}s\mathrm{d}\theta \tag{4-42}$$

式中，$\boldsymbol{P}=\boldsymbol{P}^{\mathrm{T}}>0,\boldsymbol{Q}=\boldsymbol{Q}^{\mathrm{T}}>0$ 为待求的对称正定矩阵；$\boldsymbol{W}=\boldsymbol{W}^{\mathrm{T}}\geqslant 0$ 为待求的对称半正定矩阵。对 $V(t)$ 求关于 t 的导数，可得

$$\begin{aligned}\dot{V}(t)=&2\boldsymbol{x}^{\mathrm{T}}(t)\boldsymbol{P}[\boldsymbol{Ax}(t)+\boldsymbol{A}_1\boldsymbol{x}(t-\tau_1)]+\boldsymbol{x}^{\mathrm{T}}(t)\boldsymbol{Qx}(t)-\boldsymbol{x}^{\mathrm{T}}(t-\tau_1)\boldsymbol{Qx}(t-\tau_1)\\&+\tau_1\dot{\boldsymbol{x}}^{\mathrm{T}}(t)\boldsymbol{W}\dot{\boldsymbol{x}}(t)-\int_{t-\tau_1}^{t}\dot{\boldsymbol{x}}^{\mathrm{T}}(s)\boldsymbol{W}\dot{\boldsymbol{x}}(s)\mathrm{d}s\end{aligned} \tag{4-43}$$

式（4-44）给出了在微积分领域常用的牛顿-莱布尼茨公式，即

$$\boldsymbol{x}(t)-\boldsymbol{x}(t-\tau_1)=\int_{t-\tau_1}^{t}\dot{\boldsymbol{x}}(s)\mathrm{d}s \tag{4-44}$$

利用式（4-44）可得如下恒等式，即

$$2[\boldsymbol{x}^{\mathrm{T}}(t)\boldsymbol{N}_1+\boldsymbol{x}^{\mathrm{T}}(t-\tau_1)\boldsymbol{N}_2]\times\left[\boldsymbol{x}(t)-\boldsymbol{x}(t-\tau_1)-\int_{t-\tau_1}^{t}\dot{\boldsymbol{x}}(s)\mathrm{d}s\right]=0 \tag{4-45}$$

式中，$\boldsymbol{N}_1,\boldsymbol{N}_2$ 为任意合适维数的待求矩阵。式（4-45）中乘号后的部分即是牛顿-莱布尼茨公式的变形，因此无论式（4-45）中的矩阵 $\boldsymbol{N}_1,\boldsymbol{N}_2$ 取何值，式（4-45）恒等于零。进一步，引入如下恒等式，即

$$\begin{bmatrix}\boldsymbol{x}(t)\\ \boldsymbol{x}(t-\tau_1)\end{bmatrix}^{\mathrm{T}}\begin{bmatrix}\tau_1(\boldsymbol{X}_{11}-\boldsymbol{X}_{11}) & \tau_1(\boldsymbol{X}_{12}-\boldsymbol{X}_{12})\\ \tau_1(\boldsymbol{X}_{12}^{T}-\boldsymbol{X}_{12}^{T}) & \tau_1(\boldsymbol{X}_{22}-\boldsymbol{X}_{22})\end{bmatrix}\begin{bmatrix}\boldsymbol{x}(t)\\ \boldsymbol{x}(t-\tau_1)\end{bmatrix}=0 \tag{4-46}$$

式中，$\boldsymbol{X}_{ii}=\boldsymbol{X}_{ii}^{\mathrm{T}}\geqslant 0(i=1,2)$ 为待求对称半正定矩阵；$\boldsymbol{X}_{12}$ 为待求的任意矩阵。我们可以看到，式（4-46）中间的矩阵式中的每一个元素均为 0，故式（4-46）也恒等于零。将式（4-36）、式（4-45）和式（4-46）代入式（4-43），可得

$$
\begin{aligned}
\dot{V}(t) = {}& 2\boldsymbol{x}^{\mathrm{T}}(t)\boldsymbol{P}[\boldsymbol{A}\boldsymbol{x}(t)+\boldsymbol{A}_1\boldsymbol{x}(t-\tau_1)]+\boldsymbol{x}^{\mathrm{T}}(t)\boldsymbol{Q}\boldsymbol{x}(t)-\boldsymbol{x}^{\mathrm{T}}(t-\tau_1)\boldsymbol{Q}\boldsymbol{x}(t-\tau_1)\\
&+\tau_1\dot{\boldsymbol{x}}^{\mathrm{T}}(t)\boldsymbol{W}\dot{\boldsymbol{x}}(t)-\int_{t-\tau_1}^{t}\dot{\boldsymbol{x}}^{\mathrm{T}}(s)\boldsymbol{W}\dot{\boldsymbol{x}}(s)\mathrm{d}s+\overline{2\boldsymbol{x}^{\mathrm{T}}(t)\boldsymbol{N}_1\boldsymbol{x}(t)}-\overline{2\boldsymbol{x}^{\mathrm{T}}(t)\boldsymbol{N}_1\boldsymbol{x}(t-\tau_1)}\\
&-\overline{2\boldsymbol{x}^{\mathrm{T}}(t)\boldsymbol{N}_1\int_{t-\tau_1}^{t}\dot{\boldsymbol{x}}(s)\mathrm{d}s}+\overline{2\boldsymbol{x}^{\mathrm{T}}(t-\tau_1)\boldsymbol{N}_2\boldsymbol{x}(t)}-\overline{2\boldsymbol{x}^{\mathrm{T}}(t-\tau_1)\boldsymbol{N}_2\boldsymbol{x}(t-\tau_1)}\\
&-\overline{2\boldsymbol{x}^{\mathrm{T}}(t-\tau_1)\boldsymbol{N}_2\int_{t-\tau_1}^{t}\dot{\boldsymbol{x}}(s)\mathrm{d}s}+\overline{\overline{\boldsymbol{x}^{\mathrm{T}}(t)[\tau_1(\boldsymbol{X}_{11}-\boldsymbol{X}_{11})]\boldsymbol{x}(t)}}\\
&+\overline{\overline{2\boldsymbol{x}^{\mathrm{T}}(t)[\tau_1(\boldsymbol{X}_{12}-\boldsymbol{X}_{12})]\boldsymbol{x}(t-\tau_1)}}+\overline{\overline{\boldsymbol{x}^{\mathrm{T}}(t-\tau_1)[\tau_1(\boldsymbol{X}_{22}-\boldsymbol{X}_{22})]\boldsymbol{x}(t-\tau_1)}}
\end{aligned}
\tag{4-47}
$$

不难看到，式（4-47）中前五项（未加任何上下横线标示）为式（4-43）求导结果的原表达式，中间六项（用上横线 $\overline{\cdot}$ 标示）为式（4-45）的展开式，后面三项（用上横线 $\overline{\overline{\cdot}}$ 标示）为式（4-46）的展开式。由于式（4-45）和式（4-46）均为恒等变换式，后九项的加入，丝毫不改变 $\dot{V}(t)$ 的原有结果。进一步，考虑到式（4-47）中的如下项为

$$
\begin{aligned}
\tau_1\dot{\boldsymbol{x}}^{\mathrm{T}}(t)\boldsymbol{W}\dot{\boldsymbol{x}}(t) &= \tau_1[\boldsymbol{A}\boldsymbol{x}(t)+\boldsymbol{A}_1\boldsymbol{x}(t-\tau_1)]^{\mathrm{T}}\boldsymbol{W}[\boldsymbol{A}\boldsymbol{x}(t)+\boldsymbol{A}_1\boldsymbol{x}(t-\tau_1)]\\
&= \boldsymbol{x}^{\mathrm{T}}(t)\boldsymbol{A}^{\mathrm{T}}\tau_1\boldsymbol{W}\boldsymbol{A}\boldsymbol{x}(t)+2\boldsymbol{x}^{\mathrm{T}}(t)\boldsymbol{A}^{\mathrm{T}}\tau_1\boldsymbol{W}\boldsymbol{A}_1\boldsymbol{x}(t-\tau_1)\\
&\quad+\boldsymbol{x}^{\mathrm{T}}(t-\tau_1)\boldsymbol{A}_1^{\mathrm{T}}\tau_1\boldsymbol{W}\boldsymbol{A}_1\boldsymbol{x}(t-\tau_1)
\end{aligned}
\tag{4-48}
$$

将其代入式（4-47），同时注意到有 $\int_{t-\tau}^{t}\boldsymbol{f}(t)\mathrm{d}s=\tau\boldsymbol{f}(t)$ 成立，其中 $\boldsymbol{f}(t)$ 为任意与积分项 s 无关的函数（或矩阵函数），按如下方式进行同类项合并，经整理可得

$$
\begin{aligned}
\dot{V}(t) = {}& \boldsymbol{x}^{\mathrm{T}}(t)(\boldsymbol{P}\boldsymbol{A}+\boldsymbol{A}^{\mathrm{T}}\boldsymbol{P}+\boldsymbol{Q}+\overline{\boldsymbol{N}_1}+\overline{\boldsymbol{N}_1^{\mathrm{T}}}+\overline{\overline{\tau_1\boldsymbol{X}_{11}}}+\boldsymbol{A}^{\mathrm{T}}\tau_1\boldsymbol{W}\boldsymbol{A})\boldsymbol{x}(t)\\
&+2\boldsymbol{x}^{\mathrm{T}}(t)(\boldsymbol{P}\boldsymbol{A}_1-\overline{\boldsymbol{N}_1}+\overline{\boldsymbol{N}_2^{\mathrm{T}}}+\overline{\overline{\tau_1\boldsymbol{X}_{12}}}+\boldsymbol{A}^{\mathrm{T}}\tau_1\boldsymbol{W}\boldsymbol{A}_1)\boldsymbol{x}(t-\tau_1)+\\
&+\boldsymbol{x}^{\mathrm{T}}(t-\tau_1)(-\boldsymbol{Q}-\overline{\boldsymbol{N}_2}-\overline{\boldsymbol{N}_2^{\mathrm{T}}}+\overline{\overline{\tau_1\boldsymbol{X}_{22}}}+\boldsymbol{A}_1^{\mathrm{T}}\tau_1\boldsymbol{W}\boldsymbol{A}_1)\boldsymbol{x}(t-\tau_1)\\
&-\int_{t-\tau_1}^{t}\Big[\overline{\overline{\boldsymbol{x}^{\mathrm{T}}(t)\boldsymbol{X}_{11}\boldsymbol{x}(t)}}+\overline{\overline{2\boldsymbol{x}^{\mathrm{T}}(t)\boldsymbol{X}_{12}\boldsymbol{x}(t-\tau_1)}}+\overline{\overline{\boldsymbol{x}^{\mathrm{T}}(t-\tau_1)\boldsymbol{X}_{22}\boldsymbol{x}(t-\tau_1)}}\\
&+\overline{2\boldsymbol{x}^{\mathrm{T}}(t)\boldsymbol{N}_1\dot{\boldsymbol{x}}(s)}+\overline{2\boldsymbol{x}^{\mathrm{T}}(t-\tau_1)\boldsymbol{N}_2\dot{\boldsymbol{x}}(s)}+\dot{\boldsymbol{x}}^{\mathrm{T}}(s)\boldsymbol{W}\dot{\boldsymbol{x}}(s)\Big]\mathrm{d}s\\
= {}& \boldsymbol{\varepsilon}_1^{\mathrm{T}}(t)\bar{\boldsymbol{\varphi}}\boldsymbol{\varepsilon}_1(t)-\int_{t-\tau_1}^{t}\boldsymbol{\varepsilon}_2^{\mathrm{T}}(t,s)\bar{\boldsymbol{\psi}}\boldsymbol{\varepsilon}_2(t,s)\mathrm{d}s
\end{aligned}
\tag{4-49}
$$

式中，$\boldsymbol{\varepsilon}_1(t)=[\boldsymbol{x}^{\mathrm{T}}(t),\ \boldsymbol{x}^{\mathrm{T}}(t-\tau_1)]^{\mathrm{T}}$；$\boldsymbol{\varepsilon}_2(t)=[\boldsymbol{x}^{\mathrm{T}}(t),\ \boldsymbol{x}^{\mathrm{T}}(t-\tau_1),\ \dot{\boldsymbol{x}}^{\mathrm{T}}(s)]^{\mathrm{T}}$；$\bar{\boldsymbol{\varphi}},\bar{\boldsymbol{\psi}}$ 的定义见式（4-37）和式（4-38）。

由以上推导可以看出，若定理 4-5 中的式（4-37）和式（4-38）的条件满足，则对于任意的 $\boldsymbol{\varepsilon}_1(t)\neq 0$ 总有 $\dot{V}(t)<0$，根据 Lyapunov 稳定性理论可知，此时式（4-36）所描述系统是渐近稳定的。

由定理 4-5 的推导过程可以看出，式（4-45）和式（4-46）均为数值等于零的恒

等式，尤其式（4-46）直接采用两个相同矩阵直接相减的方式，看似毫无意义。但这些恒等式在代入$\dot{V}(t)$导函数表达式后，一方面，它不改变导函数的原有取值；另一方面，式子中的不同部分在导函数推导过程中被归入不同分项，保证最终导函数可表示为标准的线性矩阵不等式（LMI）形式。在式（4-45）和式（4-46）中，新引入的各矩阵项理论上可以任意取值，且它们仅是为导函数的推导而引入的，本身并无任何物理含义，因此被称为自由权矩阵，而将这类思想推广应用到高维复杂时滞系统后所形成的系统性方法，即称为自由权矩阵方法。

传统基于 Lyapunov 稳定性理论的时滞系统判稳方法，在进行$\dot{V}(t)$导函数推导时，为形成适用的 LMI 稳定判据，往往需要在推导中引入一些放大操作，而这一过程已被理论上证明是判据保守性增大的一种直接诱因。自由权矩阵方法在整个推导过程中，由于只引入了一些无意义的恒等式，而并未做任何放大操作，同等条件下，它在保守性方面更具优势。

尽管自由权矩阵理论上可以任意取值，但当定理 4-5 中的τ_1取到临界值$\tau_{CR,1}$，即$\tau_1 \leqslant \tau_{CR,1}$时，定理 4-5 条件满足；而当$\tau_1 > \tau_{CR,1}$时，定理 4-5 条件无法得到满足。此时，利用 LMI 求解工具，可得到自由权矩阵的唯一取值，因此在自由权矩阵方法中，这些“无意义”的矩阵总是需要求解的。同时，正是由于这些自由权矩阵的引入，在利用 LMI 求解工具进行时滞系统判稳分析时，待求变量数有所增加，从而使得方法的计算效率有所降低。

本节研究的目的是对原自由权矩阵方法所引入的自由权矩阵项逐一进行分析，将一些不是必需的自由权矩阵项剔除，以减少判据求解过程中的待求变量数，进而提高问题求解的效率。

4.3.2 改进自由权矩阵方法

首先给出双时滞系统的稳定判据，并说明方法改进的原理，最后将结果推广应用到多时滞系统。

1. 双时滞系统稳定判据

当系统含有两个时滞环节时，式（4-15）将变为

$$\dot{\boldsymbol{x}} = \boldsymbol{A}\boldsymbol{x}(t) + \boldsymbol{A}_1\boldsymbol{x}(t-\tau_1) + \boldsymbol{A}_2\boldsymbol{x}(t-\tau_2) \tag{4-50}$$

式中，$\boldsymbol{x} \in \mathbf{R}^n$为系统状态量；$\boldsymbol{x}(t-\tau_i), i=1,2$为系统时滞状态变量，$\tau_1,\tau_2>0$为时滞变量；$\boldsymbol{x}(t+\xi)=\boldsymbol{\varphi}(t,\xi), \xi\in[-\tau_{\max},0), \tau_{\max}=\max(\tau_1,\tau_2)$给出了系统在$[-\tau_{\max},0)$区间上的历史轨迹。

如下定理 4-6 和定理 4-7 分别给出了式（4-50）所描述系统渐近稳定的两个条件。

定理 4-6（双时滞系统自由权矩阵判据） 对于式（4-50）所描述的线性双时滞系统，当$\tau_i \geqslant 0 (i=1,2)$时，若存在对称正定矩阵$\boldsymbol{P}=\boldsymbol{P}^{\mathrm{T}}>0$和$\boldsymbol{Q}_i=\boldsymbol{Q}_i^{\mathrm{T}}>0 (i=1,2)$，对

称半正定矩阵 $\boldsymbol{W}_i=\boldsymbol{W}_i^{\mathrm{T}}\geqslant 0,\boldsymbol{X}_{ii}=\boldsymbol{X}_{ii}^{\mathrm{T}}\geqslant 0,\boldsymbol{Y}_{ii}=\boldsymbol{Y}_{ii}^{\mathrm{T}}\geqslant 0,\boldsymbol{Z}_{ii}=\boldsymbol{Z}_{ii}^{\mathrm{T}}\geqslant 0(i=1,2,3)$，以及任意矩阵 $\boldsymbol{N}_i,\boldsymbol{S}_i,\boldsymbol{T}_i,(i=1,2,3)$ 和 $\boldsymbol{X}_{ij},\boldsymbol{Y}_{ij},\boldsymbol{Z}_{ij},(1\leqslant i<j\leqslant 3)$，且满足如下条件，则该系统是渐近稳定的。

$$\bar{\varphi}=\begin{bmatrix}\varphi_{11} & \varphi_{12} & \varphi_{13}\\ \varphi_{12}^{\mathrm{T}} & \varphi_{22} & \varphi_{23}\\ \varphi_{13}^{\mathrm{T}} & \varphi_{23}^{\mathrm{T}} & \varphi_{33}\end{bmatrix}<0 \tag{4-51}$$

$$\bar{\psi}_1=\begin{bmatrix}\boldsymbol{X}_{11} & \boldsymbol{X}_{12} & \boldsymbol{X}_{13} & \boldsymbol{N}_1\\ \boldsymbol{X}_{12}^{\mathrm{T}} & \boldsymbol{X}_{22} & \boldsymbol{X}_{23} & \boldsymbol{N}_2\\ \boldsymbol{X}_{13}^{\mathrm{T}} & \boldsymbol{X}_{23}^{\mathrm{T}} & \boldsymbol{X}_{33} & \boldsymbol{N}_3\\ \boldsymbol{N}_1^{\mathrm{T}} & \boldsymbol{N}_2^{\mathrm{T}} & \boldsymbol{N}_3^{\mathrm{T}} & \boldsymbol{W}_1\end{bmatrix}\geqslant 0 \tag{4-52}$$

$$\bar{\psi}_2=\begin{bmatrix}\boldsymbol{Y}_{11} & \boldsymbol{Y}_{12} & \boldsymbol{Y}_{13} & \boldsymbol{S}_1\\ \boldsymbol{Y}_{12}^{\mathrm{T}} & \boldsymbol{Y}_{22} & \boldsymbol{Y}_{23} & \boldsymbol{S}_2\\ \boldsymbol{Y}_{13}^{\mathrm{T}} & \boldsymbol{Y}_{23}^{\mathrm{T}} & \boldsymbol{Y}_{33} & \boldsymbol{S}_3\\ \boldsymbol{S}_1^{\mathrm{T}} & \boldsymbol{S}_2^{\mathrm{T}} & \boldsymbol{S}_3^{\mathrm{T}} & \boldsymbol{W}_2\end{bmatrix}\geqslant 0 \tag{4-53}$$

$$\bar{\psi}_3=\begin{bmatrix}\boldsymbol{Z}_{11} & \boldsymbol{Z}_{12} & \boldsymbol{Z}_{13} & k_\tau\boldsymbol{T}_1\\ \boldsymbol{Z}_{12}^{\mathrm{T}} & \boldsymbol{Z}_{22} & \boldsymbol{Z}_{23} & k_\tau\boldsymbol{T}_2\\ \boldsymbol{Z}_{13}^{\mathrm{T}} & \boldsymbol{Z}_{23}^{\mathrm{T}} & \boldsymbol{Z}_{33} & k_\tau\boldsymbol{T}_3\\ k_\tau\boldsymbol{T}_1^{\mathrm{T}} & k_\tau\boldsymbol{T}_2^{\mathrm{T}} & k_\tau\boldsymbol{T}_3^{\mathrm{T}} & \boldsymbol{W}_3\end{bmatrix}\geqslant 0 \tag{4-54}$$

式中

$$k_\tau=\begin{cases}1, & \tau_1\geqslant\tau_2\\ -1, & \tau_1<\tau_2\end{cases} \tag{4-55}$$

$$\begin{aligned}\varphi_{11}=&\boldsymbol{PA}+\boldsymbol{A}^{\mathrm{T}}\boldsymbol{P}+\boldsymbol{Q}_1+\boldsymbol{Q}_2+\boldsymbol{N}_1+\boldsymbol{N}_1^{\mathrm{T}}+\boldsymbol{S}_1+\boldsymbol{S}_1^{\mathrm{T}}\\ &+\boldsymbol{A}^{\mathrm{T}}\boldsymbol{HA}+\tau_1\boldsymbol{X}_{11}+\tau_2\boldsymbol{Y}_{11}+|\tau_1-\tau_2|\boldsymbol{Z}_{11}\end{aligned} \tag{4-56}$$

$$\varphi_{12}=\boldsymbol{PA}_1-\boldsymbol{N}_1+\boldsymbol{N}_2^{\mathrm{T}}+\boldsymbol{S}_2^{\mathrm{T}}-\boldsymbol{T}_1+\boldsymbol{A}^{\mathrm{T}}\boldsymbol{HA}_1+\tau_1\boldsymbol{X}_{12}+\tau_2\boldsymbol{Y}_{12}+|\tau_1-\tau_2|\boldsymbol{Z}_{12} \tag{4-57}$$

$$\varphi_{13}=\boldsymbol{PA}_2+\boldsymbol{N}_3^{\mathrm{T}}+\boldsymbol{S}_3^{\mathrm{T}}-\boldsymbol{S}_1+\boldsymbol{T}_1+\boldsymbol{A}^{\mathrm{T}}\boldsymbol{HA}_2+\tau_1\boldsymbol{X}_{13}+\tau_2\boldsymbol{Y}_{13}+|\tau_1-\tau_2|\boldsymbol{Z}_{13} \tag{4-58}$$

$$\varphi_{22}=-\boldsymbol{Q}_1-\boldsymbol{N}_2-\boldsymbol{N}_2^{\mathrm{T}}-\boldsymbol{T}_2-\boldsymbol{T}_2^{\mathrm{T}}+\boldsymbol{A}_1^{\mathrm{T}}\boldsymbol{HA}_1+\tau_1\boldsymbol{X}_{22}+\tau_2\boldsymbol{Y}_{22}+|\tau_1-\tau_2|\boldsymbol{Z}_{22} \tag{4-59}$$

$$\varphi_{23}=-\boldsymbol{N}_3^{\mathrm{T}}-\boldsymbol{S}_2+\boldsymbol{T}_2-\boldsymbol{T}_3^{\mathrm{T}}+\boldsymbol{A}_1^{\mathrm{T}}\boldsymbol{HA}_2+\tau_1\boldsymbol{X}_{23}+\tau_2\boldsymbol{Y}_{23}+|\tau_1-\tau_2|\boldsymbol{Z}_{23} \tag{4-60}$$

$$\varphi_{33}=-\boldsymbol{Q}_2-\boldsymbol{S}_3-\boldsymbol{S}_3^{\mathrm{T}}+\boldsymbol{T}_3+\boldsymbol{T}_3^{\mathrm{T}}+\boldsymbol{A}_2^{\mathrm{T}}\boldsymbol{HA}_2+\tau_1\boldsymbol{X}_{33}+\tau_2\boldsymbol{Y}_{33}+|\tau_1-\tau_2|\boldsymbol{Z}_{33} \tag{4-61}$$

$$\boldsymbol{H}=\tau_1\boldsymbol{W}_1+\tau_2\boldsymbol{W}_2+|\tau_1-\tau_2|\boldsymbol{W}_3 \tag{4-62}$$

定理 4-7（双时滞系统改进自由权矩阵判据）　对于式（4-50）所描述的线性双时滞系统，当 $\tau_i \geqslant 0(i=1,2)$ 时，若存在对称正定矩阵 $\boldsymbol{P}=\boldsymbol{P}^{\mathrm{T}}>0$ 和 $\boldsymbol{Q}_i=\boldsymbol{Q}_i^{\mathrm{T}}>0(i=1,2)$，对称半正定矩阵 $\boldsymbol{W}_i=\boldsymbol{W}_i^{\mathrm{T}}\geqslant 0, \boldsymbol{X}_{ii}=\boldsymbol{X}_{ii}^{\mathrm{T}}\geqslant 0, \boldsymbol{Y}_{ii}=\boldsymbol{Y}_{ii}^{\mathrm{T}}\geqslant 0, \boldsymbol{Z}_{ii}=\boldsymbol{Z}_{ii}^{\mathrm{T}}\geqslant 0(i=1,2,3)$，以及任意矩阵 $\boldsymbol{N}_i,\boldsymbol{S}_i,\boldsymbol{T}_i,(i=1,2)$ 和 $\boldsymbol{X}_{ij},\boldsymbol{Y}_{ij},\boldsymbol{Z}_{ij},(1\leqslant i<j\leqslant 3)$，且满足如下条件，则该系统是渐近稳定的。

$$\bar{\boldsymbol{\varphi}}=\begin{bmatrix}\boldsymbol{\varphi}_{11} & \boldsymbol{\varphi}_{12} & \boldsymbol{\varphi}_{13}\\ \boldsymbol{\varphi}_{12}^{\mathrm{T}} & \boldsymbol{\varphi}_{22} & \boldsymbol{\varphi}_{23}\\ \boldsymbol{\varphi}_{13}^{\mathrm{T}} & \boldsymbol{\varphi}_{23}^{\mathrm{T}} & \boldsymbol{\varphi}_{33}\end{bmatrix}<0 \tag{4-63}$$

$$\bar{\boldsymbol{\psi}}_1=\begin{bmatrix}\boldsymbol{X}_{11} & \boldsymbol{X}_{12} & 0 & \boldsymbol{N}_1\\ \boldsymbol{X}_{12}^{\mathrm{T}} & \boldsymbol{X}_{22} & 0 & \boldsymbol{N}_2\\ 0 & 0 & \boldsymbol{X}_{33} & 0\\ \boldsymbol{N}_1^{\mathrm{T}} & \boldsymbol{N}_2^{\mathrm{T}} & 0 & \boldsymbol{W}_1\end{bmatrix}\geqslant 0 \tag{4-64}$$

$$\bar{\boldsymbol{\psi}}_2=\begin{bmatrix}\boldsymbol{Y}_{11} & 0 & \boldsymbol{Y}_{13} & \boldsymbol{S}_1\\ 0 & \boldsymbol{Y}_{22} & 0 & 0\\ \boldsymbol{Y}_{13}^{\mathrm{T}} & 0 & \boldsymbol{Y}_{33} & \boldsymbol{S}_2\\ \boldsymbol{S}_1^{\mathrm{T}} & 0 & \boldsymbol{S}_2^{\mathrm{T}} & \boldsymbol{W}_2\end{bmatrix}\geqslant 0 \tag{4-65}$$

$$\bar{\boldsymbol{\psi}}_3=\begin{bmatrix}\boldsymbol{Z}_{11} & 0 & 0 & 0\\ 0 & \boldsymbol{Z}_{22} & \boldsymbol{Z}_{23} & k_\tau\boldsymbol{T}_1\\ 0 & \boldsymbol{Z}_{23}^{\mathrm{T}} & \boldsymbol{Z}_{33} & k_\tau\boldsymbol{T}_2\\ 0 & k_\tau\boldsymbol{T}_1^{\mathrm{T}} & k_\tau\boldsymbol{T}_2^{\mathrm{T}} & \boldsymbol{W}_3\end{bmatrix}\geqslant 0 \tag{4-66}$$

式中

$$k_\tau=\begin{cases}1, & \tau_1\geqslant\tau_2\\ -1, & \tau_1<\tau_2\end{cases} \tag{4-67}$$

$$\begin{aligned}\boldsymbol{\varphi}_{11}=&\boldsymbol{P}\boldsymbol{A}+\boldsymbol{A}^{\mathrm{T}}\boldsymbol{P}+\boldsymbol{Q}_1+\boldsymbol{Q}_2+\boldsymbol{N}_1+\boldsymbol{N}_1^{\mathrm{T}}+\boldsymbol{S}_1+\boldsymbol{S}_1^{\mathrm{T}}+\boldsymbol{A}^{\mathrm{T}}\boldsymbol{H}\boldsymbol{A}+\tau_1\boldsymbol{X}_{11}\\ &+\tau_2\boldsymbol{Y}_{11}+|\tau_1-\tau_2|\boldsymbol{Z}_{11}\end{aligned} \tag{4-68}$$

$$\boldsymbol{\varphi}_{12}=\boldsymbol{P}\boldsymbol{A}_1-\boldsymbol{N}_1+\boldsymbol{N}_2^{\mathrm{T}}+\boldsymbol{A}^{\mathrm{T}}\boldsymbol{H}\boldsymbol{A}_1+\tau_1\boldsymbol{X}_{12} \tag{4-69}$$

$$\boldsymbol{\varphi}_{13}=\boldsymbol{P}\boldsymbol{A}_2+\boldsymbol{S}_2^{\mathrm{T}}-\boldsymbol{S}_1+\boldsymbol{A}^{\mathrm{T}}\boldsymbol{H}\boldsymbol{A}_2+\tau_2\boldsymbol{Y}_{13} \tag{4-70}$$

$$\boldsymbol{\varphi}_{22}=-\boldsymbol{Q}_1-\boldsymbol{N}_2-\boldsymbol{N}_2^{\mathrm{T}}-\boldsymbol{T}_1-\boldsymbol{T}_1^{\mathrm{T}}+\boldsymbol{A}_1^{\mathrm{T}}\boldsymbol{H}\boldsymbol{A}_1+\tau_1\boldsymbol{X}_{22}+\tau_2\boldsymbol{Y}_{22}+|\tau_1-\tau_2|\boldsymbol{Z}_{22} \tag{4-71}$$

$$\boldsymbol{\varphi}_{23}=\boldsymbol{T}_1-\boldsymbol{T}_2^{\mathrm{T}}+\boldsymbol{A}_1^{\mathrm{T}}\boldsymbol{H}\boldsymbol{A}_2+|\tau_1-\tau_2|\boldsymbol{Z}_{23} \tag{4-72}$$

$$\boldsymbol{\varphi}_{33}=-\boldsymbol{Q}_2-\boldsymbol{S}_2-\boldsymbol{S}_2^{\mathrm{T}}+\boldsymbol{T}_2+\boldsymbol{T}_2^{\mathrm{T}}+\boldsymbol{A}_2^{\mathrm{T}}\boldsymbol{H}\boldsymbol{A}_2+\tau_1\boldsymbol{X}_{33}+\tau_2\boldsymbol{Y}_{33}+|\tau_1-\tau_2|\boldsymbol{Z}_{33} \tag{4-73}$$

$$\boldsymbol{H}=\tau_1\boldsymbol{W}_1+\tau_2\boldsymbol{W}_2+|\tau_1-\tau_2|\boldsymbol{W}_3 \tag{4-74}$$

对比两个定理，我们可以看出，定理 4-7 实际上是令定理 4-6 中一些自由权矩阵取零值后得到的，即认为这些矩阵无需进行求解，由于相比于定理 4-6，定理 4-7 中待求的变量数有所减少，其求解效率必然提高。后面会用具体的例子示意，上述两个定理的判稳结果是完全一样的。由于上述两个定理非常类似，这里只给出定理 4-7 的证明过程。

证明（定理 4-7）　首先考虑 $\tau_1 \geqslant \tau_2$ 的情况，并选择如下 Lyapunov-Krasovskii 泛函，即

$$V(t)=V_1(t)+V_2(t)+V_3(t) \tag{4-75}$$

式中

$$V_1(t)=\boldsymbol{x}^{\mathrm{T}}(t)\boldsymbol{P}\boldsymbol{x}(t) \tag{4-76}$$

$$V_2(t)=\int_{t-\tau_1}^{t}\boldsymbol{x}^{\mathrm{T}}(s)\boldsymbol{Q}_1\boldsymbol{x}(s)\mathrm{d}s+\int_{t-\tau_2}^{t}\boldsymbol{x}^{\mathrm{T}}(s)\boldsymbol{Q}_2\boldsymbol{x}(s)\mathrm{d}s \tag{4-77}$$

$$\begin{aligned}V_3(t)=&\int_{-\tau_1}^{0}\int_{t+\theta}^{t}\dot{\boldsymbol{x}}^{\mathrm{T}}(s)\boldsymbol{W}_1\dot{\boldsymbol{x}}(s)\mathrm{d}s\mathrm{d}\theta+\int_{-\tau_2}^{0}\int_{t+\theta}^{t}\dot{\boldsymbol{x}}^{\mathrm{T}}(s)\boldsymbol{W}_2\dot{\boldsymbol{x}}(s)\mathrm{d}s\mathrm{d}\theta\\&+\int_{-\tau_1}^{-\tau_2}\int_{t+\theta}^{t}\dot{\boldsymbol{x}}^{\mathrm{T}}(s)\boldsymbol{W}_3\dot{\boldsymbol{x}}(s)\mathrm{d}s\mathrm{d}\theta\end{aligned} \tag{4-78}$$

式中，$\boldsymbol{P}=\boldsymbol{P}^{\mathrm{T}}>0$ 和 $\boldsymbol{Q}_i=\boldsymbol{Q}_i^{\mathrm{T}}>0(i=1,2)$ 为待求对称正定矩阵；$\boldsymbol{W}_i=\boldsymbol{W}_i^{\mathrm{T}}\geqslant 0(i=1,2,3)$ 为待求的对称半正定矩阵。

下面依次求解 $V_1(t)\sim V_3(t)$ 对时间的导数，首先为 $\dot{V}_1(t)$，即

$$\dot{V}_1(t)=2\boldsymbol{x}^{\mathrm{T}}(t)\boldsymbol{P}[\boldsymbol{A}\boldsymbol{x}(t)+\boldsymbol{A}_1\boldsymbol{x}(t-\tau_1)+\boldsymbol{A}_2\boldsymbol{x}(t-\tau_2)] \tag{4-79}$$

利用牛顿-莱布尼茨公式，构造如下的恒等式，即

$$2[\boldsymbol{x}^{\mathrm{T}}(t)\boldsymbol{N}_1+\boldsymbol{x}^{\mathrm{T}}(t-\tau_1)\boldsymbol{N}_2]\times\left[\boldsymbol{x}(t)-\boldsymbol{x}(t-\tau_1)-\int_{t-\tau_1}^{t}\dot{\boldsymbol{x}}(s)\mathrm{d}s\right]=0 \tag{4-80}$$

$$2[\boldsymbol{x}^{\mathrm{T}}(t)\boldsymbol{S}_1+\boldsymbol{x}^{\mathrm{T}}(t-\tau_2)\boldsymbol{S}_2]\times\left[\boldsymbol{x}(t)-\boldsymbol{x}(t-\tau_2)-\int_{t-\tau_2}^{t}\dot{\boldsymbol{x}}(s)\mathrm{d}s\right]=0 \tag{4-81}$$

$$2[\boldsymbol{x}^{\mathrm{T}}(t-\tau_1)\boldsymbol{T}_1+\boldsymbol{x}^{\mathrm{T}}(t-\tau_2)\boldsymbol{T}_2]\times\left[\boldsymbol{x}(t-\tau_2)-\boldsymbol{x}(t-\tau_1)-\int_{t-\tau_1}^{t-\tau_2}\dot{\boldsymbol{x}}(s)\mathrm{d}s\right]=0 \tag{4-82}$$

式中，$\boldsymbol{N}_i,\boldsymbol{S}_i,\boldsymbol{T}_i(i=1,2)$ 为待求的任意矩阵。进一步，类似于式（4-46），构造如下恒等式，即

$$\begin{bmatrix}\boldsymbol{x}(t)\\\boldsymbol{x}(t-\tau_1)\\\boldsymbol{x}(t-\tau_2)\end{bmatrix}^{\mathrm{T}}\begin{bmatrix}\boldsymbol{\varLambda}_{11}&\boldsymbol{\varLambda}_{12}&\boldsymbol{\varLambda}_{13}\\\boldsymbol{\varLambda}_{12}^{\mathrm{T}}&\boldsymbol{\varLambda}_{22}&\boldsymbol{\varLambda}_{23}\\\boldsymbol{\varLambda}_{13}^{\mathrm{T}}&\boldsymbol{\varLambda}_{23}^{\mathrm{T}}&\boldsymbol{\varLambda}_{33}\end{bmatrix}\begin{bmatrix}\boldsymbol{x}(t)\\\boldsymbol{x}(t-\tau_1)\\\boldsymbol{x}(t-\tau_2)\end{bmatrix}=0 \tag{4-83}$$

式中

$$\Lambda_{11}=\tau_1(\boldsymbol{X}_{11}-\boldsymbol{X}_{11})+\tau_2(\boldsymbol{Y}_{11}-\boldsymbol{Y}_{11})+(\tau_1-\tau_2)(\boldsymbol{Z}_{11}-\boldsymbol{Z}_{11}) \tag{4-84}$$

$$\Lambda_{12}=\tau_1(\boldsymbol{X}_{12}-\boldsymbol{X}_{12}) \tag{4-85}$$

$$\Lambda_{13}=\tau_2(\boldsymbol{Y}_{13}-\boldsymbol{Y}_{13}) \tag{4-86}$$

$$\Lambda_{22}=\tau_1(\boldsymbol{X}_{22}-\boldsymbol{X}_{22})+\tau_2(\boldsymbol{Y}_{22}-\boldsymbol{Y}_{22})+(\tau_1-\tau_2)(\boldsymbol{Z}_{22}-\boldsymbol{Z}_{22}) \tag{4-87}$$

$$\Lambda_{23}=(\tau_1-\tau_2)(\boldsymbol{Z}_{23}-\boldsymbol{Z}_{23}) \tag{4-88}$$

$$\Lambda_{33}=\tau_1(\boldsymbol{X}_{33}-\boldsymbol{X}_{33})+\tau_2(\boldsymbol{Y}_{33}-\boldsymbol{Y}_{33})+(\tau_1-\tau_2)(\boldsymbol{Z}_{33}-\boldsymbol{Z}_{33}) \tag{4-89}$$

将式（4-80）～式（4-83）代入式（4-79），经同类项合并可得

$$\begin{aligned}\dot{V}_1(t)=&\boldsymbol{x}^{\mathrm{T}}(t)[\boldsymbol{PA}+\boldsymbol{A}^{\mathrm{T}}\boldsymbol{P}+\boldsymbol{N}_1+\boldsymbol{N}_1^{\mathrm{T}}+\boldsymbol{S}_1+\boldsymbol{S}_1^{\mathrm{T}}+\tau_1\boldsymbol{X}_{11}+\tau_2\boldsymbol{Y}_{11}+(\tau_1-\tau_2)\boldsymbol{Z}_{11}]\boldsymbol{x}(t)\\&+2\boldsymbol{x}^{\mathrm{T}}(t)[\boldsymbol{PA}_1-\boldsymbol{N}_1+\boldsymbol{N}_2^{\mathrm{T}}+\tau_1\boldsymbol{X}_{12}]\boldsymbol{x}(t-\tau_1)\\&+\boldsymbol{x}^{\mathrm{T}}(t-\tau_1)[-\boldsymbol{N}_2-\boldsymbol{N}_2^{\mathrm{T}}-\boldsymbol{T}_1-\boldsymbol{T}_1^{\mathrm{T}}+\tau_1\boldsymbol{X}_{22}+\tau_2\boldsymbol{Y}_{22}+(\tau_1-\tau_2)\boldsymbol{Z}_{22}]\boldsymbol{x}(t-\tau_1)\\&+\boldsymbol{x}^{\mathrm{T}}(t-\tau_2)[-\boldsymbol{S}_2-\boldsymbol{S}_2^{\mathrm{T}}+\boldsymbol{T}_2+\boldsymbol{T}_2^{\mathrm{T}}+\tau_1\boldsymbol{X}_{33}+\tau_2\boldsymbol{Y}_{33}+(\tau_1-\tau_2)\boldsymbol{Z}_{33}]\boldsymbol{x}(t-\tau_2)\\&+2\boldsymbol{x}^{\mathrm{T}}(t-\tau_1)[\boldsymbol{T}_1-\boldsymbol{T}_2^{\mathrm{T}}+(\tau_1-\tau_2)\boldsymbol{Z}_{23}]\boldsymbol{x}(t-\tau_2)\\&+2\boldsymbol{x}^{\mathrm{T}}(t)(\boldsymbol{PA}_2-\boldsymbol{S}_1+\boldsymbol{S}_2^{\mathrm{T}}+\tau_2\boldsymbol{Y}_{13})\boldsymbol{x}(t-\tau_2)\\&-\int_{t-\tau_1}^{t}[\boldsymbol{x}^{T}(t)(2\boldsymbol{N}_1)\dot{\boldsymbol{x}}(s)+\boldsymbol{x}^{\mathrm{T}}(t-\tau_1)(2\boldsymbol{N}_2)\dot{\boldsymbol{x}}(s)+\boldsymbol{x}^{\mathrm{T}}(t)(\boldsymbol{X}_{11})\boldsymbol{x}(t)\\&+\boldsymbol{x}^{\mathrm{T}}(t-\tau_1)(\boldsymbol{X}_{22})\boldsymbol{x}(t-\tau_1)+\boldsymbol{x}^{\mathrm{T}}(t-\tau_2)(\boldsymbol{X}_{33})\boldsymbol{x}(t-\tau_2)+\boldsymbol{x}^{\mathrm{T}}(t)(2\boldsymbol{X}_{12})\boldsymbol{x}(t-\tau_1)]\mathrm{d}s\\&+\boldsymbol{x}^{\mathrm{T}}(t-\tau_1)(\boldsymbol{Y}_{22})\boldsymbol{x}(t-\tau_1)+\boldsymbol{x}^{\mathrm{T}}(t-\tau_2)(\boldsymbol{Y}_{33})\boldsymbol{x}(t-\tau_2)+\boldsymbol{x}^{\mathrm{T}}(t)(2\boldsymbol{Y}_{13})\boldsymbol{x}(t-\tau_2)]\mathrm{d}s\\&-\int_{t-\tau_1}^{t-\tau_2}[\boldsymbol{x}^{\mathrm{T}}(t-\tau_1)(2\boldsymbol{T}_1)\dot{\boldsymbol{x}}(s)+\boldsymbol{x}^{\mathrm{T}}(t)(\boldsymbol{Z}_{11})\boldsymbol{x}(t)+\boldsymbol{x}^{\mathrm{T}}(t-\tau_2)(2\boldsymbol{T}_2)\dot{\boldsymbol{x}}(s)\\&+\boldsymbol{x}^{\mathrm{T}}(t-\tau_1)(\boldsymbol{Z}_{22})\boldsymbol{x}(t-\tau_1)+\boldsymbol{x}^{\mathrm{T}}(t-\tau_2)(\boldsymbol{Z}_{33})\boldsymbol{x}(t-\tau_2)\\&+\boldsymbol{x}^{\mathrm{T}}(t-\tau_1)(2\boldsymbol{Z}_{23})\boldsymbol{x}(t-\tau_2)]\mathrm{d}s\end{aligned} \tag{4-90}$$

$$\begin{aligned}\dot{V}_2(t)&=\boldsymbol{x}^{\mathrm{T}}(t)\boldsymbol{Q}_1\boldsymbol{x}(t)-\boldsymbol{x}^{\mathrm{T}}(t-\tau_1)\boldsymbol{Q}_1\boldsymbol{x}(t-\tau_1)+\boldsymbol{x}^{\mathrm{T}}(t)\boldsymbol{Q}_2\boldsymbol{x}(t)-\boldsymbol{x}^{\mathrm{T}}(t-\tau_2)\boldsymbol{Q}_2\boldsymbol{x}(t-\tau_2)\\&=\boldsymbol{x}^{\mathrm{T}}(t)[\boldsymbol{Q}_1+\boldsymbol{Q}_2]\boldsymbol{x}(t)-\boldsymbol{x}^{\mathrm{T}}(t-\tau_1)\boldsymbol{Q}_1\boldsymbol{x}(t-\tau_1)-\boldsymbol{x}^{\mathrm{T}}(t-\tau_2)\boldsymbol{Q}_2\boldsymbol{x}(t-\tau_2)\end{aligned} \tag{4-91}$$

$$\begin{aligned}\dot{V}_3(t)=&\tau_1\dot{\boldsymbol{x}}^{\mathrm{T}}(t)\boldsymbol{W}_1\dot{\boldsymbol{x}}(t)-\int_{t-\tau_1}^{t}\dot{\boldsymbol{x}}^{\mathrm{T}}(s)\boldsymbol{W}_1\dot{x}(s)\mathrm{d}s+\tau_2\dot{\boldsymbol{x}}^{\mathrm{T}}(t)\boldsymbol{W}_2\dot{\boldsymbol{x}}(t)-\int_{t-\tau_2}^{t}\dot{\boldsymbol{x}}^{\mathrm{T}}(s)\boldsymbol{W}_2\dot{\boldsymbol{x}}(s)\mathrm{d}s\\&+(\tau_1-\tau_2)\dot{\boldsymbol{x}}^{\mathrm{T}}(t)\boldsymbol{W}_3\dot{\boldsymbol{x}}(t)-\int_{t-\tau_1}^{t-\tau_2}\dot{\boldsymbol{x}}^{\mathrm{T}}(s)\boldsymbol{W}_3\dot{\boldsymbol{x}}(s)\mathrm{d}s\end{aligned} \tag{4-92}$$

与上述处理类似，将 $\dot{\boldsymbol{x}}(t)=\boldsymbol{A}\boldsymbol{x}(t)+\boldsymbol{A}_1\boldsymbol{x}(t-\tau_1)+\boldsymbol{A}_2\boldsymbol{x}(t-\tau_2)$ 代入式（4-92），并对式（4-90）～式（4-92）进行整理，同时注意到 $\int_{t-\tau}^{t}\boldsymbol{f}(t)\mathrm{d}s=\tau\boldsymbol{f}(t)$ 这一条件，经整理可得

$$\dot{V}(t)=\boldsymbol{\varepsilon}_1^{\mathrm{T}}(t)\bar{\boldsymbol{\varphi}}\boldsymbol{\varepsilon}_1(t)-\int_{t-\tau_1}^{t}\boldsymbol{\varepsilon}_2^{\mathrm{T}}(t,s)\bar{\boldsymbol{\psi}}_1\boldsymbol{\varepsilon}_2(t,s)\mathrm{d}s$$
$$-\int_{t-\tau_2}^{t}\boldsymbol{\varepsilon}_2^{\mathrm{T}}(t,s)\bar{\boldsymbol{\psi}}_2\boldsymbol{\varepsilon}_2(t,s)\mathrm{d}s-\int_{t-\tau_1}^{t-\tau_2}\boldsymbol{\varepsilon}_2^{\mathrm{T}}(t,s)\bar{\boldsymbol{\psi}}_3\boldsymbol{\varepsilon}_2(t,s)\mathrm{d}s \tag{4-93}$$

式中，$\boldsymbol{\varepsilon}_1(t)=[\boldsymbol{x}^{\mathrm{T}}(t),\boldsymbol{x}^{\mathrm{T}}(t-\tau_1),\boldsymbol{x}^{\mathrm{T}}(t-\tau_2)]^{\mathrm{T}}$；$\boldsymbol{\varepsilon}_2(t,s)=[\boldsymbol{\varepsilon}_1^{\mathrm{T}}(t),\dot{\boldsymbol{x}}^{\mathrm{T}}(s)]^{\mathrm{T}}$；$\bar{\boldsymbol{\varphi}},\bar{\boldsymbol{\psi}}_1,\bar{\boldsymbol{\psi}}_2,\bar{\boldsymbol{\psi}}_3$ 由式（4-63）～式（4-66）给出定义。

不难看出，若定理 4-7 所给条件满足，则对于任意的 $\boldsymbol{\varepsilon}_1(t)\neq 0$ 总有 $\dot{V}(t)<0$，根据 Lyapunov 稳定性理论可知，此时由式（4-50）所描述的时滞系统是渐近稳定的。

对于 $\tau_1<\tau_2$ 的情况，所用 Lyapunov 泛函需改为如下形式，即

$$V(t)=\boldsymbol{x}^{\mathrm{T}}(t)\boldsymbol{P}\boldsymbol{x}(t)+\int_{t-\tau_1}^{t}\boldsymbol{x}^{\mathrm{T}}(s)\boldsymbol{Q}_1\boldsymbol{x}(s)\mathrm{d}s+\int_{t-\tau_2}^{t}\boldsymbol{x}^{\mathrm{T}}(s)\boldsymbol{Q}_2\boldsymbol{x}(s)\mathrm{d}s$$
$$+\int_{-\tau_1}^{0}\int_{t+\theta}^{t}\dot{\boldsymbol{x}}^{\mathrm{T}}(s)\boldsymbol{W}_1\dot{\boldsymbol{x}}(s)\mathrm{d}s\mathrm{d}\theta+\int_{-\tau_2}^{0}\int_{t+\theta}^{t}\dot{\boldsymbol{x}}^{\mathrm{T}}(s)\boldsymbol{W}_2\dot{\boldsymbol{x}}(s)\mathrm{d}s\mathrm{d}\theta$$
$$+\int_{-\tau_2}^{-\tau_1}\int_{t+\theta}^{t}\dot{\boldsymbol{x}}^{\mathrm{T}}(s)\boldsymbol{W}_3\dot{\boldsymbol{x}}(s)\mathrm{d}s\mathrm{d}\theta \tag{4-94}$$

具体稳定判据的推导过程与 $\tau_1\geqslant\tau_2$ 类似，不再赘述。将 $\tau_1\geqslant\tau_2$ 和 $\tau_1<\tau_2$ 两种情况下的判据进行整合，可得定理 4-7 所示结果，为此定理得证。

2. *方法改进原理讨论*

通过对比定理 4-6 和定理 4-7 可以看出，只需令定理 4-6 的变量按如下方式取值，所得结果即为定理 4-7。

$$\boldsymbol{X}_{13}=\boldsymbol{X}_{23}=\boldsymbol{Y}_{12}=\boldsymbol{Y}_{23}=\boldsymbol{Z}_{12}=\boldsymbol{Z}_{13}=\boldsymbol{0} \tag{4-95}$$

$$\boldsymbol{N}_3=\boldsymbol{0} \tag{4-96}$$

$$\boldsymbol{S}_2=\boldsymbol{0},\quad \boldsymbol{S}_2\Leftarrow\boldsymbol{S}_3 \tag{4-97}$$

$$\boldsymbol{T}_1=\boldsymbol{0},\quad \boldsymbol{T}_2\Leftarrow\boldsymbol{T}_3,\quad \boldsymbol{T}_1\Leftarrow\boldsymbol{T}_2 \tag{4-98}$$

式（4-97）的含义为，将定理 4-6 中 $\boldsymbol{S}_2$ 取零，而将原 $\boldsymbol{S}_3$ 矩阵重新命名为 $\boldsymbol{S}_2$；类似地，式（4-98）的含义为，将定理 4-6 中 $\boldsymbol{T}_1$ 取零，而将原 $\boldsymbol{T}_3,\boldsymbol{T}_2$ 矩阵重新命名为 $\boldsymbol{T}_2,\boldsymbol{T}_1$。

为什么定理 4-6 中的部分待求变量可以取零值呢？我们将从自由权矩阵引入的初衷来进行分析。众所周知，基于 Lyapunov 稳定性理论的时滞系统稳定判据均存在一定的保守性，而这种保守性的两类重要诱因：一类是由 Lyapunov 理论本身引起的，这主要是因为 Lyapunov 判据只给出时滞系统稳定的充分条件，而非必要条件，这类保守性只能通过寻求更优的 Lyapunov（泛）函数来降低；另一类是由在稳定判据推导过程中引入一些放大操作引起的，这类保守性则可通过选择更好的放大操作加以降低。自由权矩阵方法由于在稳定判据推导中，通过引入不同的自由权矩阵，完全避免了判据推导过程中的放大操作，使第二类保守性大为降低。

在含有 k 个时滞环节的系统中，所引入的自由权矩阵，可看成建立起了 $\boldsymbol{x}(t)$, $\boldsymbol{x}(t-\tau_i),\int_{t-\tau_i}^{t}\dot{\boldsymbol{x}}(s)\mathrm{d}s,\int_{t-\tau_i}^{t-\tau_j}\dot{\boldsymbol{x}}(s)\mathrm{d}s,0\leqslant i<j\leqslant k$ 等项间的联系。引入的途径又分为两类。

（1）通过牛顿-莱布尼茨公式引入，即在牛顿-莱布尼茨恒等变换式中乘以一些自由权矩阵，如式（4-45）及式（4-80）～式（4-82）所示。

（2）通过恒为零的关联矩阵引入，即通过 $\sum_{i}^{k}\tau_i(\boldsymbol{X}_{il}-\boldsymbol{X}_{il})+\sum_{i,j=1,i\neq j}^{k}(\tau_i-\tau_j)(\boldsymbol{Y}_{ij}-\boldsymbol{Y}_{ij})$, $l=1,2,\cdots,k$ 等形式引入，如式（4-46）和式（4-83）所示。

本章改进的目的，即是分析这两个过程中引入的这些自由权矩阵是否必要。引入的自由权矩阵在判据计算时，均需要求解，因此剔除任何不必要的自由权矩阵等效于减小判据的待求变量数。为此，仍以双时滞系统为例来进行分析。

1）通过牛顿-莱布尼茨公式引入的自由权矩阵

自由权矩阵方法通过如下三个公式，建立起 $\boldsymbol{x}(t),\boldsymbol{x}(t-\tau_i),\int_{t-\tau_i}^{t}\dot{\boldsymbol{x}}(s)\mathrm{d}s,\int_{t-\tau_i}^{t-\tau_j}\dot{\boldsymbol{x}}(s)\mathrm{d}s$, $1\leqslant i<j\leqslant 2$ 之间的关联关系。

$$2[\boldsymbol{x}^{\mathrm{T}}(t)\boldsymbol{N}_1+\boldsymbol{x}^{\mathrm{T}}(t-\tau_1)\boldsymbol{N}_2+\boldsymbol{x}^{\mathrm{T}}(t-\tau_2)\boldsymbol{N}_3]\cdot\left[\boldsymbol{x}(t)-\boldsymbol{x}(t-\tau_1)-\int_{t-\tau_1}^{t}\dot{\boldsymbol{x}}(s)\mathrm{d}s\right]=0 \tag{4-99}$$

$$2[\boldsymbol{x}^{\mathrm{T}}(t)\boldsymbol{S}_1+\boldsymbol{x}^{\mathrm{T}}(t-\tau_1)\boldsymbol{S}_2+\boldsymbol{x}^{\mathrm{T}}(t-\tau_2)\boldsymbol{S}_3]\cdot\left[\boldsymbol{x}(t)-\boldsymbol{x}(t-\tau_2)-\int_{t-\tau_2}^{t}\dot{\boldsymbol{x}}(s)\mathrm{d}s\right]=0 \tag{4-100}$$

$$2[\boldsymbol{x}^{\mathrm{T}}(t)\boldsymbol{T}_1+\boldsymbol{x}^{\mathrm{T}}(t-\tau_1)\boldsymbol{T}_2+\boldsymbol{x}^{\mathrm{T}}(t-\tau_2)\boldsymbol{T}_3]\cdot\left[\boldsymbol{x}(t-\tau_2)-\boldsymbol{x}(t-\tau_1)-\int_{t-\tau_1}^{t-\tau_2}\dot{\boldsymbol{x}}(s)\mathrm{d}s\right]=0 \tag{4-101}$$

我们仔细分析后发现，在式（4-99）的牛顿-莱布尼茨公式中，只包含了三项 $\boldsymbol{x}(t),\boldsymbol{x}(t-\tau_1),\int_{t-\tau_1}^{t}\dot{\boldsymbol{x}}(s)\mathrm{d}s$，而并未出现 $\boldsymbol{x}(t-\tau_2)$ 项，在该式中引入 $\boldsymbol{x}^{\mathrm{T}}(t-\tau_2)\boldsymbol{N}_3$ 必然是无意义的，因此可以剔除，即令 $\boldsymbol{N}_3=0$；同理，式（4-100）中的 $\boldsymbol{x}^{\mathrm{T}}(t-\tau_1)\boldsymbol{S}_2$ 项，式（4-101）中的 $\boldsymbol{x}^{\mathrm{T}}(t)\boldsymbol{T}_1$ 项与之类似，由此可令 $\boldsymbol{S}_2=0,\boldsymbol{T}_1=0$。

2）通过恒为零的关联矩阵引入的自由权矩阵

对于双时滞系统，自由权矩阵方法还通过引入如下的恒等于零的关联矩阵，来建立起 $\boldsymbol{x}(t)$, $\boldsymbol{x}(t-\tau_1)$, $\boldsymbol{x}(t-\tau_2)$ 之间的关联关系。

$$\begin{bmatrix}\boldsymbol{x}(t)\\ \boldsymbol{x}(t-\tau_1)\\ \boldsymbol{x}(t-\tau_2)\end{bmatrix}^{\mathrm{T}}\begin{bmatrix}\boldsymbol{\Lambda}_{11} & \boldsymbol{\Lambda}_{12} & \boldsymbol{\Lambda}_{13}\\ \boldsymbol{\Lambda}_{12}^{\mathrm{T}} & \boldsymbol{\Lambda}_{22} & \boldsymbol{\Lambda}_{23}\\ \boldsymbol{\Lambda}_{13}^{\mathrm{T}} & \boldsymbol{\Lambda}_{23}^{\mathrm{T}} & \boldsymbol{\Lambda}_{33}\end{bmatrix}\begin{bmatrix}\boldsymbol{x}(t)\\ \boldsymbol{x}(t-\tau_1)\\ \boldsymbol{x}(t-\tau_2)\end{bmatrix}=0 \tag{4-102}$$

式中

$$\boldsymbol{\Lambda}_{ij}=\tau_1(\boldsymbol{X}'_{ij}-\boldsymbol{X}'_{ij})+\tau_2(\boldsymbol{Y}'_{ij}-\boldsymbol{Y}'_{ij})+(\tau_1-\tau_2)(\boldsymbol{Z}'_{ij}-\boldsymbol{Z}'_{ij}),\quad 1\leqslant i\leqslant j\leqslant 3 \tag{4-103}$$

由自由权判据的推导过程可知，式（4-102）中的 $\boldsymbol{X}'_{ii},\boldsymbol{Y}'_{ii},\boldsymbol{Z}'_{ii}(i=1,2,3)$ 将出现在判据 $\bar{\psi}_i(i=1,2,3)$ 矩阵的主对角元上，剔除后会引起这些矩阵的奇异，无法保证其半正定性，因此必须予以保留。而对于 $\boldsymbol{X}'_{ij},\boldsymbol{Y}'_{ij},\boldsymbol{Z}'_{ij}(i\neq j)$ 这些项目，是否必要，我们以 $\boldsymbol{\Lambda}_{12}$ 为例加以分析。根据式（4-103）可得其表达式为

$$\boldsymbol{\Lambda}_{12}=\tau_1(\boldsymbol{X}'_{12}-\boldsymbol{X}'_{12})+\tau_2(\boldsymbol{Y}'_{12}-\boldsymbol{Y}'_{12})+(\tau_1-\tau_2)(\boldsymbol{Z}'_{12}-\boldsymbol{Z}'_{12}) \tag{4-104}$$

再由式（4-102）可知，$\boldsymbol{\Lambda}_{12}$ 的引入意在建立 $\boldsymbol{x}(t),\ \boldsymbol{x}(t-\tau_1)$ 间的关联关系，这就使得式（4-104）中与 τ_2 相关的项没有必要，为此将式（4-104）作如下变形，即

$$\boldsymbol{\Lambda}_{12}=\tau_1[(\boldsymbol{X}'_{12}-\boldsymbol{X}'_{12})+(\boldsymbol{Z}'_{12}-\boldsymbol{Z}'_{12})]+\tau_2[(\boldsymbol{Y}'_{12}-\boldsymbol{Y}'_{12})-(\boldsymbol{Z}'_{12}-\boldsymbol{Z}'_{12})] \tag{4-105}$$

则式（4-105）中的第二项，由于与 $\boldsymbol{x}(t),\ \boldsymbol{x}(t-\tau_1)$ 无关可以剔除；进一步，引入新变量：$\boldsymbol{X}_{12}=\boldsymbol{X}'_{12}+\boldsymbol{Z}'_{12}$，代入式（4-105）可得

$$\boldsymbol{\Lambda}_{12}=\tau_1(\boldsymbol{X}_{12}-\boldsymbol{X}_{12}) \tag{4-106}$$

对比式（4-106）和式（4-104）不难看出，剔除与 $\boldsymbol{x}(t),\ \boldsymbol{x}(t-\tau_1)$ 无关的项，等效于假设原判据中 $\boldsymbol{Y}'_{12}=0,\boldsymbol{Z}'_{12}=0$。类似地，通过 $\boldsymbol{\Lambda}_{13}$ 可剔除与 $\boldsymbol{x}(t),\ \boldsymbol{x}(t-\tau_2)$ 无关的项，即令 $\boldsymbol{X}'_{13}=0,\boldsymbol{Z}'_{13}=0$；通过 $\boldsymbol{\Lambda}_{23}$ 可剔除与 $\boldsymbol{x}(t-\tau_1),\ \boldsymbol{x}(t-\tau_2)$ 无关的项，即令 $\boldsymbol{X}'_{23}=0,\boldsymbol{Y}'_{23}=0$。

将上述两个过程加以综合，再考虑在新判据中自由权矩阵的编号规则，就不难得出式（4-95）～式（4-98）的结果以及定理 4-7 的判据条件。

通过上述分析不难看到，在改进的时滞稳定判据中，矩阵 $\boldsymbol{Y}'_{12},\boldsymbol{Z}'_{12},\boldsymbol{X}'_{13},\boldsymbol{Z}'_{13},\boldsymbol{X}'_{23},$ $\boldsymbol{Y}'_{23},\boldsymbol{N}_3,\boldsymbol{S}_2,\boldsymbol{T}_1$ 直接取零值，不需要在判稳过程中进行求解，显然判据待求解的变量数目减少了，从而使其求解效率得以提高。

3. 多时滞系统的判据

采用与双时滞系统类似的处理过程，可在原有自由权矩阵判据的基础上，得到适用于多时滞情形的改进稳定判据，改进前后两种判据分别由如下定理 4-8 和定理 4-9 给出。同时为叙述方便，对于式（4-15）所示的含有 k 个时滞环节的系统，假设其时滞常数满足

$$0=\tau_0\leqslant\tau_1\leqslant\tau_2\leqslant\cdots\leqslant\tau_k \tag{4-107}$$

定理 4-8（多时滞系统自由权矩阵判据）　对于式（4-15）所示多时滞系统，当其时滞常数满足式（4-107）且如下条件得到满足时，该系统渐近稳定：存在正定对称矩阵 $\boldsymbol{P}=\boldsymbol{P}^{\mathrm{T}}>0$ 和 $\boldsymbol{Q}_i=\boldsymbol{Q}_i^{\mathrm{T}}>0(i=1,2,\cdots,k)$；对称半正定 $\boldsymbol{W}_{i,j}=[\boldsymbol{W}_{i,j}]^{\mathrm{T}}\geqslant 0$ 和对称矩阵 $\boldsymbol{X}_{i,j}\ (0\leqslant i<j\leqslant k)$，其中

$$\boldsymbol{X}_{i,j}=\begin{bmatrix}\boldsymbol{X}_{1,1}^{i,j} & \boldsymbol{X}_{1,2}^{i,j} & \cdots & \boldsymbol{X}_{1,k}^{i,j} & \boldsymbol{X}_{1,k+1}^{i,j}\\(\boldsymbol{X}_{1,2}^{i,j})^{\mathrm{T}} & \boldsymbol{X}_{2,2}^{i,j} & \cdots & \boldsymbol{X}_{2,k}^{i,j} & \boldsymbol{X}_{2,k+1}^{i,j}\\\vdots & \vdots & & \vdots & \vdots\\(\boldsymbol{X}_{1,k}^{i,j})^{\mathrm{T}} & (\boldsymbol{X}_{2,k}^{i,j})^{\mathrm{T}} & \cdots & \boldsymbol{X}_{k,k}^{i,j} & \boldsymbol{X}_{k,k+1}^{i,j}\\(\boldsymbol{X}_{1,k+1}^{i,j})^{\mathrm{T}} & (\boldsymbol{X}_{2,k+1}^{i,j})^{\mathrm{T}} & \cdots & (\boldsymbol{X}_{k,k+1}^{i,j})^{\mathrm{T}} & \boldsymbol{X}_{k+1,k+1}^{i,j}\end{bmatrix} \tag{4-108}$$

以及任意矩阵 $\boldsymbol{N}_l^{i,j}(l=1,2,\cdots,k+1;\ 0\leqslant i<j\leqslant k)$ 满足以下线性矩阵不等式，即

$$\boldsymbol{H}=\begin{bmatrix}\boldsymbol{H}_{1,1} & \boldsymbol{H}_{1,2} & \cdots & \boldsymbol{H}_{1,k} & \boldsymbol{H}_{1,k+1}\\\boldsymbol{H}_{1,2}^{\mathrm{T}} & \boldsymbol{H}_{2,2} & \cdots & \boldsymbol{H}_{2,k} & \boldsymbol{H}_{2,k+1}\\\vdots & \vdots & & \vdots & \vdots\\\boldsymbol{H}_{1,k}^{\mathrm{T}} & \boldsymbol{H}_{2,k}^{\mathrm{T}} & \cdots & \boldsymbol{H}_{k,k} & \boldsymbol{H}_{k,k+1}\\\boldsymbol{H}_{1,k+1}^{\mathrm{T}} & \boldsymbol{H}_{2,k+1}^{\mathrm{T}} & \cdots & \boldsymbol{H}_{k,k+1}^{\mathrm{T}} & \boldsymbol{H}_{k+1,k+1}\end{bmatrix}<0 \tag{4-109}$$

$$\boldsymbol{M}_{i,j}=\begin{bmatrix}\boldsymbol{X}_{1,1}^{i,j} & \boldsymbol{X}_{1,2}^{i,j} & \cdots & \boldsymbol{X}_{1,k+1}^{i,j} & \boldsymbol{N}_1^{i,j}\\[\boldsymbol{X}_{1,2}^{i,j}]^{\mathrm{T}} & \boldsymbol{X}_{2,2}^{i,j} & \cdots & \boldsymbol{X}_{2,k+1}^{i,j} & \boldsymbol{N}_2^{i,j}\\\vdots & \vdots & & \vdots & \vdots\\[\boldsymbol{X}_{1,k+1}^{i,j}]^{\mathrm{T}} & [\boldsymbol{X}_{2,k+1}^{i,j}]^{\mathrm{T}} & \cdots & \boldsymbol{X}_{k+1,k+1}^{i,j} & \boldsymbol{N}_{k+1}^{i,j}\\[\boldsymbol{N}_1^{i,j}]^{\mathrm{T}} & [\boldsymbol{N}_2^{i,j}]^{\mathrm{T}} & \cdots & [\boldsymbol{N}_{k+1}^{i,j}]^{\mathrm{T}} & \boldsymbol{W}_{i,j}\end{bmatrix}\geqslant 0,\quad 0\leqslant i<j\leqslant k \tag{4-110}$$

式中

$$\begin{aligned}\boldsymbol{H}_{1,1}=&\sum_{i=0}^{k-1}\sum_{l=i+1}^{k}(\tau_l-\tau_i)\boldsymbol{A}^{\mathrm{T}}\boldsymbol{W}_{i,l}\boldsymbol{A}+\left(\sum_{i=1}^{k}\boldsymbol{N}_1^{0,i}\right)^{\mathrm{T}}+\sum_{i=0}^{k-1}\sum_{l=i+1}^{k}(\tau_l-\tau_i)\boldsymbol{X}_{1,1}^{i,l}\\&+\boldsymbol{P}\boldsymbol{A}+\boldsymbol{A}^{\mathrm{T}}\boldsymbol{P}+\sum_{i=1}^{k}\boldsymbol{Q}_i+\sum_{i=1}^{k}\boldsymbol{N}_1^{0,i}\end{aligned} \tag{4-111}$$

$$\begin{aligned}\boldsymbol{H}_{1,j}=&\boldsymbol{P}\boldsymbol{A}_{j-1}+\sum_{i=0}^{k-1}\sum_{l=i+1}^{k}(\tau_l-\tau_i)[\boldsymbol{A}^{\mathrm{T}}\boldsymbol{W}_{i,l}\boldsymbol{A}_{j-1}+\boldsymbol{X}_{1,j}^{i,l}]+\sum_{i=j}^{k}\boldsymbol{N}_1^{j-1,i}-\sum_{i=0}^{j-2}\boldsymbol{N}_1^{i,j-1}\\&+\left(\sum_{i=1}^{k}\boldsymbol{N}_j^{0,i}\right)^{\mathrm{T}},\quad j=2,3,\cdots,k\end{aligned} \tag{4-112}$$

$$\boldsymbol{H}_{1,k+1}=\boldsymbol{P}\boldsymbol{A}_k+\sum_{i=0}^{k-1}\sum_{l=i+1}^{k}(\tau_l-\tau_i)[\boldsymbol{A}^{\mathrm{T}}\boldsymbol{W}_{i,l}\boldsymbol{A}_k+\boldsymbol{X}_{1,k+1}^{i,l}]-\sum_{i=0}^{k-1}\boldsymbol{N}_1^{i,k}+\left(\sum_{i=1}^{k}\boldsymbol{N}_{k+1}^{0,i}\right)^{\mathrm{T}} \tag{4-113}$$

$$\begin{aligned}\boldsymbol{H}_{i,i}=&-\boldsymbol{Q}_{i-1}+\sum_{p=0}^{k-1}\sum_{l=p+1}^{k}(\tau_l-\tau_p)[\boldsymbol{A}_{i-1}^{\mathrm{T}}\boldsymbol{W}_{p,l}\boldsymbol{A}_{i-1}+\boldsymbol{X}_{i,i}^{p,l}]+\sum_{p=i}^{k}\boldsymbol{N}_i^{i-1,p}-\sum_{p=0}^{i-2}\boldsymbol{N}_i^{p,i-1}\\&+\left(\sum_{p=i}^{k}\boldsymbol{N}_i^{i-1,p}\right)^{\mathrm{T}}-\left(\sum_{p=0}^{i-2}\boldsymbol{N}_i^{p,i-1}\right)^{\mathrm{T}},\quad i=2,3,\cdots,k\end{aligned} \tag{4-114}$$

$$\boldsymbol{H}_{i,j}=\sum_{p=0}^{k-1}\sum_{l=p+1}^{k}(\tau_l-\tau_p)[\boldsymbol{A}_{i-1}^{\mathrm{T}}\boldsymbol{W}_{p,l}\boldsymbol{A}_{j-1}+\boldsymbol{X}_{i,j}^{p,l}]-\sum_{p=0}^{j-2}\boldsymbol{N}_i^{p,j-1}+\left(\sum_{p=i}^{k}\boldsymbol{N}_j^{i-1,p}\right)^{\mathrm{T}}+\sum_{p=j}^{k}\boldsymbol{N}_i^{j-1,p}$$
$$-\left(\sum_{p=0}^{i-2}\boldsymbol{N}_j^{p,i-1}\right)^{\mathrm{T}},\quad i=2,3,\cdots,k-1;\quad j=i+1,i+2,\cdots,k \tag{4-115}$$

$$\boldsymbol{H}_{i,k+1}=\sum_{p=0}^{k-1}\sum_{l=p+1}^{k}(\tau_l-\tau_p)[\boldsymbol{A}_{i-1}^{\mathrm{T}}\boldsymbol{W}_{p,l}\boldsymbol{A}_k+\boldsymbol{X}_{i,k+1}^{p,l}]-\sum_{p=0}^{k-1}\boldsymbol{N}_i^{p,k}+\left(\sum_{p=i}^{k}\boldsymbol{N}_{k+1}^{i-1,p}\right)^{\mathrm{T}}$$
$$-\left(\sum_{p=0}^{i-2}\boldsymbol{N}_{k+1}^{p,i-1}\right)^{\mathrm{T}},\quad i=2,3,\cdots,k \tag{4-116}$$

$$\boldsymbol{H}_{k+1,k+1}=-\sum_{p=0}^{k-1}\boldsymbol{N}_{k+1}^{p,k}-\left(\sum_{p=0}^{k-1}\boldsymbol{N}_{k+1}^{p,k}\right)^{\mathrm{T}}+\sum_{p=0}^{k-1}\sum_{l=p+1}^{k}(\tau_l-\tau_p)[\boldsymbol{A}_k^{\mathrm{T}}\boldsymbol{W}_{p,l}\boldsymbol{A}_k+\boldsymbol{X}_{k+1,k+1}^{p,l}]-\boldsymbol{Q}_k \tag{4-117}$$

定理 4-9（多时滞系统改进自由权矩阵判据）　对于式（4-15）所示的多时滞系统，当其时滞常数满足式（4-107）且如下条件得到满足时，该系统渐近稳定：存在正定对称矩阵 $\boldsymbol{P}=\boldsymbol{P}^{\mathrm{T}}>0$ 和 $\boldsymbol{Q}_i=\boldsymbol{Q}_i^{\mathrm{T}}>0(i=1,2,\cdots,k)$；对称半正定 $\boldsymbol{W}_{i,j}=[\boldsymbol{W}_{i,j}]^{\mathrm{T}}\geqslant 0$ 和对称矩阵 $\boldsymbol{X}_{i,j}\ (0\leqslant i<j\leqslant k)$，其中

$$\boldsymbol{X}_{i,j}=\begin{bmatrix}\boldsymbol{X}_{1,1}^{i,j} & \boldsymbol{X}_{1,2}^{i,j} & \cdots & \boldsymbol{X}_{1,k}^{i,j} & \boldsymbol{X}_{1,k+1}^{i,j}\\(\boldsymbol{X}_{1,2}^{i,j})^{\mathrm{T}} & \boldsymbol{X}_{2,2}^{i,j} & \cdots & \boldsymbol{X}_{2,k}^{i,j} & \boldsymbol{X}_{2,k+1}^{i,j}\\\vdots & \vdots & & \vdots & \vdots\\(\boldsymbol{X}_{1,k}^{i,j})^{\mathrm{T}} & (\boldsymbol{X}_{2,k}^{i,j})^{\mathrm{T}} & \cdots & \boldsymbol{X}_{k,k}^{i,j} & \boldsymbol{X}_{k,k+1}^{i,j}\\(\boldsymbol{X}_{1,k+1}^{i,j})^{\mathrm{T}} & (\boldsymbol{X}_{2,k+1}^{i,j})^{\mathrm{T}} & \cdots & (\boldsymbol{X}_{k,k+1}^{i,j})^{\mathrm{T}} & \boldsymbol{X}_{k+1,k+1}^{i,j}\end{bmatrix} \tag{4-118}$$

且满足

$$\boldsymbol{X}_{p,l}^{i,j}=\boldsymbol{0},\quad p\neq i+1,\quad 1\leqslant p<l\leqslant k+1 \tag{4-119}$$

$$\boldsymbol{X}_{i+1,l}^{i,j}=\boldsymbol{0},\quad l\neq j+1,\quad i+1<l\leqslant k+1 \tag{4-120}$$

以及任意矩阵 $\boldsymbol{N}_i^{i,j},\boldsymbol{N}_j^{i,j}\,(0\leqslant i<j\leqslant k)$ 满足以下线性矩阵不等式，即

$$\boldsymbol{H}=\begin{bmatrix}\boldsymbol{H}_{1,1} & \boldsymbol{H}_{1,2} & \cdots & \boldsymbol{H}_{1,k} & \boldsymbol{H}_{1,k+1}\\\boldsymbol{H}_{1,2}^{\mathrm{T}} & \boldsymbol{H}_{2,2} & \cdots & \boldsymbol{H}_{2,k} & \boldsymbol{H}_{2,k+1}\\\vdots & \vdots & & \vdots & \vdots\\\boldsymbol{H}_{1,k}^{\mathrm{T}} & \boldsymbol{H}_{2,k}^{\mathrm{T}} & \cdots & \boldsymbol{H}_{k,k} & \boldsymbol{H}_{k,k+1}\\\boldsymbol{H}_{1,k+1}^{\mathrm{T}} & \boldsymbol{H}_{2,k+1}^{\mathrm{T}} & \cdots & \boldsymbol{H}_{k,k+1}^{\mathrm{T}} & \boldsymbol{H}_{k+1,k+1}\end{bmatrix}<0 \tag{4-121}$$

$$\boldsymbol{M}_{i,j}=\begin{bmatrix}\boldsymbol{M}_{1,1}^{i,j} & \boldsymbol{M}_{1,2}^{i,j} & \cdots & \boldsymbol{M}_{1,k+1}^{i,j} & \boldsymbol{M}_{1,k+2}^{i,j}\\ [\boldsymbol{M}_{1,2}^{i,j}]^{\mathrm{T}} & \boldsymbol{M}_{2,2}^{i,j} & \cdots & \boldsymbol{M}_{2,k+1}^{i,j} & \boldsymbol{M}_{2,k+2}^{i,j}\\ \vdots & \vdots & & \vdots & \vdots\\ [\boldsymbol{M}_{1,k+1}^{i,j}]^{\mathrm{T}} & [\boldsymbol{M}_{2,k+1}^{i,j}]^{\mathrm{T}} & \cdots & \boldsymbol{M}_{k+1,k+1}^{i,j} & \boldsymbol{M}_{k+1,k+2}^{i,j}\\ [\boldsymbol{M}_{1,k+2}^{i,j}]^{\mathrm{T}} & [\boldsymbol{M}_{2,k+2}^{i,j}]^{\mathrm{T}} & \cdots & [\boldsymbol{M}_{k+1,k+2}^{i,j}]^{\mathrm{T}} & \boldsymbol{M}_{k+2,k+2}^{i,j}\end{bmatrix}\geqslant 0,\quad 0\leqslant i<j\leqslant k \tag{4-122}$$

式中

$$\boldsymbol{H}_{1,1}=\sum_{i=0}^{k-1}\sum_{l=i+1}^{k}(\tau_l-\tau_i)[\boldsymbol{A}^{\mathrm{T}}\boldsymbol{W}_{i,l}\boldsymbol{A}+\boldsymbol{X}_{1,1}^{i,l}]+\left(\sum_{i=1}^{k}\boldsymbol{N}_0^{0,i}\right)^{\mathrm{T}}+\boldsymbol{PA}+\boldsymbol{A}^{\mathrm{T}}\boldsymbol{P}+\sum_{i=1}^{k}\boldsymbol{Q}_i+\sum_{i=1}^{k}\boldsymbol{N}_0^{0,i} \tag{4-123}$$

$$\boldsymbol{H}_{1,j}=\boldsymbol{PA}_{j-1}+\sum_{i=0}^{k-1}\sum_{l=i+1}^{k}(\tau_l-\tau_i)\,\boldsymbol{A}^{\mathrm{T}}\boldsymbol{W}_{i,l}\boldsymbol{A}_{j-1}+\tau_{j-1}\boldsymbol{X}_{1,j}^{0,j-1}-\boldsymbol{N}_0^{0,j-1}+(\boldsymbol{N}_{j-1}^{0,j-1})^{\mathrm{T}},\quad j=2,3,\cdots,k+1 \tag{4-124}$$

$$\boldsymbol{H}_{i,i}=-\boldsymbol{Q}_{i-1}+\sum_{p=0}^{k-1}\sum_{l=p+1}^{k}(\tau_l-\tau_p)[\boldsymbol{A}_{i-1}^{\mathrm{T}}\boldsymbol{W}_{p,l}\boldsymbol{A}_{i-1}+\boldsymbol{X}_{i,i}^{p,l}]+\sum_{p=i}^{k}\boldsymbol{N}_{i-1}^{i-1,p}-\sum_{p=0}^{i-2}\boldsymbol{N}_{i-1}^{p,i-1}+\left(\sum_{p=i}^{k}\boldsymbol{N}_{i-1}^{i-1,p}\right)^{\mathrm{T}}-\left(\sum_{p=0}^{i-2}\boldsymbol{N}_{i-1}^{p,i-1}\right)^{\mathrm{T}},\quad i=2,3,\cdots,k \tag{4-125}$$

$$\boldsymbol{H}_{i,j}=\sum_{p=0}^{k-1}\sum_{l=p+1}^{k}(\tau_l-\tau_p)\boldsymbol{A}_{i-1}^{\mathrm{T}}\boldsymbol{W}_{p,l}\boldsymbol{A}_{j-1}+(\tau_{j-1}-\tau_{i-1})\boldsymbol{X}_{i,j}^{i-1,j-1}-\boldsymbol{N}_{i-1}^{i-1,j-1}+(\boldsymbol{N}_{j-1}^{i-1,j-1})^{\mathrm{T}},\quad 2\leqslant i<j\leqslant k+1 \tag{4-126}$$

$$\boldsymbol{H}_{k+1,k+1}=-\sum_{p=0}^{k-1}\boldsymbol{N}_k^{p,k}-\left(\sum_{p=0}^{k-1}\boldsymbol{N}_k^{p,k}\right)^{\mathrm{T}}+\sum_{p=0}^{k-1}\sum_{l=p+1}^{k}(\tau_l-\tau_p)[\boldsymbol{A}_k^{\mathrm{T}}\boldsymbol{W}_{p,l}\boldsymbol{A}_k+\boldsymbol{X}_{k+1,k+1}^{p,l}]-\boldsymbol{Q}_k \tag{4-127}$$

$$\boldsymbol{M}_{p,l}^{i,j}=\boldsymbol{X}_{p,l}^{i,j},\quad 1\leqslant p\leqslant l\leqslant k+1 \tag{4-128}$$

$$\boldsymbol{M}_{l,k+2}^{i,j}=\begin{cases}\boldsymbol{N}_i^{i,j}, l=i+1\\ \boldsymbol{N}_j^{i,j}, l=j+1\\ \boldsymbol{W}_{i,j}, l=k+2\\ \boldsymbol{0}\end{cases} \tag{4-129}$$

上述两个定理的证明过程与定理 4-7 的证明过程完全类似，只是更为复杂，具体证明略去，感兴趣读者可查阅相关文献。

4. 两种判据的待求变量分析

对于式（4-15）所示系统，当状态变量维数为 n，时滞变量数为 k 时，下面分析定理 4-8 和定理 4-9 各自的待求变量情况。

定理 4-8 的待求变量中，包括了 $0.5k^3+1.5k^2+2k+1$ 个待求的对称矩阵（元素数为 $n\times n$，下同），$0.25k^4+k^3+1.25k^2+0.5k$ 个常数矩阵，经简单计算不难得到，定理 4-8 的全部待求变量数为

$$K_1 = K_{11}n^2 + K_{12}n \tag{4-130}$$

式中

$$K_{11} = 0.25k^4 + 1.25k^3 + 2k^2 + 1.5k + 0.5 \tag{4-131}$$

$$K_{12} = 0.25k^3 + 0.75k^2 + k + 0.5 \tag{4-132}$$

定理 4-9 的待求变量中，同样包括了 $0.5k^3+1.5k^2+2k+1$ 个待求的对称矩阵，$1.5k^2+1.5k$ 个常数矩阵，经简单计算不难得到，定理 4-8 的整个待求变量数为

$$K_2 = K_{21}n^2 + K_{22}n \tag{4-133}$$

式中

$$K_{21} = 0.25k^3 + 2.25k^2 + 2.5k + 0.5 \tag{4-134}$$

$$K_{22} = 0.25k^3 + 0.75k^2 + k + 0.5 \tag{4-135}$$

将式（4-130）和式（4-133）简单相减，不难得到由定理 4-9 得到的改进稳定判据，较原判据减小的待求变量数为

$$\Delta K = K_1 - K_2 = (0.25k^4 + k^3 - 0.25k^2 - k)n^2 \tag{4-136}$$

表 4-1 给出了当 n,k 取不同值时，新判据较老判据减少的待求变量数，从中可以看出如下两点规律。

表 4-1　不同情况下减少的待求变量数

k \ n	1	2	3	4	5	6	7	8	9	10
0	0	0	0	0	0	0	0	0	0	0
1	0	0	0	0	0	0	0	0	0	0
2	9	36	81	144	225	324	441	576	729	900
3	42	168	378	672	1050	1512	2058	2688	3402	4200
4	120	480	1080	1920	3000	4320	5880	7680	9720	12000
5	270	1080	2430	4320	6750	9720	13230	17280	21870	27000
6	525	2100	4725	8400	13125	18900	25725	33600	42525	52500
7	924	3696	8316	14784	23100	33264	45276	59136	74844	92400
8	1512	6048	13608	24192	37800	54432	74088	96768	122472	151200

（1）当$k=1$时，两种判据待求变量数相同，其原因可从上面冗余变量剔除原理找到答案。

（2）当n,k的数值增大时，新判据较老判据的待求变量数大大减少，因此在相同计算条件下，新判据一定具有更高的计算效率。这一点，本节还将在后续的算例验证环节加以示意。

4.3.3　时滞稳定裕度求解

一旦得到时滞稳定判据后，即可采用下面所给的二分法求解过程，计算系统的时滞稳定裕度。为便于叙述，令$h=\|\tau\|=\sqrt{(\tau_1^2+\tau_2^2+\cdots+\tau_k^2)}$为系统时滞向量的二范数，即时滞向量的长度。一旦$h$确定后，时滞向量可由$\tau=\vec{\gamma}\cdot h=(\gamma_1,\gamma_2,\cdots,\gamma_k)h$得到，其中$\vec{\gamma}=\dfrac{\tau}{\|\tau\|}=(\gamma_1,\gamma_2,\cdots,\gamma_k)$是模值为1.0的向量。

下面以定理4-9的判据为例对二分法求解过程进行说明。

（1）算法初始化。设定时滞向量长度的搜索范围为$[h_{\min},h_{\max}]$，保证$h=h_{\min}$时定理4-9成立（即时滞系统稳定）；保证$h=h_{\max}$时定理4-9不成立（系统不稳定）。同时，设定计算步长h_s、收敛限ε_h、区间长度$E_r=h_{\max}-h_{\min}$和计数器i=0。

（2）判断算法收敛限是否达到。若$E_r<\varepsilon_h$，则算法终止，并转第（7）步，输出计算结果；否则，继续。

（3）判断当前时滞向量长度下的系统稳定性。为此，令$h_c=(h_{\min}+h_{\max})/2$，由$\tau=\vec{\gamma}\cdot h_c$得到此时对应的系统时滞向量，代入定理4-9判据的计算式，验证此时该定理是否成立。若该定理成立，表明系统稳定，转第（4）步；否则，系统不稳定，转第（5）步。

（4）更新区间下限。令$h_{\min}=h_c$，转第（6）步。

（5）更新区间上限。令$h_{\max}=h_c$，转第（6）步。

（6）更新计数器和区间长度。令$i=i+1$，$E_r=h_{\max}-h_{\min}$，存储和打印中间计算结果和计算信息，转第（2）步。

（7）得到系统时滞稳定裕度估计结果。此时，$h_{\min}$即是系统临界稳定情况下对应的时滞向量长度，可由式（4-137）得到此时对应的系统时滞稳定裕度。

$$\tau=\vec{\gamma}\cdot h_{\min}=(\tau_{1,\lim},\tau_{2,\lim},\cdots,\tau_{k,\lim})\tag{4-137}$$

需要指出的是，本节为简单起见，仅以定理4-9为例进行计算过程的说明，事实上，本节所给方法适用于一切采用Lyapunov稳定判据的判稳过程。本书下面不特别说明，在利用Lyapunov稳定判据进行判稳计算时，均利用本节所给方法来实现。

4.3.4　算例验证

这里将采用典型二维双时滞系统和含时滞环节的WSCC三机九节点系统，来验证所提方法的有效性。硬件环境：计算机 IBM Thinkpad X230s，处理器 Intel（R）Core（TM）i5-3337U 1.80GHz，内存 4.0GB，操作系统 Windows 8.1（x64）；计算中采用 MATLAB LMI 工具箱。

1. 典型二维时滞系统

首先考虑如下典型的二维双时滞系统，系统方程由式（4-50）给出，式中的矩阵取值为

$$\boldsymbol{A}=\begin{bmatrix}-2 & 0\\ 0 & -0.9\end{bmatrix},\quad \boldsymbol{A}_1=\begin{bmatrix}-1 & 0.6\\ -0.4 & -1\end{bmatrix},\quad \boldsymbol{A}_2=\begin{bmatrix}0 & -0.6\\ -0.6 & 0\end{bmatrix} \tag{4-138}$$

表 4-2 给出采用定理 4-6 和定理 4-7（实际为定理 4-8 和定理 4-9 的特殊形式）求解系统的时滞稳定裕度和时滞稳定区间，表中同时给出了它们的计算结果及计算效率的比较，计算原理是首先给定 τ_1 取值，再计算可保证系统稳定的 τ_2 取值范围。表中效率提升系数 γ 定义为

$$\gamma=\left(1-\frac{T_2}{T_1}\right)\times 100\% \tag{4-139}$$

式中，T_2, T_1 分别为利用定理 4-7 和定理 4-6 计算系统时滞稳定区间所用时间。

表 4-2　两种判据的计算结果（典型二维时滞系统）

τ_1 / s		1.51	1.52	1.53	1.55	1.60	1.64	1.70
时滞稳定裕度/s	定理 4-6	[0,+∞]	[0,3.362]	[0,3.357]	[0,3.348]	[0,3.337]	[0,3.335]	[0,3.340]
	定理 4-7	[0,+∞]	[0,3.362]	[0,3.357]	[0,3.348]	[0,3.337]	[0,3.335]	[0,3.340]
计算时间/s	T_1	—	33.207	25.507	22.594	21.283	23.845	23.006
	T_2	—	20.278	16.166	14.625	14.575	15.067	14.509
γ		—	38.93%	36.62%	35.27%	31.52%	36.81%	36.93%
τ_1 / s		1.80	1.90	2.00	2.10	2.20	2.25	2.30
时滞稳定裕度/s	定理 4-6	[0,3.361]	[0,3.393]	[0,3.432]	[0,3.477]	[0,3.524]	[0,3.547]	[0.073,3.571]
	定理 4-7	[0,3.361]	[0,3.393]	[0,3.432]	[0,3.477]	[0,3.524]	[0,3.547]	[0.073,3.571]
计算时间/s	T_1	29.006	21.439	19.651	26.100	22.341	25.352	56.388
	T_2	15.850	13.247	12.741	15.521	14.487	16.486	34.500
γ		45.36%	38.21%	35.16%	40.53%	35.16%	34.97%	38.82%

τ_1 / s		2.40	2.50	3.00	3.50	4.00	4.470
时滞稳定裕度/s	定理 4-6	[0.214,3.615]	[0.347,3.657]	[1.035,3.777]	[1.880,3.903]	[3.583,4.181]	[4.469,4.470]
	定理 4-7	[0.214,3.615]	[0.347,3.657]	[1.035,3.777]	[1.880,3.903]	[3.583,4.181]	[4.469,4.470]
计算时间/s	T_1	47.585	52.061	58.527	55.479	57.458	158.562
	T_2	31.292	33.508	37.023	34.260	43.850	101.538
γ		34.24%	35.64%	36.74%	38.25%	23.68%	35.96%

从表 4-2 中不难看到，定理 4-6 和定理 4-7 在计算该二维系统的时滞稳定裕度时，

所得结果是完全相同的，但后者具有更高的计算效率。利用式（4-130）和式（4-133）经简单计算可知，两种判据所需求解的变量数分别为 117 个和 81 个，定理 4-7 对应判据较定理 4-6 对应判据减少了 36 个待求变量，求解变量近似减少了三分之一，使得定理 4-7 判据的计算效率也提高约三分之一。

2. WSCC 三机九节点系统

这里仍采用 3.3.4 节中场景 1 下的数据来进行示意，此时系统模型由式（4-50）给出，式中矩阵取值分别由式（3-106）～式（3-108）给出。采用与 3.3.4 节相同的约定，通过定理 4-6 和定理 4-7 分别计算系统的时滞稳定区间，所得结果如表 4-3 所示，表中同时给出了两种计算方法所用时间的比较，表中的效率提升系数 γ 仍由式（4-139）给出。

表 4-3 两种稳定判据的计算效率（WSCC 三机九节点系统）

θ	两种方法稳定性分析结果比较			两种方法计算效率比较		
	时滞稳定区间/s		误差	计算所用时间/s		效率提升系数 γ
	定理 4-6 结果	定理 4-7 结果		定理 4-6 方法	定理 4-7 方法	
0°	[0,0.0592]	[0,0.0592]	0.00%	20549.47	6618.61	67.79%
10°	[0,0.0484]	[0,0.0484]	0.00%	22802.77	9177.50	59.75%
20°	[0,0.0424]	[0,0.0424]	0.00%	18987.69	7961.80	58.07%
30°	[0,0.0390]	[0,0.0390]	0.00%	21134.21	8873.35	58.01%
40°	[0,0.0373]	[0,0.0373]	0.00%	16587.11	6890.58	58.46%
45°	[0,0.0370]	[0,0.0370]	0.00%	18165.31	7442.71	59.03%
50°	[0,0.0369]	[0,0.0369]	0.00%	17946.73	7846.47	56.28%
60°	[0,0.0376]	[0,0.0376]	0.00%	19334.56	7404.92	61.70%
70°	[0,0.0399]	[0,0.0399]	0.00%	19106.00	7408.10	61.23%
80°	[0,0.0442]	[0,0.0442]	0.00%	18135.50	7306.15	59.71%
90°	[0,0.0519]	[0,0.0519]	0.00%	22272.66	6224.85	72.05%

与典型二维时滞系统算例类似，通过两定理可得相同的时滞稳定裕度结果。同时，改进后的判据具有更高的计算效率，原因在于定理 4-6 对应判据需要求解 2625 个待求变量，而定理 4-7 对应判据的待求变量数减少为 1725 个，共减少了 900 个，因此后者具有更高的计算效率。同时还可以发现，尽管定理 4-7 对应判据仅减少约三分之一的待求变量数，但其计算效率均提升了一倍以上，即改进时滞稳定判据平均比原有判据少用一半以上的计算时间。

4.3.5 小结

本节在自由权矩阵方法的基础上，给出了一种具有更高计算效率的时滞稳定判据，与原有自由权矩阵方法唯一不同之处在于，所给新判据避免了对一些冗余变量的求解，因此计算效率有了较大提升。最后通过一个典型的二维双时滞系统和 WSCC 三机九节点系统对相关方法的正确性和有效性进行了验证。

但从 WSCC 三机九节点系统算例可以看出，即使剔除了一些冗余变量，在动态方程维数为 10 维，仅含 2 个时滞环节的系统中，改进稳定判据的待求变量数仍有 1725 个，平均每次时滞稳定裕度求解都超过 1 小时。对于一个实际的电力系统，当其动态方程的维数为 1000 维时，即使仅考虑 2 个时滞环节，采用新判据时待求变量数仍将达到约 1651 万个，其计算量将非常庞大。因此仅在自由权矩阵方法的基础上，减少一些冗余变量是远不够的，为此还需探索更为有效的时滞稳定判据，以提高判稳过程的计算效率。

4.4　考虑时滞轨迹影响的改进稳定判据

通过 4.3 节的研究可以知道，自由权矩阵方法通过引入大量的自由权系数来避免 Lyapunov 函数求导过程中的放大操作，尽管改善了判据的保守性，但大量自由权系数作为待求变量被引入，使得判据的计算效率降低。鉴于此，本节在寻求更为高效的时滞稳定判据时，希望从两方面入手：一是尽量避免引入自由权系数，二是选择更好的 Lyapunov 函数。本节基于这两点考虑，将推导一种更为有效的时滞稳定判据，为此首先引出该判据的具体表达式并给出其证明过程，进一步探讨其与自由权矩阵方法的内在联系，并分析两者在计算效率上的差异。

4.4.1　改进时滞稳定判据

为便于描述，将式（4-15）重写为

$$\dot{\boldsymbol{x}} = \boldsymbol{A}\boldsymbol{x} + \sum_{i=1}^{k} \boldsymbol{A}_i \boldsymbol{x}(t-\tau_i) \triangleq \sum_{i=0}^{k} \boldsymbol{A}_i \boldsymbol{x}(t-\tau_i) \tag{4-140}$$

式中，时滞变量满足 $0=\tau_0 \leqslant \tau_1 \leqslant \tau_2 \leqslant \cdots \leqslant \tau_{k-1} \leqslant \tau_k$，$\boldsymbol{A}_0 = \boldsymbol{A}$，其他约定同式（4-15）。引入 $\boldsymbol{A}_0$ 和 τ_0，是为了表达式更为简洁，在推导过程中更易于表述。

定理 4-10（考虑时滞轨迹影响的改进时滞稳定判据）　对于式（4-140）所示线性多时滞系统，若存在对称正定矩阵 $\boldsymbol{P}=\boldsymbol{P}^{\mathrm{T}}>0$，$\boldsymbol{Q}_i=\boldsymbol{Q}_i^{\mathrm{T}}>0$，对称半正定矩阵 $\boldsymbol{W}_i=\boldsymbol{W}_i^{\mathrm{T}}\geqslant 0(i=1,2,\cdots,k)$，使得式（4-141）成立，则该系统是渐近稳定的。

$$\boldsymbol{H} = \begin{bmatrix} \boldsymbol{H}_{1,1} & \boldsymbol{H}_{1,2} & \cdots & \boldsymbol{H}_{1,k} & \boldsymbol{H}_{1,k+1} \\ \boldsymbol{H}_{1,2}^{\mathrm{T}} & \boldsymbol{H}_{2,2} & \cdots & \boldsymbol{H}_{2,k} & \boldsymbol{H}_{2,k+1} \\ \vdots & \vdots & & \vdots & \vdots \\ \boldsymbol{H}_{1,k}^{\mathrm{T}} & \boldsymbol{H}_{2,k}^{\mathrm{T}} & \cdots & \boldsymbol{H}_{k,k} & \boldsymbol{H}_{k,k+1} \\ \boldsymbol{H}_{1,k+1}^{\mathrm{T}} & \boldsymbol{H}_{2,k+1}^{\mathrm{T}} & \cdots & \boldsymbol{H}_{k,k+1}^{\mathrm{T}} & \boldsymbol{H}_{k+1,k+1} \end{bmatrix} < \boldsymbol{0} \tag{4-141}$$

式中

$$\boldsymbol{H}_{1,1}=\boldsymbol{P}\boldsymbol{A}+\boldsymbol{A}^{\mathrm{T}}\boldsymbol{P}+\sum_{l=1}^{k}\boldsymbol{Q}_l+\sum_{l=1}^{k}(\tau_l-\tau_{l-1})^2\boldsymbol{A}^{\mathrm{T}}\boldsymbol{W}_l\boldsymbol{A}-\boldsymbol{W}_1 \tag{4-142}$$

$$\boldsymbol{H}_{1,2}=\boldsymbol{P}\boldsymbol{A}_1+\sum_{l=1}^{k}(\tau_l-\tau_{l-1})^2\boldsymbol{A}^{\mathrm{T}}\boldsymbol{W}_l\boldsymbol{A}_1+\boldsymbol{W}_1 \tag{4-143}$$

$$\boldsymbol{H}_{1,j}=\boldsymbol{P}\boldsymbol{A}_{j-1}+\sum_{l=1}^{k}(\tau_l-\tau_{l-1})^2\boldsymbol{A}^{\mathrm{T}}\boldsymbol{W}_l\boldsymbol{A}_{j-1},\quad j=3,4,\cdots,k,k+1 \tag{4-144}$$

$$\boldsymbol{H}_{i,i}=-\boldsymbol{Q}_{i-1}+\sum_{l=1}^{k}(\tau_l-\tau_{l-1})^2\boldsymbol{A}_{i-1}^{\mathrm{T}}\boldsymbol{W}_l\boldsymbol{A}_{i-1}-\boldsymbol{W}_i-\boldsymbol{W}_{i-1},\quad i=2,3,\cdots,k \tag{4-145}$$

$$\boldsymbol{H}_{i,i+1}=\sum_{l=1}^{k}(\tau_l-\tau_{l-1})^2\boldsymbol{A}_{i-1}^{\mathrm{T}}\boldsymbol{W}_l\boldsymbol{A}_i+\boldsymbol{W}_i,\quad i=2,3,\cdots,k \tag{4-146}$$

$$\boldsymbol{H}_{i,j}=\sum_{l=1}^{k}(\tau_l-\tau_{l-1})^2\boldsymbol{A}_{i-1}^{\mathrm{T}}\boldsymbol{W}_l\boldsymbol{A}_{j-1},\quad i=2,3,\cdots k-1;\quad j=i+2,i+3,\cdots,k+1 \tag{4-147}$$

$$\boldsymbol{H}_{k+1,k+1}=-\boldsymbol{Q}_k+\sum_{l=1}^{k}(\tau_l-\tau_{l-1})^2\boldsymbol{A}_k^{\mathrm{T}}\boldsymbol{W}_l\boldsymbol{A}_k-\boldsymbol{W}_k \tag{4-148}$$

证明：采用如下形式的 Lyapunov-Krasovskii 泛函，即

$$\begin{aligned}V&=V_1+V_2+V_3=\boldsymbol{x}^{\mathrm{T}}(t)\boldsymbol{P}\boldsymbol{x}(t)+\sum_{l=1}^{k}\int_{t-\tau_l}^{t}\boldsymbol{x}^{\mathrm{T}}(s)\boldsymbol{Q}_l\boldsymbol{x}(s)\mathrm{d}s\\&\quad+\sum_{l=1}^{k}(\tau_l-\tau_{l-1})\int_{-\tau_l}^{-\tau_{l-1}}\int_{t+\theta}^{t}\left[\frac{\mathrm{d}\boldsymbol{x}(s)}{\mathrm{d}s}\right]^{\mathrm{T}}\boldsymbol{W}_l\frac{\mathrm{d}\boldsymbol{x}(s)}{\mathrm{d}s}\mathrm{d}s\mathrm{d}\theta\end{aligned} \tag{4-149}$$

式中

$$V_1=\boldsymbol{x}^{\mathrm{T}}(t)\boldsymbol{P}\boldsymbol{x}(t) \tag{4-150}$$

$$V_2=\sum_{l=1}^{k}\int_{t-\tau_l}^{t}\boldsymbol{x}^{\mathrm{T}}(s)\boldsymbol{Q}_l\boldsymbol{x}(s)\mathrm{d}s \tag{4-151}$$

$$V_3=\sum_{l=1}^{k}(\tau_l-\tau_{l-1})\int_{-\tau_l}^{-\tau_{l-1}}\int_{t+\theta}^{t}\left[\frac{\mathrm{d}\boldsymbol{x}(s)}{\mathrm{d}s}\right]^{\mathrm{T}}\boldsymbol{W}_l\frac{\mathrm{d}\boldsymbol{x}(s)}{\mathrm{d}s}\mathrm{d}s\mathrm{d}\theta \tag{4-152}$$

依次对 Lyapunov 泛函中的每一项求对时间的导数，即

1）求$\dot{V}_1$项

$$\dot{V}_1=\frac{\mathrm{d}}{\mathrm{d}t}[\boldsymbol{x}^{\mathrm{T}}(t)\boldsymbol{P}\boldsymbol{x}(t)]=\frac{\mathrm{d}\boldsymbol{x}^{\mathrm{T}}(t)}{\mathrm{d}t}\boldsymbol{P}\boldsymbol{x}(t)+\boldsymbol{x}^{\mathrm{T}}(t)\boldsymbol{P}\frac{\mathrm{d}\boldsymbol{x}(t)}{\mathrm{d}t} \tag{4-153}$$

将式（4-140）代入式（4-153）得

$$\begin{aligned}\dot{V}_1&=\left[\sum_{l=0}^{k}\boldsymbol{A}_l\boldsymbol{x}(t-\tau_l)\right]^{\mathrm{T}}\boldsymbol{P}\boldsymbol{x}(t)+\boldsymbol{x}^{\mathrm{T}}(t)\boldsymbol{P}\left[\sum_{l=0}^{k}\boldsymbol{A}_l\boldsymbol{x}(t-\tau_l)\right]\\&=\boldsymbol{x}^{\mathrm{T}}(t)\boldsymbol{P}\left[\sum_{l=0}^{k}\boldsymbol{A}_l\boldsymbol{x}(t-\tau_l)\right]+\left\{\boldsymbol{x}^{\mathrm{T}}(t)\boldsymbol{P}\left[\sum_{l=0}^{k}\boldsymbol{A}_l\boldsymbol{x}(t-\tau_l)\right]\right\}^{\mathrm{T}}\end{aligned}\tag{4-154}$$

2）求 $\dot{V}_2$ 项

$$\begin{aligned}\dot{V}_2&=\frac{\mathrm{d}}{\mathrm{d}t}\left(\sum_{l=1}^{k}\int_{t-\tau_l}^{t}\boldsymbol{x}^{\mathrm{T}}(s)\boldsymbol{Q}_l\boldsymbol{x}(s)\mathrm{d}s\right)\\&=\lim_{\Delta t\to 0}\frac{\sum\limits_{l=1}^{k}\int_{t-\tau_l+\Delta t}^{t+\Delta t}\boldsymbol{x}^{\mathrm{T}}(s)\,\boldsymbol{Q}_l\boldsymbol{x}(s)\mathrm{d}s-\sum\limits_{l=1}^{k}\int_{t-\tau_l}^{t}\boldsymbol{x}^{\mathrm{T}}(s)\boldsymbol{Q}_l\boldsymbol{x}(s)\mathrm{d}s}{\Delta t}\end{aligned}\tag{4-155}$$

根据积分的定义，将式（4-155）中第一个积分项分解为 $[t-\tau_l+\Delta t,t-\tau_l),[t-\tau_l,t),[t,t+\Delta t)$ 三部分积分相加形式，可得

$$\begin{aligned}\dot{V}_2&=\lim_{\Delta t\to 0}\frac{1}{\Delta t}\sum_{l=1}^{k}\left[\int_{t-\tau_l+\Delta t}^{t-\tau_l}\boldsymbol{x}^{\mathrm{T}}(s)\boldsymbol{Q}_l\boldsymbol{x}(s)\mathrm{d}s+\int_{t-\tau_l}^{t}\boldsymbol{x}^{\mathrm{T}}(s)\boldsymbol{Q}_l\boldsymbol{x}(s)\mathrm{d}s+\int_{t}^{t+\Delta t}\boldsymbol{x}^{\mathrm{T}}(s)\boldsymbol{Q}_l\boldsymbol{x}(s)\mathrm{d}s\right.\\&\qquad\left.-\int_{t-\tau_l}^{t}\boldsymbol{x}^{\mathrm{T}}(s)\boldsymbol{Q}_l\boldsymbol{x}(s)\mathrm{d}s\right]\\&=\lim_{\Delta t\to 0}\frac{1}{\Delta t}\sum_{l=1}^{k}\left[\int_{t-\tau_l+\Delta t}^{t-\tau_l}\boldsymbol{x}^{\mathrm{T}}(s)\boldsymbol{Q}_l\boldsymbol{x}(s)\mathrm{d}s+\int_{t}^{t+\Delta t}\boldsymbol{x}^{\mathrm{T}}(s)\boldsymbol{Q}_l\boldsymbol{x}(s)\mathrm{d}s\right]\\&=\lim_{\Delta t\to 0}\frac{1}{\Delta t}\sum_{l=1}^{k}\left[\int_{t}^{t+\Delta t}\boldsymbol{x}^{\mathrm{T}}(s)\boldsymbol{Q}_l\boldsymbol{x}(s)\mathrm{d}s-\int_{t-\tau_l}^{t-\tau_l+\Delta t}\boldsymbol{x}^{\mathrm{T}}(s)\boldsymbol{Q}_l\boldsymbol{x}(s)\mathrm{d}s\right]\end{aligned}\tag{4-156}$$

进一步，根据积分中值定理可得

$$\begin{aligned}\dot{V}_2&=\lim_{\Delta t\to 0}\frac{1}{\Delta t}\sum_{l=1}^{k}[\boldsymbol{x}^{\mathrm{T}}(t+\alpha_l\Delta t)\boldsymbol{Q}_l\boldsymbol{x}(t+\alpha_l\Delta t)\Delta t-\boldsymbol{x}^{\mathrm{T}}(t-\tau_l+\beta_l\Delta t)\boldsymbol{Q}_l\boldsymbol{x}(t-\tau_l+\beta_l\Delta t)\Delta t]\\&=\sum_{l=1}^{k}[\boldsymbol{x}^{\mathrm{T}}(t)\boldsymbol{Q}_l\boldsymbol{x}(t)-\boldsymbol{x}^{\mathrm{T}}(t-\tau_l)\boldsymbol{Q}_l\boldsymbol{x}(t-\tau_l)]\end{aligned}\tag{4-157}$$

式中，$\alpha_l,\beta_l\in(0,1),l=1,2,\cdots,k$。

3）求 $\dot{V}_3$ 项

求 $\dot{V}_3$ 的过程与求 $\dot{V}_2$ 过程类似，但由于涉及双重积分，其推导过程更为复杂，有

$$\begin{aligned}
\dot{V}_3 &= \sum_{l=1}^{k}(\tau_l - \tau_{l-1})\int_{-\tau_l}^{-\tau_{l-1}}\int_{t+\theta}^{t}\left[\frac{\mathrm{d}\boldsymbol{x}(s)}{\mathrm{d}s}\right]^{\mathrm{T}}\boldsymbol{W}_l\frac{\mathrm{d}\boldsymbol{x}(s)}{\mathrm{d}s}\mathrm{d}s\mathrm{d}\theta \\
&= \lim_{\Delta t\to 0}\frac{1}{\Delta t}\sum_{l=1}^{k}(\tau_l - \tau_{l-1})\left\{\int_{-\tau_l}^{-\tau_{l-1}}\int_{t+\theta+\Delta t}^{t+\Delta t}\left[\frac{\mathrm{d}\boldsymbol{x}(s)}{\mathrm{d}s}\right]^{\mathrm{T}}\boldsymbol{W}_l\frac{\mathrm{d}\boldsymbol{x}(s)}{\mathrm{d}s}\mathrm{d}s\mathrm{d}\theta\right. \\
&\quad \left. -\int_{-\tau_l}^{-\tau_{l-1}}\int_{t+\theta}^{t}\left[\frac{\mathrm{d}\boldsymbol{x}(s)}{\mathrm{d}s}\right]^{\mathrm{T}}\boldsymbol{W}_l\frac{\mathrm{d}\boldsymbol{x}(s)}{\mathrm{d}s}\mathrm{d}s\mathrm{d}\theta\right\} \\
&= \lim_{\Delta t\to 0}\frac{1}{\Delta t}\sum_{l=1}^{k}(\tau_l - \tau_{l-1})\left\{\int_{-\tau_l}^{-\tau_{l-1}}\int_{t+\theta+\Delta t}^{t+\theta}\left[\frac{\mathrm{d}\boldsymbol{x}(s)}{\mathrm{d}s}\right]^{\mathrm{T}}\boldsymbol{W}_l\frac{\mathrm{d}\boldsymbol{x}(s)}{\mathrm{d}s}\mathrm{d}s\mathrm{d}\theta\right. \\
&\quad +\int_{-\tau_l}^{-\tau_{l-1}}\int_{t+\theta}^{t}\left[\frac{\mathrm{d}\boldsymbol{x}(s)}{\mathrm{d}s}\right]^{\mathrm{T}}\boldsymbol{W}_l\frac{\mathrm{d}\boldsymbol{x}(s)}{\mathrm{d}s}\mathrm{d}s\mathrm{d}\theta+\int_{-\tau_l}^{-\tau_{l-1}}\int_{t}^{t+\Delta t}\left[\frac{\mathrm{d}\boldsymbol{x}(s)}{\mathrm{d}s}\right]^{\mathrm{T}}\boldsymbol{W}_l\frac{\mathrm{d}\boldsymbol{x}(s)}{\mathrm{d}s}\mathrm{d}s\mathrm{d}\theta \\
&\quad \left. -\int_{-\tau_l}^{-\tau_{l-1}}\int_{t+\theta}^{t}\left[\frac{\mathrm{d}\boldsymbol{x}(s)}{\mathrm{d}s}\right]^{\mathrm{T}}\boldsymbol{W}_l\frac{\mathrm{d}\boldsymbol{x}(s)}{\mathrm{d}s}\mathrm{d}s\mathrm{d}\theta\right\} \\
&= \lim_{\Delta t\to 0}\frac{1}{\Delta t}\sum_{l=1}^{k}(\tau_l - \tau_{l-1})\left\{\int_{-\tau_l}^{-\tau_{l-1}}\int_{t}^{t+\Delta t}\left[\frac{\mathrm{d}\boldsymbol{x}(s)}{\mathrm{d}s}\right]^{\mathrm{T}}\boldsymbol{W}_l\frac{\mathrm{d}\boldsymbol{x}(s)}{\mathrm{d}s}\mathrm{d}s\mathrm{d}\theta\right. \\
&\quad \left. -\int_{-\tau_l}^{-\tau_{l-1}}\int_{t+\theta+\Delta t}^{t+\theta}\left[\frac{\mathrm{d}\boldsymbol{x}(s)}{\mathrm{d}s}\right]^{\mathrm{T}}\boldsymbol{W}_l\frac{\mathrm{d}\boldsymbol{x}(s)}{\mathrm{d}s}\mathrm{d}s\mathrm{d}\theta\right\}
\end{aligned} \tag{4-158}$$

类似于$\dot{V}_2$的推导过程，利用积分中值定理，由式（4-158）可进一步得

$$\begin{aligned}
\dot{V}_3 = \dot{V}_{31} - \dot{V}_{32} &= \sum_{l=1}^{k}(\tau_l - \tau_{l-1})\int_{-\tau_l}^{-\tau_{l-1}}\left\{\left[\left.\frac{\mathrm{d}\boldsymbol{x}(s)}{\mathrm{d}s}\right|_{s=t}\right]^{\mathrm{T}}\boldsymbol{W}_l\left.\frac{\mathrm{d}\boldsymbol{x}(s)}{\mathrm{d}s}\right|_{s=t}\right\}\mathrm{d}\theta \\
&\quad -\sum_{l=1}^{k}(\tau_l - \tau_{l-1})\int_{-\tau_l}^{-\tau_{l-1}}\left\{\left[\left.\frac{\mathrm{d}\boldsymbol{x}(s)}{\mathrm{d}s}\right|_{s=t+\theta}\right]^{\mathrm{T}}\boldsymbol{W}_l\left.\frac{\mathrm{d}\boldsymbol{x}(s)}{\mathrm{d}s}\right|_{s=t+\theta}\right\}\mathrm{d}\theta
\end{aligned} \tag{4-159}$$

则对于式（4-159）中的第一项，有

$$\begin{aligned}
\dot{V}_{31} &= \sum_{l=1}^{k}(\tau_l - \tau_{l-1})\int_{-\tau_l}^{-\tau_{l-1}}\left\{\left[\left.\frac{\mathrm{d}\boldsymbol{x}(s)}{\mathrm{d}s}\right|_{s=t}\right]^{\mathrm{T}}\boldsymbol{W}_l\left.\frac{\mathrm{d}\boldsymbol{x}(s)}{\mathrm{d}s}\right|_{s=t}\right\}\mathrm{d}\theta \\
&= \sum_{l=1}^{k}(\tau_l - \tau_{l-1})\int_{-\tau_l}^{-\tau_{l-1}}\left\{\left[\frac{\mathrm{d}\boldsymbol{x}(t)}{\mathrm{d}t}\right]^{\mathrm{T}}\boldsymbol{W}_l\frac{\mathrm{d}\boldsymbol{x}(t)}{\mathrm{d}t}\right\}\mathrm{d}\theta \\
&= \sum_{l=1}^{k}(\tau_l - \tau_{l-1})^2\left[\frac{\mathrm{d}\boldsymbol{x}(t)}{\mathrm{d}t}\right]^{\mathrm{T}}\boldsymbol{W}_l\frac{\mathrm{d}\boldsymbol{x}(t)}{\mathrm{d}t}
\end{aligned} \tag{4-160}$$

将式（4-140）代入式（4-160），进一步可得

$$\dot{V}_{31}=\sum_{l=1}^{k}(\tau_l-\tau_{l-1})^2\left[\sum_{i=0}^{k}\boldsymbol{A}_i\boldsymbol{x}(t-\tau_i)\right]^{\mathrm{T}}\boldsymbol{W}_l\left[\sum_{j=0}^{k}\boldsymbol{A}_j\boldsymbol{x}(t-\tau_j)\right]$$
$$=\sum_{i=0}^{k}\sum_{j=0}^{k}\boldsymbol{A}_i^{\mathrm{T}}\boldsymbol{x}(t-\tau_i)\left[\sum_{l=1}^{k}(\tau_l-\tau_{l-1})^2\boldsymbol{W}_l\boldsymbol{A}_j\right]\boldsymbol{x}(t-\tau_j) \tag{4-161}$$

而对于式（4-159）中的第二项，取变量变换 $s=t+\theta$，则有 $\mathrm{d}s=\mathrm{d}\theta$，且当 $\theta=-\tau_{l-1}$ 时，$s=t-\tau_{l-1}$；当 $\theta=-\tau_l$ 时，$s=t-\tau_l$，$l=1,2,\cdots,k$，由此可得

$$\dot{V}_{32}=\sum_{l=1}^{k}(\tau_l-\tau_{l-1})\int_{-\tau_l}^{-\tau_{l-1}}\left\{\left[\frac{\mathrm{d}\boldsymbol{x}(s)}{\mathrm{d}s}\bigg|_{s=t+\theta}\right]^{\mathrm{T}}\boldsymbol{W}_l\frac{\mathrm{d}\boldsymbol{x}(s)}{\mathrm{d}s}\bigg|_{s=t+\theta}\right\}\mathrm{d}\theta$$
$$=\sum_{l=1}^{k}(\tau_l-\tau_{l-1})\int_{t-\tau_l}^{t-\tau_{l-1}}\left[\frac{\mathrm{d}\boldsymbol{x}(s)}{\mathrm{d}s}\right]^{\mathrm{T}}\boldsymbol{W}_l\frac{\mathrm{d}\boldsymbol{x}(s)}{\mathrm{d}s}\mathrm{d}s \tag{4-162}$$

进一步，引入如下 n 维向量值函数 $\boldsymbol{N}_l(s),l=1,2,\cdots,k$，有

$$\boldsymbol{N}_l(s)=\frac{\mathrm{d}\boldsymbol{x}(s)}{\mathrm{d}s}-\frac{1}{\tau_l-\tau_{l-1}}[\boldsymbol{x}(t-\tau_{l-1})-\boldsymbol{x}(t-\tau_l)],\quad s\in[t-\tau_l,t-\tau_{l-1}] \tag{4-163}$$

不难从式（4-163）中解出 $\dfrac{\mathrm{d}\boldsymbol{x}(s)}{\mathrm{d}s}$，即

$$\frac{\mathrm{d}\boldsymbol{x}(s)}{\mathrm{d}s}=\boldsymbol{N}_l(s)+\frac{1}{\tau_l-\tau_{l-1}}[\boldsymbol{x}(t-\tau_{l-1})-\boldsymbol{x}(t-\tau_l)] \tag{4-164}$$

将式（4-164）代入式（4-162）可得

$$\dot{V}_{32}=\sum_{l=1}^{k}(\tau_l-\tau_{l-1})\int_{t-\tau_l}^{t-\tau_{l-1}}\left\{\boldsymbol{N}_l(s)+\frac{1}{\tau_l-\tau_{l-1}}[\boldsymbol{x}(t-\tau_{l-1})-\boldsymbol{x}(t-\tau_l)]\right\}^{\mathrm{T}}\boldsymbol{W}_l$$
$$\left\{\boldsymbol{N}_l(s)+\frac{1}{\tau_l-\tau_{l-1}}[\boldsymbol{x}(t-\tau_{l-1})-\boldsymbol{x}(t-\tau_l)]\right\}\mathrm{d}s$$
$$=\sum_{l=1}^{k}(\tau_l-\tau_{l-1})\int_{t-\tau_l}^{t-\tau_{l-1}}\boldsymbol{N}_l^{\mathrm{T}}(s)\boldsymbol{W}_l\boldsymbol{N}_l(s)\mathrm{d}s$$
$$+\sum_{l=1}^{k}\int_{t-\tau_l}^{t-\tau_{l-1}}[\boldsymbol{x}(t-\tau_{l-1})-\boldsymbol{x}(t-\tau_l)]^{\mathrm{T}}\boldsymbol{W}_l\boldsymbol{N}_l(s)\mathrm{d}s$$
$$+\sum_{l=1}^{k}\int_{t-\tau_l}^{t-\tau_{l-1}}\boldsymbol{N}_l^{\mathrm{T}}(s)\boldsymbol{W}_l[\boldsymbol{x}(t-\tau_{l-1})-\boldsymbol{x}(t-\tau_l)]\mathrm{d}s$$
$$+\sum_{l=1}^{k}\frac{1}{\tau_l-\tau_{l-1}}\int_{t-\tau_l}^{t-\tau_{l-1}}[\boldsymbol{x}(t-\tau_{l-1})-\boldsymbol{x}(t-\tau_l)]^{\mathrm{T}}\boldsymbol{W}_l[\boldsymbol{x}(t-\tau_{l-1})-\boldsymbol{x}(t-\tau_l)]\mathrm{d}s$$

$$
\begin{aligned}
&=\sum_{l=1}^{k}(\tau_l-\tau_{l-1})\int_{t-\tau_l}^{t-\tau_{l-1}}\boldsymbol{N}_l^{\mathrm{T}}(s)\boldsymbol{W}_l\boldsymbol{N}_l(s)\mathrm{d}s\\
&\quad+\sum_{l=1}^{k}[\boldsymbol{x}(t-\tau_{l-1})-\boldsymbol{x}(t-\tau_l)]^{\mathrm{T}}\boldsymbol{W}_l\cdot\int_{t-\tau_l}^{t-\tau_{l-1}}\boldsymbol{N}_l(s)\mathrm{d}s\\
&\quad+\sum_{l=1}^{k}\int_{t-\tau_l}^{t-\tau_{l-1}}\boldsymbol{N}_l^{\mathrm{T}}(s)\mathrm{d}s\cdot\boldsymbol{W}_l[\boldsymbol{x}(t-\tau_{l-1})-\boldsymbol{x}(t-\tau_l)]\\
&\quad+\sum_{l=1}^{k}\frac{\int_{t-\tau_l}^{t-\tau_{l-1}}\mathrm{d}s}{\tau_l-\tau_{l-1}}[\boldsymbol{x}(t-\tau_{l-1})-\boldsymbol{x}(t-\tau_l)]^{\mathrm{T}}\boldsymbol{W}_l[\boldsymbol{x}(t-\tau_{l-1})-\boldsymbol{x}(t-\tau_l)]
\end{aligned}\tag{4-165}
$$

进一步，由式（4-163）可得

$$
\begin{aligned}
\int_{t-\tau_l}^{t-\tau_{l-1}}\boldsymbol{N}_l(s)\mathrm{d}s&=\int_{t-\tau_l}^{t-\tau_{l-1}}\frac{\mathrm{d}\boldsymbol{x}(s)}{\mathrm{d}s}\mathrm{d}s-\int_{t-\tau_l}^{t-\tau_{l-1}}\frac{1}{\tau_l-\tau_{l-1}}[\boldsymbol{x}(t-\tau_{l-1})-\boldsymbol{x}(t-\tau_l)]\mathrm{d}s\\
&=\int_{\boldsymbol{x}(t-\tau_l)}^{\boldsymbol{x}(t-\tau_{l-1})}\mathrm{d}\boldsymbol{x}-\int_{t-\tau_l}^{t-\tau_{l-1}}\frac{\mathrm{d}s}{\tau_l-\tau_{l-1}}[\boldsymbol{x}(t-\tau_{l-1})-\boldsymbol{x}(t-\tau_l)]\\
&=[\boldsymbol{x}(t-\tau_{l-1})-\boldsymbol{x}(t-\tau_l)]-[\boldsymbol{x}(t-\tau_{l-1})-\boldsymbol{x}(t-\tau_l)]=\boldsymbol{0}
\end{aligned}\tag{4-166}
$$

将式（4-166）代入式（4-165）可得

$$
\begin{aligned}
\dot{V}_{32}&=\sum_{l=1}^{k}(\tau_l-\tau_{l-1})\int_{t-\tau_l}^{t-\tau_{l-1}}\boldsymbol{N}_l^{\mathrm{T}}(s)\boldsymbol{W}_l\boldsymbol{N}_l(s)\mathrm{d}s\\
&\quad+\sum_{l=1}^{k}[\boldsymbol{x}(t-\tau_{l-1})-\boldsymbol{x}(t-\tau_l)]^{\mathrm{T}}\boldsymbol{W}_l[\boldsymbol{x}(t-\tau_{l-1})-\boldsymbol{x}(t-\tau_l)]\\
&=\sum_{l=1}^{k}(\tau_l-\tau_{l-1})\int_{t-\tau_l}^{t-\tau_{l-1}}\boldsymbol{N}_l^{\mathrm{T}}(s)\boldsymbol{W}_l\boldsymbol{N}_l(s)\mathrm{d}s+\sum_{l=1}^{k}\boldsymbol{x}^{\mathrm{T}}(t-\tau_{l-1})\boldsymbol{W}_l\boldsymbol{x}(t-\tau_{l-1})\\
&\quad+\sum_{l=1}^{k}\boldsymbol{x}^{\mathrm{T}}(t-\tau_l)\boldsymbol{W}_l\boldsymbol{x}(t-\tau_l)-\sum_{l=1}^{k}\boldsymbol{x}^{\mathrm{T}}(t-\tau_{l-1})\boldsymbol{W}_l\boldsymbol{x}(t-\tau_l)-\sum_{l=1}^{k}\boldsymbol{x}^{\mathrm{T}}(t-\tau_l)\boldsymbol{W}_l\boldsymbol{x}(t-\tau_{l-1})\\
&=\sum_{l=1}^{k}(\tau_l-\tau_{l-1})\int_{t-\tau_l}^{t-\tau_{l-1}}\boldsymbol{N}_l^{\mathrm{T}}(s)\boldsymbol{W}_l\boldsymbol{N}_l(s)\,\mathrm{d}s+\sum_{l=0}^{k-1}\boldsymbol{x}^{\mathrm{T}}(t-\tau_l)\boldsymbol{W}_{l+1}\boldsymbol{x}(t-\tau_l)\\
&\quad+\sum_{l=1}^{k}\boldsymbol{x}^{\mathrm{T}}(t-\tau_l)\boldsymbol{W}_l\boldsymbol{x}(t-\tau_l)-\sum_{l=0}^{k-1}\boldsymbol{x}^{\mathrm{T}}(t-\tau_l)\boldsymbol{W}_{l+1}\boldsymbol{x}(t-\tau_{l+1})\\
&\quad-\left[\sum_{l=0}^{k-1}\boldsymbol{x}^{\mathrm{T}}(t-\tau_l)\boldsymbol{W}_{l+1}\boldsymbol{x}(t-\tau_{l+1})\right]^{\mathrm{T}}
\end{aligned}\tag{4-167}
$$

将式（4-161）和式（4-167）代入式（4-159），可得

$$\begin{aligned}\dot{V}_3 &= \sum_{i=0}^{k}\sum_{j=0}^{k}\boldsymbol{A}_i^{\mathrm{T}}\boldsymbol{x}(t-\tau_i)\left[\sum_{l=1}^{k}(\tau_l-\tau_{l-1})^2\boldsymbol{W}_l\boldsymbol{A}_j\right]\boldsymbol{x}(t-\tau_j)-\sum_{l=1}^{k}\boldsymbol{x}^{\mathrm{T}}(t-\tau_l)\boldsymbol{W}_l\boldsymbol{x}(t-\tau_l)\\
&\quad-\sum_{l=0}^{k-1}\boldsymbol{x}^{\mathrm{T}}(t-\tau_l)\boldsymbol{W}_{l+1}\boldsymbol{x}(t-\tau_l)+\sum_{l=0}^{k-1}\boldsymbol{x}^{\mathrm{T}}(t-\tau_l)\boldsymbol{W}_{l+1}\boldsymbol{x}(t-\tau_{l+1})\\
&\quad+\left[\sum_{l=0}^{k-1}\boldsymbol{x}^{\mathrm{T}}(t-\tau_l)\boldsymbol{W}_{l+1}\boldsymbol{x}(t-\tau_{l+1})\right]^{\mathrm{T}}-\sum_{l=1}^{k}(\tau_l-\tau_{l-1})\int_{t-\tau_l}^{t-\tau_{l-1}}\boldsymbol{N}_l^{\mathrm{T}}(s)\boldsymbol{W}_l\boldsymbol{N}_l(s)\mathrm{d}s
\end{aligned}\tag{4-168}$$

进一步，将式（4-168）、式（4-157）和式（4-154）代入式（4-149），经合并同类项后可得

$$\begin{aligned}\dot{V} &= \boldsymbol{x}^{\mathrm{T}}(t)\boldsymbol{P}\sum_{l=0}^{k}\boldsymbol{A}_l\boldsymbol{x}(t-\tau_l)+\left[\boldsymbol{x}^{\mathrm{T}}(t)\boldsymbol{P}\sum_{l=0}^{k}\boldsymbol{A}_l\boldsymbol{x}(t-\tau_l)\right]^{\mathrm{T}}+\sum_{l=1}^{k}\boldsymbol{x}^{\mathrm{T}}(t)\boldsymbol{Q}_l\boldsymbol{x}(t)\\
&\quad-\sum_{l=1}^{k}\boldsymbol{x}^{\mathrm{T}}(t-\tau_l)\boldsymbol{Q}_l\boldsymbol{x}(t-\tau_l)+\sum_{i=0}^{k}\sum_{j=0}^{k}\boldsymbol{A}_i^{\mathrm{T}}\boldsymbol{x}(t-\tau_i)\left[\sum_{l=1}^{k}(\tau_l-\tau_{l-1})^2\boldsymbol{W}_l\boldsymbol{A}_j\right]\boldsymbol{x}(t-\tau_j)\\
&\quad-\sum_{l=1}^{k}\boldsymbol{x}^{\mathrm{T}}(t-\tau_l)\boldsymbol{W}_l\boldsymbol{x}(t-\tau_l)-\sum_{l=0}^{k-1}\boldsymbol{x}^{\mathrm{T}}(t-\tau_l)\boldsymbol{W}_{l+1}\boldsymbol{x}(t-\tau_l)+\sum_{l=0}^{k-1}\boldsymbol{x}^{\mathrm{T}}(t-\tau_l)\boldsymbol{W}_{l+1}\boldsymbol{x}(t-\tau_{l+1})\\
&\quad+\left[\sum_{l=0}^{k-1}\boldsymbol{x}^{\mathrm{T}}(t-\tau_l)\boldsymbol{W}_{l+1}\boldsymbol{x}(t-\tau_{l+1})\right]^{\mathrm{T}}-\sum_{l=1}^{k}(\tau_l-\tau_{l-1})\int_{t-\tau_l}^{t-\tau_{l-1}}\boldsymbol{N}_l^{\mathrm{T}}(s)\boldsymbol{W}_l\boldsymbol{N}_l(s)\mathrm{d}s\\
&=\boldsymbol{x}^{\mathrm{T}}(t)\left[\boldsymbol{PA}+\boldsymbol{A}^{\mathrm{T}}\boldsymbol{P}+\sum_{l=1}^{k}\boldsymbol{Q}_l+\sum_{l=1}^{k}(\tau_l-\tau_{l-1})^2\boldsymbol{A}^{\mathrm{T}}\boldsymbol{W}_l\boldsymbol{A}-\boldsymbol{W}_1\right]\boldsymbol{x}(t)\\
&\quad+\sum_{i=1}^{k}\boldsymbol{x}^{\mathrm{T}}(t-\tau_i)\left[-\boldsymbol{Q}_i+\sum_{l=1}^{k}(\tau_l-\tau_{l-1})^2\boldsymbol{A}_i^{\mathrm{T}}\boldsymbol{W}_l\boldsymbol{A}_i-\boldsymbol{W}_{i+1}-\boldsymbol{W}_i\right]\boldsymbol{x}(t-\tau_i)\\
&\quad+\boldsymbol{x}^{\mathrm{T}}(t-\tau_k)\left[-\boldsymbol{Q}_k+\sum_{l=1}^{k}(\tau_l-\tau_{l-1})^2\boldsymbol{A}_k^{\mathrm{T}}\boldsymbol{W}_k\boldsymbol{A}_k-\boldsymbol{W}_k\right]\boldsymbol{x}(t-\tau_k)\\
&\quad+\boldsymbol{x}^{\mathrm{T}}(t)\left[\boldsymbol{PA}_1+\sum_{l=1}^{k}(\tau_l-\tau_{l-1})^2\boldsymbol{A}^{\mathrm{T}}\boldsymbol{W}_l\boldsymbol{A}_1+\boldsymbol{W}_1\right]\boldsymbol{x}(t-\tau_1)\\
&\quad+\left\{\boldsymbol{x}^{\mathrm{T}}(t)\left[\boldsymbol{PA}_1+\sum_{l=1}^{k}(\tau_l-\tau_{l-1})^2\boldsymbol{A}^{\mathrm{T}}\boldsymbol{W}_l\boldsymbol{A}_1+\boldsymbol{W}_1\right]\boldsymbol{x}(t-\tau_1)\right\}^{\mathrm{T}}\\
&\quad+\sum_{i=1}^{k-1}\boldsymbol{x}^{\mathrm{T}}(t-\tau_i)\left[\sum_{l=1}^{k}(\tau_l-\tau_{l-1})^2\boldsymbol{A}_i^{\mathrm{T}}\boldsymbol{W}_l\boldsymbol{A}_{i+1}+\boldsymbol{W}_{i+1}\right]\boldsymbol{x}(t-\tau_{i+1})\\
&\quad+\left\{\sum_{i=1}^{k-1}\boldsymbol{x}^{\mathrm{T}}(t-\tau_i)\left[\sum_{l=1}^{k}(\tau_l-\tau_{l-1})^2\boldsymbol{A}_i^{\mathrm{T}}\boldsymbol{W}_l\boldsymbol{A}_{i+1}+\boldsymbol{W}_{i+1}\right]\boldsymbol{x}(t-\tau_{i+1})\right\}^{\mathrm{T}}
\end{aligned}$$

$$
\begin{aligned}
&+\boldsymbol{x}^{\mathrm{T}}(t)\sum_{i=2}^{k}\left[\boldsymbol{P}\boldsymbol{A}_i+\sum_{l=1}^{k}(\tau_l-\tau_{l-1})^2\boldsymbol{A}^{\mathrm{T}}\boldsymbol{W}_l\boldsymbol{A}_i\right]\boldsymbol{x}(t-\tau_i)\\
&+\left\{\boldsymbol{x}^{\mathrm{T}}(t)\sum_{i=2}^{k}\left[\boldsymbol{P}\boldsymbol{A}_i+\sum_{l=1}^{k}(\tau_l-\tau_{l-1})^2\boldsymbol{A}^{\mathrm{T}}\boldsymbol{W}_l\boldsymbol{A}_i\right]\boldsymbol{x}(t-\tau_i)\right\}^{\mathrm{T}}\\
&+\sum_{i=1}^{k-2}\sum_{j=i+2}^{k}\boldsymbol{x}^{\mathrm{T}}(t-\tau_i)\left[\sum_{l=1}^{k}(\tau_l-\tau_{l-1})^2\boldsymbol{A}_i^{\mathrm{T}}\boldsymbol{W}_l\boldsymbol{A}_j\right]\boldsymbol{x}(t-\tau_j)\\
&+\left\{\sum_{i=1}^{k-2}\sum_{j=i+2}^{k}\boldsymbol{x}^{\mathrm{T}}(t-\tau_i)\left[\sum_{l=1}^{k}(\tau_l-\tau_{l-1})^2\boldsymbol{A}_i^{\mathrm{T}}\boldsymbol{W}_l\boldsymbol{A}_j\right]\mathbf{x}(t-\tau_j)\right\}^{\mathrm{T}}\\
&-\sum_{l=1}^{k}(\tau_l-\tau_{l-1})\int_{t-\tau_l}^{t-\tau_{l-1}}\boldsymbol{N}_l^{\mathrm{T}}(s)\boldsymbol{W}_l\boldsymbol{N}_l(s)\mathrm{d}s\\
=&\sum_{i=0}^{k}\sum_{j=i}^{k}\boldsymbol{x}^{\mathrm{T}}(t-\tau_i)\boldsymbol{H}_{i+1,j+1}\boldsymbol{x}(t-\tau_j)+\sum_{i=1}^{k}\sum_{j=0}^{i-1}\boldsymbol{x}^{\mathrm{T}}(t-\tau_i)\boldsymbol{H}_{j+1,i+1}^{\mathrm{T}}\boldsymbol{x}(t-\tau_j)\\
&-\sum_{l=1}^{k}(\tau_l-\tau_{l-1})\int_{t-\tau_l}^{t-\tau_{l-1}}\boldsymbol{N}_l^{\mathrm{T}}(s)\boldsymbol{W}_l\boldsymbol{N}_l(s)\mathrm{d}s\\
=&\tilde{\boldsymbol{X}}^{\mathrm{T}}\boldsymbol{H}\tilde{\boldsymbol{X}}-\sum_{l=1}^{k}(\tau_l-\tau_{l-1})\int_{t-\tau_l}^{t-\tau_{l-1}}\boldsymbol{N}_l^{\mathrm{T}}(s)\boldsymbol{W}_l\boldsymbol{N}_l(s)\mathrm{d}s
\end{aligned}
\tag{4-169}
$$

式中，$\tilde{\boldsymbol{X}}=[\boldsymbol{x}^{\mathrm{T}},\boldsymbol{x}^{\mathrm{T}}(t-\tau_1),\cdots,\boldsymbol{x}^{\mathrm{T}}(t-\tau_k)]^{\mathrm{T}}$，结合式（4-141）的定义不难看出，当定理 4-10 条件满足且 $\tilde{\boldsymbol{X}}\neq\boldsymbol{0}$ 时，必存在 $\dot{V}<0$，由此可知式（4-140）所描述系统是渐近稳定的。定理得证。

4.4.2　新判据改进机理分析

如前所述，本节希望从两方面入手来提高稳定判据的计算效率：一是选择更好的 Lyapunov 函数，二是尽量避免引入自由权矩阵。下面分别从这两方面对新的时滞稳定判据进行分析。

1. 对 Lyapunov-Krasovskii 泛函的修改

式（4-170）给出了在定理 4-8 和定理 4-9 两个判据所采用的 Lyapunov-Krasovskii 泛函，即

$$
V(t)=V_1+V_2+\tilde{V}_3 \tag{4-170}
$$

式中，$\tilde{V}_3=\sum_{i=0}^{k-1}\sum_{l=i+1}^{k}\int_{-\tau_l}^{-\tau_i}\int_{t+\theta}^{t}\dot{\boldsymbol{x}}^{\mathrm{T}}(s)\boldsymbol{W}_{i,l}\dot{\boldsymbol{x}}(s)\mathrm{d}s\mathrm{d}\theta$；$V_1,V_2$ 分别由式（4-150）和式（4-151）给出。

将式（4-170）和定理 4-10 所用 Lyapunov-Krasovskii 泛函式（4-149）相比，可以看出，两者的差距仅在于式中的第三项上。为说明本节方法对泛函改进的本质，我们在此考虑一个较为简单的情形：$k=3$，此时将 V_3（定理 4-10 所用泛函项）和 $\tilde{V}_3$（定理 4-8 和定理 4-9 所用泛函项）展开后的表达式分别为

$$
\begin{aligned}
V_3 = & \underbrace{(\tau_1-0)\int_{-\tau_1}^{0}\int_{t+\theta}^{t}\dot{\boldsymbol{x}}^{\mathrm{T}}(s)\boldsymbol{W}_1\dot{\boldsymbol{x}}(s)\mathrm{d}s\mathrm{d}\theta}_{③} + \underbrace{(\tau_2-\tau_1)\int_{-\tau_2}^{-\tau_1}\int_{t+\theta}^{t}\dot{\boldsymbol{x}}^{\mathrm{T}}(s)\boldsymbol{W}_2\dot{\boldsymbol{x}}(s)\mathrm{d}s\mathrm{d}\theta}_{②} \\
& + \underbrace{(\tau_3-\tau_2)\int_{-\tau_3}^{-\tau_2}\int_{t+\theta}^{t}\dot{\boldsymbol{x}}^{\mathrm{T}}(s)\boldsymbol{W}_3\dot{\boldsymbol{x}}(s)\mathrm{d}s\mathrm{d}\theta}_{①}
\end{aligned}
\tag{4-171}
$$

$$
\begin{aligned}
\tilde{V}_3 = & \underbrace{\int_{-\tau_1}^{0}\int_{t+\theta}^{t}\dot{\boldsymbol{x}}^{\mathrm{T}}(s)\boldsymbol{W}_{0,1}\dot{\boldsymbol{x}}(s)\mathrm{d}s\mathrm{d}\theta}_{③} + \underbrace{\int_{-\tau_2}^{0}\int_{t+\theta}^{t}\dot{\boldsymbol{x}}^{\mathrm{T}}(s)\boldsymbol{W}_{0,2}\dot{\boldsymbol{x}}(s)\mathrm{d}s\mathrm{d}\theta}_{⑤} \\
& + \underbrace{\int_{-\tau_3}^{0}\int_{t+\theta}^{t}\dot{\boldsymbol{x}}^{\mathrm{T}}(s)\boldsymbol{W}_{0,3}\dot{\boldsymbol{x}}(s)\mathrm{d}s\mathrm{d}\theta}_{⑥} + \underbrace{\int_{-\tau_2}^{-\tau_1}\int_{t+\theta}^{t}\dot{\boldsymbol{x}}^{\mathrm{T}}(s)\boldsymbol{W}_{1,2}\dot{\boldsymbol{x}}(s)\mathrm{d}s\mathrm{d}\theta}_{②} \\
& + \underbrace{\int_{-\tau_3}^{-\tau_1}\int_{t+\theta}^{t}\dot{\boldsymbol{x}}^{\mathrm{T}}(s)\boldsymbol{W}_{1,3}\dot{\boldsymbol{x}}(s)\mathrm{d}s\mathrm{d}\theta}_{④} + \underbrace{\int_{-\tau_3}^{-\tau_2}\int_{t+\theta}^{t}\dot{\boldsymbol{x}}^{\mathrm{T}}(s)\boldsymbol{W}_{2,3}\dot{\boldsymbol{x}}(s)\mathrm{d}s\mathrm{d}\theta}_{①}
\end{aligned}
\tag{4-172}
$$

我们知道，式（4-170）和式（4-149）所给泛函的第三部分，都是希望体现时滞系统位于 $[-\tau_{\max},0]$ 轨迹的变化规律，并通过泛函反映其对系统稳定性的影响。图 4-1 标出了式（4-171）和式（4-172）各组成部分（式中用下标数字符号标出）所位于的区段，不难看出，V_3 的三个区段相互衔接，已将 $[-\tau_{\max},0]$ 整个区间全部涵盖进去；而 $\tilde{V}_3$ 包含了六部分，除了与 V_3 相同的三个区段外，还考虑了 $[-\tau_{\max},0]$ 内区段的各种组合。从图 4-1 不难看出，图中的④、⑤和⑥区段显然是冗余的，因为①、②、③区段已完全涵盖了 $[-\tau_{\max},0]$ 整个区间。

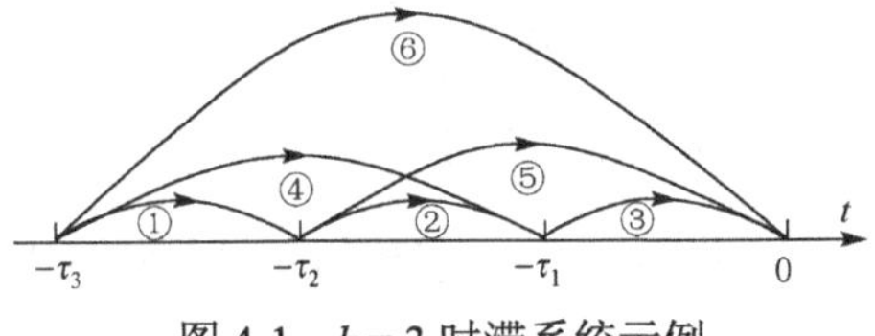

图 4-1　$k=3$ 时滞系统示例

对于包含多个时滞环节（$k>3$）的情况，上述分析是一样的，即在式（4-149）所给泛函中，剔除了所有冗余的泛函积分项；同时根据判据推导的需要，在每个区段对应的泛函积分项之前乘以对应区段的长度。

2. 避免引入自由权矩阵的实现原理

在定理 4-10 对应判据的推导过程中，我们可以看到并未引入任何自由权矩阵，为分析新判据的实现原理，我们首先引出如下定理。

定理 4-11（泛函极值条件定理）　对式(4-173)所示泛函F，其边界条件由式(4-174)给出，即

$$F=\int_{t_1}^{t_2}\dot{\boldsymbol{x}}^{\mathrm{T}}(s)\boldsymbol{W}\dot{\boldsymbol{x}}(s)\mathrm{d}s,\quad t_1<t_2 \tag{4-173}$$

$$\begin{cases}\boldsymbol{x}(t_1)=\boldsymbol{x}_1\\ \boldsymbol{x}(t_2)=\boldsymbol{x}_2\end{cases} \tag{4-174}$$

式中，$\boldsymbol{x}(t)$是区间$[t_1,t_2]$上的n维可微向量函数；$\boldsymbol{W}=\boldsymbol{W}^{\mathrm{T}}>0$，$\boldsymbol{W}\in\mathbf{R}^{n\times n}$为正定对称矩阵。若系统轨迹$\boldsymbol{x}(t)$在区间$[t_1,t_2]$取式（4-175）的形式，则泛函$F$可取到极值。

$$\boldsymbol{x}(t)=\frac{\boldsymbol{x}_1-\boldsymbol{x}_2}{t_1-t_2}t+\frac{t_1}{t_1-t_2}\boldsymbol{x}_1-\frac{t_2}{t_1-t_2}\boldsymbol{x}_2 \tag{4-175}$$

证明：设在区间$[t_1,t_2]$上的$\boldsymbol{x}_m(t)$是使式(4-173)取极值的n维可微向量函数，$\boldsymbol{g}(t)$是在该区间上满足如下条件的任意n维可微向量函数，即

$$\begin{cases}\boldsymbol{g}(t_1)=\boldsymbol{0}\\ \boldsymbol{g}(t_2)=\boldsymbol{0}\end{cases} \tag{4-176}$$

进一步，对于区间$[t_1,t_2]$上的任意一个满足式（4-174）的n维可微向量函数均可表示为如下形式，即

$$\boldsymbol{x}(t)=\boldsymbol{x}_m(t)+\eta\boldsymbol{g}(t) \tag{4-177}$$

式中，$\eta\in\mathbf{R}$。同时在每个时刻t，$\boldsymbol{x}$也可以表示为η的函数，即

$$\boldsymbol{x}(\eta)=\boldsymbol{x}_m+\eta\boldsymbol{g} \tag{4-178}$$

不难看出，$\boldsymbol{x}(0)=\boldsymbol{x}_m$。由于$\boldsymbol{x}$为$\eta$的函数，式（4-173）所给泛函也将为$\eta$的函数，根据函数取极值的必要条件，可得

$$\left.\frac{\partial F}{\partial\eta}\right|_{\eta=0}=0 \tag{4-179}$$

利用式（4-177）可将式（4-173）改写为

$$F=\int_{t_1}^{t_2}[\dot{\boldsymbol{x}}_m(s)+\eta\dot{\boldsymbol{g}}(s)]^{\mathrm{T}}\boldsymbol{W}[\dot{\boldsymbol{x}}_m(s)+\eta\dot{\boldsymbol{g}}(s)]\mathrm{d}s \tag{4-180}$$

进一步，利用导数的定义式可得

$$\left.\frac{\partial F}{\partial\eta}\right|_{\eta=0}=\lim_{\eta\to 0}\frac{F(\eta)-F(0)}{\eta} \tag{4-181}$$

式中

$$\begin{aligned}F(\eta)=&\int_{t_1}^{t_2}[\dot{\boldsymbol{x}}_m(s)+\eta\dot{\boldsymbol{g}}(s)]^{\mathrm{T}}\boldsymbol{W}[\dot{\boldsymbol{x}}_m(s)+\eta\dot{\boldsymbol{g}}(s)]\mathrm{d}s=\int_{t_1}^{t_2}[\dot{\boldsymbol{x}}_m^{\mathrm{T}}(s)\boldsymbol{W}\dot{\boldsymbol{x}}_m(s)\\&+\eta\dot{\boldsymbol{x}}^{\mathrm{T}}(s)\boldsymbol{W}\dot{\boldsymbol{g}}(s)+\eta\dot{\boldsymbol{g}}^{\mathrm{T}}(s)\boldsymbol{W}\dot{\boldsymbol{x}}_m(s)+\eta^2\dot{\boldsymbol{g}}^{\mathrm{T}}(s)\boldsymbol{W}\dot{\boldsymbol{g}}(s)]\mathrm{d}s\end{aligned} \tag{4-182}$$

$$F(0)=\int_{t_1}^{t_2}\dot{\boldsymbol{x}}_m^{\mathrm{T}}(s)\boldsymbol{W}\dot{\boldsymbol{x}}_m(s)\mathrm{d}s \tag{4-183}$$

将式（4-182）和式（4-183）代入式（4-181）可得

$$\begin{aligned}
\left.\frac{\partial F}{\partial \eta}\right|_{\eta=0} &= \lim_{\eta\to 0}\int_{t_1}^{t_2}[\dot{\boldsymbol{x}}_m^{\mathrm{T}}(s)\boldsymbol{W}\dot{\boldsymbol{g}}(s)+\dot{\boldsymbol{g}}^{\mathrm{T}}(s)\boldsymbol{W}\dot{\boldsymbol{x}}_m(s)+\eta\dot{\boldsymbol{g}}^{\mathrm{T}}(s)\boldsymbol{W}\dot{\boldsymbol{g}}(s)]\mathrm{d}s \\
&= \int_{t_1}^{t_2}[\dot{\boldsymbol{x}}_m^{\mathrm{T}}(s)\boldsymbol{W}\dot{\boldsymbol{g}}(s)+\dot{\boldsymbol{g}}^{\mathrm{T}}(s)\boldsymbol{W}\dot{\boldsymbol{x}}_m(s)]\mathrm{d}s \\
&= \dot{\boldsymbol{x}}_m^{\mathrm{T}}(s)\boldsymbol{W}\boldsymbol{g}(s)\Big|_{s=t_1}^{s=t_2}-\int_{t_1}^{t_2}\ddot{\boldsymbol{x}}_m^{\mathrm{T}}(s)\boldsymbol{W}\boldsymbol{g}(s)\mathrm{d}s+\boldsymbol{g}^{\mathrm{T}}(s)\boldsymbol{W}\dot{\boldsymbol{x}}_m(s)\Big|_{s=t_1}^{s=t_2}-\int_{t_1}^{t_2}\boldsymbol{g}^{\mathrm{T}}(s)\boldsymbol{W}\ddot{\boldsymbol{x}}_m(s)\mathrm{d}s \\
&= \dot{\boldsymbol{x}}_m^{\mathrm{T}}(s)\Big|_{s=t_2}\boldsymbol{W}\boldsymbol{g}(t_2)-\dot{\boldsymbol{x}}_m^{\mathrm{T}}(s)\Big|_{s=t_1}\boldsymbol{W}\boldsymbol{g}(t_1)-\int_{t_1}^{t_2}\ddot{\boldsymbol{x}}_m^{\mathrm{T}}(s)\boldsymbol{W}\boldsymbol{g}(s)\mathrm{d}s+\boldsymbol{g}^{\mathrm{T}}(t_2)\boldsymbol{W}\dot{\boldsymbol{x}}_m(s)\Big|_{s=t_2} \\
&\quad -\boldsymbol{g}^{\mathrm{T}}(t_2)\boldsymbol{W}\dot{\boldsymbol{x}}_m(s)\Big|_{s=t_1}-\int_{t_1}^{t_2}\boldsymbol{g}^{\mathrm{T}}(s)\boldsymbol{W}\ddot{\boldsymbol{x}}_m(s)\mathrm{d}s
\end{aligned} \tag{4-184}$$

将式（4-176）代入式（4-184）可得

$$\left.\frac{\partial F}{\partial \eta}\right|_{\eta=0}=-\int_{t_1}^{t_2}\ddot{\boldsymbol{x}}_m^{\mathrm{T}}(s)\boldsymbol{W}\boldsymbol{g}(s)\mathrm{d}s-\int_{t_1}^{t_2}\boldsymbol{g}^{\mathrm{T}}(s)\boldsymbol{W}\ddot{\boldsymbol{x}}_m(s)\mathrm{d}s=-2\int_{t_1}^{t_2}\ddot{\boldsymbol{x}}_m^{\mathrm{T}}(s)\boldsymbol{W}\boldsymbol{g}(s)\mathrm{d}s \tag{4-185}$$

再利用式（4-179），不难得到

$$\int_{t_1}^{t_2}\ddot{\boldsymbol{x}}_m^{\mathrm{T}}(s)\boldsymbol{W}\boldsymbol{g}(s)\mathrm{d}s=\int_{t_1}^{t_2}\left[\frac{\mathrm{d}^2\boldsymbol{x}_m(s)}{\mathrm{d}s^2}\right]^{\mathrm{T}}\boldsymbol{W}\boldsymbol{g}(s)\mathrm{d}s=0 \tag{4-186}$$

函数 $\boldsymbol{g}(\cdot)$ 可以任意取值，同时考虑到矩阵 $\boldsymbol{W}$ 为正定矩阵，则欲使式（4-186）成立，需满足

$$\frac{\mathrm{d}^2\boldsymbol{x}_m(s)}{\mathrm{d}s^2}=\boldsymbol{0} \tag{4-187}$$

由此可得

$$\boldsymbol{x}_m(s)=\boldsymbol{c}_1 s+\boldsymbol{c}_2 \tag{4-188}$$

式中，$\boldsymbol{c}_1,\boldsymbol{c}_2\in\mathbf{R}^n$ 为常数。进一步，利用泛函 F 的边界条件式（4-174）可得

$$\begin{cases}\boldsymbol{x}_1=\boldsymbol{c}_1 t_1+\boldsymbol{c}_2\\ \boldsymbol{x}_2=\boldsymbol{c}_1 t_2+\boldsymbol{c}_2\end{cases} \tag{4-189}$$

从式（4-189）可解出 $\boldsymbol{c}_1,\boldsymbol{c}_2$，即

$$\begin{cases}\boldsymbol{c}_1=\dfrac{\boldsymbol{x}_1-\boldsymbol{x}_2}{t_1-t_2}\\ \boldsymbol{c}_2=\dfrac{t_1}{t_1-t_2}\boldsymbol{x}_1-\dfrac{t_2}{t_1-t_2}\boldsymbol{x}_2\end{cases} \tag{4-190}$$

代入式（4-188）可得

$$\boldsymbol{x}_m(s)=\frac{\boldsymbol{x}_1-\boldsymbol{x}_2}{t_1-t_2}s+\frac{t_1}{t_1-t_2}\boldsymbol{x}_1-\frac{t_2}{t_1-t_2}\boldsymbol{x}_2 \tag{4-191}$$

不考虑函数自变量形式上的差异，式（4-191）和式（4-175）具有相同形式，因此系统轨迹在区间$[t_1,t_2]$上满足式（4-191）和式（4-175）条件时，式（4-173）所示泛函将取极值，定理得证。

从定理 4-10 证明的过程，我们可以看到 Lyapunov-Krasovskii 泛函的导数中存在很多与式（4-173）形式相同的泛函积分项（如式（4-162）），因此可以利用定理 4-11 的结果，直接得到其极值，而只要保证系统在极值情况下满足稳定条件，则系统一定是稳定的。这就是本节改进方法的基本原理。

对于式（4-173）所给泛函积分项，其极值可直接利用定理 4-11 和式（4-175）所给条件求得

$$\begin{aligned}F_m&=\int_{t_1}^{t_2}\left(\frac{\boldsymbol{x}_1-\boldsymbol{x}_2}{t_1-t_2}\right)^{\mathrm{T}}\boldsymbol{W}\left(\frac{\boldsymbol{x}_1-\boldsymbol{x}_2}{t_1-t_2}\right)\mathrm{d}s=\left(\frac{\boldsymbol{x}_1-\boldsymbol{x}_2}{t_1-t_2}\right)^{\mathrm{T}}\boldsymbol{W}\left(\frac{\boldsymbol{x}_1-\boldsymbol{x}_2}{t_1-t_2}\right)(t_2-t_1)\\&=\frac{1}{t_2-t_1}(\boldsymbol{x}_2-\boldsymbol{x}_1)^{\mathrm{T}}\boldsymbol{W}(\boldsymbol{x}_2-\boldsymbol{x}_1)\\&=\frac{1}{t_2-t_1}(\boldsymbol{x}_2^{\mathrm{T}}\boldsymbol{W}\boldsymbol{x}_2+\boldsymbol{x}_1^{\mathrm{T}}\boldsymbol{W}\boldsymbol{x}_1-\boldsymbol{x}_2^{\mathrm{T}}\boldsymbol{W}\boldsymbol{x}_1-\boldsymbol{x}_1^{\mathrm{T}}\boldsymbol{W}\boldsymbol{x}_2)\end{aligned} \tag{4-192}$$

对比式（4-192）和式（4-168），我们不难发现式（4-168）第二到第五项，刚好是对应泛函积分项取极值的条件。而由式（4-163）中$\boldsymbol{N}_l(s),l=1,2,\cdots,k$的定义，我们可以看出，$\boldsymbol{N}_l(s)$实际是$\dot{\boldsymbol{x}}(s)$剔除取极值条件部分$\left(\text{即}\dfrac{1}{\tau_l-\tau_{l-1}}[\boldsymbol{x}(t-\tau_{l-1})-\boldsymbol{x}(t-\tau_l)]\text{线性部分}\right)$后，所剩余的非线性环节。因此，在利用式（4-163）进行判据推导时，并未因极值条件的引入而损失任何信息，由此保证整个判据的保守性不会增加，这一点从后面的示例中可得到印证。

4.4.3　判据待求变量及效率提升分析

与 4.4.2 节类似，我们也从“选择更好的 Lyapunov 函数”和“避免引入自由权矩阵”两个方面，来分析新判据与原有判据在待求变量数目上的变化情况，因为每减少一个待求变量，就意味着节省一部分计算资源，也意味着判据的计算效率会有所提升。

1．对 Lyapunov-Krasovskii 泛函的修改

将式（4-170）重写为

$$
\begin{aligned}
V(t)=&\boldsymbol{x}^{\mathrm{T}}(t)\boldsymbol{P}\boldsymbol{x}(t)+\sum_{i=1}^{k}\int_{t-\tau_i}^{t}\boldsymbol{x}^{\mathrm{T}}(s)\boldsymbol{Q}_i\boldsymbol{x}(s)\mathrm{d}s+\sum_{i=1}^{k}\int_{-\tau_i}^{-\tau_{i-1}}\int_{t+\theta}^{t}\dot{\boldsymbol{x}}^{\mathrm{T}}(s)\boldsymbol{W}_i\dot{\boldsymbol{x}}(s)\mathrm{d}s\mathrm{d}\theta\\
&+\sum_{i=0}^{k-2}\sum_{l=i+2}^{k}\int_{-\tau_l}^{-\tau_i}\int_{t+\theta}^{t}\dot{\boldsymbol{x}}^{\mathrm{T}}(s)\boldsymbol{W}_{i,l}\dot{\boldsymbol{x}}(s)\mathrm{d}s\mathrm{d}\theta
\end{aligned}
\tag{4-193}
$$

将其与式（4-149）（定理 4-10 的新判据所用 Lyapunov-Krasovskii 泛函）加以比较后不难发现：在新判据所用的泛函中，式（4-193）中的第四项将被完全省略（这些泛函积分项被省略的原因，已在图 4-1 给出了解释），由此使得该式中的矩阵变量 $\boldsymbol{W}_{i,l}(i=0,1,\cdots,k-2;l=i+2,i+3,\cdots,k)$ 均不需要在判据中出现，也不需要再进行求解。仔细分析，其中包含 $0.5k^2-0.5k$ 个待求的对称矩阵和 $(0.25k^2-0.25k)n^2+(0.25k^2-0.25k)n$ 个待求常数（矩阵元素数目均为 $n\times n$，下同），这些待求矩阵或变量被省略，不参与计算，会提升新判据的计算效率。

2. 避免引入自由权矩阵

仔细分析定理 4-10 的证明过程不难发现，在整个判据推导过程中并未引入任何自由权矩阵，所有待求变量均由 Lyapunov-Krasovskii 泛函引入。因此，与定理 4-8 判据相比，新判据减少了对 $0.5k^3+k^2+0.5k$ 个对称矩阵，$0.25k^4+k^3+1.25k^2+0.5k$ 个常数矩阵的求解，涉及 $(0.25k^4+1.25k^3+1.75k^2+0.75k)n^2+(0.25k^3+0.5k^2+0.25k)n$ 个未知变量；而与定理 4-9 相比，新判据则减少了对 $0.5k^3+k^2+0.5k$ 个对称矩阵和 $1.5k^2+1.5k$ 个常数矩阵的求解，涉及 $(0.25k^3+2k^2+1.75k)n^2+(0.25k^3+0.5k^2+0.25k)n$ 个未知变量。

经上述两个环节的优化，定理 4-10 对应的新判据，只需求解 $2k+1$ 个待求的对称矩阵，待求变量数为 $(k+0.5)n^2+(k+0.5)n$。因此，与定理 4-8 判据相比，新判据减少了 $(0.25k^4+1.25k^3+2k^2+0.5k)n^2+(0.25k^3+0.75k^2)n$ 个待求变量；而与定理 4-9 判据相比，新判据减少了 $(0.25k^3+2.25k^2+1.5k)n^2+(0.25k^3+0.75k^2)n$ 个待求变量。因此，当系统的维数和时滞变量数增多时，新判据待求变量数较定理 4-8 和定理 4-9 的判据将大大减少，计算效率会有显著提升。

4.4.4　新判据与基于自由权矩阵判据间的内在联系分析

在 4.4.5 节的算例验证部分，我们会发现定理 4-10 所给新稳定判据与定理 4-8、定理 4-9 所给判据可以得出相同的判稳结果，即三者间是完全等价的。由于定理 4-9 是在定理 4-8 的基础上经改进得到的，这里仅证明定理 4-10 和定理 4-8 两个判据间的等价性。

定理 4-12（判据等价性证明）　定理 4-10 和定理 4-8 两个时滞稳定判据是等价的。当定理 4-8 成立时，可推出定理 4-10 成立；反过来，当定理 4-10 成立时，也可推出定理 4-8 成立。

证明：为便于叙述，我们用加波浪形上标的符号来代表定理 4-10 的变量，而用不加波浪形上标的符号来表示定理 4-8 的变量。证明分为两部分：第一步，证明当定理 4-8 成立时，可推出定理 4-10 成立；第二步，证明当定理 4-10 成立时，可推出定理 4-8 成立。

第一步：证明由定理 4-8⇒定理 4-10。

假设定理 4-8 成立，即存在正定对称矩阵 $\boldsymbol{P},\boldsymbol{Q}_i(i=1,2,\cdots,k)$，对称半正定 $\boldsymbol{W}_{i,j}$ 和对称矩阵 $\boldsymbol{X}_{i,j}(0\leqslant i<j\leqslant k)$，以及任意矩阵 $\boldsymbol{N}_l^{i,j}(l=1,2,\cdots,k+1;0\leqslant i<j\leqslant k)$，使得式（4-109）和式（4-110）条件成立。

式（4-170）给出了定理 4-8 所用的 Lyapunov-Krasovskii 泛函，对其进行简单变形可得

$$\begin{aligned}
V(t)&=V_1+V_2+\sum_{i=0}^{k-1}\sum_{l=i+1}^{k}\sum_{p=i}^{l-1}\int_{-\tau_{p+1}}^{-\tau_p}\int_{t+\theta}^{t}\dot{\boldsymbol{x}}^{\mathrm{T}}(s)\boldsymbol{W}_{i,l}\dot{\boldsymbol{x}}(s)\mathrm{d}s\mathrm{d}\theta\\
&=V_1+V_2+\sum_{p=0}^{k-1}\sum_{i=0}^{p}\sum_{l=p+1}^{k}\int_{-\tau_{p+1}}^{-\tau_p}\int_{t+\theta}^{t}\dot{\boldsymbol{x}}^{\mathrm{T}}(s)\boldsymbol{W}_{i,l}\dot{\boldsymbol{x}}(s)\mathrm{d}s\mathrm{d}\theta\\
&=V_1+V_2+\sum_{p=0}^{k-1}\int_{-\tau_{p+1}}^{-\tau_p}\int_{t+\theta}^{t}\dot{\boldsymbol{x}}^{\mathrm{T}}(s)\left(\sum_{i=0}^{p}\sum_{l=p+1}^{k}\boldsymbol{W}_{i,l}\right)\dot{\boldsymbol{x}}(s)\mathrm{d}s\mathrm{d}\theta\\
&=V_1+V_2+\sum_{p=1}^{k}\int_{-\tau_{p}}^{-\tau_{p-1}}\int_{t+\theta}^{t}\dot{\boldsymbol{x}}^{\mathrm{T}}(s)\left(\sum_{i=0}^{p-1}\sum_{l=p}^{k}\boldsymbol{W}_{i,l}\right)\dot{\boldsymbol{x}}(s)\mathrm{d}s\mathrm{d}\theta
\end{aligned}\tag{4-194}$$

上述式子中的 V_1,V_2 分别由式（4-150）和式（4-151）给出。通过上述推导可以看出，利用如下三式即可构造出定理 4-10 所需变量，即

$$\tilde{\boldsymbol{P}}=\alpha_1\cdot\boldsymbol{P}\tag{4-195}$$

$$\tilde{\boldsymbol{Q}}_i=\alpha_1\cdot\boldsymbol{Q}_i\tag{4-196}$$

$$\tilde{\boldsymbol{W}}_i=\frac{\alpha_1}{\tau_i-\tau_{i-1}}\cdot\sum_{p=0}^{i-1}\sum_{l=i}^{k}\boldsymbol{W}_{p,l},\quad i=1,2,\cdots,k\tag{4-197}$$

式中，$\alpha_1\in\mathbf{R}$ 为一非零正实数。将式（4-195）～式（4-197）代入式（4-194）可得

$$\begin{aligned}
V(t)=&\boldsymbol{x}^{\mathrm{T}}(t)\tilde{\boldsymbol{P}}\boldsymbol{x}(t)+\sum_{i=1}^{k}\int_{t-\tau_i}^{t}\boldsymbol{x}^{\mathrm{T}}(s)\tilde{\boldsymbol{Q}}_i\boldsymbol{x}(s)\mathrm{d}s\\
&+\sum_{i=1}^{k}(\tau_i-\tau_{i-1})\int_{-\tau_i}^{-\tau_{i-1}}\int_{t+\theta}^{t}\dot{\boldsymbol{x}}^{\mathrm{T}}(s)\tilde{\boldsymbol{W}}_i\dot{\boldsymbol{x}}(s)\mathrm{d}s\mathrm{d}\theta
\end{aligned}\tag{4-198}$$

进一步设 $\tilde{\boldsymbol{x}}_{\arg}(t)=[\boldsymbol{x}^{\mathrm{T}}(t),\boldsymbol{x}^{\mathrm{T}}(t-\tau_1),\cdots,\boldsymbol{x}^{\mathrm{T}}(t-\tau_k)]^{\mathrm{T}}$，采用定理 4-10 的证明过程可得

$$\dot{V}=\frac{\mathrm{d}V}{\mathrm{d}t}=\tilde{\boldsymbol{x}}_{\arg}^{\mathrm{T}}(t)\tilde{\boldsymbol{H}}\tilde{\boldsymbol{x}}_{\arg}(t)-\sum_{i=1}^{k}(\tau_i-\tau_{i-1})\int_{t-\tau_i}^{t-\tau_{i-1}}\tilde{\boldsymbol{N}}_i^{\mathrm{T}}(s)\tilde{\boldsymbol{W}}_i\tilde{\boldsymbol{N}}_i(s)\mathrm{d}s\tag{4-199}$$

式中

$$\tilde{\boldsymbol{N}}_i(s)=\dot{\boldsymbol{x}}(s)-\frac{1}{\tau_i-\tau_{i-1}}[\boldsymbol{x}(t-\tau_{i-1})-\boldsymbol{x}(t-\tau_i)],s\in[t-\tau_i,t-\tau_{i-1}] \tag{4-200}$$

进一步，可按如下方式构造一条系统的特殊轨迹，即

$$\boldsymbol{x}(s)=\frac{t-s-\tau_{i-1}}{\tau_i-\tau_{i-1}}\boldsymbol{x}(t-\tau_i)-\frac{t-s-\tau_i}{\tau_i-\tau_{i-1}}\boldsymbol{x}(t-\tau_{i-1}),s\in[t-\tau_i,t-\tau_{i-1}] \tag{4-201}$$

将式（4-201）代入式（4-200），可得

$$\tilde{\boldsymbol{N}}_i(s)=\boldsymbol{0},\quad s\in[t-\tau_i,t-\tau_{i-1}],\quad i=1,2,\cdots,k \tag{4-202}$$

再将式（4-202）代入式（4-199），可得

$$\dot{V}=\tilde{\boldsymbol{x}}_{\arg}^{\mathrm{T}}(t)\tilde{\boldsymbol{H}}\tilde{\boldsymbol{x}}_{\arg}(t) \tag{4-203}$$

前面已假设定理 4-8 成立，可知此时必有 $\dot{V}<0$ 成立，由式（4-203）可推得

$$\tilde{\boldsymbol{H}}<\boldsymbol{0} \tag{4-204}$$

由此可知定理 4-10 成立。

第二步：证明由定理 4-10⇒定理 4-8。

假设定理 4-10 成立，即存在正定对称矩阵 $\tilde{\boldsymbol{P}}$, $\tilde{\boldsymbol{Q}}_i(i=1,2,\cdots,k)$，对称半正定矩阵 $\tilde{\boldsymbol{W}}_i(i=1,2,\cdots,k)$，使得式（4-141）的条件成立。

定义矩阵 $\tilde{\boldsymbol{S}}$ 为

$$\tilde{\boldsymbol{S}}=\begin{bmatrix}\tilde{\boldsymbol{S}}_{1,1} & \tilde{\boldsymbol{S}}_{1,2} & \cdots & \tilde{\boldsymbol{S}}_{1,k} & \tilde{\boldsymbol{S}}_{1,k+1}\\ \tilde{\boldsymbol{S}}_{1,2}^{\mathrm{T}} & \tilde{\boldsymbol{S}}_{2,2} & \cdots & \tilde{\boldsymbol{S}}_{2,k} & \tilde{\boldsymbol{S}}_{2,k+1}\\ \vdots & \vdots & & \vdots & \vdots\\ \tilde{\boldsymbol{S}}_{1,k}^{\mathrm{T}} & \tilde{\boldsymbol{S}}_{2,k}^{\mathrm{T}} & \cdots & \tilde{\boldsymbol{S}}_{k,k} & \tilde{\boldsymbol{S}}_{k,k+1}\\ \tilde{\boldsymbol{S}}_{1,k+1}^{\mathrm{T}} & \tilde{\boldsymbol{S}}_{2,k+1}^{\mathrm{T}} & \cdots & \tilde{\boldsymbol{S}}_{k,k+1}^{\mathrm{T}} & \tilde{\boldsymbol{S}}_{k+1,k+1}\end{bmatrix} \tag{4-205}$$

式中

$$\tilde{\boldsymbol{S}}_{i,j}=\begin{cases}\sum\limits_{p=0}^{k-2}\sum\limits_{l=p+2}^{k}(\tau_l-\tau_p)^2\boldsymbol{A}^{\mathrm{T}}\boldsymbol{A}-(k-1)\boldsymbol{I}, & i=1,j=1\\ \sum\limits_{p=0}^{k-2}\sum\limits_{l=p+2}^{k}(\tau_l-\tau_p)^2\boldsymbol{A}_{i-1}^{\mathrm{T}}\boldsymbol{A}_{i-1}-(k-2)\boldsymbol{I}, & j=i,j=2,3,\cdots,k\\ \sum\limits_{p=0}^{k-2}\sum\limits_{l=p+2}^{k}(\tau_l-\tau_p)^2\boldsymbol{A}_k^{\mathrm{T}}\boldsymbol{A}_k-(k-1)\boldsymbol{I}, & i=k+1,j=k+1\\ \sum\limits_{p=0}^{k-2}\sum\limits_{l=p+2}^{k}(\tau_l-\tau_p)^2\boldsymbol{A}_{i-1}^{\mathrm{T}}\boldsymbol{A}_i, & j=i+1,i=1,2,\cdots,k\\ \sum\limits_{p=0}^{k-2}\sum\limits_{l=p+2}^{k}(\tau_l-\tau_p)^2\boldsymbol{A}_{i-1}^{\mathrm{T}}\boldsymbol{A}_{j-1}+\boldsymbol{I}, & \text{其他}\end{cases} \tag{4-206}$$

由式（4-141）的条件成立，可知 $\tilde{\boldsymbol{H}}$ 矩阵一定负定，即 $\tilde{\boldsymbol{H}}<\mathbf{0}$，则一定存在一个足够小的正数 ε，使得

$$\tilde{\boldsymbol{H}}+\varepsilon\tilde{\boldsymbol{S}}<\mathbf{0} \tag{4-207}$$

进一步，可按如下规则，构造定理 4-8 的相应矩阵。首先由式（4-208）构造 $\boldsymbol{X}_{p,p}^{i,i+1}, i=0,1,\cdots,k-1$，即

$$\boldsymbol{X}_{p,p}^{i,i+1}=\begin{cases}\alpha_2\tilde{\boldsymbol{W}}_{i+1}/(\tau_{i+1}-\tau_i), & p=i+1\\ \alpha_2\tilde{\boldsymbol{W}}_{i+1}/(\tau_{i+1}-\tau_i), & p=i+2, i=0,1,\cdots,k-1\\ \mathbf{0}, & \text{其他}\end{cases} \tag{4-208}$$

式中，$\alpha_2\in\mathbf{R}$ 为一非零正数。由式（4-209）构造 $\boldsymbol{X}_{p,p}^{i,j}, i=0,1,\cdots,k-2, j=i+2,i+3,\cdots,k$，即

$$\boldsymbol{X}_{p,p}^{i,j}=\begin{cases}\alpha_2\varepsilon\boldsymbol{I}/(\tau_j-\tau_i), & p=i+1\\ \alpha_2\varepsilon\boldsymbol{I}/(\tau_j-\tau_i), & p=i+2\\ \mathbf{0}, & \text{其他}\end{cases} \tag{4-209}$$

由式（4-210）构造 $\boldsymbol{X}_{i+1,i+2}^{i,i+1}, i=0,1,\cdots,k-1$，即

$$\boldsymbol{X}_{i+1,i+2}^{i,i+1}=-\alpha_2\tilde{\boldsymbol{W}}_{i+1}/(\tau_{i+1}-\tau_i) \tag{4-210}$$

由式（4-211）构造 $\boldsymbol{X}_{i+1,j+1}^{i,j}, i=0,1,\cdots,k-2, j=i+2,i+3,\cdots,k$，即

$$\boldsymbol{X}_{i+1,j+1}^{i,j}=-\alpha_2\varepsilon\boldsymbol{I}/(\tau_j-\tau_i) \tag{4-211}$$

由式（4-212）构造 $\boldsymbol{N}_i^{i,i+1}, i=0,1,\cdots,k-1$，即

$$\boldsymbol{N}_i^{i,i+1}=-\alpha_2\tilde{\boldsymbol{W}}_{i+1} \tag{4-212}$$

由式（4-213）构造 $\boldsymbol{N}_i^{i,j}, i=0,1,\cdots,k-2, j=i+2,i+3,\cdots,k$，即

$$\boldsymbol{N}_i^{i,j}=-\alpha_2\varepsilon\boldsymbol{I} \tag{4-213}$$

由式（4-214）构造 $\boldsymbol{N}_{i+1}^{i,i+1}, i=0,1,\cdots,k-1$，即

$$\boldsymbol{N}_{i+1}^{i,i+1}=\alpha_2\tilde{\boldsymbol{W}}_{i+1} \tag{4-214}$$

由式（4-215）构造 $\boldsymbol{N}_j^{i,j}, i=0,1,\cdots,k-2, j=i+2,i+3,\cdots,k$，即

$$\boldsymbol{N}_j^{i,j}=\alpha_2\varepsilon\boldsymbol{I} \tag{4-215}$$

由式（4-216）构造 $\boldsymbol{W}_{i,i+1}, i=0,1,\cdots,k-1$，即

$$\boldsymbol{W}_{i,i+1}=\alpha_2(\tau_{i+1}-\tau_i)\tilde{\boldsymbol{W}}_{i+1} \tag{4-216}$$

由式（4-217）构造 $\boldsymbol{W}_{i,j}, i=0,1,\cdots,k-2, j=i+2,i+3,\cdots,k$，即

$$\boldsymbol{W}_{i,j} = \alpha_2 \varepsilon(\tau_j - \tau_i)\boldsymbol{I} \tag{4-217}$$

由式（4-218）构造 $\boldsymbol{P}$，即

$$\boldsymbol{P} = \alpha_2 \tilde{\boldsymbol{P}} \tag{4-218}$$

由式（4-217）构造 $\boldsymbol{Q}_i, i=1,2,\cdots,k$，即

$$\boldsymbol{Q}_i = \alpha_2 \tilde{\boldsymbol{Q}}_i \tag{4-219}$$

由上述构造过程可得

$$\boldsymbol{H} = \alpha_2(\tilde{\boldsymbol{H}} + \varepsilon \tilde{\boldsymbol{S}}) \tag{4-220}$$

由式（4-207）可知，必有 $\boldsymbol{H} < 0$。进一步，构造矩阵 $\boldsymbol{T}_{i,j}$ 为

$$\boldsymbol{T}_{i,j} = [(\boldsymbol{T}_{i,j}^1)^{\mathrm{T}}, (\boldsymbol{T}_{i,j}^2)^{\mathrm{T}}, \ldots, (\boldsymbol{T}_{i,j}^{k+1})^{\mathrm{T}}, (\boldsymbol{T}_{i,j}^{k+2})^{\mathrm{T}}]^{\mathrm{T}} \tag{4-221}$$

式中，$\boldsymbol{T}_{i,j}^p \in \mathbf{R}^{n\times n}, p=1,2,\cdots,k+2; i=0,1,\cdots,k-1; j=i+1,i+2,\cdots,k$。$\boldsymbol{T}_{i,j}^p$ 内子块（元素）按如下方式取值，即

$$\boldsymbol{T}_{i,j}^p = \begin{cases} \boldsymbol{I}/(\tau_j - \tau_i), & p = i+1 \\ -\boldsymbol{I}/(\tau_j - \tau_i), & p = j+1 \\ \boldsymbol{I}, & p = k+2 \\ \boldsymbol{0}, & \text{其他} \end{cases} \tag{4-222}$$

根据上述推导，可得

$$\boldsymbol{M}_{i,j} = \boldsymbol{T}_{i,j} \boldsymbol{W}_{i,j} \boldsymbol{T}_{i,j}^{\mathrm{T}} \tag{4-223}$$

式中，$i=0,1,\cdots,k-1; j=i+1,i+2,\cdots,k$。不难得到式（4-223）中的 $\boldsymbol{M}_{i,j}$ 是半负定的。

至此，定理 4-8 中所需条件均已得到满足，由此可得 $\dot{V} < 0$ 成立。

综合上述两步的证明可知，定理 4-8 和定理 4-10 两个判据是完全等价的，定理得证。

在后面的算例中，我们将用实际计算结果来检验上述定理的结论，同时在上述定理中还给出了定理 4-8 和定理 4-10 不同待求矩阵之间的相互关联关系，也一并在后面的算例中加以讨论。

4.4.5　算例验证

本节仍采用 4.3.4 节中的典型二维双时滞系统和 WSCC 三机九节点系统，来对新判据的有效性进行分析和讨论，硬软件计算环境也与 4.3.4 节完全相同。

1. 典型二维时滞系统

4.3.4 节的第 1 部分已对定理 4-8、定理 4-9 的计算结果进行了比较分析，这里仅对定理 4-10 和定理 4-9 的计算结果加以比较。表 4-4 给出了分别采用定理 4-10 和定理 4-9 所给判据，求解系统时滞稳定区间的计算结果，其中效率提升系数 γ 定义为

$$\gamma = \left(1 - \frac{T_3}{T_2}\right) \times 100\% \tag{4-224}$$

式中，T_2, T_3 分别为利用定理 4-9 和定理 4-10 计算系统时滞稳定区间所用时间。

表 4-4　两种判据的计算结果（典型二维时滞系统）

τ_1 / s		1.51	1.52	1.53	1.55	1.60	1.64	1.70
时滞稳定裕度/s	定理 4-9	[0,+∞]	[0,3.362]	[0,3.357]	[0,3.348]	[0,3.337]	[0,3.335]	[0,3.340]
	定理 4-10	[0,+∞]	[0,3.362]	[0,3.357]	[0,3.348]	[0,3.337]	[0,3.335]	[0,3.340]
计算时间/s	T_2	—	20.278	16.166	14.625	14.575	15.067	14.509
	T_3	—	3.260	2.440	2.085	1.955	2.351	2.232
γ		—	83.92%	84.91%	85.74%	86.59%	84.40%	84.62%
τ_1 / s		1.80	1.90	2.00	2.10	2.20	2.25	2.30
时滞稳定裕度/s	定理 4-9	[0,3.361]	[0,3.393]	[0,3.432]	[0,3.477]	[0,3.524]	[0,3.547]	[0.073,3.571]
	定理 4-10	[0,3.361]	[0,3.393]	[0,3.432]	[0,3.477]	[0,3.524]	[0,3.547]	[0.073,3.571]
计算时间/s	T_2	15.850	13.247	12.741	15.521	14.487	16.486	34.500
	T_3	2.512	2.163	2.916	3.273	2.330	2.526	5.252
γ		84.15%	83.67%	77.11%	78.91%	83.92%	84.68%	84.78%

τ_1 / s		2.40	2.50	3.00	3.50	4.00	4.470
时滞稳定裕度/s	定理 4-9	[0.214,3.615]	[0.347,3.657]	[1.035,3.777]	[1.880,3.903]	[3.583,4.181]	[4.469,4.470]
	定理 4-10	[0.214,3.615]	[0.347,3.657]	[1.035,3.777]	[1.880,3.903]	[3.583,4.181]	[4.469,4.470]
计算时间/s	T_2	31.292	33.508	37.023	34.260	43.850	101.538
	T_3	4.753	5.095	5.212	5.005	5.595	7.530
γ		84.81%	84.79%	85.92%	85.39%	87.24%	92.58%

从表 4-4 的计算结果可以看出，定理 4-10 和定理 4-9 所给判据，得到了完全相同的时滞稳定区间计算结果，但定理 4-10 对应判据具有更高的计算效率，相对于定理 4-9，其计算效率提升均在 77%以上，即定理 4-10 所给判据用了不到四分之一的时间，即可得到与定理 4-9 所给判据相同的计算结果。究其原因在于，所研究系统对应的 $n=2, k=2$，此时采用定理 4-9 和定理 4-10 所给判据，待求变量数分别为 81 个和 15 个，由于定理 4-10 判据的待求变量数大大减少，该定理必然会具有更高的计算效率。

进一步，我们分析两定理待求变量之间的内在联系，并对 4.4.4 节的内容进行印证。这里以 $\tau_1 = 1.52\text{s}$ 为例，式（4-225）～式（4-229）给出了 $\tau_2 = \tau_{2\max} = 3.362\text{s}$ 时，依据定理 4-10 判据，求解的矩阵 $\tilde{\boldsymbol{P}}, \tilde{\boldsymbol{Q}}_i, \tilde{\boldsymbol{W}}_i (i=1,2)$ 的数值结果，即

$$\tilde{\boldsymbol{P}} = \begin{bmatrix} 1437.829 & -56.907 \\ -56.907 & 1595.367 \end{bmatrix} \tag{4-225}$$

$$\tilde{\boldsymbol{Q}}_1 = \begin{bmatrix} 1814.949 & 86.915 \\ 86.915 & 294.249 \end{bmatrix} \tag{4-226}$$

$$\tilde{\boldsymbol{Q}}_2 = \begin{bmatrix} 1138.810 & 123.553 \\ 123.553 & 1716.818 \end{bmatrix} \tag{4-227}$$

$$\tilde{\boldsymbol{W}}_1 = \begin{bmatrix} 102.533 & 191.254 \\ 191.254 & 356.768 \end{bmatrix} \tag{4-228}$$

$$\tilde{\boldsymbol{W}}_2 = \begin{bmatrix} 142.539 & -158.422 \\ -158.422 & 176.075 \end{bmatrix} \tag{4-229}$$

同样，式（4-225）～式（4-229）给出了依据定理 4-8 判据，求解 $\tau_2 = \tau_{2\max} = 3.362\text{s}$ 时对应的矩阵 $\boldsymbol{P},\boldsymbol{Q}_i(i=1,2)$ 和 $\boldsymbol{W}_{0,1},\boldsymbol{W}_{0,2},\boldsymbol{W}_{1,2}$ 的数值结果，即

$$\boldsymbol{P} = \begin{bmatrix} 891.398 & -35.287 \\ -35.287 & 989.077 \end{bmatrix} \tag{4-230}$$

$$\boldsymbol{Q}_1 = \begin{bmatrix} 1125.227 & 53.870 \\ 53.870 & 182.418 \end{bmatrix} \tag{4-231}$$

$$\boldsymbol{Q}_2 = \begin{bmatrix} 706.022 & 76.583 \\ 76.583 & 1064.376 \end{bmatrix} \tag{4-232}$$

$$\boldsymbol{W}_{0,1} = \begin{bmatrix} 96.610 & 180.222 \\ 180.222 & 336.206 \end{bmatrix} \tag{4-233}$$

$$\boldsymbol{W}_{0,2} = \begin{bmatrix} 0.00001 & 0.00000 \\ 0.00000 & 0.00001 \end{bmatrix} \tag{4-234}$$

$$\boldsymbol{W}_{1,2} = \begin{bmatrix} 162.789 & -180.926 \\ -180.926 & 201.083 \end{bmatrix} \tag{4-235}$$

根据式（4-195）～式（4-197），若取 $\alpha_1 = 1.613$，考虑到此时 $|\tau_2 - \tau_1| = 1.842$，则可以验证有如下关系成立，即

$$\tilde{\boldsymbol{P}} \approx \alpha_1 \cdot \boldsymbol{P} = \begin{bmatrix} 1437.731 & -56.914 \\ -56.914 & 1595.278 \end{bmatrix} \tag{4-236}$$

$$\tilde{\boldsymbol{Q}}_1 \approx \alpha_1 \cdot \boldsymbol{Q}_1 = \begin{bmatrix} 1814.873 & 86.886 \\ 86.886 & 294.220 \end{bmatrix} \tag{4-237}$$

$$\tilde{\boldsymbol{Q}}_2 \approx \alpha_1 \cdot \boldsymbol{Q}_2 = \begin{bmatrix} 1138.740 & 123.521 \\ 123.521 & 1716.726 \end{bmatrix} \tag{4-238}$$

$$\tilde{\boldsymbol{W}}_1 \approx \alpha_1/\tau_1 \cdot \boldsymbol{W}_{0,1} = \begin{bmatrix} 102.514 & 191.236 \\ 191.236 & 356.753 \end{bmatrix} \tag{4-239}$$

$$\tilde{\boldsymbol{W}}_2 \approx \alpha_1/(\tau_2-\tau_1)\cdot \boldsymbol{W}_{1,2}=\begin{bmatrix} 142.535 & -158.415 \\ -158.415 & 176.065 \end{bmatrix} \tag{4-240}$$

对比式（4-236）～式（4-240）和式（4-225）～式（4-229），我们可以发现通过两种方式得到的矩阵 $\tilde{\boldsymbol{P}},\tilde{\boldsymbol{Q}}_i,\tilde{\boldsymbol{W}}_i(i=1,2)$ 的数值结果，若不考虑计算中引入的微小误差，则可认为它们在数值上是完全相同的。通过其他场景的数值计算结果，也可以印证 4.4.4 节的等价性关系，在此不再赘述。

2. WSCC 三机九节点系统

这里同样采用 4.3.4 节的第 2 部分中的相关设置，然后采用定理 4-10 求解系统的时滞稳定区间，并将计算结果和计算所用时间与定理 4-8、定理 4-9（定理 4-6、定理 4-7 是其在二维情况下的特殊形式）进行比较，所得结果示于表 4-5，其中：结果 1 和 T_1 为采用定理 4-8 计算所得结果及所用时间；结果 2 和 T_2 为采用定理 4-9 计算所得结果及所用时间；结果 3 和 T_3 为采用定理 4-10 计算所得结果及所用时间。由 4.3.4 节的第 2 部分已知，结果 1 和结果 2 完全相同，因此表中只列出一列数据。此外，表中的θ角定义同 4.3.4 节的第 2 部分，效率提升系数 γ_1,γ_2 的定义为

$$\gamma_1=\left(1-\frac{T_3}{T_1}\right)\times 100\% \tag{4-241}$$

$$\gamma_2=\left(1-\frac{T_3}{T_2}\right)\times 100\% \tag{4-242}$$

表 4-5　三种稳定判据的计算效率（WSCC 三机九节点系统）

θ	三种方法稳定性分析结果比较			三种方法计算效率比较				
	时滞稳定区间/s		误差	计算所用时间/s			效率提升系数	
	结果 1（结果 2）	结果 3		T_1	T_2	T_3	γ_1	γ_2
0°	[0,0.0592]	[0,0.0592]	0.00%	20549.47	6618.61	74.54	99.64%	98.87%
10°	[0,0.0484]	[0,0.0484]	0.00%	22802.77	9177.50	167.08	99.27%	98.18%
20°	[0,0.0424]	[0,0.0424]	0.00%	18987.69	7961.80	141.11	99.26%	98.23%
30°	[0,0.0390]	[0,0.0390]	0.00%	21134.21	8873.35	165.52	99.22%	98.13%
40°	[0,0.0373]	[0,0.0373]	0.00%	16587.11	6890.58	127.32	99.23%	98.15%
45°	[0,0.0370]	[0,0.0370]	0.00%	18165.31	7442.71	118.02	99.35%	98.41%
50°	[0,0.0369]	[0,0.0369]	0.00%	17946.73	7846.47	133.47	99.26%	98.30%
60°	[0,0.0376]	[0,0.0376]	0.00%	19334.56	7404.92	148.67	99.23%	97.99%
70°	[0,0.0399]	[0,0.0399]	0.00%	19106.00	7408.10	145.31	99.24%	98.04%
80°	[0,0.0442]	[0,0.0442]	0.00%	18135.50	7306.15	134.02	99.26%	98.17%
90°	[0,0.0519]	[0,0.0519]	0.00%	22272.66	6224.85	122.22	99.45%	98.04%

从表 4-5 可以看到：①三个定理给出了完全相同的时滞稳定区间的计算结果，印

证了前面 4.4.4 节提到三者是完全等价的这一结论；②定理 4-10 具有更高的计算效率，与定理 4-8 和定理 4-9 相比，计算效率提升了两个以上的数量级。究其原因在于，使用三个定理所需求解的变量数分别为：2625 个（定理 4-8）、1725 个（定理 4-8）和 275 个（定理 4-10），定理 4-10 的待求变量数最少，其具有最好的计算效率就不难理解了。

4.4.6 小结

本节从两方面入手来提高时滞稳定判据的计算效率，一是尽量避免引入自由权系数，二是选择更好的 Lyapunov 函数。基于这两个思路，给出了一种具有更高求解效率的时滞稳定新判据。首先，通过构造新的 Lyapunov-Krasovskii 泛函，减少了冗余的泛函积分项；其次，通过理论推导，直接确定泛函积分项导数取极值的条件，并利用这一条件构造形成新的时滞稳定判据，在此过程中避免引入任何自由权矩阵，有效减少了判据的待求变量数；进一步，从理论上证明了新判据的极值条件与已有自由权矩阵判据的最优值是完全等价的；最后，利用典型二阶时滞系统和 WSCC 三机九节点时滞电力系统，验证了所提方法的有效性，计算结果表明新判据在得到相同时滞稳定裕度的情况下，计算效率可得到大大提升。

4.5 含积分二次型的时滞稳定性改进分析方法

在时滞系统稳定性研究领域，探讨通过时滞稳定判据的改进以降低其保守性的研究已很多，感兴趣的读者可阅读其中的一些专著。本节仅给出一种改进方法，对这一研究工作的实现思路进行示意。为此，将采用式（4-15）所示的线性时滞系统模型进行讨论。

4.5.1 单时滞场景

当式（4-15）所示系统仅存在一个时滞环节时，将变为

$$\dot{\boldsymbol{x}} = \boldsymbol{A}\boldsymbol{x} + \boldsymbol{A}_1\boldsymbol{x}(t-\tau_1) \tag{4-243}$$

进一步，采用如下含有积分二次型（式中最后一项）的 Lyapunov 函数，即

$$\begin{aligned} V = {} & \boldsymbol{y}^{\mathrm{T}}(t)\boldsymbol{P}\boldsymbol{y}(t) + \int_{t-\tau_1}^{t} \boldsymbol{p}^{\mathrm{T}}(t)\boldsymbol{Q}\boldsymbol{p}(t)\mathrm{d}s + \tau_1\int_{-\tau_1}^{0}\int_{t+\theta}^{t} \boldsymbol{p}^{\mathrm{T}}(t)\boldsymbol{Z}\boldsymbol{p}(t)\mathrm{d}s\mathrm{d}\theta \\ & + \tau_1^2\int_{-\tau_1}^{0}\int_{\theta}^{0}\int_{t+\lambda}^{t} \dot{\boldsymbol{x}}^{\mathrm{T}}(t)\boldsymbol{U}_1\dot{\boldsymbol{x}}(t)\mathrm{d}s\mathrm{d}\lambda\mathrm{d}\theta \end{aligned} \tag{4-244}$$

式中，$\boldsymbol{P}\in\mathbf{R}^{3n\times 3n}$；$\boldsymbol{Q}\in\mathbf{R}^{2n\times 2n}$；$\boldsymbol{Z}\in\mathbf{R}^{2n\times 2n}$；$\boldsymbol{U}_1\in\mathbf{R}^{n\times n}$；$\boldsymbol{y}(t)=\left[\boldsymbol{x}^{\mathrm{T}}(t),\boldsymbol{x}^{\mathrm{T}}(t-\tau_1),\int_{t-\tau_1}^{t}\boldsymbol{x}(s)\mathrm{d}s\right]^{\mathrm{T}}$；$\boldsymbol{p}(s)=[\boldsymbol{x}^{\mathrm{T}}(s),\dot{\boldsymbol{x}}^{\mathrm{T}}(s)]^{\mathrm{T}}$。

为便于描述，设$\boldsymbol{e}_i \in \mathbf{R}^{4n\times n}, i=1,2,3,4$，并按如下方式取值，即

$$\boldsymbol{e}_1=\begin{bmatrix}\boldsymbol{I}\\\boldsymbol{O}\\\boldsymbol{O}\\\boldsymbol{O}\end{bmatrix},\ \boldsymbol{e}_2=\begin{bmatrix}\boldsymbol{O}\\\boldsymbol{I}\\\boldsymbol{O}\\\boldsymbol{O}\end{bmatrix},\ \boldsymbol{e}_3=\begin{bmatrix}\boldsymbol{O}\\\boldsymbol{O}\\\boldsymbol{I}\\\boldsymbol{O}\end{bmatrix},\ \boldsymbol{e}_4=\begin{bmatrix}\boldsymbol{O}\\\boldsymbol{O}\\\boldsymbol{O}\\\boldsymbol{I}\end{bmatrix} \tag{4-245}$$

同时引入如下新的向量和矩阵变量，即

$$\boldsymbol{a}(t)=\left[\boldsymbol{x}^{\mathrm{T}}(t),\boldsymbol{x}^{\mathrm{T}}(t-\tau_1),\dot{\boldsymbol{x}}^{\mathrm{T}}(t-\tau_1),\int_{t-\tau_1}^{t}\boldsymbol{x}^{\mathrm{T}}(s)\mathrm{d}s\right]^{\mathrm{T}}\in\mathbf{R}^{4n} \tag{4-246}$$

$$\boldsymbol{A}_c=[\boldsymbol{A},\boldsymbol{A}_1,\boldsymbol{O},\boldsymbol{O}]\in\mathbf{R}^{n\times 4n} \tag{4-247}$$

$$\boldsymbol{C}_1=[\boldsymbol{e}_1,\boldsymbol{e}_2,\boldsymbol{e}_4]\in\mathbf{R}^{4n\times 3n} \tag{4-248}$$

$$\boldsymbol{C}_2=[\boldsymbol{A}_c^{\mathrm{T}},\boldsymbol{e}_3,(\boldsymbol{e}_1-\boldsymbol{e}_2)]\in\mathbf{R}^{4n\times 3n} \tag{4-249}$$

式中，$\boldsymbol{I}\in\mathbf{R}^{n\times n}$为单位矩阵；$\boldsymbol{O}\in\mathbf{R}^{n\times n}$为零矩阵。不难看出，此时有$\boldsymbol{y}(t)=\boldsymbol{C}_1^{\mathrm{T}}\boldsymbol{a}(t)$。

如下定理 4-13 给出了式（4-243）所示单时滞系统渐近稳定的分析判据。

定理 4-13　对于给出的$\tau_1>0$，若存在正定矩阵$\boldsymbol{P}\in\mathbf{R}^{3n\times 3n},\boldsymbol{U}_1\in\mathbf{R}^{n\times n}$和半正定矩阵$\boldsymbol{Q}\in\mathbf{R}^{2n\times 2n}$, $\boldsymbol{Z}\in\mathbf{R}^{2n\times 2n}$，使得式（4-250）成立，则式（4-243）所示的时滞系统是渐近稳定的。

$$\boldsymbol{\Theta}<0 \tag{4-250}$$

式中

$$\begin{aligned}\boldsymbol{\Theta}=&\boldsymbol{C}_1\boldsymbol{P}\boldsymbol{C}_2^{\mathrm{T}}+\boldsymbol{C}_2\boldsymbol{P}\boldsymbol{C}_1^{\mathrm{T}}+[\boldsymbol{e}_1,\boldsymbol{A}_c^{\mathrm{T}}](\boldsymbol{Q}+\tau_1^2\boldsymbol{Z})\begin{bmatrix}\boldsymbol{e}_1^{\mathrm{T}}\\\boldsymbol{A}_c\end{bmatrix}-[\boldsymbol{e}_2,\boldsymbol{e}_3]\boldsymbol{Q}\begin{bmatrix}\boldsymbol{e}_2^{\mathrm{T}}\\\boldsymbol{e}_3^{\mathrm{T}}\end{bmatrix}\\&-[\boldsymbol{e}_4,(\boldsymbol{e}_1-\boldsymbol{e}_2)]\boldsymbol{Z}\begin{bmatrix}\boldsymbol{e}_4^{\mathrm{T}}\\(\boldsymbol{e}_1^{\mathrm{T}}-\boldsymbol{e}_2^{\mathrm{T}})\end{bmatrix}+\frac{1}{2}\tau_1^4\boldsymbol{A}_c^{\mathrm{T}}\boldsymbol{U}_1\boldsymbol{A}_c-2(\tau_1\boldsymbol{e}_1-\boldsymbol{e}_4)\boldsymbol{U}_1(\tau_1\boldsymbol{e}_1^{\mathrm{T}}-\boldsymbol{e}_4^{\mathrm{T}})\end{aligned} \tag{4-251}$$

我们可以看到，此时式（4-250）的形式较为复杂，貌似不是标准的 LMI 表达式，为此可令

$$\boldsymbol{P}=\begin{bmatrix}\boldsymbol{P}_{11}&\boldsymbol{P}_{12}&\boldsymbol{P}_{13}\\\boldsymbol{P}_{12}^{\mathrm{T}}&\boldsymbol{P}_{22}&\boldsymbol{P}_{23}\\\boldsymbol{P}_{13}^{\mathrm{T}}&\boldsymbol{P}_{23}^{\mathrm{T}}&\boldsymbol{P}_{33}\end{bmatrix}>0 \tag{4-252}$$

$$\boldsymbol{Q}=\begin{bmatrix}\boldsymbol{Q}_{11}&\boldsymbol{Q}_{12}\\\boldsymbol{Q}_{12}^{\mathrm{T}}&\boldsymbol{Q}_{22}\end{bmatrix}\geqslant 0 \tag{4-253}$$

$$\boldsymbol{Z}=\begin{bmatrix}\boldsymbol{Z}_{11}&\boldsymbol{Z}_{12}\\\boldsymbol{Z}_{12}^{\mathrm{T}}&\boldsymbol{Z}_{22}\end{bmatrix}\geqslant 0 \tag{4-254}$$

式中，$\boldsymbol{P}_{i,j} \in \mathbf{R}^{n\times n}, 1 \leqslant i \leqslant j \leqslant 3$；$\boldsymbol{Q}_{i,j}, \boldsymbol{Z}_{i,j} \in \mathbf{R}^{n\times n}, 1 \leqslant i \leqslant j \leqslant 2$ 为待求子阵。

将式（4-252）～式（4-254）结果代入式（4-251），同时进行相应的矩阵变换，可得如下 LMI 标准形式的表达式为

$$\boldsymbol{\Theta} = \begin{bmatrix} \boldsymbol{\Theta}_{11} & \boldsymbol{\Theta}_{12} & \boldsymbol{\Theta}_{13} & \boldsymbol{\Theta}_{14} \\ \boldsymbol{\Theta}_{12}^{\mathrm{T}} & \boldsymbol{\Theta}_{22} & \boldsymbol{\Theta}_{23} & \boldsymbol{\Theta}_{24} \\ \boldsymbol{\Theta}_{13}^{\mathrm{T}} & \boldsymbol{\Theta}_{23}^{\mathrm{T}} & \boldsymbol{\Theta}_{33} & \boldsymbol{\Theta}_{34} \\ \boldsymbol{\Theta}_{14}^{\mathrm{T}} & \boldsymbol{\Theta}_{24}^{\mathrm{T}} & \boldsymbol{\Theta}_{34}^{\mathrm{T}} & \boldsymbol{\Theta}_{44} \end{bmatrix} < 0 \tag{4-255}$$

式中

$$\begin{aligned} \boldsymbol{\Theta}_{11} = {} & \boldsymbol{P}_{11}\boldsymbol{A} + \boldsymbol{A}^{\mathrm{T}}\boldsymbol{P}_{11} + \boldsymbol{P}_{13} + \boldsymbol{P}_{13}^{\mathrm{T}} + \boldsymbol{Q}_{11} + \boldsymbol{A}^{\mathrm{T}}\boldsymbol{Q}_{22}\boldsymbol{A} + \boldsymbol{A}^{\mathrm{T}}\boldsymbol{Q}_{12}^{\mathrm{T}} + \boldsymbol{Q}_{12}\boldsymbol{A} + \tau_1^2\boldsymbol{Z}_{11} \\ & + \tau_1^2\boldsymbol{A}^{\mathrm{T}}\boldsymbol{Z}_{12}^{\mathrm{T}} + \tau_1^2\boldsymbol{Z}_{12}\boldsymbol{A} + \tau_1^2\boldsymbol{A}^{\mathrm{T}}\boldsymbol{Z}_{22}\boldsymbol{A} - \boldsymbol{Z}_{22} - 2\tau_1^2\boldsymbol{U}_1 + \frac{1}{2}\tau_1^4\boldsymbol{A}^{\mathrm{T}}\boldsymbol{U}_1\boldsymbol{A} \end{aligned} \tag{4-256}$$

$$\begin{aligned} \boldsymbol{\Theta}_{12} = {} & \boldsymbol{P}_{11}\boldsymbol{A}_1 + \boldsymbol{A}^{\mathrm{T}}\boldsymbol{P}_{12} - \boldsymbol{P}_{13} + \boldsymbol{P}_{23}^{\mathrm{T}} + \boldsymbol{Q}_{12}\boldsymbol{A}_1 + \boldsymbol{A}^{\mathrm{T}}\boldsymbol{Q}_{22}\boldsymbol{A}_1 + \tau_1^2\boldsymbol{Z}_{12}\boldsymbol{A}_1 + \tau_1^2\boldsymbol{A}^{\mathrm{T}}\boldsymbol{Z}_{22}\boldsymbol{A}_1 \\ & + \boldsymbol{Z}_{22} + \frac{1}{2}\tau_1^4\boldsymbol{A}^{\mathrm{T}}\boldsymbol{U}_1\boldsymbol{A}_1 \end{aligned} \tag{4-257}$$

$$\boldsymbol{\Theta}_{13} = \boldsymbol{P}_{12} \tag{4-258}$$

$$\boldsymbol{\Theta}_{14} = \boldsymbol{A}^{\mathrm{T}}\boldsymbol{P}_{13} + \boldsymbol{P}_{33} - \boldsymbol{Z}_{12}^{\mathrm{T}} + 2\tau_1\boldsymbol{U}_1 \tag{4-259}$$

$$\begin{aligned} \boldsymbol{\Theta}_{22} = {} & \boldsymbol{P}_{12}^{\mathrm{T}}\boldsymbol{A}_1 + \boldsymbol{A}_1^{\mathrm{T}}\boldsymbol{P}_{12} - \boldsymbol{P}_{23} - \boldsymbol{P}_{23}^{\mathrm{T}} + \frac{1}{2}\tau_1^4\boldsymbol{A}_1^{\mathrm{T}}\boldsymbol{U}_1\boldsymbol{A}_1 + \boldsymbol{A}_1^{\mathrm{T}}\boldsymbol{Q}_{22}\boldsymbol{A}_1 + \tau_1^2\boldsymbol{A}_1^{\mathrm{T}}\boldsymbol{Z}_{22}\boldsymbol{A}_1 \\ & - \boldsymbol{Q}_{11} - \boldsymbol{Z}_{22} \end{aligned} \tag{4-260}$$

$$\boldsymbol{\Theta}_{23} = \boldsymbol{P}_{22} - \boldsymbol{Q}_{12} \tag{4-261}$$

$$\boldsymbol{\Theta}_{24} = \boldsymbol{A}_1^{\mathrm{T}}\boldsymbol{P}_{13} - \boldsymbol{P}_{33} + \boldsymbol{Z}_{12}^{\mathrm{T}} \tag{4-262}$$

$$\boldsymbol{\Theta}_{33} = -\boldsymbol{Q}_{22} \tag{4-263}$$

$$\boldsymbol{\Theta}_{34} = \boldsymbol{P}_{23} \tag{4-264}$$

$$\boldsymbol{\Theta}_{44} = -\boldsymbol{Z}_{11} - 2\boldsymbol{U}_1 \tag{4-265}$$

4.5.2　多时滞场景

当式（4-15）所示的系统中存在 $k \geqslant 2$ 个时滞，且假设它们满足

$$0 < \tau_1 \leqslant \tau_2 \leqslant \cdots \leqslant \tau_k \tag{4-266}$$

进一步，令 $\boldsymbol{\tau} = (\tau_1, \tau_2, \cdots, \tau_k)$，$h = \|\boldsymbol{\tau}\|$ 为时滞变量长度。可构造如下含有积分二次型的 Lyapunov 函数，即

$$V = \boldsymbol{w}^{\mathrm{T}}(t)\boldsymbol{P}\boldsymbol{w}(t) + \sum_{i=1}^{k}\int_{t-\tau_i}^{t}\boldsymbol{p}^{\mathrm{T}}(s)\boldsymbol{Q}_i\boldsymbol{p}(s)\mathrm{d}s + \sum_{i=1}^{k}\tau_i\int_{-\tau_i}^{0}\int_{t+\theta}^{t}\boldsymbol{p}^{\mathrm{T}}(s)\boldsymbol{Z}_i\boldsymbol{p}(s)\mathrm{d}s\mathrm{d}\theta$$
$$+\sum_{i=1}^{k}\tau_i^2\int_{-\tau_i}^{0}\int_{\theta}^{0}\int_{t+\lambda}^{t}\dot{\boldsymbol{x}}^{\mathrm{T}}(s)\boldsymbol{U}_i\dot{\boldsymbol{x}}(s)\mathrm{d}s\mathrm{d}\lambda\mathrm{d}\theta + \sum_{i=2}^{k}(\tau_i-\tau_{i-1})\int_{-\tau_i}^{-\tau_{i-1}}\int_{t+\theta}^{t}\boldsymbol{p}^{\mathrm{T}}(s)\boldsymbol{Y}_{i-1}\boldsymbol{p}(s)\mathrm{d}s\mathrm{d}\theta \tag{4-267}$$

式中，$\boldsymbol{P}\in\mathbf{R}^{(2k+1)n\times(2k+1)n}$;$\boldsymbol{Q}_i\in\mathbf{R}^{2n\times 2n}$, $\boldsymbol{Z}_i\in\mathbf{R}^{2n\times 2n}$,$\boldsymbol{U}_i\in\mathbf{R}^{n\times n}$,$i=1,2,\cdots,k$;$\boldsymbol{Y}_i\in\mathbf{R}^{2n\times 2n}$, $i=1,2,\cdots,k-1$； $\boldsymbol{p}(s)=[\boldsymbol{x}^{\mathrm{T}}(s),\dot{\boldsymbol{x}}^{\mathrm{T}}(s)]^{\mathrm{T}}$。新引入的状态变量$\boldsymbol{w}(t)$表达式为

$$\boldsymbol{w}(t)=\left[\boldsymbol{x}^{\mathrm{T}}(t),\boldsymbol{x}^{\mathrm{T}}(t-\tau_1),\cdots,\boldsymbol{x}^{\mathrm{T}}(t-\tau_k),\int_{t-\tau_1}^{t}\boldsymbol{x}^{\mathrm{T}}(s)\mathrm{d}s,\int_{t-\tau_2}^{t}\boldsymbol{x}^{\mathrm{T}}(s)\mathrm{d}s,\cdots,\int_{t-\tau_k}^{t}\boldsymbol{x}^{\mathrm{T}}(s)\mathrm{d}s\right]^{\mathrm{T}} \tag{4-268}$$

进一步，令

$$\boldsymbol{a}(t)=\left[\boldsymbol{x}^{\mathrm{T}}(t),\boldsymbol{x}^{\mathrm{T}}(t-\tau_1),\cdots,\boldsymbol{x}^{\mathrm{T}}(t-\tau_k),\dot{\boldsymbol{x}}^{\mathrm{T}}(t),\dot{\boldsymbol{x}}^{\mathrm{T}}(t-\tau_1),\cdots,\dot{\boldsymbol{x}}^{\mathrm{T}}(t-\tau_k),\right.$$
$$\left.\int_{t-\tau_1}^{t}\boldsymbol{x}^{\mathrm{T}}(s)\mathrm{d}s,\int_{t-\tau_2}^{t}\boldsymbol{x}^{\mathrm{T}}(s)\mathrm{d}s,\cdots,\int_{t-\tau_k}^{t}\boldsymbol{x}^{\mathrm{T}}(s)\mathrm{d}s\right]^{\mathrm{T}} \tag{4-269}$$

$$\boldsymbol{A}_c=[\boldsymbol{A},\boldsymbol{A}_1,\boldsymbol{A}_2,\cdots,\boldsymbol{A}_k,\boldsymbol{O},\boldsymbol{O},\cdots,\boldsymbol{O}]\in\mathbf{R}^{n\times(3k+1)n} \tag{4-270}$$

$$\boldsymbol{e}_i=\begin{bmatrix}\boldsymbol{O}\\ \vdots\\ \boldsymbol{O}\\ \boldsymbol{I}\\ \boldsymbol{O}\\ \vdots\\ \boldsymbol{O}\end{bmatrix}\in\mathbf{R}^{(3k+1)n\times n},\quad i=1,2,\cdots,3k+1 \tag{4-271}$$

$$\boldsymbol{C}_1=[\boldsymbol{e}_1,\boldsymbol{e}_2,\cdots,\boldsymbol{e}_{3k+1}] \tag{4-272}$$

$$\boldsymbol{C}_2=[\boldsymbol{A}_c^{\mathrm{T}},\boldsymbol{e}_{k+2},\boldsymbol{e}_{k+3},\cdots,\boldsymbol{e}_{2k},\boldsymbol{e}_{2k+1},\boldsymbol{e}_1-\boldsymbol{e}_2,\boldsymbol{e}_1-\boldsymbol{e}_3,\cdots,\boldsymbol{e}_1-\boldsymbol{e}_{k+1}] \tag{4-273}$$

则如下定理给出了式（4-15）所示时滞系统渐近稳定的判据。

定理 4-14　对于给定$h>0$，若存在正定矩阵$\boldsymbol{P}\in\mathbf{R}^{(2k+1)n\times(2k+1)n}$，$\boldsymbol{U}_i\in\mathbf{R}^{n\times n}$，$i=1,2,\cdots,k$，正定矩阵$\boldsymbol{Y}_i\in\mathbf{R}^{2n\times 2n}$,$i=1,2,\cdots,k-1$，半正定矩阵$\boldsymbol{Q}_i\in\mathbf{R}^{2n\times 2n}$，$\boldsymbol{Z}_i\in\mathbf{R}^{2n\times 2n}$，$i=1,2,\cdots,k$，使得式（4-274）所给条件成立，则式（4-15）所示的时滞系统是渐近稳定的。

$$\boldsymbol{\Theta}<0 \tag{4-274}$$

式中

$$\boldsymbol{\Theta}=\boldsymbol{C}_1\boldsymbol{P}\boldsymbol{C}_2^{\mathrm{T}}+\boldsymbol{C}_2\boldsymbol{P}\boldsymbol{C}_1^{\mathrm{T}}+\sum_{i=1}^{k}\boldsymbol{K}_i^1+\sum_{i=2}^{k}\boldsymbol{K}_i^2 \tag{4-275}$$

$$\begin{aligned}\boldsymbol{K}_i^1=&[\boldsymbol{e}_1,\boldsymbol{A}_c^{\mathrm{T}}](\boldsymbol{Q}_i+\tau_i^2\boldsymbol{Z}_i)\begin{bmatrix}\boldsymbol{e}_1^{\mathrm{T}}\\ \boldsymbol{A}_c\end{bmatrix}-[\boldsymbol{e}_{i+1},\boldsymbol{e}_{i+2k+1}]\boldsymbol{Q}_i\begin{bmatrix}\boldsymbol{e}_{i+1}^{\mathrm{T}}\\ \boldsymbol{e}_{i+2k+1}^{\mathrm{T}}\end{bmatrix}-[\boldsymbol{e}_{i+2k+1},\boldsymbol{e}_1-\boldsymbol{e}_{i+1}]\boldsymbol{Z}_i\begin{bmatrix}\boldsymbol{e}_{i+2k+1}^{\mathrm{T}}\\ \boldsymbol{e}_1^{\mathrm{T}}-\boldsymbol{e}_{i+1}^{\mathrm{T}}\end{bmatrix}\\&+\frac{1}{2}\tau_i^4\boldsymbol{A}_c^{\mathrm{T}}\boldsymbol{U}_i\boldsymbol{A}_c-2(\tau_i\boldsymbol{e}_1-\boldsymbol{e}_{i+2k+1})\boldsymbol{U}_i(\tau_i\boldsymbol{e}_1^{\mathrm{T}}-\boldsymbol{e}_{i+2k+1}^{\mathrm{T}})\end{aligned} \tag{4-276}$$

$$\boldsymbol{K}_i^2=(\tau_i-\tau_{i-1})^2[\boldsymbol{e}_1,\boldsymbol{A}_c^{\mathrm{T}}]\boldsymbol{Y}_{i-1}\begin{bmatrix}\boldsymbol{e}_1^{\mathrm{T}}\\ \boldsymbol{A}_c\end{bmatrix}-[(\boldsymbol{e}_{i+2k+1}-\boldsymbol{e}_{i+2k}),(\boldsymbol{e}_i-\boldsymbol{e}_{i+1})]\boldsymbol{Y}_{i-1}\begin{bmatrix}\boldsymbol{e}_{i+2k+1}^{\mathrm{T}}-\boldsymbol{e}_{i+2k}^{\mathrm{T}}\\ \boldsymbol{e}_i^{\mathrm{T}}-\boldsymbol{e}_{i+1}^{\mathrm{T}}\end{bmatrix} \tag{4-277}$$

采用与单时滞系统稳定判据类似的处理方式，我们可将式（4-274）变换为 LMI 的标准形式，为此首先给出一些变量，如

$$\boldsymbol{P}=\begin{bmatrix}\boldsymbol{P}_{1,1}&\cdots&\boldsymbol{P}_{1,2k}&\boldsymbol{P}_{1,2k+1}\\ \vdots&&\vdots&\vdots\\ \boldsymbol{P}_{1,2k}^{\mathrm{T}}&\cdots&\boldsymbol{P}_{2k,2k}&\boldsymbol{P}_{2k,2k+1}\\ \boldsymbol{P}_{1,2k+1}^{\mathrm{T}}&\cdots&\boldsymbol{P}_{2k,2k+1}^{\mathrm{T}}&\boldsymbol{P}_{2k+1,2k+1}\end{bmatrix}>0 \tag{4-278}$$

$$\boldsymbol{Y}_i=\begin{bmatrix}\boldsymbol{Y}_{i,11}&\boldsymbol{Y}_{i,12}\\ \boldsymbol{Y}_{i,11}^{\mathrm{T}}&\boldsymbol{Y}_{i,22}\end{bmatrix}>0 \tag{4-279}$$

$$\boldsymbol{Q}_i=\begin{bmatrix}\boldsymbol{Q}_{i,11}&\boldsymbol{Q}_{i,12}\\ \boldsymbol{Q}_{i,11}^{\mathrm{T}}&\boldsymbol{Q}_{i,22}\end{bmatrix}\geqslant 0 \tag{4-280}$$

$$\boldsymbol{Z}_i=\begin{bmatrix}\boldsymbol{Z}_{i,11}&\boldsymbol{Z}_{i,12}\\ \boldsymbol{Z}_{i,11}^{\mathrm{T}}&\boldsymbol{Z}_{i,22}\end{bmatrix}\geqslant 0 \tag{4-281}$$

式中，$\boldsymbol{P}_{i,j}\in\mathbf{R}^{n\times n},1\leqslant i\leqslant j\leqslant 2k+1$；$\boldsymbol{Y}_{i,j},\boldsymbol{Q}_{i,j},\boldsymbol{Z}_{i,j}\in\mathbf{R}^{n\times n},i=1,2,\cdots,k,j=11,12,21,22$ 为待求子阵。

将式（4-274）～式（4-281）代入式（4-275），进行矩阵变换后可得

$$\boldsymbol{\Theta}=\begin{bmatrix}\boldsymbol{\Theta}_{1,1}&\cdots&\boldsymbol{\Theta}_{1,j}&\cdots&\boldsymbol{\Theta}_{1,3k+1}\\ \vdots&&\vdots&&\vdots\\ \boldsymbol{\Theta}_{1,j}^{\mathrm{T}}&\cdots&\boldsymbol{\Theta}_{j,j}&\cdots&\boldsymbol{\Theta}_{j,3k+1}\\ \vdots&&\vdots&&\vdots\\ \boldsymbol{\Theta}_{1,3k+1}^{\mathrm{T}}&\cdots&\boldsymbol{\Theta}_{j,3k+1}^{\mathrm{T}}&\cdots&\boldsymbol{\Theta}_{3k+1,3k+1}\end{bmatrix}<0 \tag{4-282}$$

式中

$$\begin{aligned}\boldsymbol{\Theta}_{1,1}=&\boldsymbol{P}_{1,1}\boldsymbol{A}+\boldsymbol{A}^{\mathrm{T}}\boldsymbol{P}_{1,1}+\sum_{i=2}^{k+1}(\boldsymbol{P}_{1,k+i}+\boldsymbol{P}_{1,k+i}^{\mathrm{T}})+\sum_{i=1}^{k}(\boldsymbol{Q}_{i,11}+\boldsymbol{A}^{\mathrm{T}}\boldsymbol{Q}_{i,12}^{\mathrm{T}}+\boldsymbol{Q}_{i,12}\boldsymbol{A}+\boldsymbol{A}^{\mathrm{T}}\boldsymbol{Q}_{i,22}\boldsymbol{A}\\&+\tau_i^2\boldsymbol{A}^{\mathrm{T}}\boldsymbol{Z}_{i,22}\boldsymbol{A}+\tau_i^2\boldsymbol{Z}_{i,12}\boldsymbol{A}+\tau_i^2\boldsymbol{Z}_{i,12}-2\tau_i^2\boldsymbol{U}_i-\boldsymbol{Z}_{i,22}+\tau_i^2\boldsymbol{A}^{\mathrm{T}}\boldsymbol{Z}_{i,12}^{\mathrm{T}}+\frac{1}{2}\tau_i^4\boldsymbol{A}^{\mathrm{T}}\boldsymbol{U}_i\boldsymbol{A})\\&+\sum_{i=2}^{k}(\tau_i-\tau_{i-1})^2(\boldsymbol{Y}_{i-1,11}+\boldsymbol{A}^{\mathrm{T}}\boldsymbol{Y}_{i-1,12}^{\mathrm{T}}+\boldsymbol{Y}_{i-1,12}\boldsymbol{A}+\boldsymbol{A}^{\mathrm{T}}\boldsymbol{Y}_{i-1,22}\boldsymbol{A})\end{aligned}\tag{4-283}$$

$$\begin{aligned}\boldsymbol{\Theta}_{1,j}=&\boldsymbol{P}_{1,1}\boldsymbol{A}_{j-1}-\boldsymbol{P}_{1,k+j}+\boldsymbol{A}^{\mathrm{T}}\boldsymbol{P}_{1,j}+\sum_{i=2}^{k+1}\boldsymbol{P}_{j,k+i}^{\mathrm{T}}+\sum_{i=1}^{k}(\boldsymbol{Q}_{i,12}\boldsymbol{A}_{j-1}+\boldsymbol{A}^{\mathrm{T}}\boldsymbol{Q}_{i,22}\boldsymbol{A}_{j-1}\\&+\tau_i^2\boldsymbol{Z}_{i,12}\boldsymbol{A}_{j-1}+\tau_i^2\boldsymbol{A}^{\mathrm{T}}\boldsymbol{Z}_{i,22}\boldsymbol{A}_{j-1})+\sum_{i=1}^{k}\frac{1}{2}\tau_i^4\boldsymbol{A}^{\mathrm{T}}\boldsymbol{U}_i\boldsymbol{A}_{j-1}\\&+\sum_{i=2}^{k}[(\tau_i-\tau_{i-1})^2(\boldsymbol{Y}_{i-1,12}\boldsymbol{A}_{j-1}+\boldsymbol{A}^{\mathrm{T}}\boldsymbol{Y}_{i-1,22}\boldsymbol{A}_{j-1})],\quad j=2,3,\cdots,k+1\end{aligned}\tag{4-284}$$

$$\boldsymbol{\Theta}_{1j}=\boldsymbol{A}^{\mathrm{T}}\boldsymbol{P}_{1,j}+\sum_{i=2}^{k+1}\boldsymbol{P}_{k+i,j-k},\quad j=2k+2,2k+3,\cdots,3k+1\tag{4-285}$$

$$\begin{aligned}\boldsymbol{\Theta}_{2,2}=&\boldsymbol{P}_{1,2}^{\mathrm{T}}\boldsymbol{A}_1+\boldsymbol{A}_1^{\mathrm{T}}\boldsymbol{P}_{1,2}-\boldsymbol{P}_{2,k+2}-\boldsymbol{P}_{2,k+2}^{T}+\sum_{i=1}^{k}\left(\boldsymbol{A}_1^{\mathrm{T}}\boldsymbol{Q}_{i,22}\boldsymbol{A}_1+\tau_i^2\boldsymbol{A}_1^{\mathrm{T}}\boldsymbol{Z}_{i,22}\boldsymbol{A}_1+\frac{1}{2}\tau_i^4\boldsymbol{A}_1^{\mathrm{T}}\boldsymbol{U}_i\boldsymbol{A}_1\right)\\&-\boldsymbol{Q}_{2,11}+\boldsymbol{Z}_{2,22}+\sum_{i=2}^{k}(\tau_i-\tau_{i-1})^2\boldsymbol{A}_1^{\mathrm{T}}\boldsymbol{Y}_{i-1,22}\boldsymbol{A}_1+\boldsymbol{Y}_{1,11}\end{aligned}\tag{4-286}$$

$$\begin{aligned}\boldsymbol{\Theta}_{i,i}=&\boldsymbol{P}_{1,i}^{\mathrm{T}}\boldsymbol{A}_{i-1}+\boldsymbol{A}_{i-1}^{\mathrm{T}}\boldsymbol{P}_{1,i}-\boldsymbol{P}_{i,k+i}-\boldsymbol{P}_{i,k+i}^{\mathrm{T}}+\sum_{l=1}^{k}\left(\boldsymbol{A}_{i-1}^{\mathrm{T}}\boldsymbol{Q}_{l,22}\boldsymbol{A}_{i-1}+\tau_l^2\boldsymbol{A}_{i-1}^{\mathrm{T}}\boldsymbol{Z}_{l,22}\boldsymbol{A}_{i-1}+\frac{1}{2}\tau_l^4\boldsymbol{A}_{i-1}^{\mathrm{T}}\boldsymbol{U}_l\boldsymbol{A}_{i-1}\right)\\&-\boldsymbol{Q}_{i,11}+\boldsymbol{Z}_{i,22}+\sum_{l=2}^{k}(\tau_l-\tau_{l-1})^2\boldsymbol{A}_{i-1}^{\mathrm{T}}\boldsymbol{Y}_{l-1,22}\boldsymbol{A}_{i-1},\quad i=3,4,\cdots,k\end{aligned}\tag{4-287}$$

$$\boldsymbol{\Theta}_{i,i}=-\boldsymbol{Q}_{i,22}-\boldsymbol{Z}_{i,11}+\boldsymbol{U}_i,\quad i=2k+3,2k+4,\cdots,3k\tag{4-288}$$

$$\begin{aligned}\boldsymbol{\Theta}_{i,j}=&\boldsymbol{P}_{i,1}^{\mathrm{T}}\boldsymbol{A}_{j-1}-\boldsymbol{P}_{i,k+j}+\boldsymbol{A}_{i-1}^{\mathrm{T}}\boldsymbol{P}_{1,j}-\boldsymbol{P}_{j,k+i}^{\mathrm{T}}+\sum_{l=1}^{k}\left(\boldsymbol{A}_{i-1}^{\mathrm{T}}\boldsymbol{Q}_{l,22}\boldsymbol{A}_{j-1}+\tau_l^2\boldsymbol{A}_{i-1}^{\mathrm{T}}\boldsymbol{Z}_{l,22}\boldsymbol{A}_{j-1}\right.\\&\left.+\frac{1}{2}\tau_l^4\boldsymbol{A}_{i-1}^{\mathrm{T}}\boldsymbol{U}_l\boldsymbol{A}_{j-1}\right)+\sum_{l=2}^{k}(\tau_l-\tau_{l-1})^2\boldsymbol{A}_{i-1}^{\mathrm{T}}\boldsymbol{Y}_{l-1,22}\boldsymbol{A}_{j-1},\quad i=1,2,\cdots,k;j=i+1\end{aligned}\tag{4-289}$$

$$\boldsymbol{\Theta}_{ij}=\boldsymbol{P}_{i,j-k},\quad i=1,2,\cdots,k+1;j=k+2,k+3,\cdots,2k+1\tag{4-290}$$

$$\boldsymbol{\Theta}_{i,j}=\boldsymbol{A}_{j-1}^{\mathrm{T}}\boldsymbol{P}_{1,i}-\boldsymbol{P}_{j-2k,i},\quad i=2,3,\cdots,k+1;j=2k+2,2k+3,\cdots,3k+1\tag{4-291}$$

$$\boldsymbol{\Theta}_{ij}=\boldsymbol{O},\quad i=k+2,k+3,\cdots,2k+1;j=i,i+1,\cdots,3k+1\tag{4-292}$$

$$\boldsymbol{\Theta}_{i,j}=\boldsymbol{P}_{i-k,j-k},\quad i=2k+2,2k+3,\cdots,3k+1;j=i+1,i+2,\cdots,3k+1\tag{4-293}$$

$$\boldsymbol{\Theta}_{k+1,k+1}=\boldsymbol{P}_{1,k+1}^{\mathrm{T}}\boldsymbol{A}_k+\boldsymbol{A}_k^{\mathrm{T}}\boldsymbol{P}_{1,k+1}-\boldsymbol{P}_{k+1,2k+1}-\boldsymbol{P}_{k+1,2k+1}^{\mathrm{T}}-\boldsymbol{Q}_{k+1,11}+\boldsymbol{Z}_{k+1,22}+\sum_{i=1}^{k}\Bigg(\boldsymbol{A}_{i-1}^{\mathrm{T}}\boldsymbol{Q}_{i,22}\boldsymbol{A}_{i-1}$$

$$+\tau_i^2\boldsymbol{A}_{i-1}^{\mathrm{T}}\boldsymbol{Z}_{i,22}\boldsymbol{A}_{i-1}+\frac{1}{2}\tau_i^4\boldsymbol{A}_{i-1}^{\mathrm{T}}\boldsymbol{U}_i\boldsymbol{A}_{i-1}\Bigg)+\sum_{i=2}^{k}(\tau_i-\tau_{i-1})^2\boldsymbol{A}_{i-1}^{\mathrm{T}}\boldsymbol{Y}_{i-1,22}\boldsymbol{A}_{i-1} \tag{4-294}$$

$$\boldsymbol{\Theta}_{2k+1,2k+1}=-\boldsymbol{Q}_{2k+2,22}-\boldsymbol{Z}_{2k+2,11}+\boldsymbol{U}_{2k+2}+\boldsymbol{Y}_{1,11} \tag{4-295}$$

$$\boldsymbol{\Theta}_{3k+1,3k+1}=-\boldsymbol{Q}_{k,22}-\boldsymbol{Z}_{k,11}+\boldsymbol{U}_k+\boldsymbol{Y}_{k-1,11} \tag{4-296}$$

不难看出，与式（4-42）和式（4-149）相比，式（4-244）和式（4-267）不仅增加了最后一项的三次积分部分，同时对 Lyapunov 函数的前三个部分的待求变量进行了扩展，借鉴自由权矩阵方法的思路，这里可认为是通过增加一些冗余项来降低判据的保守性。当然在保守性降低的同时，由于待求变量数目的增加，计算效率也会有所降低。

4.5.3 算例验证

这里将采用典型二维双时滞系统、单机无穷大系统、WSCC 三机九节点系统等算例，来验证所提方法的有效性。

1. 典型二维时滞系统

仍采用式（4-138）所示的典型线性二维双时滞系统，来进行验证说明。分别采用定理 4-10 和定理 4-14 对该系统进行稳定性分析，所得结果如图 4-2 所示。其中外侧曲线是采用定理 4-14 得到的系统时滞稳定裕度曲线，内侧曲线则是采用定理 4-10 得到的系统时滞稳定裕度曲线。根据时滞稳定裕度的定义，时滞稳定裕度曲线与坐标轴所围区域即为系统的稳定区域，稳定区域越大，表明判据的保守性越小。从图中可以看出，定理 4-14 与定理 4-10 相比，其对应判据的保守性更小，因为图中深灰色区域本应是稳定区域，但定理 4-10 对应判据却将其判为不稳定。

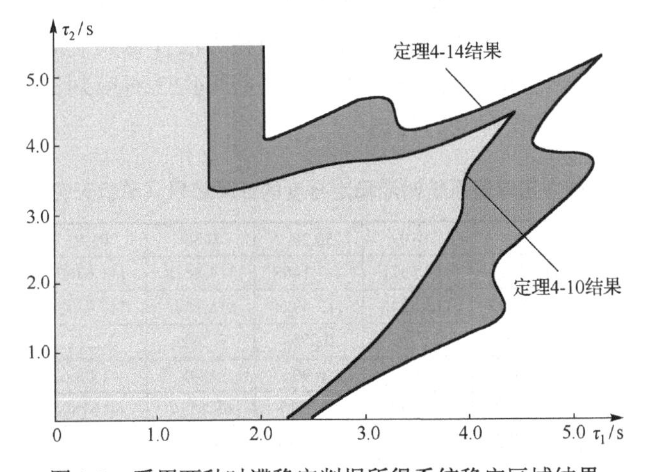

图 4-2　采用两种时滞稳定判据所得系统稳定区域结果

表 4-6 示意了几个典型场景下两种判据计算结果的比较，我们可以看到，尽管定理 4-14 对应判据的保守性更小，但由于引入了更多的待求变量，这一判据的计算用时更长。表中效率提升系数γ，仍采用与式（4-139）类似的定义，即

$$\gamma = \left(1 - \frac{T_1}{T_2}\right) \times 100\% \tag{4-297}$$

表 4-6　两种判据的计算结果（典型二维时滞系统）

τ_2 / s		0.00	0.50	1.00	1.50	2.00	2.50	3.00
时滞稳定裕度/s	定理 4-10	2.2502	2.6148	2.9759	3.2972	3.5549	3.7604	3.9331
	定理 4-14	2.4959	2.9947	3.6763	4.3120	4.2395	4.4137	4.8041
计算时间/s	T_1	0.7999	0.7161	0.8121	0.8330	0.6573	1.1813	0.8213
	T_2	94.6639	99.8990	83.6025	150.9098	105.2518	113.2782	86.9680
γ		99.16%	99.28%	99.03%	99.45%	99.38%	98.96%	99.06%
τ_2 / s		3.50	4.00	4.50	5.00	5.50	6.00	6.50
时滞稳定裕度/s	定理 4-10	1.5159	1.5159	1.5159	1.5159	1.5159	1.5159	1.5159
	定理 4-14	5.1306	4.6212	2.0332	2.0308	2.0295	2.0287	2.0281
计算时间/s	T_1	2.4522	1.3558	0.8283	0.7826	0.6620	0.6615	0.6741
	T_2	86.8485	88.3924	446.4538	229.0611	102.2234	96.9450	97.4557
γ		97.18%	98.47%	99.81%	99.66%	99.35%	99.32%	99.31%

2. 单机无穷大系统

本节采用 3.2.3 节的单机无穷大系统算例，取 D=5.0, K_A=180, P_m=1.0，利用定理 4-13 所给判据计算系统的时滞稳定裕度为 68.1574ms。在 3.3.3 节，我们曾得到系统时滞稳定裕度的精确结果为 68.2491ms。不难看出，由该判据所得时滞稳定裕度的误差非常小，仅为 0.13%，说明定理 4-13 所给判据的保守性很小。

进一步，将 P_{m} 在 0～1.0 变动，分别采用两种方法计算系统的时滞稳定裕度，所得结果示于表 4-7。不难看出，无论 P_m 取何值，定理 4-13 对应判据所确定的时滞稳定裕度的误差非常小，最大仅有 0.27%。

表 4-7　两种方法求解系统时滞稳定裕度的计算结果（单机无穷大系统）

P_m		0.00	0.10	0.20	0.30	0.40	0.50	0.60
时滞稳定裕度/ms	本节方法	119.0121	118.5511	117.1668	114.8622	111.6360	107.4745	102.3418
	3.3.3 节方法	119.3390	118.8746	117.4824	115.1644	111.9192	107.7348	102.5751
	相对误差	0.27%	0.27%	0.27%	0.26%	0.25%	0.24%	0.23%
P_m		0.70	0.80	0.90	1.00	1.05	1.10	1.15
时滞稳定裕度/ms	本节方法	96.1547	88.7368	79.7117	68.1574	60.6780	50.7596	31.4033
	3.3.3 节方法	96.3575	88.9062	79.8436	68.2491	60.7467	50.8042	31.4160
	相对误差	0.21%	0.19%	0.17%	0.13%	0.11%	0.09%	0.04%

3. WSCC 三机九节点系统

这里分别采用 3.3.4 节中该系统的两种场景进行讨论，其中本章 4.3 节和 4.4 节均采用其中的场景 1 作为算例对象。

1）场景 1

采用 3.3.4 节中场景 1 的相关设置，利用定理 4-14 求解系统的时滞稳定裕度，然后将计算结果与表 3-4 所给系统的真实时滞稳定裕度进行比较，所得结果示于表 4-8。不难看出，定理 4-14 对应稳定判据的保守性非常小，当 θ 在 0°～90°变动时，该定理所得时滞稳定裕度的最大误差只有 0.22%。

表 4-8　系统的时滞稳定裕度　（场景 1）

θ	三种方法稳定性分析结果比较			
	时滞稳定裕度/s			本节方法的估计误差
	表 3-4 结果（真实值）	表 4-5 结果	本节方法计算结果	
0°	0.0597	0.0592	0.0596	0.17%
10°	0.0487	0.0484	0.0487	0.00%
20°	0.0426	0.0424	0.0426	0.00%
30°	0.0391	0.0390	0.0391	0.00%
40°	0.0374	0.0373	0.0374	0.00%
45°	0.0370	0.0370	0.0370	0.00%
50°	0.0370	0.0369	0.0370	0.00%
60°	0.0379	0.0376	0.0379	0.00%
70°	0.0402	0.0399	0.0402	0.00%
80°	0.0445	0.0442	0.0444	0.22%
90°	0.0520	0.0519	0.0520	0.00%

进一步，将表 4-8 与表 4-5 的结果对比分析后（也可与表 4-3 对比分析，但因表 4-3 与表 4-5 的计算结果相同，这里仅以表 4-5 为例进行讨论），会发现本节的定理 4-14 与定理 4-10（或定理 4-8 及定理 4-9）相比较，可给出时滞稳定裕度更好的估计值，结果的保守性更小。当然，由于定理 4-14 所采用的 Lyapunov 函数形式更为复杂，其待求变量更多，计算效率自然会有所降低。如何在提高时滞稳定判据计算效率的同时，有效降低其保守性，是需要不断研究的方向。

2）场景 2

采用 3.3.4 节中场景 2 的相关设置，表 4-9 给出了分别采用定理 4-10 和定理 4-14 计算得到的系统时滞稳定裕度，将其与表 3-6 中时滞稳定裕度的真实值进行比较后不难发现：尽管在此场景下，定理 4-14 较定理 4-10 有更好表现，结果的保守性更小，但与系统的真实时滞稳定裕度相比，θ 等于 0°、10°、70°和 80°时，时滞裕度的计算误差均超过了 10%，甚至在 θ= 70°时的误差高达 69.21%。这表明本节所给方法计算结果的保守性，会因应用场景的不同而不同。

表 4-9　系统的时滞稳定裕度（场景 2）

θ	三种方法稳定性分析结果比较			
	时滞稳定裕度/s			本节方法的估计误差
	表 3-6 结果（真实值）	定理 4-10 计算结果	本节方法计算结果	
0°	0.3636	0.2539	0.3072	15.51%
10°	0.3375	0.2316	0.2920	13.48%
20°	0.2898	0.2076	0.2775	4.24%
30°	0.2105	0.1821	0.2036	3.28%
40°	0.1776	0.1582	0.1688	4.95%
45°	0.1679	0.1477	0.1578	6.02%
50°	0.1644	0.1491	0.1569	4.56%
60°	0.1799	0.1677	0.1737	3.45%
70°	0.8229	0.2443	0.2534	69.21%
80°	0.5642	0.4812	0.4991	11.54%
90°	+∞	+∞	+∞	—

为进一步分析影响 Lyapunov 稳定判据保守性的相关因素，令τ_3的取值在 0～2.0 变动，分别采用定理 4-10 和定理 4-14，计算在保证系统时滞稳定情况下τ_2的最大取值，所得结果示于图 4-3，图 4-4 给出了图 4-3 局部的放大结果。不难知道，此时τ_2的最大值曲线左侧即为系统时滞稳定的运行区域。

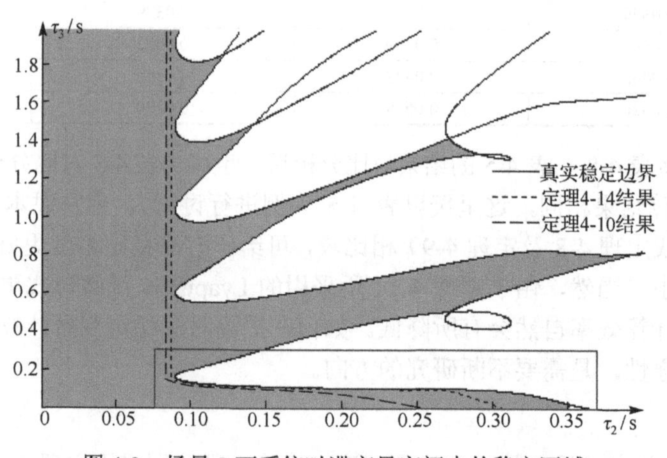

图 4-3　场景 2 下系统时滞变量空间中的稳定区域

由图 4-3 和图 4-4 可以看出，在(τ_2,τ_3)空间中，系统实际稳定运行区域右侧边界的拓扑结构是非常复杂的（结果来自于 3.3.4 节），而定理 4-10 和定理 4-14 所给 Lyapunov 稳定判据仅能估计右侧边界内侧的近似包络线，而难以考虑其所存在的复杂拓扑结构。具体表现在当$\tau_3 \geqslant 0.16$后，由定理 4-14 所给判据确定的系统稳定区域右侧边界几乎为一条平行于纵轴的垂直线；同样情况，也存在于由定理 4-10 所给结果。两定理均无法考虑时滞系统稳定区域边界所具有的复杂拓扑结构，存在明显的保守性就在所难免了。

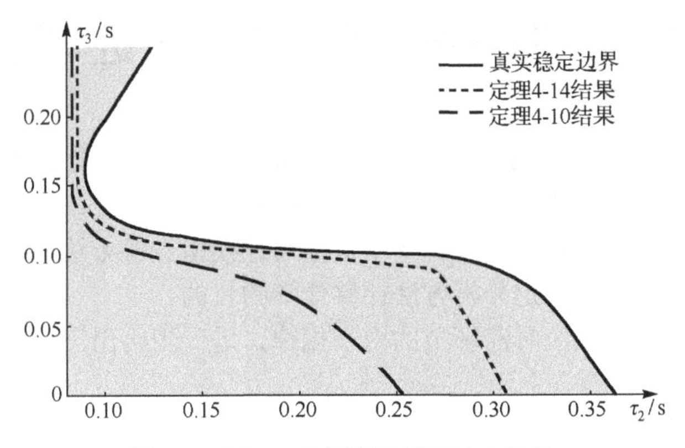

图 4-4　图 4-3 的矩形区域的放大结果

4.6　本 章 小 结

利用 Lyapunov 稳定性理论，通过构造 Lyapunov 函数来分析时滞系统的稳定性是一种常见的研究思路，即所谓的 Lyapunov 时滞稳定分析方法。本章在对相关方法的基本理论简单回顾后，重点讨论了如何提升 Lyapunov 时滞稳定分析方法的计算效率和降低计算结果的保守性。

对于计算效率提升问题，我们主要从两方面入手讨论：①避免稳定判据推导过程中无谓的放大操作和尽量减少冗余变量的引入；②寻求更为科学的 Lyapunov 函数，基于上述思路，本章给出了两种改进的时滞稳定判据，算例验证它们均具有更高的计算效率。

对于判据保守性降低问题，我们则给出了一种改进的时滞稳定判据，通过引入积分二次型，降低了计算结果的保守性。但我们在研究中发现，当时滞系统稳定区域的边界存在较为复杂的拓扑结构时，会对 Lyapunov 稳定判据产生不良影响，而导致其保守性增加。

由电力系统自身特性所决定，其动态模型方程维数和复杂性都非常高，因此寻求具有更高求解效率和更低保守性的时滞稳定分析方法必然是电力系统稳定性研究领域的一个永恒话题，本章内容若能起到一点抛砖引玉的作用将深感欣慰。

第 5 章　时滞电力系统模型改进与降维

在第 4 章讨论中，我们可以看到，利用 Lyapunov 稳定判据判别时滞电力系统的稳定性，待求变量数与时滞系统状态变量的维数密切相关，是决定分析方法计算效率的关键因素。正是考虑到这一情况，本章希望通过模型变换方法，以有效降低时滞状态变量维数，来达到提高稳定分析方法计算效率的目的。

本章首先分析电力系统时滞环节的内在规律，进一步给出三种时滞电力系统模型的有效降维技术。

5.1　电力系统时滞环节规律分析

只有掌握电力系统时滞环节存在的内在规律，才能通过模型变换技术实现时滞系统模型的有效降维，为此首先研究电力系统时滞环节的特点。

由 2.5 节可以知道，对于含有时滞环节的电力系统模型，可用式（5-1）所示的时滞微分方程（TODE）模型或式（5-2）所示的时滞微分-代数方程（TDAE）模型加以描述，两者的区别只在于是否包含代数环节，即

$$\dot{\boldsymbol{x}} = \boldsymbol{F}(\boldsymbol{x}, \boldsymbol{x}_\tau) \tag{5-1}$$

$$\begin{gathered} \dot{\boldsymbol{x}} = \boldsymbol{f}(\boldsymbol{x}, \boldsymbol{x}_\tau, \boldsymbol{y}, \boldsymbol{y}_\tau) \\ 0 = \boldsymbol{g}(\boldsymbol{x}, \boldsymbol{y}) \\ \boldsymbol{0} = \boldsymbol{g}_i(\boldsymbol{x}_{\tau i}, \boldsymbol{y}_{\tau i}), \quad i = 1, 2, \cdots, k \end{gathered} \tag{5-2}$$

式中，$\boldsymbol{x} \in \mathbf{R}^n$ 为系统状态变量；$\boldsymbol{y} \in \mathbf{R}^m$ 为系统代数变量；$\boldsymbol{x}_\tau = (\boldsymbol{x}_{\tau 1}, \cdots, \boldsymbol{x}_{\tau i}, \cdots, \boldsymbol{x}_{\tau k})$ 为时滞状态变量向量，$\boldsymbol{x}_{\tau i} = [x_1(t-\tau_i), \cdots, x_n(t-\tau_i)] \in \mathbf{R}^n, \tau_i \in \mathbf{R}, i = 1, 2, \cdots, k$ 为时滞变量。对于式（5-2），在系统的一个平衡点处，可线性化为如下线性 TDAE 模型，即

$$\begin{cases} \Delta\dot{\boldsymbol{x}} = \tilde{\boldsymbol{A}}\Delta\boldsymbol{x} + \tilde{\boldsymbol{B}}\Delta\boldsymbol{y} + \sum\limits_{i=1}^{k}(\tilde{\boldsymbol{A}}_i\Delta\boldsymbol{x}_{\tau i} + \tilde{\boldsymbol{B}}_i\Delta\boldsymbol{y}_{\tau i}) \\ 0 = \tilde{\boldsymbol{C}}\Delta\boldsymbol{x} + \tilde{\boldsymbol{D}}\Delta\boldsymbol{y} \\ 0 = \tilde{\boldsymbol{C}}_i\Delta\boldsymbol{x}_{\tau i} + \tilde{\boldsymbol{D}}_i\Delta\boldsymbol{y}_{\tau i}, \quad i = 1, 2, \cdots, k \end{cases} \tag{5-3}$$

进一步，消去式（5-3）中的代数变量，可得如下线性 TODE 模型，即

$$\Delta\dot{\boldsymbol{x}} = \boldsymbol{A}\Delta\boldsymbol{x} + \sum_{i=1}^{k}\boldsymbol{A}_i\Delta\boldsymbol{x}_{\tau i} \tag{5-4}$$

而对于式（5-1），则在平衡点处线性化后，可直接得到式（5-4）所示模型。上述式子中的变量含义，可参见 2.5 节。

众所周知，现代电力系统规模极其庞大，由此导致其动态方程的维数极高，即上述式子中 $\boldsymbol{x}$、$\boldsymbol{y}$ 的维数往往成千上万。但在进行电力系统广域控制器设计时，一般只需采集少量的远方数据。例如，中国南方电网公司在进行直流系统广域协调控制器设计时，仅实时采集直流线路两端数个关键动态参数，它们的传输时滞需要考虑，而其数目要远小于整个南方电网公司电力系统动态模型的维数；再如基于 WAMS 信息进行 PSS 协调控制器设计时，控制器输入参量也仅是系统的几个关键点的测量信息（如远方节点的电压或输电断面潮流），其数目也远小于系统动态模型的维数。上述式子中真正起作用的时滞变量的数目将远小于系统状态变量和代数变量的维数。

而在进行广域控制器或广域控制系统设计时，我们一般采用式（5-4）所示的线性 TODE 模型，考虑到电力系统时滞环节的上述特点，此时矩阵 $\boldsymbol{A}_i, i=1,2,\cdots,k$ 应非常稀疏，即其中的非零元素非常少。但在已有的时滞稳定分析方法中，均未考虑这一情况，在计算时均将 $\boldsymbol{A}_i$ 按满秩矩阵来考虑，由此造成很多无谓的计算，严重影响了相关方法的计算效率。因此，希望充分利用电力系统模型中 $\boldsymbol{A}_i$ 矩阵非常稀疏的特点，通过模型变换或模型降维技术，来有效提高时滞系统稳定性的分析计算效率。

5.2　时滞电力系统的改进模型

本节首先研究时滞系统模型的改进方法，先考虑电力系统 TODE 模型，进而考虑 TDAE 模型，所得改进模型被称为带约束时滞微分方程（Constraint Time-delay Ordinary Differential Equation，CTODE）模型和带约束时滞微分-代数方程（Constraint Time-delay Differential Algebraic Equation，CTDAE）模型。

5.2.1　CTODE 模型及其线性化形式

对于式（5-1）的时滞微分方程，当其时滞环节与其他动态环节的解耦关系非常清晰时，可将系统状态按不含时滞环节的状态 $\boldsymbol{x}_1 \subset \boldsymbol{x}$ 在前，含时滞环节的状态 $\boldsymbol{x}_2 \subset \boldsymbol{x}$ 在后的方式重新排列，在此情况下，式（5-1）可重新写为

$$\begin{cases} \dot{\boldsymbol{x}}_1 = \boldsymbol{f}_1(\boldsymbol{x}_1, \boldsymbol{x}_2) \\ \dot{\boldsymbol{x}}_2 = \boldsymbol{f}_2(\boldsymbol{x}_1, \boldsymbol{x}_2, \boldsymbol{x}_{2\tau}) \end{cases} \tag{5-5}$$

式中，$\boldsymbol{x}=[\boldsymbol{x}_1,\boldsymbol{x}_2], \boldsymbol{x}_1 \in \mathbf{R}^{n_1}, \boldsymbol{x}_2 \in \mathbf{R}^{n_2}, n=n_1+n_2$。进一步，在系统平衡点 $(\boldsymbol{x}_{1e},\boldsymbol{x}_{2e})$ 处对其线性化，可得

$$\begin{cases} \Delta\dot{\boldsymbol{x}}_1 = \boldsymbol{A}_{11}\Delta\boldsymbol{x}_1 + \boldsymbol{A}_{12}\Delta\boldsymbol{x}_2 \\ \Delta\dot{\boldsymbol{x}}_2 = \boldsymbol{A}_{21}\Delta\boldsymbol{x}_1 + \boldsymbol{A}_{22}\Delta\boldsymbol{x}_2 + \sum_{i=1}^{k}\boldsymbol{A}_{d,i}\Delta\boldsymbol{x}_{2,\tau i} \end{cases} \tag{5-6}$$

式中，$A_{11}=\dfrac{\partial f_1}{\partial x_1}$；$A_{12}=\dfrac{\partial f_1}{\partial x_2}$；$A_{21}=\dfrac{\partial f_2}{\partial x_1}$；$A_{22}=\dfrac{\partial f_2}{\partial x_2}$；$A_{d,i}=\dfrac{\partial f_2}{\partial x_{2,\tau i}}$。式（5-5）和式（5-6）即是原时滞系统（5-1）所对应的 CTODE 模型及其线性化形式。

观察式（5-5）可以看出，系统时滞环节的动态由式（5-5）的第二式决定，同时它又被完全约束在式（5-5）的第一式对应的微分流形上，可将式（5-5）的第一式视为时滞环节的一个动态约束，因此称该模型为 CTODE。对线性模型（5-6）可做类似分析，不再赘述。

从 CTODE 模型的推导可以看出，它实际上是将原时滞模型（5-1）的状态空间分解为不含时滞子空间（Θ_1）和含时滞子空间（Θ_2），前者状态变量为 $x_1\in\mathbf{R}^{n_1}$，其动态仅由微分方程来描述；后者对应状态量为 $x_2\in\mathbf{R}^{n_2}$，其动态则由一个滞后型时滞微分方程来描述。时滞系统分析困难的根本原因在于时滞微分方程部分，对比式（5-1）和式（5-5），或式（5-2）和式（5-6）可以看出，前者时滞微分方程的维数为 n，而后者仅为 n_2，如前面分析可知，电力系统中一般有 $n_2\ll n$。我们知道，对传统纯微分方程进行分析计算相对简单，而 CTODE 模型通过空间变换，大大减少了需要处理的时滞微分方程的维数，从而使得对系统动态过程的研究大为简化。这就是采用 CTODE 模型可有效提高时滞系统分析计算效率的内在原因。

对于复杂的时滞电力系统，往往难以通过简单观察就能实现其时滞环节与其他动态环节的有效解耦。此时，可采用如下方法来推导其在平衡点附近的线性化 CTODE 模型。将式（5-1）在其平衡点 x_e 处直接进行线性化，可得如式（5-4）所示的线性 TODE 模型。因该式中的 $A_1,A_2,\cdots A_k$ 矩阵非常稀疏，则可引入可逆变换矩阵 T，并令

$$\begin{cases}z=T\Delta x\\ z_{\tau i}=T\Delta x_{\tau i},\quad i=1,2,\cdots,k\end{cases}\tag{5-7}$$

则

$$\begin{cases}\Delta x=T^{-1}z\\ \Delta x_{\tau i}=T^{-1}z_{\tau i},\quad i=1,2,\cdots,k\end{cases}\tag{5-8}$$

将式（5-8）代入式（5-4）可得

$$\dot{z}=T\ \Delta\dot{x}=TA\Delta x+\sum_{i=1}^{k}TA_i\Delta x_{\tau i}=TAT^{-1}z+\sum_{i=1}^{k}TA_iT^{-1}z_{\tau i}=A_Tz+\sum_{i=1}^{k}A_{T,i}z_{\tau i}\tag{5-9}$$

式中，$A_T=T\tilde{A}T^{-1}$；$A_{T,i}=T\tilde{A}_iT^{-1}$。

通过优选变换矩阵 T，可使式（5-9）中 $A_{T,i}$ 矩阵具有如下形式，即

$$A_{T,i}=\begin{bmatrix}\mathbf{0} & \mathbf{0}\\ \mathbf{0} & A_{d,i}\end{bmatrix}\tag{5-10}$$

设 $A_{d,i}\in\mathbf{R}^{n_2\times n_2}$，则式（5-9）可重写为

$$\begin{cases}\dot{z}_1 = A_{11}z_1 + A_{12}z_2 \\ \dot{z}_2 = A_{21}z_1 + A_{22}z_2 + \sum_{i=1}^{k} A_{d,i}z_{2,\tau i}\end{cases} \tag{5-11}$$

或

$$\begin{bmatrix}\dot{z}_1 \\ \dot{z}_2\end{bmatrix} = \begin{bmatrix}A_{11} & A_{12} \\ A_{21} & A_{22}\end{bmatrix}\begin{bmatrix}z_1 \\ z_2\end{bmatrix} + \sum_{i=1}^{k}\begin{bmatrix}0 & 0 \\ 0 & A_{d,i}\end{bmatrix}\begin{bmatrix}z_{1,\tau i} \\ z_{2,\tau i}\end{bmatrix} \tag{5-12}$$

对比式（5-9）与式（5-12）可知有如下关系成立：$z=[z_1,z_2]$, $z_1 \in \mathbf{R}^{n_1}$, $z_2 \in \mathbf{R}^{n_2}$, $n = n_1 + n_2$, $A_T = \begin{bmatrix}A_{11} & A_{12} \\ A_{21} & A_{22}\end{bmatrix}$。

除去符号表述上的差异，式（5-6）和式（5-11）可视为同一模型。由此，可将 CTODE 的建立，转化为求解一个简单的线性变换矩阵 T 的问题。而引入变换矩阵 T 的目的，是希望对向量 x 中的元素进行重新排列，以达到时滞环节的动态变量在后，不含时滞环节的变量在前的目的，而新形成的向量在上述推导中被命名为 z。假设重新排列后的向量 z 与原向量Δx 之间存在如下对应关系，即

$$\begin{cases}z(k_1) = \Delta x(j_1) \\ z(k_2) = \Delta x(j_2) \\ \quad\vdots \\ z(k_n) = \Delta x(j_n)\end{cases} \tag{5-13}$$

通过变换后，Δx 的第$[j_1, j_2, \cdots, j_n]$个变量分别变为 z 的第$[k_1, k_2, \cdots, k_n]$个变量。根据线性变换理论可知，只需将单位矩阵 E 的第 j_1 行与第 k_1 行互换，第 j_2 行与第 k_2 行互换，…，第 j_n 行与第 k_n 行互换，所得到的矩阵即为 T。此外，当 z 向量中的元素采用不同排列方式时，式（5-13）中的对应关系会发生改变，进而得到不同的变换矩阵，因此矩阵 T 可能不唯一。

对于式（5-2）所示 TDAE 模型，为方便描述，令 $\tau = [\tau_1, \tau_2, \cdots, \tau_k]^{\mathrm{T}}$ 为时滞向量，$\tau_{\max} = \max(\tau)$ 为最大时滞，并约定系统在$[-\tau_{\max}, 0]$时间段均存在正常解，即在此时间段内隐函数定理均成立，从而排除系统在此期间存在奇异诱导分岔的可能。此时，理论上可从式（5-2）解出 y, x 和 $y_{\tau i}, x_{\tau i}$ 间的关系，为

$$\begin{cases}y = h(x) \\ y_{\tau i} = h_i(x_{\tau i}), \quad i = 1, 2, \cdots, k\end{cases} \tag{5-14}$$

将式（5-14）代入式（5-2）可得

$$\dot{x} = f(x, x_{\tau 1}, x_{\tau 2}, \cdots, x_{\tau k}, h(x), h_1(x_{\tau 1}), h_2(x_{\tau 2}), \cdots, h_k(x_{\tau k})) = F(x, x_\tau) \tag{5-15}$$

从而借助隐函数定理，将 TDAE 模型（5-2）转化为式（5-15）所示的 TODE 模型，进一步可利用本节方法来推导系统相应的 CTODE 模型及其线性化形式。

5.2.2 CTDAE 模型及其线性化形式

对于 TDAE 模型（5-2），令 $\boldsymbol{x}_1 \in \mathbf{R}^{n_1}$ 和 $\boldsymbol{y}_1 \in \mathbf{R}^{m_1}$ 分别代表系统中不考虑时滞影响的状态向量和代数向量，m_1 为不考虑时滞影响的代数量个数，$\boldsymbol{x}_2 \in \mathbf{R}^{n_2}$ 和 $\boldsymbol{y}_2 \in \mathbf{R}^{m_2}$ 分别代表考虑时滞影响的状态向量和代数向量，m_2 为考虑时滞影响的代数量个数，按不考虑时滞影响的相关量在前，考虑时滞的相关量在后，建立微分代数方程模型，形式为

$$\dot{\boldsymbol{x}}_1 = \boldsymbol{F}_1(\boldsymbol{x}_1, \boldsymbol{x}_2, \boldsymbol{y}_1, \boldsymbol{y}_2) \tag{5-16}$$

$$\dot{\boldsymbol{x}}_2 = \boldsymbol{F}_2(\boldsymbol{x}_1, \boldsymbol{x}_2, \boldsymbol{y}_1, \boldsymbol{y}_2, \boldsymbol{x}_{2,\tau}, \boldsymbol{y}_{2,\tau}) \tag{5-17}$$

$$\boldsymbol{0} = \boldsymbol{G}_1(\boldsymbol{x}_1, \boldsymbol{x}_2, \boldsymbol{y}_1, \boldsymbol{y}_2) \tag{5-18}$$

$$\boldsymbol{0} = \boldsymbol{G}_2(\boldsymbol{x}_2, \boldsymbol{y}_2) \tag{5-19}$$

$$\boldsymbol{0} = \boldsymbol{G}_{2,i}(\boldsymbol{x}_{2,\tau i}, \boldsymbol{y}_{2,\tau i}), \quad i = 1, 2, \cdots, k \tag{5-20}$$

式中，$\boldsymbol{x}_1 = [x_{11}, x_{12}, \cdots, x_{1n_1}]^{\mathrm{T}}$，$\boldsymbol{x}_2 = [x_{21}, x_{22}, \cdots, x_{2n_2}]^{\mathrm{T}}$，$\boldsymbol{y}_1 = [y_{11}, y_{12}, \cdots, y_{1m_1}]^{\mathrm{T}}$，$\boldsymbol{y}_2 = [y_{21}, y_{22}, \cdots, y_{2m_2}]^{\mathrm{T}}$；$\boldsymbol{x}_{2,\tau} = (\boldsymbol{x}_{2,\tau 1}, \boldsymbol{x}_{2,\tau 2}, \cdots, \boldsymbol{x}_{2,\tau i}, \cdots, \boldsymbol{x}_{2,\tau k})$，$\boldsymbol{y}_{2,\tau} = (\boldsymbol{y}_{2,\tau 1}, \boldsymbol{y}_{2,\tau 2}, \cdots, \boldsymbol{y}_{2,\tau i}, \ldots, \boldsymbol{y}_{2,\tau k})$ 分别为由系统时滞状态变量和时滞代数变量构成的向量，其中 $\boldsymbol{x}_{2,\tau i} = [x_{21}(t-\tau_i), \cdots, x_{2n_2}(t-\tau_i)]^{\mathrm{T}}$，$\boldsymbol{y}_{2,\tau i} = [y_{21}(t-\tau_i), \cdots, y_{2m_2}(t-\tau_i)]^{\mathrm{T}}$；$\boldsymbol{G}_1(\cdot), \boldsymbol{G}_2(\cdot)$ 对应当前时刻的代数约束，$\boldsymbol{G}_{2,i}(\cdot)$ 则对应 τ_i 时刻前的代数约束。

式（5-16）～式（5-20）即为时滞系统 CTDAE 模型，该模型去除了不需要考虑时滞影响的 $\boldsymbol{x}_1 \in \mathbf{R}^{n_1}, \boldsymbol{y}_1 \in \mathbf{R}^{m_1}$ 对应的时滞代数方程，从而简化了分析计算工作量。

进一步，在平衡点 $[(\boldsymbol{x}_{1e}, \boldsymbol{x}_{2e}), (\boldsymbol{y}_{1e}, \boldsymbol{y}_{2e})]$ 处对系统 CTDAE 模型进行线性化，可得

$$\Delta\dot{\boldsymbol{x}}_1 = \tilde{\boldsymbol{A}}_{11}\Delta\boldsymbol{x}_1 + \tilde{\boldsymbol{A}}_{12}\Delta\boldsymbol{x}_2 + \tilde{\boldsymbol{B}}_{11}\Delta\boldsymbol{y}_1 + \tilde{\boldsymbol{B}}_{12}\Delta\boldsymbol{y}_2 \tag{5-21}$$

$$\Delta\dot{\boldsymbol{x}}_2 = \tilde{\boldsymbol{A}}_{21}\Delta\boldsymbol{x}_1 + \tilde{\boldsymbol{A}}_{22}\Delta\boldsymbol{x}_2 + \tilde{\boldsymbol{B}}_{21}\Delta\boldsymbol{y}_1 + \tilde{\boldsymbol{B}}_{22}\Delta\boldsymbol{y}_2 + \sum_{i=1}^{k}\tilde{\boldsymbol{A}}_{d,i}\Delta\boldsymbol{x}_{2,\tau i} + \sum_{i=1}^{k}\tilde{\boldsymbol{B}}_{d,i}\Delta\boldsymbol{y}_{2,\tau i} \tag{5-22}$$

$$0 = \tilde{\boldsymbol{C}}_{11}\Delta\boldsymbol{x}_1 + \tilde{\boldsymbol{C}}_{12}\Delta\boldsymbol{x}_2 + \tilde{\boldsymbol{D}}_{11}\Delta\boldsymbol{y}_1 + \tilde{\boldsymbol{D}}_{12}\Delta\boldsymbol{y}_2 \tag{5-23}$$

$$0 = \tilde{\boldsymbol{C}}_{22}\Delta\boldsymbol{x}_2 + \tilde{\boldsymbol{D}}_{22}\Delta\boldsymbol{y}_2 \tag{5-24}$$

$$0 = \tilde{\boldsymbol{C}}_{22,i}\Delta\boldsymbol{x}_{2,\tau i} + \tilde{\boldsymbol{D}}_{22,i}\Delta\boldsymbol{y}_{2,\tau i}, \quad i = 1, 2, \cdots, k \tag{5-25}$$

式（5-21）～式（5-25）即为系统 CTDAE 模型的线性化形式，其中

$$\tilde{\boldsymbol{A}}_{ij} = \frac{\partial \boldsymbol{F}_i}{\partial \boldsymbol{x}_j}, \tilde{\boldsymbol{B}}_{ij} = \frac{\partial \boldsymbol{F}_i}{\partial \boldsymbol{y}_j}, \tilde{\boldsymbol{C}}_{ij} = \frac{\partial \boldsymbol{G}_i}{\partial \boldsymbol{x}_j}, \tilde{\boldsymbol{D}}_{ij} = \frac{\partial \boldsymbol{G}_i}{\partial \boldsymbol{y}_j}, \quad i, j = 1, 2 \tag{5-26}$$

$$\tilde{\boldsymbol{A}}_{d,i} = \frac{\partial \boldsymbol{F}_2}{\partial \boldsymbol{x}_{\tau i}}, \tilde{\boldsymbol{B}}_{d,i} = \frac{\partial \boldsymbol{F}_2}{\partial \boldsymbol{y}_{\tau i}}, \tilde{\boldsymbol{C}}_{22,i} = \frac{\partial \boldsymbol{G}_{2,i}}{\partial \boldsymbol{x}_{2,\tau i}}, \tilde{\boldsymbol{D}}_{22,i} = \frac{\partial \boldsymbol{G}_{2,i}}{\partial \boldsymbol{y}_{2,\tau i}}, \quad i = 1, 2, \cdots, k \tag{5-27}$$

进一步，由于在$[-\tau_{\max},0]$时间段内隐函数均成立，矩阵$\tilde{\boldsymbol{D}},\tilde{\boldsymbol{D}}_{22,i},i=1,2,\cdots,k$均可逆，其中

$$\tilde{\boldsymbol{D}}=\begin{bmatrix}\tilde{\boldsymbol{D}}_{11} & \tilde{\boldsymbol{D}}_{12}\\ 0 & \tilde{\boldsymbol{D}}_{22}\end{bmatrix} \tag{5-28}$$

由此可得

$$\Delta\boldsymbol{y}_1=\boldsymbol{K}_{11}\Delta\boldsymbol{x}_1+\boldsymbol{K}_{12}\Delta\boldsymbol{x}_2 \tag{5-29}$$

$$\Delta\boldsymbol{y}_2=\boldsymbol{K}_{22}\Delta\boldsymbol{x}_2 \tag{5-30}$$

$$\Delta\boldsymbol{y}_{2,\tau i}=\boldsymbol{K}_{22,i}\Delta\boldsymbol{x}_{2,\tau i}=-\tilde{\boldsymbol{D}}_{22,i}^{-1}\boldsymbol{C}_{22,i}\Delta\boldsymbol{x}_{2,\tau i} \tag{5-31}$$

式中

$$\boldsymbol{K}_{11}=-\tilde{\boldsymbol{D}}_{11}^{-1}\tilde{\boldsymbol{C}}_{11} \tag{5-32}$$

$$\boldsymbol{K}_{12}=-\tilde{\boldsymbol{D}}_{11}^{-1}(\tilde{\boldsymbol{C}}_{12}-\tilde{\boldsymbol{D}}_{12}\tilde{\boldsymbol{D}}_{22}^{-1}\tilde{\boldsymbol{C}}_{22}) \tag{5-33}$$

$$\boldsymbol{K}_{22}=-\tilde{\boldsymbol{D}}_{22}^{-1}\tilde{\boldsymbol{C}}_{22} \tag{5-34}$$

将上述结果代入式（5-21）和式（5-22），经整理可得

$$\Delta\dot{\boldsymbol{x}}_1=\boldsymbol{A}_{11}\Delta\boldsymbol{x}_1+\boldsymbol{A}_{12}\Delta\boldsymbol{x}_2 \tag{5-35}$$

$$\Delta\dot{\boldsymbol{x}}_2=\boldsymbol{A}_{21}\Delta\boldsymbol{x}_1+\boldsymbol{A}_{22}\Delta\boldsymbol{x}_2+\sum_{i=1}^{k}\boldsymbol{A}_{d,i}\Delta\boldsymbol{x}_{2,\tau i} \tag{5-36}$$

式中

$$\boldsymbol{A}_{11}=\tilde{\boldsymbol{A}}_{11}+\tilde{\boldsymbol{B}}_{11}\boldsymbol{K}_{11} \tag{5-37}$$

$$\boldsymbol{A}_{12}=\tilde{\boldsymbol{A}}_{12}+\tilde{\boldsymbol{B}}_{11}\boldsymbol{K}_{12}+\tilde{\boldsymbol{B}}_{12}\boldsymbol{K}_{22} \tag{5-38}$$

$$\boldsymbol{A}_{21}=\tilde{\boldsymbol{A}}_{21}+\tilde{\boldsymbol{B}}_{21}\boldsymbol{K}_{11} \tag{5-39}$$

$$\boldsymbol{A}_{22}=\tilde{\boldsymbol{A}}_{22}+\tilde{\boldsymbol{B}}_{21}\boldsymbol{K}_{12}+\tilde{\boldsymbol{B}}_{22}\boldsymbol{K}_{22} \tag{5-40}$$

$$\boldsymbol{A}_{d,i}=\tilde{\boldsymbol{A}}_{d,i}+\tilde{\boldsymbol{B}}_{d,i}\boldsymbol{K}_{22,i} \tag{5-41}$$

对比式（5-35）、式（5-36）和式（5-11）及式（5-6）可以看出，它们具有统一的形式。

在进行 CTDAE 模型推导时可以看到，式（5-18）考虑了$(\boldsymbol{x}_2,\boldsymbol{y}_2)$与$(\boldsymbol{x}_1,\boldsymbol{y}_1)$之间的耦合关系，但在式（5-19）和式（5-20）中，则只考虑了$\boldsymbol{x}_2$与$\boldsymbol{y}_2$之间的关系，而忽略它们与$(\boldsymbol{x}_1,\boldsymbol{y}_1)$间的内在联系。我们借助图 5-1 所示简单的广域控制器场景，来解释为何采用这一处理方式。这里假设在控制中心需采集远方发电机j的机端复电压$V_j\angle\theta_j$作为远程控制输入信号，而电压又是该发电机内电势$E'_{q,j},E'_{d,j}$（状态变量）的函数，即

$$V_j = V_f(E'_{q,j}, E'_{d,j}) \tag{5-42}$$

$$\theta_j = \theta_f(E'_{q,j}, E'_{d,j}) \tag{5-43}$$

则

$$\boldsymbol{y}_2 = [V_j, \theta_j] \tag{5-44}$$

$$\boldsymbol{x}_2 = [E'_{q,j}, E'_{d,j}] \tag{5-45}$$

$$\boldsymbol{G}_2(\boldsymbol{x}_2, \boldsymbol{y}_2) = \begin{cases} V_j - V_f(E'_{q,j}, E'_{d,j}) = 0 \\ \theta_j - \theta_f(E'_{q,j}, E'_{d,j}) = 0 \end{cases} \tag{5-46}$$

$$\boldsymbol{G}_{2,i}(\boldsymbol{x}_{2,\tau i}, \boldsymbol{y}_{2,\tau i}) = \begin{cases} V_j(t-\tau_i) - V_f\left(E'_{q,j}(t-\tau_i), E'_{d,j}(t-\tau_i)\right) = 0 \\ \theta_j(t-\tau_i) - \theta_f\left(E'_{q,j}(t-\tau_i), E'_{d,j}(t-\tau_i)\right) = 0 \end{cases} \tag{5-47}$$

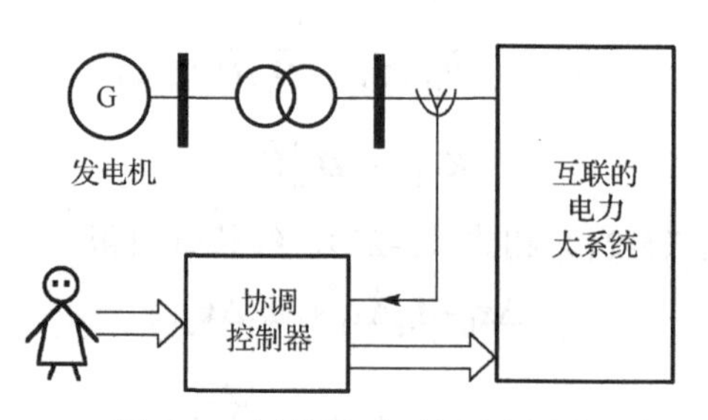

图 5-1　广域协调控制器示意图

作为系统中的运行参量，$V_j\angle\theta_j, E'_{q,j}, E'_{d,j}$ 必然与其他的运行参量存在耦合关系，因此需在代数方程（5-18）中加以体现。我们在进行协调控制器设计时，仅需要知道远方输入参量 $V_j\angle\theta_j$（考虑时滞影响）的确切信息，而并不关心它们与其他变量之间存在何种耦合关系，因此，为得到远方信息，仅保留式（5-46）和式（5-47）的代数约束部分就足够了。

与 CTODE 模型类似，式（5-17）和式（5-20）的时滞动态被约束在由式（5-16）、式（5-18）和式（5-19）构成的 DAE 流形上，它可看成时滞动态方程的一个约束，故称该模型为 CTDAE。对该模型的线性形式（式（5-21）～式（5-25））可做类似分析，不再赘述。

5.2.3　算例

1. 算例说明

无论对于 CTDAE 还是 TDAE 模型，在进行时滞电力系统稳定性分析时，都要首先变换为对应的线性微分方程，因此作为示例，这里仅利用存在单一时滞环节的线性 TODE 和 CTODE 模型来进行讨论。设所讨论的线性 TODE 模型为

$$\dot{\boldsymbol{x}} = \boldsymbol{A}\boldsymbol{x} + \boldsymbol{A}_1\boldsymbol{x}_\tau \tag{5-48}$$

式中，$\boldsymbol{x},\boldsymbol{x}_\tau \in \mathbf{R}^{10},\tau \geqslant 0$；$\boldsymbol{A},\boldsymbol{A}_1$ 矩阵取值为

$$\boldsymbol{A} = \begin{bmatrix} -20.00 & 0.800 & 0.000 & -0.900 & 0.000 & 0.000 & 0.000 & 1.000 & 0.000 & -3.000 \\ -0.800 & -10.60 & 0.100 & 0.000 & -1.000 & -2.000 & 0.000 & 0.900 & 0.100 & 1.000 \\ 0.100 & 5.200 & -6.000 & -0.990 & -0.300 & 2.000 & 1.000 & 3.000 & -0.300 & 0.000 \\ 1.250 & 1.230 & -0.320 & -8.100 & -0.100 & 0.100 & 0.520 & 0.200 & 0.000 & -0.100 \\ 1.980 & -1.100 & -0.008 & -0.010 & -8.789 & 0.000 & 0.090 & -0.800 & 0.200 & -1.810 \\ -0.100 & 0.180 & 0.000 & -1.100 & 0.000 & -5.000 & 1.000 & 0.500 & -0.080 & 0.000 \\ -0.220 & 0.320 & 3.000 & -3.100 & -1.000 & -1.000 & -6.000 & 1.900 & -2.000 & 0.500 \\ 0.000 & 3.300 & 0.500 & -3.990 & -1.300 & 0.000 & 1.200 & -5.000 & 2.500 & 2.100 \\ -0.150 & -0.300 & -0.100 & 0.800 & -0.220 & 0.800 & 0.200 & 0.000 & -5.600 & 0.100 \\ 1.000 & 3.200 & 1.000 & -1.000 & -1.000 & 0.000 & -2.000 & 0.000 & -3.000 & -7.000 \end{bmatrix} \tag{5-49}$$

$$\boldsymbol{A}_1 = \begin{bmatrix} 0.000 & 0.000 & 0.000 & 0.000 & 0.000 & 0.000 & 0.000 & 0.000 & 0.000 & 0.000 \\ 0.000 & 0.000 & -6.000 & 0.000 & 0.000 & 0.000 & 0.000 & 3.000 & 0.000 & 0.000 \\ 0.000 & 0.000 & 0.000 & 0.000 & 0.000 & 0.000 & 0.000 & 0.000 & 0.000 & 0.000 \\ 0.000 & 0.000 & 0.000 & 0.000 & 0.000 & 0.000 & 0.000 & 0.000 & 0.000 & 0.000 \\ 0.000 & 0.000 & 0.000 & 0.000 & 0.000 & 0.000 & 0.000 & 0.000 & 0.000 & 0.000 \\ 0.000 & 0.000 & 0.000 & 0.000 & 0.000 & 0.000 & 0.000 & 0.000 & 0.000 & 0.000 \\ 0.000 & 0.000 & 0.000 & 0.000 & 0.000 & 0.000 & 0.000 & 0.000 & 0.000 & 0.000 \\ 0.000 & 0.000 & 0.500 & 0.000 & 0.000 & 0.000 & 0.000 & -5.000 & 0.000 & 0.000 \\ 0.000 & 0.000 & 0.000 & 0.000 & 0.000 & 0.000 & 0.000 & 0.000 & 0.000 & 0.000 \\ 0.000 & 0.000 & 0.000 & 0.000 & 0.000 & 0.000 & 0.000 & 0.000 & 0.000 & 0.000 \end{bmatrix} \tag{5-50}$$

选取如下的变换矩阵 $\boldsymbol{T}$ 为

$$\boldsymbol{T} = \boldsymbol{T}^{-1} = \begin{bmatrix} 1 & 0 & 0 & 0 & 0 & 0 & 0 & 0 & 0 & 0 \\ 0 & 1 & 0 & 0 & 0 & 0 & 0 & 0 & 0 & 0 \\ 0 & 0 & 0 & 0 & 0 & 0 & 0 & 0 & 1 & 0 \\ 0 & 0 & 0 & 1 & 0 & 0 & 0 & 0 & 0 & 0 \\ 0 & 0 & 0 & 0 & 1 & 0 & 0 & 0 & 0 & 0 \\ 0 & 0 & 0 & 0 & 0 & 1 & 0 & 0 & 0 & 0 \\ 0 & 0 & 0 & 0 & 0 & 0 & 1 & 0 & 0 & 0 \\ 0 & 0 & 0 & 0 & 0 & 0 & 0 & 0 & 0 & 1 \\ 0 & 0 & 1 & 0 & 0 & 0 & 0 & 0 & 0 & 0 \\ 0 & 0 & 0 & 0 & 0 & 0 & 0 & 1 & 0 & 0 \end{bmatrix} \tag{5-51}$$

经式（5-9）所示变换后可得到如下 CTODE 模型，即

$$\begin{bmatrix} \dot{z}_1 \\ \dot{z}_2 \end{bmatrix} = \begin{bmatrix} \boldsymbol{A}_{11} & \boldsymbol{A}_{12} \\ \boldsymbol{A}_{21} & \boldsymbol{A}_{22} \end{bmatrix} \begin{bmatrix} z_1 \\ z_2 \end{bmatrix} + \begin{bmatrix} \mathbf{0} & \mathbf{0} \\ \mathbf{0} & \boldsymbol{A}_{d,1} \end{bmatrix} \begin{bmatrix} z_{1\tau} \\ z_{2\tau} \end{bmatrix} \tag{5-52}$$

式中

$$A_T=\begin{bmatrix} -20.00 & 0.800 & 0.000 & -0.900 & 0.000 & 0.000 & 0.000 & -3.000 & 0.000 & -1.000 \\ -0.800 & -10.60 & 1.000 & 0.000 & -1.000 & -2.000 & 0.000 & 1.000 & 0.100 & 0.900 \\ -1.500 & -0.300 & -5.600 & 0.800 & -0.220 & 0.800 & 0.200 & 0.100 & -0.100 & 0.000 \\ 1.250 & 1.230 & 0.000 & -8.100 & -0.100 & 0.100 & 0.500 & -0.100 & -0.320 & 0.200 \\ 1.980 & -1.100 & 0.200 & -0.010 & -8.789 & 0.000 & 0.090 & -1.810 & -0.008 & -0.800 \\ -0.100 & 0.180 & -0.080 & -1.100 & 0.000 & -5.000 & 1.000 & 0.000 & 0.000 & 0.500 \\ -0.220 & 0.320 & -2.000 & -3.100 & -1.000 & -1.000 & -6.000 & 0.500 & 3.000 & 1.900 \\ 1.000 & 3.200 & 3.000 & 1.000 & 1.000 & 0.000 & -2.000 & -7.000 & 1.000 & 0.000 \\ -0.100 & 5.200 & -0.300 & -0.990 & -0.300 & 2.000 & 1.000 & 0.000 & 0.000 & 0.000 \\ 0.000 & 3.300 & 2.500 & -3.990 & -1.300 & 0.000 & 1.200 & 2.100 & 0.000 & 0.000 \end{bmatrix} \tag{5-53}$$

$$A_{T,1}=\begin{bmatrix} 0 & 0 \\ 0 & A_{d,1} \end{bmatrix},\quad A_{d,1}=\begin{bmatrix} -6.000 & 3.000 \\ 0.500 & -5.000 \end{bmatrix} \tag{5-54}$$

不难看出，对于该系统，$n=10, n_1=8, n_2=2$。

2. 时滞稳定判据

本书采用如下两个判据，分别对式(5-48)和式(5-52)所示的 TODE 模型和 CTODE 模型系统进行判稳分析。

1）采用 TODE 模型时的 Lyapunov 稳定判据

对于时滞系统（5-48），如下定理 5-1 给出该系统的稳定条件。

定理 5-1（时滞系统稳定判据）给定标量 $h>0$，若存在 $P=P^{\mathrm{T}}>0$，$Q=Q^{\mathrm{T}}>0$，$Z=Z^{\mathrm{T}}>0$，$X_{11}=X_{11}^{\mathrm{T}}>0$，$X_{22}=X_{22}^{\mathrm{T}}>0$ 和任意合适维数的矩阵 N_1,N_2,X_{12}，使得如下的式（5-55）和式（5-56）成立，则对所有的时滞 $\tau_1\in[0,h]$，时滞系统（5-48）是渐近稳定的。

$$\Phi=\begin{bmatrix} \Phi_{11}+hA^{\mathrm{T}}ZA & \Phi_{12}+hA^{\mathrm{T}}ZA_1 \\ \Phi_{12}^{\mathrm{T}}+hA_1^{\mathrm{T}}ZA & \Phi_{22}+hA_1^{\mathrm{T}}ZA_1 \end{bmatrix}<0 \tag{5-55}$$

$$\Psi=\begin{bmatrix} X_{11} & X_{12} & N_1 \\ X_{12}^{\mathrm{T}} & X_{22} & N_2 \\ N_1^{\mathrm{T}} & N_2^{\mathrm{T}} & Z \end{bmatrix}>0 \tag{5-56}$$

式中

$$\Phi_{11}=PA+A^{\mathrm{T}}P+N_1+N_1^{\mathrm{T}}+Q+hX_{11} \tag{5-57}$$

$$\Phi_{12}=PA_1-N_1+N_2^{\mathrm{T}}+hX_{12} \tag{5-58}$$

$$\Phi_{22}=-N_2-N_2^{\mathrm{T}}-Q+hX_{22} \tag{5-59}$$

2）采用 CTODE 模型时的 Lyapunov 稳定判据

对于时滞系统（5-52），如下定理给出了其稳定的条件。

定理 5-2（时滞系统稳定判据）　给定标量 $h>0$，若存在 $\boldsymbol{P}_{11}=\boldsymbol{P}_{11}^{\mathrm{T}}>0$，$\boldsymbol{P}_{22}=\boldsymbol{P}_{22}^{\mathrm{T}}>0$，$\boldsymbol{Q}=\boldsymbol{Q}^{\mathrm{T}}>0$，$\boldsymbol{Z}=\boldsymbol{Z}^{\mathrm{T}}>0$，$\boldsymbol{X}_{11}=\boldsymbol{X}_{11}^{\mathrm{T}}>0$，$\boldsymbol{X}_{22}=\boldsymbol{X}_{22}^{\mathrm{T}}>0$ 和任意合适维数的矩阵 $\boldsymbol{P}_{12},\boldsymbol{N}_1,\boldsymbol{N}_2,\boldsymbol{X}_{12}$，使得式（5-60）和式（5-61）成立，则对所有的时滞 $\tau_1\in[0,h]$，时滞系统（5-52）渐近稳定。

$$\bar{\boldsymbol{\Phi}}=\begin{bmatrix}\bar{\boldsymbol{\Phi}}_{11} & \bar{\boldsymbol{\Phi}}_{12} & \bar{\boldsymbol{\Phi}}_{13}\\ \bar{\boldsymbol{\Phi}}_{12}^{\mathrm{T}} & \bar{\boldsymbol{\Phi}}_{22} & \bar{\boldsymbol{\Phi}}_{23}\\ \bar{\boldsymbol{\Phi}}_{13}^{\mathrm{T}} & \bar{\boldsymbol{\Phi}}_{23}^{\mathrm{T}} & \bar{\boldsymbol{\Phi}}_{33}\end{bmatrix}<0 \tag{5-60}$$

$$\bar{\boldsymbol{\Psi}}=\begin{bmatrix}\boldsymbol{X}_{11} & \boldsymbol{X}_{12} & \boldsymbol{N}_1\\ \boldsymbol{X}_{12}^{\mathrm{T}} & \boldsymbol{X}_{22} & \boldsymbol{N}_2\\ \boldsymbol{N}_1^{\mathrm{T}} & \boldsymbol{N}_2^{\mathrm{T}} & \boldsymbol{Z}\end{bmatrix}>0 \tag{5-61}$$

式中

$$\bar{\boldsymbol{\Phi}}_{11}=\boldsymbol{P}_{11}\boldsymbol{A}_{11}+\boldsymbol{A}_{11}^{\mathrm{T}}\boldsymbol{P}_{11}+\boldsymbol{P}_{12}\boldsymbol{A}_{21}+\boldsymbol{A}_{21}^{\mathrm{T}}\boldsymbol{P}_{12}^{\mathrm{T}}+h\boldsymbol{A}_{21}^{\mathrm{T}}\boldsymbol{Z}\boldsymbol{A}_{21} \tag{5-62}$$

$$\bar{\boldsymbol{\Phi}}_{12}=\boldsymbol{P}_{11}\boldsymbol{A}_{12}+\boldsymbol{P}_{12}\boldsymbol{A}_{22}+\boldsymbol{A}_{11}^{\mathrm{T}}\boldsymbol{P}_{12}+\boldsymbol{A}_{21}^{\mathrm{T}}\boldsymbol{P}_{22}+h\boldsymbol{A}_{21}^{\mathrm{T}}\boldsymbol{Z}\boldsymbol{A}_{22} \tag{5-63}$$

$$\bar{\boldsymbol{\Phi}}_{13}=\boldsymbol{P}_{12}\boldsymbol{A}_{d,1}+h\boldsymbol{A}_{21}^{\mathrm{T}}\boldsymbol{Z}\boldsymbol{A}_{d,1} \tag{5-64}$$

$$\bar{\boldsymbol{\Phi}}_{22}=\boldsymbol{P}_{12}^{\mathrm{T}}\boldsymbol{A}_{12}+\boldsymbol{A}_{12}^{\mathrm{T}}\boldsymbol{P}_{12}+\boldsymbol{P}_{22}\boldsymbol{A}_{22}+\boldsymbol{A}_{22}^{\mathrm{T}}\boldsymbol{P}_{22}+\boldsymbol{Q}+\boldsymbol{N}_1+\boldsymbol{N}_1^{\mathrm{T}}+h\boldsymbol{X}_{11}+h\boldsymbol{A}_{22}^{\mathrm{T}}\boldsymbol{Z}\boldsymbol{A}_{22} \tag{5-65}$$

$$\bar{\boldsymbol{\Phi}}_{23}=\boldsymbol{P}_{22}\boldsymbol{A}_{d,1}-\boldsymbol{N}_1+\boldsymbol{N}_2+h\boldsymbol{X}_{12}+h\boldsymbol{A}_{22}^{\mathrm{T}}\boldsymbol{Z}\boldsymbol{A}_{d,1} \tag{5-66}$$

$$\bar{\boldsymbol{\Phi}}_{33}=-\boldsymbol{Q}-\boldsymbol{N}_2-\boldsymbol{N}_2^{\mathrm{T}}+h\boldsymbol{X}_{22}+h\boldsymbol{A}_{d,1}^{\mathrm{T}}\boldsymbol{Z}\boldsymbol{A}_{d,1} \tag{5-67}$$

定理 5-2 和定理 5-1 的判稳原理是一致的，区别仅在于定理 5-2 利用了 CTODE 模型的一些特点，将判据中一些零矩阵直接剔除，从而避免了无谓的计算。两定理的证明过程略去。

3. 算例结果分析

首先利用 3.2 节或 3.3 节的方法，求解系统的时滞稳定裕度的真实值为 229.911ms。进一步，采用定理 5-1 和定理 5-2 所给两种判据，分别求解该系统的时滞稳定裕度，所得结果示于表 5-1。

表 5-1　不同判据的计算结果

稳定判据	模型	时滞稳定裕度/ms	相对误差/%	计算用时/s	待求变量数目
定理 5-1	TODE	205.670	10.54	89.34	575
定理 5-2	CTODE	206.078	10.37	2.98	79

从表 5-1 中可以看出，两种方法所得时滞稳定裕度非常接近，彼此相差不到 0.2%。但采用 CTODE 模型的定理 5-2 所给判据，其计算速度是原判据（定理 5-1）的 29.98 倍，具有更高的计算效率。新判据具有较高计算效率的内在原因，可从两种判据所需计算的待求变量数目来解释。

当采用 TODE 模型并采用定理 5-1 所给判据时，系统待求的变量矩阵分别为 $\boldsymbol{P},\boldsymbol{Q},\boldsymbol{Z},\boldsymbol{X}_{11},\boldsymbol{X}_{22},\boldsymbol{X}_{12},\boldsymbol{N}_1,\boldsymbol{N}_2$，这些矩阵均为 $n\times n$ 方阵，前五个为对称矩阵，后三个为非对称方阵。对于本算例系统，其待求变量数为

$$N_1 = 5\times\frac{(n+1)\times n}{2}+3\times n^2 = 5\times\frac{(10+1)\times 10}{2}+3\times 10^2 = 575 \tag{5-68}$$

采用新的 CTODE 模型时，相应判据由定理 5-2 给出，其待求变量矩阵仍为 $\boldsymbol{P},\boldsymbol{Q},\boldsymbol{Z},\boldsymbol{X}_{11},\boldsymbol{X}_{22},\boldsymbol{X}_{12},\boldsymbol{N}_1,\boldsymbol{N}_2$。但其中，除矩阵 $\boldsymbol{P}$ 与定理 5-1 所给原判据中待求变量 $\boldsymbol{P}$ 完全相同，仍为 $n\times n$ 对称矩阵外，其他待求矩阵均变为 $n_2\times n_2$ 的方阵，有

$$\boldsymbol{P}=\begin{bmatrix}\boldsymbol{P}_{11} & \boldsymbol{P}_{12}\\ \boldsymbol{P}_{12}^{\mathrm{T}} & \boldsymbol{P}_{22}\end{bmatrix} \tag{5-69}$$

因此新判据对应的待求变量数变为

$$N_2=\frac{(n+1)\times n}{2}+4\times\frac{(n_2+1)\times n_2}{2}+3\times(n_2)^2=\frac{(10+1)\times 10}{2}+4\times\frac{(2+1)\times 2}{2}+3\times 2^2=79 \tag{5-70}$$

很明显，由于新判据的待求变量数较原有判据大为减少，其具有更高计算效率就不难理解了。

5.2.4　小结

本节仅借助 Lyapunov 判据，示意说明了 CTDAE 和 CTODE 模型对判稳过程计算效率的提升效果，相关模型还可用于时滞系统特征值追踪、时滞稳定域边界计算等，也可有效提升其计算效率，在此不再赘述。

从本节内容可以看到，它仅利用矩阵变换技术，将时滞系统的模型形式进行了一些适当变形，尽管并未对系统模型进行任何形式的降维处理，但对时滞系统稳定性分析就有了很大帮助。而事实上，在动力系统稳定性研究领域内，存在很多成熟的模型降维方法，在保留系统主导动态模式和系统稳定性性态的前提下，可有效降低其模型维数。如何在 CTDAE 和 CTODE 模型特点的基础上，利用这些方法对时滞系统动态方程维数进行有效降维，以进一步提升系统稳定性分析的计算效率，将是后续章节力求实现的目标。

5.3　一种单时滞电力系统的模型降维方法

本节首先探讨一种针对单时滞电力系统模型的降维技术，在 5.4 节则进一步探讨如何将相关技术推广到多时滞系统。

5.3.1　模型降维方法概述

为便于叙述，将式（5-48）改为如下含历史轨迹的模型，即

$$\begin{cases}\dfrac{\mathrm{d}\boldsymbol{x}(t)}{\mathrm{d}t}=\boldsymbol{A}\boldsymbol{x}(t)+\boldsymbol{A}_1\boldsymbol{x}(t-\tau_1)\\ \boldsymbol{x}(t+\xi)=\boldsymbol{\varphi}(t,\xi),\xi\in[-\tau_1,0)\end{cases} \tag{5-71}$$

式中，$\boldsymbol{x}\in\mathbf{R}^n$ 是系统的状态向量，n 维连续向量值函数 $\boldsymbol{\varphi}$ 定义了状态向量 $\boldsymbol{x}$ 在 $[t-\tau_1,t)$ 区间上的历史轨迹；$\boldsymbol{A},\boldsymbol{A}_1\in\mathbf{R}^{n\times n}$ 均为常数矩阵。

基于线性矩阵不等式（LMI）技术的时滞系统 Lyapunov 稳定判据，其待求未知变量的数量与模型中状态变量维数大致为平方关系，因此利用相关判据进行判稳的计算时间，会随着状态变量维数的增大而急剧增长。对于一个实际的电力系统，往往具有成百上千个动态元件，其状态变量维数很大，因此采用相应判据进行时滞系统判稳，往往面临难以承受的计算压力。

但考虑电力系统的实际特点，上述模型中的 $\boldsymbol{A}$ 矩阵本身就是一个非常稀疏的矩阵，非零元素多集中在主对角元附近；此外，正如 5.2 节指出的，考虑到在进行广域控制器设计时，含有时滞环节的远程测量信息更少，由此导致上述模型中的矩阵 $\boldsymbol{A}_1$ 非零元素更少（非常稀疏）。但传统的稳定判据，在进行判稳分析时，通常并未考虑 $\boldsymbol{A}$ 和 $\boldsymbol{A}_1$ 矩阵的上述特点，而将其视为满阵来加以处理，由此引入了大量无谓的计算，是原有判据计算效率不高的一个重要原因。因此，为提高稳定判据的计算效率，一方面，应考虑上述模型中矩阵的强稀疏性，尽量避免无谓的运算；另一方面，应根据系统的动态特性，在保留系统主要稳定模态的基础上，尽量降低系统动态方程维数（状态变量数），而后者正是本章降维方法追求的目标。

5.3.2　模型降维方法详细推导

1. 模型变换

为进行模型降维，可将状态量 $\boldsymbol{x}$ 分为两组：$\boldsymbol{x}_r$ 与 $\boldsymbol{x}_a$，其中，$\boldsymbol{x}_r$ 为简化后系统仍需保留的状态变量，$\boldsymbol{x}_a$ 为在简化过程中需要消去的状态变量，即它们对系统所研究的模态影响较小。状态变量的划分规则如下。

（1）对于某个变量 $x_i,1\leqslant i\leqslant n$，只要矩阵 $\boldsymbol{A}_1$ 第 i 行不全为零或第 i 列不全为零，则 x_i 属于 $\boldsymbol{x}_r$。

（2）对于某个变量 $x_i,1\leqslant i\leqslant n$，若矩阵 $\boldsymbol{A}_1$ 第 i 行全为零且第 i 列全为零，则 x_i 属于 $\boldsymbol{x}_a$。

设 $\boldsymbol{x}_r$ 维数为 r，则 $\boldsymbol{x}_a$ 维数为 $n-r$。根据上述划分原则来调整状态变量的排列顺序，将式（5-71）改写为

$$\begin{cases}\dfrac{\mathrm{d}}{\mathrm{d}t}\begin{bmatrix}\boldsymbol{x}_r(t)\\ \boldsymbol{x}_a(t)\end{bmatrix}=\tilde{\boldsymbol{A}}\begin{bmatrix}\boldsymbol{x}_r(t)\\ \boldsymbol{x}_a(t)\end{bmatrix}+\tilde{\boldsymbol{A}}_1\begin{bmatrix}\boldsymbol{x}_r(t-\tau_1)\\ \boldsymbol{x}_a(t-\tau_1)\end{bmatrix}\\ \begin{bmatrix}\boldsymbol{x}_r(t+\xi)\\ \boldsymbol{x}_a(t+\xi)\end{bmatrix}=\begin{bmatrix}\varphi_r(t,\xi)\\ \varphi_a(t,\xi)\end{bmatrix},\xi\in[-\tau_1,0)\end{cases} \tag{5-72}$$

式中

$$\tilde{\boldsymbol{A}}_1=\begin{bmatrix}\tilde{\boldsymbol{A}}_{11}^1 & \tilde{\boldsymbol{A}}_{12}^1\\ \tilde{\boldsymbol{A}}_{21}^1 & \tilde{\boldsymbol{A}}_{22}^1\end{bmatrix} \tag{5-73}$$

式中，r 维和 $n-r$ 维连续向量值函数 φ_r 和 φ_a 分别定义了状态向量 $\boldsymbol{x}_r$ 和 $\boldsymbol{x}_a$ 在 $[t-\tau_1,t)$ 上的历史轨迹； $\tilde{\boldsymbol{A}}_{11}^1\in\mathbf{R}^{r\times r},\tilde{\boldsymbol{A}}_{12}^1\in\mathbf{R}^{r\times(n-r)},\tilde{\boldsymbol{A}}_{21}^1\in\mathbf{R}^{(n-r)\times r},\tilde{\boldsymbol{A}}_{22}^1\in\mathbf{R}^{(n-r)\times(n-r)}$ 。

由 $\boldsymbol{x}_r$ 和 $\boldsymbol{x}_a$ 的定义及排列规则可知， $\tilde{\boldsymbol{A}}_{12}^1,\tilde{\boldsymbol{A}}_{21}^1,\tilde{\boldsymbol{A}}_{22}^1$ 均为零矩阵。式（5-72）的第一式可表示为

$$\frac{\mathrm{d}}{\mathrm{d}t}\begin{bmatrix}\boldsymbol{x}_r(t)\\ \boldsymbol{x}_a(t)\end{bmatrix}=\tilde{\boldsymbol{A}}\begin{bmatrix}\boldsymbol{x}_r(t)\\ \boldsymbol{x}_a(t)\end{bmatrix}+\begin{bmatrix}\tilde{\boldsymbol{A}}_{11}^1 & 0\\ 0 & 0\end{bmatrix}\begin{bmatrix}\boldsymbol{x}_r(t-\tau_1)\\ \boldsymbol{x}_a(t-\tau_1)\end{bmatrix}=\tilde{\boldsymbol{A}}\begin{bmatrix}\boldsymbol{x}_r(t)\\ \boldsymbol{x}_a(t)\end{bmatrix}+\begin{bmatrix}\tilde{\boldsymbol{A}}_{11}^1\\ 0\end{bmatrix}\begin{bmatrix}\boldsymbol{x}_r(t-\tau_1)\\ \boldsymbol{x}_a(t-\tau_1)\end{bmatrix} \tag{5-74}$$

由式（5-74）不难看出，向量 $\boldsymbol{x}_a(t-\tau_1)$ 不影响 $\boldsymbol{x}_r$ 各变量对时间的导数，故 $\boldsymbol{x}_r$ 的历史轨迹也就不受 $\boldsymbol{x}_a(t-\tau_1)$ 的影响，因此式（5-72）的第二式可简化为

$$\boldsymbol{x}_r(t+\xi)=\varphi_r(t,\xi),\quad \xi\in[-\tau_1,0) \tag{5-75}$$

考虑到上述因素，式（5-71）经模型变换后可表示为

$$\begin{cases}\dfrac{\mathrm{d}}{\mathrm{d}t}\begin{bmatrix}\boldsymbol{x}_r(t)\\ \boldsymbol{x}_a(t)\end{bmatrix}=\tilde{\boldsymbol{A}}\begin{bmatrix}\boldsymbol{x}_r(t)\\ \boldsymbol{x}_a(t)\end{bmatrix}+\begin{bmatrix}\tilde{\boldsymbol{A}}_{11}^1\\ 0\end{bmatrix}\boldsymbol{x}_r(t-\tau_1)\\ \boldsymbol{x}_r(t+\xi)=\varphi_r(t,\xi),\xi\in[-\tau_1,0)\end{cases} \tag{5-76}$$

2. 模型降维

为实现时滞系统降维，特构造如下状态空间表达式，即

$$\begin{cases}\dfrac{\mathrm{d}\boldsymbol{x}(t)}{\mathrm{d}t}=\tilde{\boldsymbol{A}}\boldsymbol{x}(t)+\begin{bmatrix}\tilde{\boldsymbol{A}}_{11}^1\\ 0\end{bmatrix}\boldsymbol{u}(t)\\ \boldsymbol{y}(t)=[\boldsymbol{I}_r\quad 0]\boldsymbol{x}(t)\end{cases} \tag{5-77}$$

式中，$\boldsymbol{x}\in\mathbf{R}^n$ 为状态变量，$\boldsymbol{u}\in\mathbf{R}^r$ 为输入变量，$\boldsymbol{y}\in\mathbf{R}^r$ 为输出变量；$\tilde{\boldsymbol{A}}\in\mathbf{R}^{n\times n},\tilde{\boldsymbol{A}}_{11}^1\in\mathbf{R}^{r\times r}$ 为常数矩阵，由式（5-76）给出；$\boldsymbol{I}_r\in\mathbf{R}^{r\times r}$ 为单位矩阵。

进一步，针对式（5-77）所给模型，可利用控制领域已有 Schur、Balance、Hankel 等降维方法对其进行降维，并设所得结果为

$$\begin{cases}\dfrac{\mathrm{d}\boldsymbol{x}_R(t)}{\mathrm{d}t}=\boldsymbol{A}_R\boldsymbol{x}_R(t)+\boldsymbol{B}_R\boldsymbol{u}(t)\\ \boldsymbol{y}(t)=\boldsymbol{C}_R\boldsymbol{x}_R(t)\end{cases} \tag{5-78}$$

式中，$\boldsymbol{x}_R\in\mathbf{R}^r$ 为降维后系统的状态变量，$\boldsymbol{u}\in\mathbf{R}^r$ 为输入变量，$\boldsymbol{y}\in\mathbf{R}^r$ 为输出变量；$\boldsymbol{A}_R\in\mathbf{R}^{r\times r},\boldsymbol{B}_R\in\mathbf{R}^{r\times r},\boldsymbol{C}_R\in\mathbf{R}^{r\times r}$ 为常数矩阵。

若式（5-77）仅是对原时滞系统模型（5-76）的一种变形，则有下述关系成立，即

$$\begin{cases}\boldsymbol{x}(t)=[\boldsymbol{x}_r^{\mathrm{T}}(t),\boldsymbol{x}_a^{\mathrm{T}}(t)]^{\mathrm{T}}\\ \boldsymbol{y}(t)=\boldsymbol{x}_r(t)\\ \boldsymbol{u}(t)=\boldsymbol{x}_r(t-\tau_1)\end{cases} \tag{5-79}$$

此时，式（5-77）可进一步表示为

$$\begin{cases}\dfrac{\mathrm{d}\boldsymbol{x}(t)}{\mathrm{d}t}=\tilde{\boldsymbol{A}}\boldsymbol{x}(t)+\begin{bmatrix}\tilde{\boldsymbol{A}}_{11}^1\\ 0\end{bmatrix}\boldsymbol{x}_r(t-\tau_1)\\ \boldsymbol{y}(t)=[\boldsymbol{I}_r\quad 0]\boldsymbol{x}(t)\end{cases} \tag{5-80}$$

经降维后的系统，若能很好地保持原系统的动态特征，则降维前后两系统模型应具有近似相同的输入-输出关系，即若输入相同，则两模型应具有相似的输出。为此，将降维后系统的模型（5-78）的输入也选为 $\boldsymbol{u}(t)=\boldsymbol{x}_r(t-\tau_1)$，此时它可表示为

$$\begin{cases}\dfrac{\mathrm{d}\boldsymbol{x}_R(t)}{\mathrm{d}t}=\boldsymbol{A}_R\boldsymbol{x}_R(t)+\boldsymbol{B}_R\boldsymbol{x}_r(t-\tau_1)\\ \boldsymbol{y}(t)=\boldsymbol{C}_R\boldsymbol{x}_R(t)\end{cases} \tag{5-81}$$

而由式（5-79）的第二式可知，式（5-81）的第二式也应满足

$$\boldsymbol{y}(t)=\boldsymbol{x}_r(t) \tag{5-82}$$

将式（5-82）代入式（5-81）可得

$$\boldsymbol{x}_r(t)=\boldsymbol{C}_R\boldsymbol{x}_R(t) \tag{5-83}$$

下面分两种情况，分别讨论式（5-81）和式（5-80）之间的内在关系：一是 $\boldsymbol{C}_R$ 矩阵可逆情况，二是 $\boldsymbol{C}_R$ 矩阵不可逆情况。

情况一：$\boldsymbol{C}_R$ 矩阵可逆

由于 $\boldsymbol{C}_R$ 矩阵可逆，可进一步得到

$$\boldsymbol{x}_R(t)=\boldsymbol{C}_R^{-1}\boldsymbol{x}_r(t) \tag{5-84}$$

将式（5-84）代入式（5-81）的第一式可得

$$\frac{\mathrm{d}\boldsymbol{x}_R(t)}{\mathrm{d}t}=\boldsymbol{A}_R\boldsymbol{C}_R^{-1}\boldsymbol{x}_r(t)+\boldsymbol{B}_R\boldsymbol{x}_r(t-\tau_1) \tag{5-85}$$

由式（5-83）可得

$$\frac{\mathrm{d}\boldsymbol{x}_r(t)}{\mathrm{d}t}=\boldsymbol{C}_R\frac{\mathrm{d}\boldsymbol{x}_R(t)}{\mathrm{d}t} \tag{5-86}$$

将式（5-85）代入式（5-86）可得

$$\frac{\mathrm{d}\boldsymbol{x}_r(t)}{\mathrm{d}t}=\boldsymbol{C}_R\boldsymbol{A}_R\boldsymbol{C}_R^{-1}\boldsymbol{x}_r(t)+\boldsymbol{C}_R\boldsymbol{B}_R\boldsymbol{x}_r(t-\tau_1) \tag{5-87}$$

则式（5-87）给出了降维系统状态量与原系统状态量中待保留部分的内在关系。由此，简化后的时滞系统模型可表示为

$$\begin{cases}\dfrac{\mathrm{d}\boldsymbol{x}_r(t)}{\mathrm{d}t}=\tilde{\boldsymbol{A}}_R\boldsymbol{x}_r(t)+\tilde{\boldsymbol{A}}_{R1}\boldsymbol{x}_r(t-\tau_1)\\ \boldsymbol{x}_r(t+\xi)=\boldsymbol{\varphi}_r(t,\xi),\quad \xi\in[-\tau_1,0)\end{cases} \tag{5-88}$$

式中，$\tilde{\boldsymbol{A}}_R=\boldsymbol{C}_R\boldsymbol{A}_R\boldsymbol{C}_R^{-1}$；$\tilde{\boldsymbol{A}}_{R1}=\boldsymbol{C}_R\boldsymbol{B}_R$。

对比式（5-81）和式（5-88）可以看到，式（5-88）仅是按照原有系统状态变量的排序规则，对简化后系统的状态变量重新进行了排序。

情况二：$\boldsymbol{C}_R$ 矩阵不可逆

当 $\boldsymbol{C}_R$ 矩阵不可逆时，将式（5-82）和式（5-83）代入式（5-81）可得

$$\begin{cases}\dfrac{\mathrm{d}\boldsymbol{x}_R(t)}{\mathrm{d}t}=\boldsymbol{A}_R\boldsymbol{x}_R(t)+\boldsymbol{B}_R\boldsymbol{x}_r(t-\tau_1)\\ \boldsymbol{x}_r(t)=\boldsymbol{C}_R\boldsymbol{x}_R(t)\end{cases} \tag{5-89}$$

设矩阵 $\boldsymbol{C}_R$ 的秩为 r_C，则可以在 $\boldsymbol{C}_R$ 中选择 r_C 个线性无关的行向量，进一步由它们构成矩阵 $\boldsymbol{C}_{R1}$，其在式（5-89）中对应的输出变量构成列向量 $\boldsymbol{x}_{r1}$，且恰为 $\boldsymbol{x}_r$ 中的前 r_C 个分量；矩阵 $\boldsymbol{C}_R$ 余下的 $r-r_C$ 个行向量形成的矩阵记为 $\boldsymbol{C}_{R2}$，其在式（5-89）中对应的输出变量构成列向量 $\boldsymbol{x}_{r2}$。不难知道：$\boldsymbol{C}_{R1}\in\mathbf{R}^{r_C\times r},\boldsymbol{C}_{R2}\in\mathbf{R}^{(r-r_C)\times r},\boldsymbol{x}_{r1}\in\mathbf{R}^{r_C},\boldsymbol{x}_{r2}\in\mathbf{R}^{r-r_C}$，且存在 $r-r_C$ 行 r_C 列矩阵 $\boldsymbol{K}$，使得

$$\boldsymbol{C}_{R2}=\boldsymbol{K}\boldsymbol{C}_{R1} \tag{5-90}$$

进一步，根据式（5-89）的第二式可得

$$\boldsymbol{x}_{r1}(t)=\boldsymbol{C}_{R1}\boldsymbol{x}_r(t) \tag{5-91}$$

$$\boldsymbol{x}_{r2}(t)=\boldsymbol{C}_{R2}\boldsymbol{x}_r(t) \tag{5-92}$$

将式（5-90）代入式（5-92），可得

$$\boldsymbol{x}_{r2}(t)=\boldsymbol{K}\boldsymbol{C}_{R1}\boldsymbol{x}_r(t) \tag{5-93}$$

再利用式（5-91）的关系，式（5-93）可进一步表示为

$$\boldsymbol{x}_{r2}(t)=\boldsymbol{K}\boldsymbol{x}_{r1}(t) \tag{5-94}$$

以及

$$\boldsymbol{x}_{r2}(t-\tau)=\boldsymbol{K}\boldsymbol{x}_{r1}(t-\tau) \tag{5-95}$$

进一步，将式（5-95）代入式（5-89）的第一式，可得

$$\frac{\mathrm{d}\boldsymbol{x}_R(t)}{\mathrm{d}t}=\boldsymbol{A}_R\boldsymbol{x}_R(t)+\boldsymbol{B}_R\begin{bmatrix}\boldsymbol{I}_R\\ \boldsymbol{K}\end{bmatrix}\boldsymbol{x}_{r1}(t-\tau_1) \tag{5-96}$$

式中，$\boldsymbol{I}_R\in\mathbf{R}^{r_C\times r_C}$ 为单位矩阵。

将式（5-91）和式（5-96）的结果合并，可得

$$\begin{cases}\dfrac{\mathrm{d}\boldsymbol{x}_R(t)}{\mathrm{d}t}=\boldsymbol{A}_R\boldsymbol{x}_R(t)+\boldsymbol{B}_R\begin{bmatrix}\boldsymbol{I}\\ \boldsymbol{K}\end{bmatrix}\boldsymbol{x}_{r1}(t-\tau_1)\\ \boldsymbol{x}_{r1}(t)=\boldsymbol{C}_{R1}\boldsymbol{x}_R(t)\end{cases} \tag{5-97}$$

进一步，式（5-97）可表示为如下更为一般的状态空间表达式，即

$$\begin{cases}\dfrac{\mathrm{d}\overline{\boldsymbol{x}}(t)}{\mathrm{d}t}=\boldsymbol{A}_R\overline{\boldsymbol{x}}(t)+\boldsymbol{B}_R\begin{bmatrix}\boldsymbol{I}_R\\ \boldsymbol{K}\end{bmatrix}\overline{\boldsymbol{u}}(t)\\ \overline{\boldsymbol{y}}(t)=\boldsymbol{C}_{R1}\overline{\boldsymbol{x}}(t)\end{cases} \tag{5-98}$$

式中，$\boldsymbol{A}_R\in\mathbf{R}^{r\times r},\boldsymbol{B}_R\in\mathbf{R}^{r\times r},\boldsymbol{C}_{R1}\in\mathbf{R}^{r_C\times r},\boldsymbol{K}\in\mathbf{R}^{(r-r_C)\times r}$ 为常数矩阵；$\overline{\boldsymbol{x}}\in\mathbf{R}^{r}$ 为状态向量；$\overline{\boldsymbol{u}}\in\mathbf{R}^{r_C}$ 为输入向量；$\overline{\boldsymbol{y}}\in\mathbf{R}^{r_C}$ 为输出向量。

对于式（5-98）所描述的动态系统，可利用模型降维简化算法进一步将其状态变量减少为 r_C 个。如果简化后的输出矩阵 $\boldsymbol{C}_{R1}$ 可逆，则可由式（5-88）推得简化后的单时滞系统模型；反之，若简化后的矩阵 $\boldsymbol{C}_{R1}$ 仍不可逆，则可利用上面所介绍的方法，进一步构造阶数更低的状态空间表达式，继续简化，直至简化后的输出矩阵可逆。每次简化后的输出矩阵的秩都大于 0（否则，简化后的传递函数矩阵将成为零矩阵），经过有限次简化后一定能得到满秩的输出矩阵，因此一定能得到式（5-88）所示的系统简化模型。

5.3.3　算例分析与验证

1. WSCC 三机九节点系统

1）模型说明及变换

这里仍采用 3.3.4 节中 WSCC 三机九节点算例的场景 1 来进行示意，唯一不同之处在于取 $\tau_2=0$，仅研究 τ_3 对系统稳定性的影响。在未作任何处理前，式（5-71）给出了系统的时滞模型，其中 $\boldsymbol{A},\boldsymbol{A}_1$ 矩阵的取值为

$$A=\begin{bmatrix} 0 & 377 & 0 & 0 & 0 & 0 & 0 & 0 & 0 & 0 \\ -0.1421 & -0.0039 & -0.0249 & -0.1097 & 0 & 0.1009 & 0 & 0.1202 & 0.0594 & 0 \\ -0.0096 & 0 & -0.2233 & 0.0536 & 0.1667 & 0.1549 & 0 & 0.4965 & 0.0116 & 0 \\ -1.8167 & 0 & 0.2657 & -5.0227 & 0 & 0.9126 & 0 & 0.2903 & 0.7403 & 0 \\ -257.8282 & 0 & -2145.5758 & 361.7309 & -50.0000 & -191.1358 & 0 & -1016.6381 & 88.5849 & 0 \\ 0 & 0 & 0 & 0 & 0 & 0 & 377 & 0 & 0 & 0 \\ 0.2157 & 0 & 0.2061 & 0.1216 & 0 & -0.3470 & -0.0083 & -0.0708 & -0.2916 & 0 \\ 0.1444 & 0 & 0.3780 & 0.0173 & 0 & -0.0057 & 0 & -0.1092 & 0.0248 & 0.1250 \\ 2.3717 & 0 & 0.4298 & 1.8275 & 0 & -5.5476 & 0 & -0.2416 & -14.2578 & 0 \\ 0 & 0 & 0 & 0 & 0 & 0 & 0 & -2358.2911 & 829.7367 & -50.0000 \end{bmatrix} \tag{5-99}$$

$$A_1=\begin{bmatrix} 0 & 0 & 0 & 0 & 0 & 0 & 0 & 0 & 0 & 0 \\ 0 & 0 & 0 & 0 & 0 & 0 & 0 & 0 & 0 & 0 \\ 0 & 0 & 0 & 0 & 0 & 0 & 0 & 0 & 0 & 0 \\ 0 & 0 & 0 & 0 & 0 & 0 & 0 & 0 & 0 & 0 \\ 0 & 0 & 0 & 0 & 0 & 0 & 0 & 0 & 0 & 0 \\ 0 & 0 & 0 & 0 & 0 & 0 & 0 & 0 & 0 & 0 \\ 0 & 0 & 0 & 0 & 0 & 0 & 0 & 0 & 0 & 0 \\ 0 & 0 & 0 & 0 & 0 & 0 & 0 & 0 & 0 & 0 \\ 0 & 0 & 0 & 0 & 0 & 0 & 0 & 0 & 0 & 0 \\ -274.9823 & 0 & -879.6285 & 9.6697 & 0 & -139.8803 & 0 & -43.9157 & -342.2694 & 0 \end{bmatrix} \tag{5-100}$$

依据 5.3.2 节的第 1 部分的约定，对系统模型（5-71）进行变换，可得式（5-72）所示结果，其中 $\tilde{A},\tilde{A}_1$ 矩阵的取值为

$$\tilde{A}=\begin{bmatrix} 0 & 0 & 0 & 0 & 0 & 0 & 0 & 377 & 0 & 0 \\ -0.0096 & -0.2233 & 0.0536 & 0.1549 & 0.4965 & 0.0116 & 0 & 0 & 0.1667 & 0 \\ -1.8167 & 0.2657 & -5.0227 & 0.9126 & 0.2903 & 0.7403 & 0 & 0 & 0 & 0 \\ 0 & 0 & 0 & 0 & 0 & 0 & 0 & 0 & 0 & 377 \\ 0.1444 & 0.3780 & 0.0173 & -0.0057 & -0.1092 & 0.0248 & 0.1250 & 0 & 0 & 0 \\ 2.3717 & 0.4298 & 1.8275 & -5.5476 & -0.2416 & -14.2578 & 0 & 0 & 0 & 0 \\ 0 & 0 & 0 & 0 & -2358.2911 & 829.7367 & 50.0000 & 0 & 0 & 0 \\ -0.1421 & -0.0249 & -0.1097 & 0.1009 & 0.1202 & 0.0594 & 0 & -0.0039 & 0 & 0 \\ -257.8282 & -2145.5758 & 361.7309 & -191.1358 & -1016.6381 & 88.5849 & 0 & 0 & -50.0000 & 0 \\ 0.2157 & 0.2061 & 0.1216 & -0.3470 & -0.0708 & -0.2916 & 0 & 0 & 0 & -0.0083 \end{bmatrix} \tag{5-101}$$

$$\tilde{A}_1=\begin{bmatrix} 0 & 0 & 0 & 0 & 0 & 0 & 0 & 0 & 0 & 0 \\ 0 & 0 & 0 & 0 & 0 & 0 & 0 & 0 & 0 & 0 \\ 0 & 0 & 0 & 0 & 0 & 0 & 0 & 0 & 0 & 0 \\ 0 & 0 & 0 & 0 & 0 & 0 & 0 & 0 & 0 & 0 \\ 0 & 0 & 0 & 0 & 0 & 0 & 0 & 0 & 0 & 0 \\ 0 & 0 & 0 & 0 & 0 & 0 & 0 & 0 & 0 & 0 \\ -274.9823 & -879.6285 & 9.6697 & -139.8803 & -43.9157 & -342.2694 & 0 & 0 & 0 & 0 \\ 0 & 0 & 0 & 0 & 0 & 0 & 0 & 0 & 0 & 0 \\ 0 & 0 & 0 & 0 & 0 & 0 & 0 & 0 & 0 & 0 \\ 0 & 0 & 0 & 0 & 0 & 0 & 0 & 0 & 0 & 0 \end{bmatrix} \tag{5-102}$$

此时不难看出：$r=7$，即此时原系统的 7 个状态变量需要保留，系统经过模型降维后的维数应为 7 维。进一步，利用 5.3.2 节中的方法，即可得到降维后的系统模型（5-88），以采用 Balance 模型降维方法为例，式（5-88）中的矩阵 $\tilde{A}_R,\tilde{A}_{R1}$ 取值为

$$\tilde{A}_R=\begin{bmatrix} 1.1600 & -25.5457 & 45.7446 & 2.8182 & -0.6150 & 9.8192 & -0.0020 \\ -0.8801 & -6.1120 & 0.3787 & -0.2665 & -2.6289 & 1.2574 & 0.0058 \\ -2.0596 & -3.6778 & -2.1685 & 1.0081 & -0.3793 & 0.8713 & 0.0095 \\ -1.9102 & 4.3755 & 3.5207 & 12.2654 & -0.1780 & 50.4023 & -0.0020 \\ 0.1349 & 0.2239 & 0.1287 & -0.0019 & -0.1353 & 0.0303 & 0.1254 \\ 2.3448 & -0.0079 & 2.1445 & -5.5371 & -0.3159 & -14.2436 & 0.0011 \\ 0.0298 & 0.5385 & -0.3970 & -0.0077 & -2358.1987 & 829.7324 & -50.0014 \end{bmatrix} \tag{5-103}$$

$$\tilde{A}_{R1}=\begin{bmatrix} -0.0111 & -0.0354 & 0.0004 & -0.0056 & -0.0018 & -0.0138 & 0 \\ 0.0059 & 0.0190 & -0.0002 & 0.0030 & 0.0009 & 0.0074 & 0 \\ 0.0216 & 0.0691 & -0.0008 & 0.0110 & 0.0034 & 0.0269 & 0 \\ -0.0056 & -0.0180 & 0.0002 & -0.0029 & -0.0009 & -0.0070 & 0 \\ 0.0008 & 0.0027 & -0.0000 & 0.0004 & 0.0001 & 0.0010 & 0 \\ 0.0024 & 0.0077 & -0.0001 & 0.0012 & 0.0004 & 0.0030 & 0 \\ -274.9854 & -879.6384 & 9.6698 & -139.8819 & -43.9162 & -342.2732 & 0 \end{bmatrix} \tag{5-104}$$

2）模型简化前后状态空间传递函数差异

传递函数矩阵是动力系统性态的一个重要表征工具，在复频域上它描述了状态空间表达式的内在输入-输出关系，其第 i 行第 j 列元素表示第 j 个输入变量到第 i 个输出变量的传递函数。以下分别用 $\boldsymbol{G}_o(s)$ 与 $\boldsymbol{G}_R(s)$ 表示式（5-77）和式（5-78），即模型简化前后的传递函数矩阵为

$$\boldsymbol{G}_o(s)=[\boldsymbol{I}_r \quad 0][s\boldsymbol{I}_n-\tilde{\boldsymbol{A}}]^{-1}\begin{bmatrix}\tilde{\boldsymbol{A}}_{11}\\ 0\end{bmatrix} \tag{5-105}$$

$$\boldsymbol{G}_o(s)=\boldsymbol{C}_R[s\boldsymbol{I}_r-\boldsymbol{A}_R]^{-1}\boldsymbol{B}_R \tag{5-106}$$

式中，$\boldsymbol{I}_n\in\mathbf{R}^{n\times n}$ 为单位矩阵。

在本算例中，$\boldsymbol{G}_o(s)$ 与 $\boldsymbol{G}_R(s)$ 都为 7 阶方阵且 $\boldsymbol{G}_o(s)$ 中传递函数的最高阶数为 10 阶，而 $\boldsymbol{G}_R(s)$ 中传递函数最高阶数为 7 阶。为简单起见，这里只列出 $\boldsymbol{G}_o(s)$ 与 $\boldsymbol{G}_R(s)$ 中第 1 行第 1 列传递函数中最靠近虚轴的两对共轭极点及其对应的留数，结果示于表 5-2。表中未简化一行为系统未经降维简化的原模型所对应数据，Balance、Schur、Hankel、Bst、Ncf 行分别表示采用这五类降维方法后，降维简化模型的对应结果。

表 5-2　简化前后系统的传递函数对比

降维方法	极点 I	留数 I	极点 II	留数 II
未简化	−0.1031±j4.7571	0.1498∓ j0.1745	−1.3704±j11.5878	0.0592±j0.0129
Balance	−0.1033±j4.7573	0.1504∓ j0.1743	−1.3766±j11.5711	0.0567±j0.0135
Schur	−0.1033±j4.7573	0.1504∓ j0.1743	−1.3766±j11.5711	0.0567±j0.0135
Hankel	−0.1032±j4.7573	0.1500∓ j0.1742	−1.3931±j11.5742	0.0569±j0.0094
Bst	−0.1066±j4.7584	0.1545∓ j0.1764	−1.4722±j11.6710	0.0594±j0.0190
Ncf	−0.1022±j4.7569	0.1493∓ j0.1736	−1.4356±j11.5280	0.0579±j0.0118

由表 5-2 可以看出如下规律。

（1）各种模型简化方法，均能较好地保留原模型中距离虚轴最近的两对共轭特征值（关键特征值）及所对应的模态。而在各类方法中，Balance、Schur 和 Hankel 方法保留的结果略好于其他两类方法，表现在通过这三类方法所得结果的误差较小。

（2）Balance 与 Schur 方法，其特征值与留数的计算结果是完全一致的，原因在于两种简化方法得到的 $\boldsymbol{A}_R$ 和 $\boldsymbol{B}_R$ 矩阵几乎完全一致。

3）时滞稳定裕度计算

这里仍采用定理 4-8、定理 4-9 和定理 4-10 所给稳定判据，分别计算系统原模型和降维系统的时滞稳定裕度。需要说明的是，第 4 章中的上述三个稳定判据是针对多时滞系统推导得到的，为在单时滞系统中使用它们，需对多时滞模型进行适当变形。设待研究的多时滞系统的动态模型可表示为

$$\dot{\boldsymbol{x}} = \boldsymbol{A}\boldsymbol{x}(t) + \sum_{i=1}^{k} \boldsymbol{A}_i \boldsymbol{x}(t-\tau_i) \tag{5-107}$$

式中，$\boldsymbol{A}, \boldsymbol{A}_i \in \mathbf{R}^{n\times n}, i=1,2,\cdots,k$ 为常数矩阵；$\tau_i \geqslant 0, i=1,2,\cdots,k$ 为时滞变量。

当系统中仅存在单一时滞时，可令式（5-107）中的 $\tau_i = 0, i=1,2,\cdots,k-1$，此时式（5-107）可变为

$$\dot{\boldsymbol{x}} = \hat{\boldsymbol{A}}\boldsymbol{x}(t) + \boldsymbol{A}_k \boldsymbol{x}(t-\tau_k) \tag{5-108}$$

式中，$\hat{\boldsymbol{A}} = \boldsymbol{A} + \sum_{i=1}^{k-1} \boldsymbol{A}_i$。为便于直接利用定理 4-8、定理 4-9 和定理 4-10 这些适用于多时滞系统的稳定判据，可将式（5-108）等效变换为

$$\dot{\boldsymbol{x}} = \hat{\boldsymbol{A}}\boldsymbol{x}(t) + \sum_{i=1}^{k-1} \hat{\boldsymbol{A}}_i \boldsymbol{x}(t-\tau_i) + \boldsymbol{A}_k \boldsymbol{x}(t-\tau_k) \tag{5-109}$$

式中，$\hat{\boldsymbol{A}}_i = \boldsymbol{O}_{n\times n}, i=1,2,\cdots,k-1$，$\boldsymbol{O}_{n\times n} \in \mathbf{R}^{n\times n}$ 为零矩阵。

本节即采用式（5-109）所给单时滞模型的等价形式，直接利用定理 4-8、定理 4-9 和定理 4-10 所给稳定判据，计算降维前后系统的时滞稳定裕度，所得结果示于表 5-3。

表 5-3　简化前后系统的时滞稳定裕度

所有模型	时滞稳定裕度/ms			计算时间/s			模型降维的效率提升系数		
	定理 4-8	定理 4-9	定理 4-10	定理 4-8	定理 4-9	定理 4-10	定理 4-8	定理 4-9	定理 4-10
未简化	51.892	51.892	51.892	8340.452	2058.490	24.465	γ_1	γ_2	γ_3
Balance	51.960	51.960	51.960	818.319	309.045	7.513	90.19%	84.99%	69.29%
Schur	51.960	51.960	51.959	810.198	327.621	8.246	90.29%	84.84%	66.03%
Hankel	52.767	52.767	52.767	1271.259	376.782	8.244	84.76%	81.70%	66.03%
Bst	51.980	51.980	51.980	750.193	210.409	6.183	91.01%	89.78%	74.52%
Ncf	54.500	54.500	54.500	963.034	349.280	8.108	88.45%	83.32%	66.59%

其中的效率提升系数定义如下：

$$\gamma_1 = \frac{T_{01} - T_1}{T_{01}} \times 100\% \tag{5-110}$$

$$\gamma_2 = \frac{T_{02} - T_2}{T_{02}} \times 100\% \tag{5-111}$$

$$\gamma_3 = \frac{T_{03} - T_3}{T_{03}} \times 100\% \tag{5-112}$$

式中，T_{01},T_{02},T_{03} 分别是采用定理 4-8、定理 4-9 和定理 4-10 对未降维的原系统计算所用时间；T_1,T_2,T_3 则分别是采用三定理对降维后的系统计算所用时间，从效率提升系数可以看出，它们反映了系统降维后相对于原系统，在计算过程中所用时间降低的百分比，数值越高代表计算效率提升越多。

从表 5-3 可以得出如下结论。

（1）在采用模型降维之后，无论采用何种稳定判据，求解系统时滞稳定裕度的计算效率均有明显提升，不同的模型降维方法所得到的效率提升效果不同，总体而言，采用 Bst 方法对本算例的效率提升效果最好。

（2）由 3.3.4 节可得，此时原系统的实际时滞稳定裕度为 52.037ms，可以看到在采用模型降维之后，系统时滞稳定裕度的计算结果会引入一定的降维误差，其中 Ncf 的模型降维误差最大，但误差也在 5%以内。

（3）在五类降维方法中，综合考虑表 5-2 和表 5-3 的结果可知，对于 WSCC 三机九节点系统，Balance 和 Schur 两类降维方法的效果最好。因此，当采用模型降维技术对时滞系统模型进行降维，以提升时滞稳定性的计算效率时，需要对降维技术进行综合考虑，以选择最优的降维方法。

2. 单机无穷大系统

1）模型说明及变换

这里仍采用 3.2.3 节中的单机无穷大系统算例来进行示意，该系统模型由式（3-9）

给出，式中的矩阵取值由式（3-27）和式（3-28）给出。由该节方法可得到系统此时的时滞稳定裕度为 68.249ms。

采用如下变换矩阵，即

$$\boldsymbol{T}=\boldsymbol{T}^{-1}=\begin{bmatrix}1&0&0&0\\0&0&0&1\\0&0&1&0\\0&1&0&0\end{bmatrix}\tag{5-113}$$

对式（3-9）所给模型进行变换可得

$$\tilde{\boldsymbol{A}}=\boldsymbol{TAT}^{-1}=\begin{bmatrix}0&0&0&376.9911\\0&-1.0000&0&0\\-0.0480&0.1000&-0.1667&0\\-0.0963&0&-0.0801&-0.5000\end{bmatrix}\tag{5-114}$$

$$\tilde{\boldsymbol{A}}_1=\boldsymbol{TA}_\tau\boldsymbol{T}^{-1}=\begin{bmatrix}0&0&0&0\\38.0187&0&-95.2560&0\\0&0&0&0\\0&0&0&0\end{bmatrix}\tag{5-115}$$

不难看出，此时 $r=3$，降维后需要保留三个系统的状态变量。

2）模型降维

利用 5.3.2 节中的方法，可得到降维后的系统模型（5-88），这里以采用 Balance 模型降维方法为例，此时式（5-88）中的矩阵 $\tilde{\boldsymbol{A}}_R,\tilde{\boldsymbol{A}}_{R1}$ 取值为

$$\tilde{\boldsymbol{A}}_R=\begin{bmatrix}-0.2735&-0.0976&-0.1093\\-0.0233&-1.0000&-0.0195\\0.1098&0.0998&-0.0347\end{bmatrix}\tag{5-116}$$

$$\tilde{\boldsymbol{A}}_{R1}=\begin{bmatrix}0.3263&0&-0.8176\\38.0197&0&-95.2584\\-0.0066&0&0.0164\end{bmatrix}\tag{5-117}$$

3）降维前后系统的时滞稳定裕度计算

分别采用定理 4-8、定理 4-9 和定理 4-10 对降维前后的系统，计算其时滞稳定裕度，所得结果示于表 5-4，表中变量的含义与表 5-3 完全相同。从表 5-4 的计算结果可以看到以下结论。

（1）每一种降维方法的降维效果各不相同，对于本算例，Ncf 方法的降维效果最好，它在有效降低时滞稳定计算时间的同时，保证时滞稳定裕度最接近原系统的真值；

而 Hankel 降维方法根本就不适用于本算例，原因在于，通过该方法所得降维系统在不含时滞时，系统已处于失稳状态（系统存在实部大于零的特征值）。因此，在进行时滞系统降维时，需要对降维方法进行优选。

（2）尽管已有研究表明定理 4-8、定理 4-9 和定理 4-10 在分析计算系统时滞时，所得结果应近似相同，但对于本算例，我们可以看出：在计算原系统时滞稳定裕度时，定理 4-8 和定理 4-9 的计算结果相同，但与定理 4-10 的计算结果存在一定差异。而在计算降维系统的时滞稳定裕度时，若采用 Bst 降维方法，则定理 4-8 和定理 4-10 计算结果相同，但与定理 4-9 计算结果存在细微差异；而采用 Ncf 降维方法后，定理 4-8 和定理 4-9 的计算结果相同，但与定理 4-10 的计算结果存在微小差异。这表明，尽管理论上上述定理的计算结果应近似相同，但因不同算法的累积误差不同，可能导致不同方法的计算结果间会存在一些细微差异。

表 5-4　简化前后系统的时滞稳定裕度

所有模型	时滞稳定裕度/ms			计算时间/s			模型降维的效率提升系数		
	定理 4-8	定理 4-9	定理 4-10	定理 4-8	定理 4-9	定理 4-10	定理 4-8	定理 4-9	定理 4-10
未简化	65.465	65.465	65.359	50.164	28.408	1.845	γ_1	γ_2	γ_3
Balance	62.283	62.283	62.283	11.780	6.468	1.059	76.52%	77.23%	42.60%
Schur	62.283	62.283	62.283	12.130	6.495	1.062	75.82%	77.14%	42.44%
Hankel	—	—	—	—	—	—	—	—	—
Bst	64.810	65.627	64.810	10.507	9.071	0.966	79.05%	68.07%	47.64%
Ncf	67.735	67.735	67.722	12.743	6.925	1.100	74.60%	75.62%	40.38%

3. 10 阶通用系统模型

本节将采用 5.2.3 节的通用 10 阶时滞系统模型，对本节方法做进一步示意和说明。

1）模型变换与降维

对式（5-52）采用如下所示的 T 矩阵，对系统模型进行坐标变换，可得式（5-76）所示的结果，其中

$$\boldsymbol{T}=\boldsymbol{T}^{-1}=\begin{bmatrix} 0&0&0&0&0&0&0&0&1&0\\ 0&0&0&0&0&0&0&0&0&1\\ 0&0&1&0&0&0&0&0&0&0\\ 0&0&0&1&0&0&0&0&0&0\\ 0&0&0&0&1&0&0&0&0&0\\ 0&0&0&0&0&1&0&0&0&0\\ 0&0&0&0&0&0&1&0&0&0\\ 0&0&0&0&0&0&0&1&0&0\\ 1&0&0&0&0&0&0&0&0&0\\ 0&1&0&0&0&0&0&0&0&0 \end{bmatrix} \tag{5-118}$$

$$\tilde{\boldsymbol{A}}_{11}^{1}=\begin{bmatrix}-6.000 & 3.000\\ 0.500 & -5.000\end{bmatrix}\tag{5-119}$$

不难看出，对于该系统，$r=2$，即简化系统只需保留2个状态变量。

利用5.2节中的方法，即可得到降维后的系统模型（5-88），以采用Balance模型降维方法为例，式（5-88）中的矩阵$\tilde{\boldsymbol{A}}_R,\tilde{\boldsymbol{A}}_{R1}$取值为

$$\tilde{\boldsymbol{A}}_{R}=\begin{bmatrix}0.5586 & 0.7295\\ 0.6046 & 0.3301\end{bmatrix}\tag{5-120}$$

$$\tilde{\boldsymbol{A}}_{R1}=\begin{bmatrix}-5.6448 & 3.1229\\ 0.5523 & -5.0664\end{bmatrix}\tag{5-121}$$

2）降维前后系统的时滞稳定裕度计算

采用定理4-8、定理4-9和定理4-10对降维前后的系统，分别计算其时滞稳定裕度，所得结果示于表5-5，表中变量的含义与表5-3完全相同，我们从中可以看到如下规律。

表5-5　简化前后系统的时滞稳定裕度

所有模型	时滞稳定裕度/ms			计算时间/s			模型降维的效率提升系数		
	定理4-8	定理4-9	定理4-10	定理4-8	定理4-9	定理4-10	定理4-8	定理4-9	定理4-10
未简化	205.669	205.669	205.669	15826.745	2531.836	49.938	γ_1	γ_2	γ_3
Balance	214.682	214.682	214.682	3.368	2.770	1.105	99.98%	99.89%	97.79%
Schur	214.682	214.682	214.682	3.302	2.717	0.593	99.98%	99.89%	98.81%
Hankel	215.543	215.543	215.543	2.716	2.087	0.531	99.98%	99.92%	98.94%
Bst	208.999	208.999	208.999	4.231	3.701	0.753	99.97%	99.85%	98.49%
Ncf	208.086	208.086	208.086	3.990	3.544	0.681	99.97%	99.86%	98.64%

（1）与WSCC三机九节点系统场景一致，在进行模型降维之后，无论采用何种稳定判据，求解系统时滞稳定裕度的计算效率均有明显提升。

（2）由3.3节的方法，可得原系统实际的时滞稳定裕度为229.911ms，可以看到在采用模型降维之后，其所得时滞稳定裕度较未降维系统更好。例如，利用三种判据对未降维系统求解所得时滞稳定裕度的误差为10.54%（由判据的保守性引起）；而采用降维模型，所得时滞稳定裕度的误差均小于10%，其中，Balance和Schur两类方法的误差为6.62%，Hankel方法的误差为6.25%，Bst和Ncf两方法的误差分别为9.10%和9.49%。

（3）从表5-3和表5-5的计算结果可以看出，尽管10阶通用系统的$\boldsymbol{A}_1$矩阵较WSCC三机九节点的$\boldsymbol{A}_1$矩阵更为稀疏，即$\boldsymbol{A}_1$存在更多的零元素，但在采用三种判据进行时滞稳定裕度求解时，10阶通用系统的计算时间反而更长。正如前面所分析的，这主要因

为这些判据并未考虑模型的稀疏性，而将这些矩阵均视为满阵，从而在进行时滞稳定裕度计算时，增加了大量无谓的计算。

5.3.4 小结

本节针对单时滞系统 CTDAE 和 CTODE 模型的特点，利用动力系统已有模型降维技术，对其动态方程的维数实施有效降维。首先给出了适用于时滞系统的状态空间表达式，进一步给出了具体的降维计算方法，最后利用 WSCC 三机九节点系统、单机无穷大系统和一个含有时滞环节的 10 阶通用系统模型，示意了所提方法的正确性和有效性。

本节的模型降维技术仅适用于单时滞系统，在 5.4 节中，我们将讨论适用于多时滞系统的模型降维方法。

5.4 一种多时滞电力系统的模型降维方法

在复杂广域电力大系统中，一般存在较多的 PMU 设备，这些设备的安装地点各不相同，由它们所提供的远程测量信号就会存在不同的时滞，因此在进行电力系统时滞稳定性分析时，必须考虑系统存在多个时滞环节的情况。本节将在 5.3 节方法的基础上，给出一种适用于多时滞电力系统的模型降维方法，它通过 Jordan 变换、Taylor 展开和 Schur 化简三个步骤来实现，因此也称为 JTS 降维方法。

5.4.1 系统模型

本节将主要探讨如下含有多个时滞环节的 TODE 模型的降维方法，如

$$\begin{cases}\dfrac{\mathrm{d}\boldsymbol{x}(t)}{\mathrm{d}t}=\boldsymbol{A}\boldsymbol{x}(t)+\sum\limits_{i=1}^{k}\boldsymbol{A}_i\boldsymbol{x}(t-\tau_i)\\ \boldsymbol{x}(t+\xi)=\boldsymbol{\varphi}(t,\xi),\quad \xi\in[-\tau_{\max},0)\end{cases}\tag{5-122}$$

式中，$\boldsymbol{x}\in\mathbf{R}^n$ 是系统的状态向量；$\boldsymbol{x}(t-\tau_i)\in\mathbf{R}^n$ 是系统的时滞状态向量，$\tau_i>0$ 为时滞常数，$i=1,2,\cdots,k$；$\tau_{\max}=\max(\tau_1,\tau_2,\cdots,\tau_k)$；$n$ 维连续向量值函数 $\boldsymbol{\varphi}$ 定义了状态向量 $\boldsymbol{x}$ 的历史轨迹；$\boldsymbol{A},\boldsymbol{A}_i\in\mathbf{R}^{n\times n},i=1,2,\cdots,k$ 为常数矩阵。

电力系统自身的特点，决定式（5-122）中的雅可比矩阵 $\boldsymbol{A}$ 非常稀疏。而正如 5.3 节所分析的那样，每一个 PMU 设备仅提供有限的远程测量信息，导致式（5-122）中每一个 $\boldsymbol{A}_i$ 矩阵仅有非常少量的非零元素。因此与矩阵 $\boldsymbol{A}$ 相比，矩阵 $\boldsymbol{A}_i,i=1,2,\cdots,k$ 就更为稀疏。同样在 5.3 节的示例中，我们已看到，采用传统的时滞稳定判据，在进行时滞系统稳定性分析时，并未考虑这种稀疏性，从而导致大量无谓的运算，使得计算

效率和计算速度大受影响。为此我们将探索有效的模型降维方法，在保持系统稳定性态的前提下，通过有效降低式（5-122）中 $\boldsymbol{A},\boldsymbol{A}_i$ 矩阵的维数，来提高时滞系统稳定性分析计算的效率。

5.4.2 模型降维方法

模型降维方法分为三步：①Jordan 变换，将时滞系统模型的矩阵变换为主对角形式以便于消元；②Taylor 展开，将 $\boldsymbol{x}(t-\tau_i)$ 变量利用 Taylor 展开技术转为多项式；③Schur 化简，通过 Schur 降维技术对系统模型实施降维。

1. Jordan 变换

对于模型（5-122），令 $\boldsymbol{A}_{\tau s}=\sum_{i=1}^{k}\boldsymbol{A}_i$。进一步，引入变换矩阵 $\boldsymbol{T}$，并令

$$\begin{aligned}\boldsymbol{z}(t)&=\boldsymbol{T}\boldsymbol{x}(t)\\ \boldsymbol{z}(t-\tau)&=\boldsymbol{T}\boldsymbol{x}(t-\tau)\end{aligned}\tag{5-123}$$

合理选择 $\boldsymbol{T}$，使得经如下变换后得到的矩阵 $\boldsymbol{J}$ 为 $\boldsymbol{A}_{\tau s}$ 的 Jordan 形式，即

$$\boldsymbol{J}=\boldsymbol{T}\boldsymbol{A}_{\tau s}\boldsymbol{T}^{-1}\tag{5-124}$$

此时，将式（5-123）代入式（5-122），其第一式经变换可得

$$\frac{\mathrm{d}\boldsymbol{z}(t)}{\mathrm{d}t}=\boldsymbol{A}_J\boldsymbol{z}(t)+\sum_{i=1}^{k}\boldsymbol{A}_{iJ}\boldsymbol{z}(t-\tau_i)\tag{5-125}$$

式中，$\boldsymbol{A}_J=\boldsymbol{T}\boldsymbol{A}\boldsymbol{T}^{-1}$；$\boldsymbol{A}_{iJ}=\boldsymbol{T}\boldsymbol{A}_i\boldsymbol{T}^{-1}$。

进一步，采用与 5.3 节类似的方法，对式（5-125）中状态变量的排列顺序重新排列，在重新排列后，时滞变量对应矩阵的非零元素均位于左上角，并令经重新排列后的矩阵为 $\tilde{\boldsymbol{A}},\tilde{\boldsymbol{A}}_i$，不难知道 $\tilde{\boldsymbol{A}}_i$ 将具有如下形式，即

$$\tilde{\boldsymbol{A}}_i=\begin{bmatrix}\tilde{\boldsymbol{A}}_{i1} & 0\\ 0 & 0\end{bmatrix}\tag{5-126}$$

式中，$\tilde{\boldsymbol{A}}_{i1}\in\mathbf{R}^{r\times r},i=1,2,\cdots,k$。此时，经上述变换后，系统（5-122）可变为如下形式，即

$$\begin{cases}\dfrac{\mathrm{d}\tilde{\boldsymbol{z}}(t)}{\mathrm{d}t}=\tilde{\boldsymbol{A}}\tilde{\boldsymbol{z}}(t)+\displaystyle\sum_{i=1}^{k}\tilde{\boldsymbol{A}}_i\tilde{\boldsymbol{z}}(t-\tau_i)\\ \tilde{\boldsymbol{z}}(t+\xi)=\tilde{\boldsymbol{\varphi}}(t,\xi),\quad \xi\in[-\tau_{\max},0)\end{cases}\tag{5-127}$$

式中，$\tilde{\boldsymbol{z}}(t)=[\tilde{\boldsymbol{z}}_r^{\mathrm{T}}(t)\quad \tilde{\boldsymbol{z}}_a^{\mathrm{T}}(t)]^{\mathrm{T}}$ 为变换后的系统状态向量，$\tilde{\boldsymbol{z}}_r\in\mathbf{R}^r,\tilde{\boldsymbol{z}}_a\in\mathbf{R}^{n-r}$；$\tilde{\boldsymbol{\varphi}}(\cdot)$ 是变换后的系统历史轨迹。

考虑到 $\tilde{\boldsymbol{A}}_i$ 的结构，式（5-127）可改写为

$$\begin{cases}\dfrac{\mathrm{d}\tilde{z}(t)}{\mathrm{d}t}=\tilde{\boldsymbol{A}}\tilde{z}(t)+\sum\limits_{i=1}^{k}\begin{bmatrix}\tilde{\boldsymbol{A}}_{1i}\\0\end{bmatrix}\tilde{z}_r(t-\tau_i)\\ z_r(t+\xi)=\tilde{\varphi}_r(t,\xi),\quad \xi\in[-\tau_{\max},0)\end{cases}\tag{5-128}$$

式中，$\tilde{\varphi}_r(t,\xi)$ 给出了 $\tilde{z}_r(t)$ 的历史轨迹，而 $\dot{\tilde{z}}_r(t)$ 不受 $\tilde{z}_a(t-\tau_i)$ 的影响，故式（5-128）的第二式仅保留了 $\tilde{z}_r(t)$ 的历史轨迹，5.3 节也采用了这种处理方式。

2. Taylor 展开

将 $\tilde{z}(t-\tau_i)$ 看成系统状态在 $\tilde{z}(t)$ 附近受扰后的结果，因此可以利用 Taylor 展开技术得到

$$\tilde{z}(t-\tau_i)=\tilde{z}(t)-\tau_i\frac{\mathrm{d}\tilde{z}(t)}{\mathrm{d}t}+\frac{1}{2}\tau_i^2\frac{\mathrm{d}^2\tilde{z}(t)}{\mathrm{d}t^2}-\frac{1}{6}\tau_i^3\frac{\mathrm{d}^3\tilde{z}(t)}{\mathrm{d}t^3}+\cdots\tag{5-129}$$

$$=\tilde{z}(t)-\tau_i\frac{\mathrm{d}\tilde{z}(t)}{\mathrm{d}t}+\sum_{l=2}^{\infty}\frac{1}{l!}(-\tau_i)^l\frac{\mathrm{d}^l\tilde{z}(t)}{\mathrm{d}t^l}\tag{5-130}$$

将式（5-130）代入式（5-127）的第一式，可得

$$\begin{aligned}\frac{\mathrm{d}\tilde{z}(t)}{\mathrm{d}t}&=\tilde{\boldsymbol{A}}\tilde{z}(t)+\sum_{i=1}^{k}\tilde{\boldsymbol{A}}_i\left[\tilde{z}(t)-\tau_i\frac{\mathrm{d}\tilde{z}(t)}{\mathrm{d}t}+\sum_{l=2}^{\infty}\frac{1}{l!}(-\tau_i)^l\frac{\mathrm{d}^l\tilde{z}(t)}{\mathrm{d}t^l}\right]\\&=\left(\tilde{\boldsymbol{A}}+\sum_{i=1}^{k}\tilde{\boldsymbol{A}}_i\right)\tilde{z}(t)-\sum_{i=1}^{k}\tau_i\cdot\tilde{\boldsymbol{A}}_i\frac{\mathrm{d}\tilde{z}(t)}{\mathrm{d}t}+\sum_{i=1}^{k}\tilde{\boldsymbol{A}}_i\left[\sum_{l=2}^{\infty}\frac{1}{l!}(-\tau_i)^l\frac{\mathrm{d}^l\tilde{z}(t)}{\mathrm{d}t^l}\right]\end{aligned}\tag{5-131}$$

$$\left(\boldsymbol{I}_n+\sum_{i=1}^{k}\tau_i\tilde{\boldsymbol{A}}_i\right)\frac{\mathrm{d}\tilde{z}(t)}{\mathrm{d}t}=\left(\tilde{\boldsymbol{A}}+\sum_{i=1}^{k}\tilde{\boldsymbol{A}}_i\right)\tilde{z}(t)+\sum_{i=1}^{k}\tilde{\boldsymbol{A}}_i\left[\sum_{l=2}^{\infty}\frac{1}{l!}(-\tau_i)^l\frac{\mathrm{d}^l\tilde{z}(t)}{\mathrm{d}t^l}\right]\tag{5-132}$$

$$\begin{aligned}\frac{\mathrm{d}\tilde{z}(t)}{\mathrm{d}t}=&\left(\boldsymbol{I}_n+\sum_{i=1}^{k}\tau_i\tilde{\boldsymbol{A}}_i\right)^{-1}\left(\tilde{\boldsymbol{A}}+\sum_{i=1}^{k}\tilde{\boldsymbol{A}}_i\right)\tilde{z}(t)\\&+\left(\boldsymbol{I}_n+\sum_{i=1}^{k}\tau_i\tilde{\boldsymbol{A}}_i\right)^{-1}\sum_{i=1}^{k}\tilde{\boldsymbol{A}}_i\left[\sum_{l=2}^{\infty}\frac{1}{l!}(-\tau_i)^l\frac{\mathrm{d}^l\tilde{z}(t)}{\mathrm{d}t^l}\right]\end{aligned}\tag{5-133}$$

令

$$\bar{\boldsymbol{A}}=\left(\boldsymbol{I}_n+\sum_{i=1}^{k}\tau_i\tilde{\boldsymbol{A}}_i\right)^{-1}\left(\tilde{\boldsymbol{A}}+\sum_{i=1}^{k}\tilde{\boldsymbol{A}}_i\right)\tag{5-134}$$

$$\begin{bmatrix}\bar{\boldsymbol{A}}_{i1}\\0\end{bmatrix}=\left(\boldsymbol{I}_n+\sum_{i=1}^{k}\tau_i\tilde{\boldsymbol{A}}_i\right)^{-1}\begin{bmatrix}\tilde{\boldsymbol{A}}_{i1}\\0\end{bmatrix}\tag{5-135}$$

将式（5-134）和式（5-135）代入式（5-133）可得

$$\begin{aligned}\frac{\mathrm{d}\tilde{z}(t)}{\mathrm{d}t}&=\bar{A}\tilde{z}(t)+\sum_{i=1}^{k}\begin{bmatrix}\bar{A}_{i1} & 0\\ 0 & 0\end{bmatrix}\left[\sum_{l=2}^{\infty}\frac{1}{l!}(-\tau_i)^l\frac{\mathrm{d}^l\tilde{z}(t)}{\mathrm{d}t^l}\right]\\&=\bar{A}\tilde{z}(t)+\sum_{i=1}^{k}\begin{bmatrix}\bar{A}_{i1}\\ 0\end{bmatrix}\left[\sum_{l=2}^{\infty}\frac{1}{l!}(-\tau_i)^l\frac{\mathrm{d}^l\tilde{z}_r(t)}{\mathrm{d}t^l}\right]\end{aligned}\tag{5-136}$$

进一步，令

$$\boldsymbol{u}_i(t)=\sum_{l=2}^{\infty}\frac{1}{l!}(-\tau_i)^l\frac{\mathrm{d}^l\tilde{z}_r(t)}{\mathrm{d}t^l}\tag{5-137}$$

代入式（5-136）可得

$$\frac{\mathrm{d}\tilde{z}(t)}{\mathrm{d}t}=\bar{A}\tilde{z}(t)+\sum_{i=1}^{k}\begin{bmatrix}\bar{A}_{i1}\\ 0\end{bmatrix}\boldsymbol{u}_i(t)\tag{5-138}$$

进一步，令

$$\boldsymbol{u}(t)=[\boldsymbol{u}_1^{\mathrm{T}}(t),\boldsymbol{u}_2^{\mathrm{T}}(t),\cdots,\boldsymbol{u}_k^{\mathrm{T}}(t)]^{\mathrm{T}}\in\mathbf{R}^{n_r}\tag{5-139}$$

$$\bar{\boldsymbol{B}}=\begin{bmatrix}\bar{A}_{11} & \bar{A}_{21} & \cdots & \bar{A}_{k1}\\ 0 & 0 & \cdots & 0\end{bmatrix}^{\mathrm{T}}\in\mathbf{R}^{n\times n_r}\tag{5-140}$$

$$n_r=n\times r\tag{5-141}$$

则式（5-138）可表示为

$$\frac{\mathrm{d}\tilde{z}(t)}{\mathrm{d}t}=\bar{A}\tilde{z}(t)+\bar{\boldsymbol{B}}\boldsymbol{u}(t)\tag{5-142}$$

此时式（5-128）可进一步改写为

$$\begin{cases}\dfrac{\mathrm{d}\tilde{z}(t)}{\mathrm{d}t}=\bar{A}\tilde{z}(t)+\bar{\boldsymbol{B}}\boldsymbol{u}(t)\\ \tilde{z}_r(t+\xi)=\tilde{\boldsymbol{\varphi}}_r(t,\xi),\quad \xi\in[-\tau_{\max},0)\end{cases}\tag{5-143}$$

3. Schur 化简

Schur 化简的过程与 5.3 节类似。首先，在式（5-143）的基础上构建如下的状态空间表达式，即

$$\begin{cases}\dfrac{\mathrm{d}\tilde{z}(t)}{\mathrm{d}t}=\bar{A}\tilde{z}(t)+\bar{\boldsymbol{B}}\boldsymbol{u}(t)\\ \boldsymbol{y}(t)=[\boldsymbol{I}_r\quad 0]\tilde{z}(t)\end{cases}\tag{5-144}$$

式中，$\tilde{z}\in\mathbf{R}^n$ 为状态变量，$\boldsymbol{u}\in\mathbf{R}^{n_r}$ 为输入变量，$\boldsymbol{y}\in\mathbf{R}^r$ 为输出变量；$\bar{A}\in\mathbf{R}^{n\times n},\bar{\boldsymbol{B}}\in\mathbf{R}^{n\times n_r}$ 为常数矩阵；$\boldsymbol{I}_r\in\mathbf{R}^{r\times r}$ 为单位矩阵。

对于式（5-144），采用 Schur 方法对其进行降维，并设所得结果为

$$\begin{cases}\dfrac{\mathrm{d}z_R(t)}{\mathrm{d}t}=\boldsymbol{A}_R\boldsymbol{z}_R(t)+\boldsymbol{B}_R\boldsymbol{u}(t)=\boldsymbol{A}_R\boldsymbol{z}_R(t)+\sum_{i=1}^{k}\boldsymbol{B}_{Ri}\boldsymbol{u}_i(t)\\ \boldsymbol{y}(t)=\boldsymbol{C}_R\boldsymbol{z}_R(t)\end{cases}\tag{5-145}$$

式中，$\boldsymbol{z}_R\in\mathbf{R}^r$ 为降维后系统的状态变量，$\boldsymbol{u}\in\mathbf{R}^{n_r}$ 为输入变量，$\boldsymbol{y}\in\mathbf{R}^r$ 为输出变量；$\boldsymbol{A}_R\in\mathbf{R}^{r\times r},\boldsymbol{B}_R\in\mathbf{R}^{r\times n_r},\boldsymbol{C}_R\in\mathbf{R}^{r\times r},\boldsymbol{B}_{Ri}\in\mathbf{R}^{r\times r},i=1,2,\cdots,k$ 为常数矩阵。

进一步，采用与 5.3 节类似的方式，可构造如下降维后的时滞系统，即

$$\begin{cases}\dfrac{\mathrm{d}\tilde{z}_r(t)}{\mathrm{d}t}=\tilde{\boldsymbol{A}}_R\tilde{\boldsymbol{z}}_r(t)+\sum_{i}^{k}\tilde{\boldsymbol{A}}_{Ri}\boldsymbol{u}_i(t)\\ \tilde{\boldsymbol{z}}_r(t+\xi)=\boldsymbol{\varphi}_r(t,\xi),\quad \xi\in[-\tau_{\max},0)\end{cases}\tag{5-146}$$

式中，$\tilde{\boldsymbol{A}}_R=\boldsymbol{C}_R\boldsymbol{A}_R\boldsymbol{C}_R^{-1}$；$\tilde{\boldsymbol{A}}_{Ri}=\boldsymbol{C}_R\boldsymbol{B}_{Ri},i=1,2,\cdots,k$。

结合式（5-137）和式（5-130），不难看出

$$\boldsymbol{u}_i(t)=\tilde{\boldsymbol{z}}_r(t-\tau_i)-\tilde{\boldsymbol{z}}_r(t)+\tau_i\frac{\mathrm{d}\tilde{z}_r(t)}{\mathrm{d}t}\tag{5-147}$$

将式（5-147）代入式（5-146）可得

$$\begin{cases}\dfrac{\mathrm{d}\tilde{z}_r(t)}{\mathrm{d}t}=\boldsymbol{A}_R\tilde{\boldsymbol{z}}_r(t)+\sum_{i}^{k}\boldsymbol{A}_{Ri}\tilde{\boldsymbol{z}}_r(t-\tau_i)\\ \tilde{\boldsymbol{z}}_r(t+\xi)=\boldsymbol{\varphi}_r(t,\xi),\quad \xi\in[-\tau_1,0)\end{cases}\tag{5-148}$$

式中

$$\boldsymbol{A}_R=\left[\boldsymbol{I}_r-\sum_{i=1}^{k}\tau_i\tilde{\boldsymbol{A}}_{Ri}\right]^{-1}\left[\tilde{\boldsymbol{A}}_R-\sum_{i=1}^{k}\tilde{\boldsymbol{A}}_{Ri}\right]\tag{5-149}$$

$$\boldsymbol{A}_{Ri}=\left[\boldsymbol{I}_r-\sum_{i=1}^{k}\tau_i\tilde{\boldsymbol{A}}_{Ri}\right]^{-1}\tilde{\boldsymbol{A}}_{Ri}\tag{5-150}$$

式（5-122）的原系统通过上述过程，最终降维为式（5-148）的简化系统，模型维数从 n 降为 r，由于维数的减少，时滞系统稳定性分析的计算效率可得到有效提升。

4. 时滞稳定分析和裕度求解

从降维方法的推导过程，我们不难发现，由于在 Taylor 展开和 Schur 化简环节，系统模型均显含时滞向量 $\boldsymbol{\tau}=(\tau_1,\tau_2,\cdots,\tau_k)$，而事实上 $\boldsymbol{\tau}$ 此时应为待求变量，取值未知。为此，在进行时滞系统稳定性分析时，需要采用迭代求解过程，逐渐逼近 $\boldsymbol{\tau}$ 的待求值。

这里以 4.3.3 节所给二分法求解过程为例，简述采用本节降维技术进行时滞系统

稳定性分析的具体过程。为便于内容叙述，令 $h=\|\tau\|=\sqrt{(\tau_1^2+\tau_2^2+\cdots+\tau_k^2)}$，$\vec{\gamma}=\dfrac{\tau}{\|\tau\|}=(\gamma_1,\gamma_2,\cdots,\gamma_k)$，则 h 一旦确定，可由 $\tau=\vec{\gamma}\cdot h=(\gamma_1,\gamma_2,\cdots,\gamma_k)h$ 得到此时对应的时滞向量。

在采用本节降维技术后，改进的二分法时滞系统判稳计算过程如下。

（1）算法初始化。设定时滞向量长度的搜索范围为 $[h_{\min},h_{\max}]$，保证 $h=h_{\min}$ 时，时滞系统是稳定的；同时，保证 $h=h_{\max}$ 时，时滞系统是不稳定的。设定计算步长 h_s、收敛限 ε_h、区间长度 $E_r=h_{\max}-h_{\min}$ 和计数器 i=0。

（2）判断算法收敛限是否达到。若 $E_r<\varepsilon_h$，则算法终止，并转第（6）步，输出计算结果；否则，继续。

（3）进行系统模型降维。令 $h_c=(h_{\min}+h_{\max})/2$，由 $\tau=\vec{\gamma}\cdot h_c$ 得到此时对应的系统时滞向量，并认为其数值已知。调用本节所给 Jordan 变换、Taylor 展开和 Schur 化简三个过程，进行时滞系统模型降维，得到降维后的时滞系统模型（5-148）。

（4）进行降维系统判稳计算。采用相应的时滞稳定判据，判断降维后的时滞系统此时是否稳定。若系统稳定，则令 $h_{\min}=h_c$；否则，令 $h_{\max}=h_c$。

（5）更新计数器和区间长度。令 $i=i+1,\ E_r=h_{\max}-h_{\min}$，存储和打印中间计算结果和计算信息，转第（2）步。

（6）得到系统时滞稳定裕度估计结果。此时，$h_{\min}$ 即是系统临界稳定情况下对应时滞向量的长度，则可由式（5-151）得到此时对应的系统时滞稳定裕度。

$$\tau=\vec{\gamma}\cdot h_{\min}=(\tau_{1,\lim},\tau_{2,\lim},\cdots,\tau_{k,\lim}) \tag{5-151}$$

需要指出的一点是，本节所提方法是通过 Schur 技术进行的模型降维，实际上在 5.3 节中所提及的其他降维技术，如 Balance、Hankel、Bst、Ncf 方法同样适应。在不同应用场景下，具体要选择何种降维技术，需要根据具体问题进行相应的优选。

5.4.3　算例

1. 单机无穷大系统

这里仍采用 3.2.3 节中的单机无穷大系统算例来进行示意，该系统模型由式（3-9）给出，式中的矩阵取值由式（3-27）和式（3-28）给出。由该节方法得到系统此时的时滞稳定裕度为 68.249ms。下面采用本节方法对该系统进行降维，由于采用迭代方法进行计算，这里仅给出第一次迭代过程的计算结果，其中 $h_c=0.1\text{s}$。

1）Jordan 变换

由于仅存在一个时滞环节，对于该系统，$\boldsymbol{A}_{\tau s}=\boldsymbol{A}_{\tau}$，则式（5-152）给出所用的变换矩阵 $\boldsymbol{T}$，即

$$
\boldsymbol{T}=\begin{bmatrix} 0 & 0 & 0 & 0.0263 \\ 1.0000 & 0 & -2.5055 & 0 \\ 0 & 0 & 1.0000 & 0 \\ 0 & 1.0000 & 0 & 0 \end{bmatrix} \tag{5-152}
$$

经式（5-124）的变换，并对状态变量重新排序后，可得式（5-127）所示模型，其中

$$
\tilde{\boldsymbol{A}}=\begin{bmatrix} -1.0000 & 0 & 0 & 0 \\ -9.5256 & 0.1203 & 0.7191 & 376.9911 \\ 3.8019 & -0.0480 & -0.2870 & 0 \\ 0 & -0.0963 & -0.3212 & -0.5000 \end{bmatrix} \tag{5-153}
$$

$$
\tilde{\boldsymbol{A}}_1=\begin{bmatrix} 0 & 1.0000 & 0 & 0 \\ 0 & 0 & 0 & 0 \\ 0 & 0 & 0 & 0 \\ 0 & 0 & 0 & 0 \end{bmatrix} \tag{5-154}
$$

$$
\tilde{\boldsymbol{A}}_{11}=\begin{bmatrix} 0 & 1.0000 \\ 0 & 0 \end{bmatrix} \tag{5-155}
$$

不难看出，对于单机无穷大系统，降维后的动态系统维数为 2，即 $r=2$。

2）Taylor 展开

进一步，利用式（5-134）和式（5-135）可得模型（5-142），其中

$$
\bar{\boldsymbol{A}}=(\boldsymbol{I}_n+h_c\tilde{\boldsymbol{A}}_1)^{-1}(\tilde{\boldsymbol{A}}+\tilde{\boldsymbol{A}}_1)=\begin{bmatrix} -0.0474 & 0.9880 & -0.0719 & -37.6991 \\ -9.5256 & 0.1203 & 0.7191 & 376.9911 \\ 3.8019 & -0.0480 & -0.2870 & 0 \\ 0 & -0.0963 & -0.3212 & -0.5000 \end{bmatrix} \tag{5-156}
$$

$$
\bar{\boldsymbol{B}}=(\boldsymbol{I}_n+h_c\tilde{\boldsymbol{A}}_1)^{-1}\begin{bmatrix} \tilde{\boldsymbol{A}}_1 \\ 0 \end{bmatrix}=\begin{bmatrix} 0 & 1 \\ 0 & 0 \\ 0 & 0 \\ 0 & 0 \end{bmatrix} \tag{5-157}
$$

$$
\bar{\boldsymbol{A}}_{11}=\begin{bmatrix} 0 & 1 \\ 0 & 0 \end{bmatrix} \tag{5-158}
$$

3）Schur 化简

采用降维方法，对式（5-144）进行降维，可得式（5-145），其中

$$\boldsymbol{A}_R = \begin{bmatrix} 0.2880 & -5.1517 \\ 2.7578 & 0.2880 \end{bmatrix} \tag{5-159}$$

$$\boldsymbol{B}_{R1} = \begin{bmatrix} 0 & -0.3623 \\ 0 & -2.3004 \end{bmatrix} \tag{5-160}$$

$$\boldsymbol{C}_R = \begin{bmatrix} 0.0598 & -0.4853 \\ -1.3660 & -0.2365 \end{bmatrix} \tag{5-161}$$

进一步，可得此时的降维系统（5-146），其中系数矩阵为

$$\tilde{\boldsymbol{A}}_R = \boldsymbol{C}_R \boldsymbol{A}_R \boldsymbol{C}_R^{-1} = \begin{bmatrix} 0.4424 & 0.9866 \\ -14.4238 & 0.1337 \end{bmatrix} \tag{5-162}$$

$$\tilde{\boldsymbol{A}}_{R1} = \boldsymbol{C}_R \boldsymbol{B}_{R1} = \begin{bmatrix} 0 & 1.0948 \\ 0 & 1.0390 \end{bmatrix} \tag{5-163}$$

利用式（5-149）和式（5-150），可得最终的降维系统（5-148），其中

$$\boldsymbol{A}_R = [\boldsymbol{I}_r - h_c \tilde{\boldsymbol{A}}_{R1}]^{-1} [\tilde{\boldsymbol{A}}_R - \tilde{\boldsymbol{A}}_{R1}] = \begin{bmatrix} -1.3198 & -0.2188 \\ -16.0962 & -1.0103 \end{bmatrix} \tag{5-164}$$

$$\boldsymbol{A}_{R1} = [\boldsymbol{I}_r - h_c \tilde{\boldsymbol{A}}_{R1}]^{-1} \tilde{\boldsymbol{A}}_{R1} = \begin{bmatrix} 0 & 1.2217 \\ 0 & 1.1595 \end{bmatrix} \tag{5-165}$$

4）时滞稳定裕度求解

采用 4.5 节含积分二次型的时滞稳定判据和 5.4.2 节所给方法，迭代计算系统的时滞稳定裕度，可得降维后系统的时滞稳定裕度为 68.280ms，可以看出，与实际的时滞稳定裕度的误差非常小，仅为 0.05%。

进一步，将 P_m 在 0～1.15p.u.变动，其他参数取值不变，分别采用 4.5 节方法（不降维进行稳定裕度求解）和本节方法（经降维简化后进行稳定裕度求解），所得结果示于表 5-6。其中：$\tau_{\text{mar}}^0, \tau_{\text{mar}}^1, \tau_{\text{mar}}^2$ 分别为系统时滞稳定裕度的真值、采用 4.5 节方法计算得到的系统时滞稳定裕度（未降维）和经本节方法计算得到的系统时滞稳定裕度；T_1, T_2 分别为采用 4.5 节方法和本节方法的计算用时；误差 $E_{RR}^{2,0}, E_{RR}^{2,1}$ 和效率提升系数 γ 定义为

$$E_{RR}^{2,0} = \frac{|\tau_{\text{mar}}^0 - \tau_{\text{mar}}^2|}{\tau_{\text{mar}}^0} \times 100\% \tag{5-166}$$

$$E_{RR}^{2,1} = \frac{|\tau_{\text{mar}}^1 - \tau_{\text{mar}}^2|}{\tau_{\text{mar}}^1} \times 100\% \tag{5-167}$$

$$\gamma = \frac{T_1 - T_2}{T_1} \times 100\% \tag{5-168}$$

表 5-6　降维前后系统的时滞稳定裕度（单机无穷大系统）

P_m		0.00	0.10	0.20	0.30	0.40	0.50	0.60
时滞稳定裕度/ms	τ_{mar}^{0}	119.3390	118.8746	117.4824	115.1644	111.9192	107.7348	102.5751
	τ_{mar}^{1}	119.0121	118.5511	117.1668	114.8622	111.6360	107.4745	102.3418
	τ_{mar}^{2}	119.0128	118.5551	117.1703	114.8701	111.6428	107.4886	102.3731
	$E_{RR}^{2,0}$	0.27%	0.27%	0.27%	0.26%	0.25%	0.23%	0.20%
	$E_{RR}^{2,1}$	0.00%	0.00%	0.00%	0.01%	0.01%	0.01%	0.03%
计算时间/s	T_1	16.5476	17.0510	14.4430	15.8272	17.0631	18.2796	17.9962
	T_2	9.3077	4.1744	3.8859	4.3195	4.3224	4.3841	4.3781
	γ	43.75%	75.52%	73.09%	72.71%	74.67%	76.02%	75.67%
P_m		0.70	0.80	0.90	1.00	1.05	1.10	1.15
时滞稳定裕度/ms	τ_{mar}^{0}	96.3575	88.9062	79.8436	68.2491	60.7467	50.8042	31.4160
	τ_{mar}^{1}	96.1547	88.7368	79.7117	68.1574	60.6780	50.7596	31.4033
	τ_{mar}^{2}	96.1933	88.7890	79.7939	68.2812	60.8311	50.9319	31.2824
	$E_{RR}^{2,0}$	0.17%	0.13%	0.06%	0.05%	0.14%	0.25%	0.43%
	$E_{RR}^{2,1}$	0.04%	0.06%	0.10%	0.18%	0.25%	0.34%	0.38%
计算时间/s	T_1	21.5623	16.7290	17.5556	18.0621	27.0277	19.8497	20.1147
	T_2	4.4763	4.3984	4.4398	4.6715	4.8782	4.9712	4.8562
	γ	79.24%	73.71%	74.71%	74.14%	81.95%	74.96%	75.86%

从表 5-6 中可以看到，本节方法计算得到的系统时滞稳定裕度具有较高精度，与真实值相比，误差最大仅为 0.43%。同样，由于采用同一时滞稳定判据进行的求解，降维前后时滞稳定裕度计算误差最大仅为 0.38%。但由于采用了降维处理，判稳计算效率的提升均在 43.75%以上；在最好场景下，计算效率可提升 81.95%。

2. 三机九节点系统

仍采用 4.5.3 节的第 3 部分中的场景 1 和场景 2 的相关设置，分别采用该节方法和本节方法，计算系统时滞稳定裕度。

1）场景 1

当 θ 在 0°～90°变动时，采用本节方法（降维）和 4.5.3 节方法，分别计算系统的时滞稳定裕度，计算结果示于表 5-7。

计算精度：从表 5-7 中不难看出，本节所给降维方法在计算系统时滞稳定裕度时，具有非常高的计算精度。由于采用同样的参数设置和稳定判据，采用本节方法（降维后）与 4.5.3 节方法（未降维）所得系统时滞稳定裕度几乎相同，两者间的最大误差只有 0.02%；同时与 4.5.3 节方法相比，本节方法所得时滞稳定裕度与真实值相比，具有更小的计算误差。

表 5-7　降维前后系统的时滞稳定裕度（三机九节点系统场景 1）

θ	0°	10°	20°	30°	40°	45°
τ_{mar}^{0} /ms	59.7005	48.6983	42.6129	39.1463	37.3958	37.0364
τ_{mar}^{1} /ms	59.5932	48.6509	42.5979	39.1309	37.3853	37.0195
τ_{mar}^{2} /ms	59.5967	48.6509	42.5903	39.1309	37.3840	37.0195
$E_{RR}^{2,0}$ /%	0.17	0.10	0.05	0.04	0.03	0.05
$E_{RR}^{2,1}$ /%	0.01	0.00	0.02	0.00	0.00	0.00
T_1 /s	9475.8592	7350.6683	12301.5480	5857.5891	9065.9832	7785.4408
T_2 /s	250.9880	390.3975	333.5423	317.8051	414.2492	208.9182
γ /%	97.35	94.69	97.29	94.57	95.43	97.32
θ	50°	60°	70°	80°	90°	
τ_{mar}^{0} /ms	36.9930	37.8615	40.1762	44.4683	52.0372	
τ_{mar}^{1} /ms	36.9809	37.8535	40.1602	44.4238	51.9605	
τ_{mar}^{2} /ms	36.9809	37.8506	40.1602	44.4342	51.9714	
$E_{RR}^{2,0}$ /%	0.03	0.03	0.04	0.08	0.13	
$E_{RR}^{2,1}$ /%	0.00	0.01	0.00	0.02	0.02	
T_1 /s	5661.7647	5179.2539	7038.5166	7226.3411	10505.3099	
T_2 /s	277.5449	310.3594	300.6215	483.5507	364.6382	
γ /%	95.10	94.01	95.73	93.31	96.53	

计算效率提升：采用本节方法对系统降维后，时滞系统动态方程维数由 10 维降为 4 维。从表 5-7 中可以看到，降维后计算效率的提升均在 93%以上，计算效率最大提升达 97.35%，即采用降维方法后，仅用了原有算法 2.65%的计算时间，得到了和原有方法几乎相同的求解结果。

2）场景 2

采用与场景 1 完全相同的处理方式，在 0°～90°变动 θ 取值，采用本节方法（降维）和 4.5.3 节方法，分别计算场景 2 下系统的时滞稳定裕度，计算结果示于表 5-8。

表 5-8　降维前后系统的时滞稳定裕度（三机九节点系统场景二）

θ	0°	10°	20°	30°	40°	45°
τ_{mar}^{0} /ms	363.5588	337.4550	289.8187	210.5433	177.6140	167.8800
τ_{mar}^{1} /ms	307.2130	292.0203	277.4963	203.5645	168.8269	157.8418
τ_{mar}^{2} /ms	312.5119	290.3284	275.6409	204.1846	169.6326	158.3301
$E_{RR}^{2,0}$ /%	14.04	13.97	4.89	3.02	4.49	5.69
$E_{RR}^{2,1}$ /%	1.72	0.58	0.67	0.30	0.48	0.31
T_1 /s	21064.3726	10539.4844	16318.8359	8075.9371	10325.3865	10328.3803
T_2 /s	3871.3976	3787.7865	4846.8636	3539.1201	3209.0826	2651.6753
γ /%	81.62	64.06	70.30	56.18	68.92	74.33

续表

θ	50°	60°	70°	80°	90°	
$\tau_{\rm mar}^{0}$ /ms	164.3592	179.8969	822.9264	564.1984	+∞	
$\tau_{\rm mar}^{1}$ /ms	156.8652	173.6946	253.3992	499.1006	+∞	
$\tau_{\rm mar}^{2}$ /ms	157.7979	176.0078	255.3626	499.9979	+∞	
$E_{RR}^{2,0}$ /%	3.99	2.16	68.97	11.38	—	
$E_{RR}^{2,1}$ /%	0.59	1.33	0.77	0.18	—	
T_1 /s	6286.3549	6835.1443	27490.9830	11116.2010	—	
T_2 /s	2748.3301	3764.8277	4535.2028	3753.12035	—	
γ /%	56.28	44.92	83.50	66.24	—	

从表 5-8 可以看出，降维前后得到的系统时滞稳定裕度差别非常小。在$\theta=0°$时，两者差别最大，也仅有 1.72%。这表明本节所给方法具有很好的降维效果。进一步，对比表 5-7 和表 5-8 的结果还会发现，场景 2 降维后的计算效率提升效果不如场景 1 那样明显，原因在于：在场景 2 中，系统降维后的模型阶数为 8 维；而在场景 1 中，系统降维后的模型阶数为 4 维。在场景 2 中，系统降维后的模型阶数要高于场景 1，因此其计算效率提升效果自然要略差一些。但即使如此，在各个场景下，降维后的计算效率平均也提升了一倍左右。

5.4.4　小结

本节内容是 5.3 节模型降维方法在多时滞系统中的扩展与改进，主要改进有两点：①为适应多时滞系统需要，在模型变换环节增加了 Jordan 变换，使得模型变换过程更为通用；②为改善模型降维效果，增加了 Taylor 展开环节，通过在模型降维前后，对时滞环节 Taylor 展开式的高次项进行合理考虑，提高了模型降维效果和精度。最后，利用单机无穷大系统和 WSCC 三机九节点系统验证了方法的有效性。

5.5　本 章 小 结

随着现代电力系统的大范围互联，其规模非常庞大，动态模型非常复杂。当考虑其中所存在的时滞环节影响后，进行系统稳定性分析的计算量将非常大，成为时滞稳定性研究成果实际应用的一个主要障碍。如何提高时滞电力系统稳定性分析的计算效率，是电力领域的一个研究热点。本章介绍了一种通过降维技术提高时滞电力系统稳定性分析计算效率的实现思路。

首先，在分析时滞电力系统物理特性的基础上，引入了 CTODE 和 CTDAE 两类新模型，在系统时滞动态方程中，仅考虑确实含有时滞环节的变量。由于在实际电力系统中，需要考虑时滞环节影响的变量数目较少，时滞是造成稳定性分析困难的主要症结，而降低其动态方程的维数，为提高稳定性分析的计算效率提供了模型支持。

进一步，针对单时滞和多时滞系统，基于 CTODE 和 CTDAE 模型，给出了两种有效的模型降维技术。其思路均是将时滞系统模型，经变换后转换为状态空间表达式，其中的时滞环节考虑为这一模型的输入部分。然后利用已成熟的动态模型降维简化技术，对时滞系统进行降维处理。两者的唯一区别仅在于，前者只适用于单时滞系统，而后者适用于多时滞系统，且降维后后者的计算精度更高。

第 6 章　电力系统时滞小扰动稳定域

通过第 3 章的讨论，我们知道时滞稳定裕度曲线构成了电力系统时滞小扰动稳定域的部分边界；同时，由第 3 章的算例可以看到，电力系统时滞小扰动稳定域存在非常复杂的拓扑性质。本章将进一步揭示时滞环节对电力系统小扰动稳定域的影响以及系统时滞小扰动稳定域的拓扑学性质。本章将首先给出两类时滞系统的小稳定域，前者定义在系统的非时滞参数空间中，重在探讨时滞对小扰动稳定域及其边界的影响；后者则定义在时滞参数空间中，重在研究电力系统时滞小扰动稳定域的构成特点及拓扑学性质。

6.1　电力系统时滞小扰动稳定域概述

人们在设计动力系统的控制器时，往往基于其小信号模型实现，与该模型相关的小扰动稳定性深受人们关注。小扰动稳定域定义在系统的关键参数空间中，包含了受到微小扰动后的系统所有稳定运行点，因此确定一个系统的小扰动稳定域，对寻求最优控制器和保证系统的稳定运行意义重大。

本章将给出两类电力系统时滞小扰动稳定域的定义，作为后续章节的基础。由于第 2 章已对不含时滞环节电力系统的小扰动稳定域进行了讨论，为保持内容的完整性，我们将第 2 章的部分内容在这里重新回顾。

众所周知，在不存在时滞时，电力系统通常需用如下微分–代数方程进行描述，即

$$\begin{cases}\dot{\boldsymbol{x}} = \boldsymbol{f}(\boldsymbol{x}, \boldsymbol{y}, \boldsymbol{p}) \\ \boldsymbol{0} = \boldsymbol{g}(\boldsymbol{x}, \boldsymbol{y}, \boldsymbol{p})\end{cases} \tag{6-1}$$

式中，$\boldsymbol{x} \in \mathbf{R}^n, \boldsymbol{y} \in \mathbf{R}^m, \boldsymbol{p} \in \boldsymbol{\Omega}_p$ 分别为系统的状态变量、代数变量和控制参量；$\boldsymbol{\Omega}_p \subset \mathbf{R}^p$ 为控制参量 $\boldsymbol{p}$ 变动的空间。

在系统平衡点 $(\boldsymbol{x}_e, \boldsymbol{y}_e)$ 附近，可将式（6-1）线性化得到

$$\begin{cases}\Delta\dot{\boldsymbol{x}} = \boldsymbol{A}(\boldsymbol{p})\Delta\boldsymbol{x} + \boldsymbol{B}(\boldsymbol{p})\Delta\boldsymbol{y} \\ \boldsymbol{0} = \boldsymbol{C}(\boldsymbol{p})\Delta\boldsymbol{x} + \boldsymbol{D}(\boldsymbol{p})\Delta\boldsymbol{y}\end{cases} \tag{6-2}$$

式中，矩阵 $\boldsymbol{A}(\boldsymbol{p}), \boldsymbol{B}(\boldsymbol{p}), \boldsymbol{C}(\boldsymbol{p}), \boldsymbol{D}(\boldsymbol{p})$ 会随参数 $\boldsymbol{p}$ 的变化而变化，其含义参见第 2 章。

当 $\boldsymbol{D}(\boldsymbol{p})$ 矩阵可逆时，式（6-2）可进一步简化为如下线性微分方程，即

$$\Delta\dot{\boldsymbol{x}} = \boldsymbol{A}_r(\boldsymbol{p})\Delta\boldsymbol{x} \tag{6-3}$$

式中，$\boldsymbol{A}_r(\boldsymbol{p})=\boldsymbol{A}(\boldsymbol{p})-\boldsymbol{B}(\boldsymbol{p})\boldsymbol{D}^{-1}(\boldsymbol{p})\boldsymbol{C}(\boldsymbol{p})$称为系统的降阶雅可比矩阵，系统的小扰动稳定性由其特征值的性质所决定。

设$\sigma(\boldsymbol{p})=[s_1(\boldsymbol{p}),s_2(\boldsymbol{p}),\cdots,s_n(\boldsymbol{p})]$为$\boldsymbol{A}_r(\boldsymbol{p})$的特征谱，$\sigma_r^{\max}(\boldsymbol{p})=\max(\text{real}(\sigma(\boldsymbol{p})))$为其最右侧（关键）特征值的实部，则在$\boldsymbol{\Omega}_p$空间中，电力系统小扰动稳定域可定义为

$$\boldsymbol{\Omega}_{\text{SSSR}}=\left\{\boldsymbol{p}\middle|\sigma_r^{\max}(\boldsymbol{p})<0,\boldsymbol{p}\in\boldsymbol{\Omega}_p\right\} \tag{6-4}$$

当有时滞环节存在时，电力系统模型将变为如下时滞微分-代数方程，即

$$\begin{cases}\dot{\boldsymbol{x}}=\boldsymbol{f}(\boldsymbol{x},\boldsymbol{x}_\tau,\boldsymbol{y},\boldsymbol{y}_\tau,\boldsymbol{p})\\ \boldsymbol{0}=\boldsymbol{g}(\boldsymbol{x},\boldsymbol{y},\boldsymbol{p})\\ \boldsymbol{0}=\boldsymbol{g}_i(\boldsymbol{x}_{\tau i},\boldsymbol{y}_{\tau i},\boldsymbol{p}),\quad i=1,2,\cdots,k\end{cases} \tag{6-5}$$

式中，$\boldsymbol{x}_\tau=[\boldsymbol{x}_{\tau1}^{\mathrm{T}},\boldsymbol{x}_{\tau2}^{\mathrm{T}},\cdots,\boldsymbol{x}_{\tau k}^{\mathrm{T}}]^{\mathrm{T}}$, $\boldsymbol{y}_\tau=[\boldsymbol{y}_{\tau1}^{\mathrm{T}},\boldsymbol{y}_{\tau2}^{\mathrm{T}},\cdots,\boldsymbol{y}_{\tau k}^{\mathrm{T}}]^{\mathrm{T}}$为时滞状态变量和时滞代数变量，$\boldsymbol{x}_{\tau i}=\boldsymbol{x}(t-\tau_i)\in\mathbf{R}^n$, $\boldsymbol{y}_{\tau i}=\boldsymbol{y}(t-\tau_i)\in\mathbf{R}^m$；$\boldsymbol{\tau}=(\tau_1,\tau_2,\cdots,\tau_k)\in\boldsymbol{\Omega}_\tau$为系统时滞变量构成的向量，$\tau_i>0,i=1,2,\cdots,k$为系统的时滞变量，$\boldsymbol{\Omega}_\tau\subset\mathbf{R}^k$为时滞参量变动的空间。

同样，在系统平衡点$(\boldsymbol{x}_e,\boldsymbol{y}_e)$附近，可得如下线性时滞微分方程，式中变量含义见第3章。

$$\Delta\dot{\boldsymbol{x}}=\boldsymbol{A}(\boldsymbol{p})\Delta\boldsymbol{x}+\sum_{i=1}^{k}\boldsymbol{A}_i(\boldsymbol{p})\Delta\boldsymbol{x}_{\tau i} \tag{6-6}$$

设$\sigma_\tau(\boldsymbol{p})=[s_1(\boldsymbol{p}),s_2(\boldsymbol{p}),s_3(\boldsymbol{p}),\cdots]$为时滞系统在平衡点处的特征谱（注意，由于时滞系统属于典型的无穷维系统，理论上其特征谱元素个数为无穷多个）；进一步，设$\sigma_{\tau,r}^{\max}(\boldsymbol{p})=\max(\text{real}(\sigma_\tau(\boldsymbol{p})))$为系统最右侧（关键）特征值对应的实部，则在$\boldsymbol{\Omega}_p$空间中，时滞电力系统的小扰动稳定域可定义为

$$\boldsymbol{\Omega}_{\text{SSSR}}^{\tau}=\left\{\boldsymbol{p}\middle|\sigma_{\tau,r}^{\max}(\boldsymbol{p})<0,\boldsymbol{p}\in\boldsymbol{\Omega}_p\right\} \tag{6-7}$$

事实上，时滞参量$\boldsymbol{\tau}$也可以看成电力系统的一种运行变量，因此可以按如下方式，在时滞参量空间$\boldsymbol{\Omega}_p$中定义系统的小扰动稳定域为

$$\boldsymbol{\Omega}_{\text{SSSR}}^{\tau}=\left\{\boldsymbol{\tau}\middle|\sigma_{\tau,r}^{\max}(\boldsymbol{\tau})<0,\boldsymbol{p}=\boldsymbol{p}^*,\boldsymbol{\tau}\in\boldsymbol{\Omega}_\tau\right\} \tag{6-8}$$

即在系统其他参数确定后，在$\boldsymbol{\Omega}_\tau$空间中，保证系统小扰动稳定的所有运行点的集合，就构成了时滞参量空间中的小扰动稳定域。

在本章后续章节中，我们将分析针对式（6-7）和式（6-8）所给两类电力系统的时滞小扰动稳定域展开讨论。

6.2　不含时滞的系统小扰动稳定域

为研究时滞对电力系统小扰动稳定域的影响，本节首先分析不含时滞情况下的系统小扰动稳定域。由于求解小扰动稳定域的关键是确定其边界，为此本节将给出一种小扰动稳定域的边界求解算法，并用一个典型算例给出示意。

6.2.1　电力系统小扰动稳定域边界构成

由于电力系统的动态通常需要用微分-代数方程（DAE）进行描述，相较于单纯由微分方程所描述的动力系统，其小扰动稳定域的边界构成和拓扑学性质更为复杂。但在电力系统小扰动性和小扰动稳定域领域内已有很多前期研究，人们对电力系统小扰动稳定域的拓扑学性质和边界构成已有较为清晰的认识。

当电力系统的代数方程可解时，其小扰动稳定域的边界将由 Hopf 分岔（HB）和鞍节点分岔（SNB）两类分岔点构成。当系统运行点由稳定域内部（稳定区域），穿越由 HB 构成的小扰动稳定域边界进入外部（不稳定区域）时，系统会出现振荡失稳；反之，若经 SNB 构成的边界进入外部，则系统会出现单调失稳。

当由于某些原因导致系统 DAE 模型的代数方程不可解时，此时对应于系统的线性模型（6-2）中的代数方程雅可比矩阵 $\boldsymbol{D}(\boldsymbol{p})$ 出现奇异，由此会导致系统出现奇异诱导分岔（SIB）。SIB 是 DAE 模型中特有的一类分岔，它也可能构成电力系统小扰动稳定域的一部分边界。同时已有研究表明，SIB 主要与系统的单调失稳过程相关，因此系统运行点自稳定域内部经由 SIB 边界到达外部时，系统往往会出现单调失稳。

此外，由于电力系统存在复杂的非线性环节，在运行过程中，它可能会出现其他类型且更为复杂的分岔过程，对应的分岔点也可能出现在小扰动稳定域的边界上。但已有研究表明，在小扰动稳定域边界上，更为复杂的分岔点构成的边界与 HB、SNB 和 SIB 三类分岔点构成边界相比是可以忽略的。数学上往往用测度进行衡量，前者的测度与后者相比可以忽略，感兴趣的读者可以自行查阅相关资料。由此决定用 DAE 模型描述的电力系统小扰动稳定域边界 $\partial\boldsymbol{\Omega}_{\mathrm{SSSR}}$ 由 HB、SNB 和 SIB 三类分岔点的闭包构成，数学上可表示为如下形式（式中符号的具体含义见第 2 章），即

$$\partial\boldsymbol{\Omega}_{\mathrm{SSSR}} = \overline{\mathrm{SNB}_s} \cup \overline{\mathrm{HB}_s} \cup \overline{\mathrm{SIB}_s} \tag{6-9}$$

由此确定电力系统的小扰动稳定域，就转换为如何准确求解上述三类分岔点对应集合的问题。

6.2.2　小扰动稳定域边界追踪算法的实现思路

本节将给出一种基于预测-校正思路的曲线追踪方法，实现对小扰动稳定域边界的求解，其实现思路如图 6-1 所示。

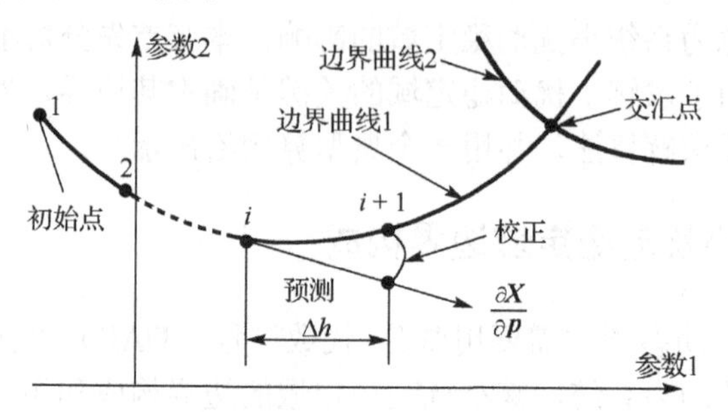

图 6-1　小扰动稳定域边界求解算法实现思路

首先，通过其他方法求解电力系统的一个 HB、SNB 或 SIB 点，此时该点必位于小扰动稳定域的边界上；然后，从该点出发，采用图 6-1 所示的预测-校正过程求解下一个位于边界上的点，如此循环往复最终得到系统由该类分岔点构成的局部稳定域边界。

在由一类分岔点组成的小扰动稳定域局部边界上，可能会存在高阶分岔点情况，我们将其称为边界的交汇点。例如，某一个交汇点既是一个 HB 点，又是一个 SNB 点。在该点处，系统雅可比矩阵的特征值，存在一对共轭特征值位于虚轴上，同时还存在一个实特征值位于原点，该交汇点即可认为是由一个 HB 和一个 SNB 点在此处交汇后形成的。再如，在一个交汇点处，系统雅可比矩阵的两对共轭特征值均位于虚轴上，此时可认为该交汇点是由两个 HB 点在此处交汇后形成的。若交汇点对应的两类分岔点均位于小扰动稳定域的边界上，则意味着系统小扰动稳定域的两个不同的局部边界在此处相交。因此，在我们追踪系统的一个局部稳定域边界并遇到交汇点时，就可以利用另一类型分岔点在交汇点处的信息，从这个交汇点出发切换至追踪另一个局部边界。

当系统的稳定区域是连通时，通过上述追踪过程，最后总可以得到系统的整个稳定域边界。

6.2.3　小扰动稳定域边界追踪算法的具体实现

1. 相关约定

在小扰动稳定域边界追踪过程中，首先需要确定 $\boldsymbol{p}$ 中的一个变量为自变量，它的取值在追踪过程中是预先设定的；$\boldsymbol{p}$ 中剩余的其他变量则为因变量，在边界追踪中通过校正过程来求解确定。为便于描述，不妨设 $p_j \in \boldsymbol{p}(1 \leqslant j \leqslant p)$ 为自变量，$\boldsymbol{p}$ 中其他变量为因变量。进一步，设 $(\boldsymbol{x}_0, \boldsymbol{y}_0)$ 为系统小扰动稳定域边界上的一个初始点，$\boldsymbol{p}_0$ 为对应的系统参数，并记 $\boldsymbol{X}_0=(\boldsymbol{x}_0,\boldsymbol{y}_0,\boldsymbol{p}_0)$；设 $\partial\boldsymbol{\Omega}_{X_0}=(\boldsymbol{X}_0,\boldsymbol{X}_1,\cdots,\boldsymbol{X}_i,\cdots)$ 为通过边界追踪算法得到的，以 $\boldsymbol{X}_0$ 为起点的某一局部边界对应的点集。

2. 预测过程

设在边界追踪过程中，已求得了 $\partial\boldsymbol{\Omega}_{\boldsymbol{X}_0}$ 的第 i 个点（$i\geqslant 0$），则可利用如下方式，预测第 $i+1$ 个点的初始值 $\tilde{\boldsymbol{X}}_{i+1}$ 为

$$\tilde{\boldsymbol{X}}_{i+1}=\begin{cases}\boldsymbol{X}_i, & i=0\\ \boldsymbol{X}_i+\left.\dfrac{\partial\boldsymbol{X}}{\partial p_j}\right|_{\boldsymbol{X}_i}\cdot\Delta h, & i>0\end{cases}\tag{6-10}$$

式中，Δh 为追踪步长；$\left.\dfrac{\partial\boldsymbol{X}}{\partial p_j}\right|_{\boldsymbol{X}_i}$ 为 $\partial\boldsymbol{\Omega}_{\boldsymbol{X}_0}$ 边界在 $\boldsymbol{X}_i$ 处对 p_j 的切线，在追踪过程中，可用如下公式近似确定，即

$$\left.\frac{\partial\boldsymbol{X}}{\partial p_j}\right|_{\boldsymbol{X}_i}=\frac{\boldsymbol{X}_i-\boldsymbol{X}_{i-1}}{p_{j,i}-p_{j,i-1}}\tag{6-11}$$

式中，$p_{j,i},p_{j,i-1}$ 分别为 $\boldsymbol{p}_i,\boldsymbol{p}_{i-1}$ 对应的 p_j 的取值。

需要说明的是，式（6-10）给出了一种最简单的预测方法，在实际应用中可根据需要，对预测过程进行改进以提高其预测效果。

3. 校正过程

这一过程的目的是将式（6-10）预测得到的初始点，校正到系统的小扰动稳定域边界上。这里采用如下优化模型来实现，即

$$\min\ f(\boldsymbol{X})\tag{6-12}$$

$$\text{s.t.}\ \boldsymbol{F}_e(\boldsymbol{X})=0\tag{6-13}$$

$$\boldsymbol{F}_u(\boldsymbol{X})\leqslant 0\tag{6-14}$$

式中，$\boldsymbol{X}=(\boldsymbol{x},\boldsymbol{y},\boldsymbol{p})$ 为系统待求运行点；$f(\cdot),\boldsymbol{F}_e(\cdot),\boldsymbol{F}_u(\cdot)$ 分别为该模型的目标函数、等式约束和不等式约束。

通过优选上述模型中的等式和不等式约束，保证该模型达到最优时，$\boldsymbol{X}_{i+1}$ 位于系统的小扰动稳定域边界上。同时，对于稳定域边界上不同性质的分岔点，上述模型中的等式和不等式约束的形式会有所不同。

1）HB 点对应约束

当待求的边界点为一个 HB 点时，此时系统的降阶雅可比矩阵 $\boldsymbol{A}_r(\boldsymbol{p})$ 必存在一对位于虚轴上的共轭复特征值，即

$$s = s_{\mathrm{R}} \pm s_{\mathrm{I}} \cdot \mathrm{j} \tag{6-15}$$

式中，$s_{\mathrm{I}} > 0$ 为特征值虚部的绝对值；s_{R} 为特征值的实部。由 HB 点的性质可知，此时 $s_{\mathrm{R}} = 0$。

进一步，将特征值 s 对应的右特征向量表示为

$$\boldsymbol{v} = \boldsymbol{v}_{\mathrm{R}} \pm \boldsymbol{v}_{\mathrm{I}} \cdot \mathrm{j} \tag{6-16}$$

式中，$\boldsymbol{v}_{\mathrm{R}}, \boldsymbol{v}_{\mathrm{I}}$ 为右特征向量的实部和虚部，且满足 $\|\boldsymbol{v}\| = 1$。

根据特征值的定义，有如下关系式成立，即

$$\boldsymbol{A}_r(\boldsymbol{p}) \cdot \boldsymbol{v} = s \cdot \boldsymbol{v} \tag{6-17}$$

将式（6-17）的实部和虚部分别表示，且注意 $s_{\mathrm{R}} = 0$，经推导可得

$$\boldsymbol{A}_r(\boldsymbol{p}) \cdot \boldsymbol{v}_{\mathrm{R}} + s_{\mathrm{I}} \cdot \boldsymbol{v}_{\mathrm{I}} = \boldsymbol{0} \tag{6-18}$$

$$\boldsymbol{A}_r(\boldsymbol{p}) \cdot \boldsymbol{v}_{\mathrm{I}} - s_{\mathrm{I}} \cdot \boldsymbol{v}_{\mathrm{R}} = \boldsymbol{0} \tag{6-19}$$

则式（6-18）和式（6-19）就是 HB 点对应的主要等式约束。

综上所述，当式（6-12）～式（6-14）所给优化模型用于 HB 点对应边界的求解时，其中的等式和不等式约束可表示为

$$\boldsymbol{F}_e: \quad \boldsymbol{f}(\boldsymbol{x}, \boldsymbol{y}, \boldsymbol{p}) = \boldsymbol{0} \tag{6-20}$$

$$\boldsymbol{g}(\boldsymbol{x}, \boldsymbol{y}, \boldsymbol{p}) = \boldsymbol{0} \tag{6-21}$$

$$\boldsymbol{A}_r(\boldsymbol{p}) \cdot \boldsymbol{v}_{\mathrm{R}} + s_{\mathrm{I}} \cdot \boldsymbol{v}_{\mathrm{I}} = \boldsymbol{0} \tag{6-22}$$

$$\boldsymbol{A}_r(\boldsymbol{p}) \cdot \boldsymbol{v}_{\mathrm{I}} - s_{\mathrm{I}} \cdot \boldsymbol{v}_{\mathrm{R}} = \boldsymbol{0} \tag{6-23}$$

$$\|\boldsymbol{v}\| = 1 \tag{6-24}$$

$$\boldsymbol{F}_u: \quad s_{\mathrm{I}} > 0 \tag{6-25}$$

式中，式（6-20）和式（6-21）保证所得结果为系统的一个平衡点；式（6-22）～式（6-24）为 HB 点条件约束；式（6-25）保证特征值虚部不为零。

2）SNB 点对应约束

当待求的边界点为一个 SNB 点时，此时系统的降阶雅可比矩阵 $\boldsymbol{A}_r(\boldsymbol{p})$ 必存在一个为零的特征值 $s = 0$，满足

$$\boldsymbol{A}_r(\boldsymbol{p}) \cdot \boldsymbol{v} = s \cdot \boldsymbol{v} \tag{6-26}$$

式中，$\boldsymbol{v} \in \mathbf{R}^n$ 为对应的特征向量，满足 $\|\boldsymbol{v}\| = 1$。

在 SNB 点处，优化模型中的等式和不等式约束将表示为

$$\boldsymbol{F}_e: \quad \boldsymbol{f}(\boldsymbol{x}, \boldsymbol{y}, \boldsymbol{p}) = \boldsymbol{0} \tag{6-27}$$

$$\boldsymbol{g}(\boldsymbol{x}, \boldsymbol{y}, \boldsymbol{p}) = \boldsymbol{0} \tag{6-28}$$

$$\boldsymbol{A}_r(\boldsymbol{p})\cdot\boldsymbol{v}=0 \tag{6-29}$$

$$\|\boldsymbol{v}\|=1 \tag{6-30}$$

同样，式（6-27）和式（6-28）保证所得结果为系统的一个平衡点；式（6-29）和式（6-30）为 SNB 点的条件约束。

3）SIB 点对应约束

当待求的边界点为一个 SIB 点时，此时系统的代数方程雅可比矩阵 $\boldsymbol{D}(\boldsymbol{p})$ 出现奇异，必存在一个为零的特征值 $s_D=0$，满足

$$\boldsymbol{D}(\boldsymbol{p})\cdot\boldsymbol{v}_D=s_D\cdot\boldsymbol{v}_D \tag{6-31}$$

式中，$\boldsymbol{v}_D\in\mathbf{R}^m$ 为对应的特征向量，满足 $\|\boldsymbol{v}_D\|=1$。

在 SIB 点处，优化模型中的等式和不等式约束将表示为

$$\boldsymbol{F}_e:\quad \boldsymbol{f}(\boldsymbol{x},\boldsymbol{y},\boldsymbol{p})=\boldsymbol{0} \tag{6-32}$$

$$\boldsymbol{g}(\boldsymbol{x},\boldsymbol{y},\boldsymbol{p})=\boldsymbol{0} \tag{6-33}$$

$$\boldsymbol{D}(\boldsymbol{p})\cdot\boldsymbol{v}_D=0 \tag{6-34}$$

$$\|\boldsymbol{v}_D\|=1 \tag{6-35}$$

式中，式（6-32）和式（6-33）保证所得结果为系统的一个平衡点；式（6-34）和式（6-35）为 SIB 点的条件约束。

4. 稳定域边界追踪流程

小扰动稳定域边界的追踪算法的实现流程如下。

（1）初始设置。利用其他方法，求解一个位于小扰动稳定域边界上的初始点 $\boldsymbol{X}_0$。选定追踪过程的自变量 p_j，计算步长 Δh，并令 $i=0$，$p_{j,i}=p_{j0}$，启动追踪算法。

（2）初值预测。由已知稳定域边界的计算结果，利用式（6-10）预测下一个待求边界点初值 $\tilde{\boldsymbol{X}}_{i+1}$。

（3）结果校正。以 $\tilde{\boldsymbol{X}}_{i+1}$ 为初值，代入式（6-12）～式（6-14）所示优化模型，求解边界点的确切结果 $\boldsymbol{X}_{i+1}$。若计算成功，则继续；否则，转第（5）步。

（4）终止条件判断。判断 p_j 是否已到达期望值？若是，则转第（6）步；否则，进行计算步长 Δh 的修正，然后令 $p_{j,i+1}=p_{j,i}+\Delta h,\ i=i+1$。转第（2）步，继续。

（5）判断和修正计算步长。判断计算步长是否已是最小值，若是，则转第（6）步；否则，进行计算步长修正（减小），然后转第（2）步，重新进行计算。

（6）算法终止，同时打印相关计算结果。

6.2.4 算例分析

这里仍采用 3.3 节的 WSCC 三机九节点系统算例来进行示意，其中的时滞环节暂

不考虑。令 $\boldsymbol{p}=(P_{m,2},P_{m,3},\lambda)$ 作为待研究的系统变量，其中 $P_{m,2},P_{m,3}$ 为发电机 2 和发电机 3 的机械功率，λ 为系统的负荷水平。我们利用 6.1 节方法，分步骤来求解系统的小扰动稳定域。

1. 确定边界初始点

1）计算系统 PV 曲线，并确定系统的 HB 和 SNB

令系统的负荷水平 λ 从 1.0 开始缓慢增长，每得到一个负荷水平 λ 后，进行潮流计算，进一步得到系统的降阶雅可比矩阵 $\boldsymbol{A}_r$ 和代数方程雅可比矩阵 $\boldsymbol{D}$，并根据其特征值的情况，判断系统的小扰动稳定性。

图 6-2 绘制了系统负荷节点 5、7、9 的电压随 λ 增长的变化情况；图 6-3 绘出在此过程中，$\boldsymbol{A}_r$ 矩阵一对关键特征值的变化情况（其他特征值均在虚轴左侧变动，故未绘出），图中箭头指示了负荷水平 λ 增长的方向。从两图可以看出，系统在 λ 不断增大的过程中，首先出现了 HB 点（由一对共轭特征值从左侧穿越虚轴进入右侧诱发），然后才出现 SNB 点（由一个实特征值从右侧穿越虚轴进入左侧诱发）。系统在 SNB 和 HB 点处的特征值信息示于表 6-1，两分岔点的详细信息如下。

HB: $\lambda_{\mathrm{HB}}=2.0432\mathrm{p.u.}$　　(6-36)

$$\boldsymbol{x}_{\mathrm{HB}}=[-0.2433,0,1.1311,-0.2698,2.5313,-0.2837,0,1.1053,-0.2984,2.6077]^{\mathrm{T}} \tag{6-37}$$

$$\boldsymbol{y}_{\mathrm{HB}}=[-1.8043,0.4041,-1.8780,0.3978,0.8853,-0.6801,0.8847,-0.7046,\\ 0.8263,-0.3178,0.8000,-0.8377,0.7120,-0.6449,0.7371,-0.6194]^{\mathrm{T}} \tag{6-38}$$

SNB: $\lambda_{\mathrm{SNB}}=2.0846\mathrm{p.u.}$　　(6-39)

$$\boldsymbol{x}_{\mathrm{SNB}}=[-0.4290,0,1.1775,-0.2413,2.8336,-0.4766,0,1.1465,-0.2660,2.9315]^{\mathrm{T}} \tag{6-40}$$

$$\boldsymbol{y}_{\mathrm{SNB}}=[-2.1341,0.3614,-2.2312,0.3546,0.8567,-0.8308,0.8557,-0.8627, \tag{6-41}$$

$$0.7727,-0.3611,0.7633,-1.0075,0.6345,-0.7747,0.6677,-0.7386]^{\mathrm{T}} \tag{6-42}$$

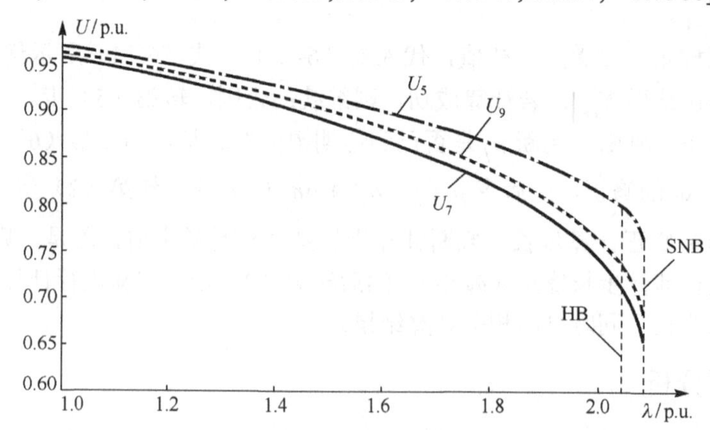

图 6-2　负荷水平增长时的部分负荷节点电压的变化曲线

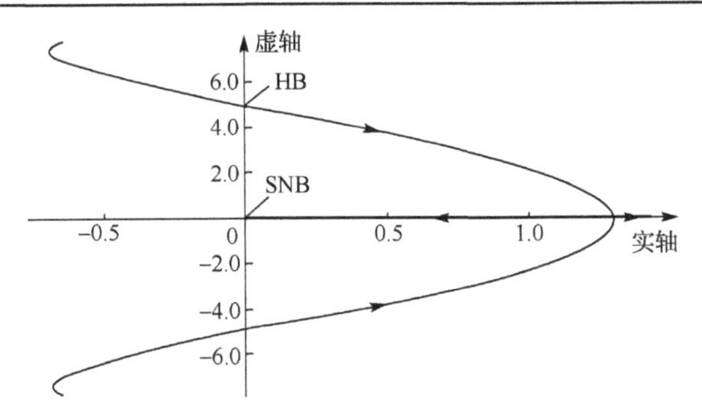

图 6-3　负荷水平增长时 $\boldsymbol{A}_r$ 关键特征值的变化曲线

表 6-1　系统在 HB 和 SNB 点处的特征值

HB 点处的特征值				SNB 点处的特征值			
编号	特征值	编号	特征值	编号	特征值	编号	特征值
1	−45.7920	6	−3.4315	1	−45.6921	6	−3.6996
2	−37.2870	7	−1.2649+j11.3811	2	−26.2794+j10.9074	7	−0.8344+j10.8266
3	−12.8236+j0.7005	8	−1.2649−j11.3811	3	−26.2794−j10.9074	8	−0.8344−j10.8266
4	−12.8236−j0.7005	9	0+j4.8887	4	−12.5591	9	0
5	−4.9062	10	0−j4.8887	5	−5.1668	10	2.9212

不难看出，在负荷水平缓慢增大过程中，系统首先出现了 HB，然后才出现 SNB。

2）计算系统平衡点随 $P_{m,2}$ 变化的曲线

固定负荷水平 $\lambda=\lambda_{\text{HB}}=2.0432\text{p.u.}$，选择 $P_{m,2}$ 作为变动参数，从 HB 点出发，令 $P_{m,2}$ 在 [0.95,3.0] 变动，计算系统的平衡点曲线，同时监视系统降阶雅可比矩阵 $\boldsymbol{A}_r$ 特征值的变化情况。图 6-4 绘出了在这一过程中系统的平衡点曲线（$P_{m,2}$-U_7 曲线），图 6-5 绘出了在这一过程中系统关键特征值的变化曲线。

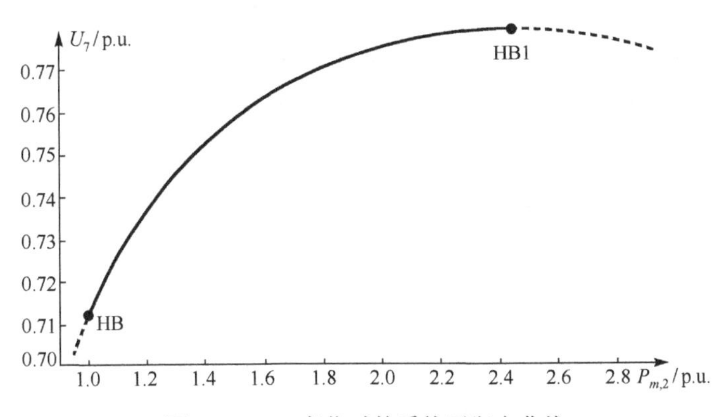

图 6-4　$P_{m,2}$ 变化时的系统平衡点曲线

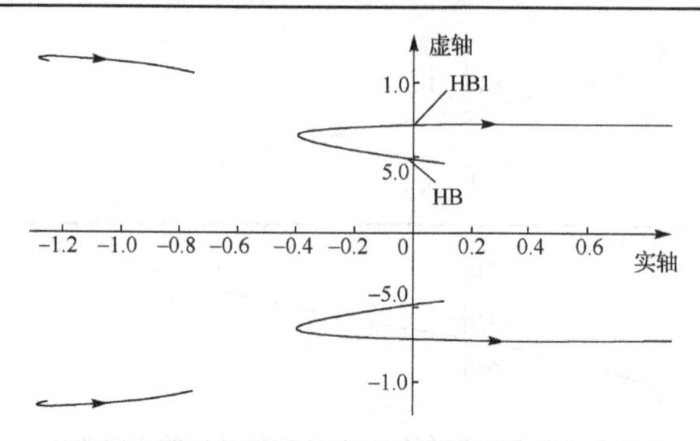

图 6-5　$P_{m,2}$ 变化时的系统关键特征值变化曲线

从两图中我们可以看到，在 $P_{m,2}$ 减小时，$\boldsymbol{A}_r$ 出现位于虚轴右侧的特征值，系统处于不稳定状态，HB 为稳定与不稳定区域的分界点；随着 $P_{m,2}$ 增大，$\boldsymbol{A}_r$ 的全部特征值均回到虚轴左侧，系统处于稳定状态，但当 $P_{m,2}$ 增大到 2.4417p.u.时，与 HB 点相关的这对共轭特征值再次到达虚轴，且当 $P_{m,2}$ 进一步增大时，它们进入虚轴右侧。因此在 $P_{m,2}=2.4417\text{p.u.}$ 处，系统也存在一个 Hopf 分岔点，为便于描述，将其称为 HB1 点。这一分岔点的详细信息如下。

$$\text{HB1:}\ P_{m,2}=2.4417\text{p.u.} \tag{6-43}$$

$$\boldsymbol{x}_{\text{HB1}}=[0.8047,0,1.0268,-0.5221,3.2103,0.1335,0,1.0723,-0.3273,2.3725]^{\text{T}} \tag{6-44}$$

$$\begin{aligned}\boldsymbol{y}_{\text{HB1}}=[&-2.8138,0.7820,-1.6252,0.4364,0.8886,-0.1495,0.9060,-0.3195,\\&0.8798,-0.1923,0.8111,-0.3805,0.7796,-0.3984,0.7890,-0.3314]^{\text{T}}\end{aligned} \tag{6-45}$$

3）计算系统平衡点随 $P_{m,3}$ 变化的曲线

仍固定负荷水平 $\lambda=\lambda_{\text{HB}}=2.0432\text{p.u.}$，这次选择 $P_{m,3}$ 作为变动参数，仍从 HB 点出发，令 $P_{m,3}$ 在[0.95,3.0]变动，计算系统的平衡点曲线，同时监视系统降阶雅可比矩阵 $\boldsymbol{A}_r$ 特征值的变化情况。图 6-6 绘出了在这一过程中系统的平衡点曲线（$P_{m,3}$-U_7 曲线），图 6-7 绘出了在这一过程中系统关键特征值的变化曲线。

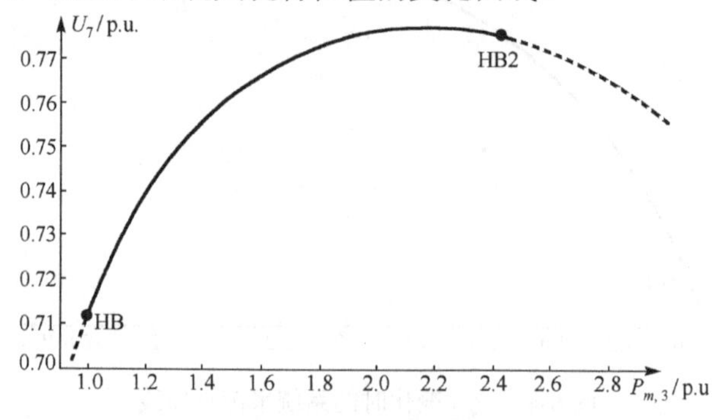

图 6-6　$P_{m,3}$ 变化时的系统平衡点曲线

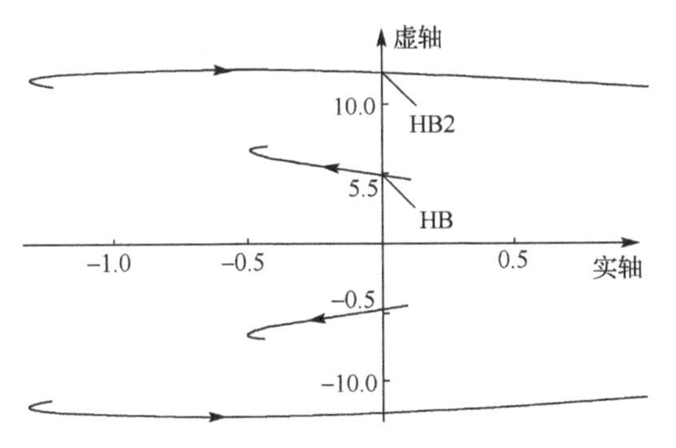

图 6-7　$P_{m,3}$ 变化时的系统关键特征值变化曲线

从两图中我们可以看到，$P_{m,3}$-U_7 与 $P_{m,2}$-U_7 曲线非常类似，同样存在两个 Hopf 分岔点：HB 和 HB2。在 HB 左侧系统不稳定，右侧稳定；在 HB2 右侧系统不稳定，左侧稳定。同时还可以看到，与 HB 和 HB1 由同一对共轭特征值导致不同，导致 HB2 出现的关键特征值与导致 HB 出现的关键特征值并不相同。HB2 点的详细信息如下。

$$\text{HB2:}\ \ P_{m,3} = 2.4251\text{p.u.} \tag{6-46}$$

$$\boldsymbol{x}_{\text{HB2}} = [0.1730,0,1.0907,-0.2978,2.2904,0.7753,0,0.9741,-0.5922,3.2112]^{\text{T}} \tag{6-47}$$

$$\boldsymbol{y}_{\text{HB2}} = [-1.5460,0.4460,-2.7963,0.7896,0.9084,-0.2996,0.8923,-0.1586,\\ 0.8812,-0.1922,0.8149,-0.3665,0.7750,-0.3433,0.8000,-0.3796]^{\text{T}} \tag{6-48}$$

2. 追踪系统的小扰动稳定域边界

通过上面的计算，我们已得到了三个系统的 Hopf 分岔点，它们均位于系统的小扰动稳定域边界上。下面分别以这三个边界点为起点，进行系统小扰动稳定域边界的追踪。在追踪过程中，保持系统的负荷水平 $\lambda = 2.0432\text{p.u.}$ 不变，而根据计算需要，设定 $P_{m,2}, P_{m,3}$ 两变量为追踪过程的自变量或因变量。

（1）以 HB 点为起点，令 $P_{m,3}$ 为自变量，$P_{m,2}$ 为因变量，并令 $P_{m,3}$ 在 $[0.0, 2.6]$ 变动，利用本章所给边界追踪算法，计算系统过 HB 点的小扰动稳定域局部边界，所得结果示于图 6-8（即图中左侧边界）。其中，实线部分指系统不存在位于虚轴右侧的特征值，即仅有与 Hopf 分岔点相关的共轭特征值位于虚轴之上，其他特征值均位于虚轴的左侧；而虚线部分，则对应于系统存在着位于虚轴右侧的特征值。在这一局部边界追踪过程中，我们发现这一局部边界上存在两个交汇点：A 点和 B 点，这两点的详细信息示于表 6-2。不难发现，A 和 B 两个交汇点，每个都是由两个 Hopf 分岔点在该处交汇后形成的。

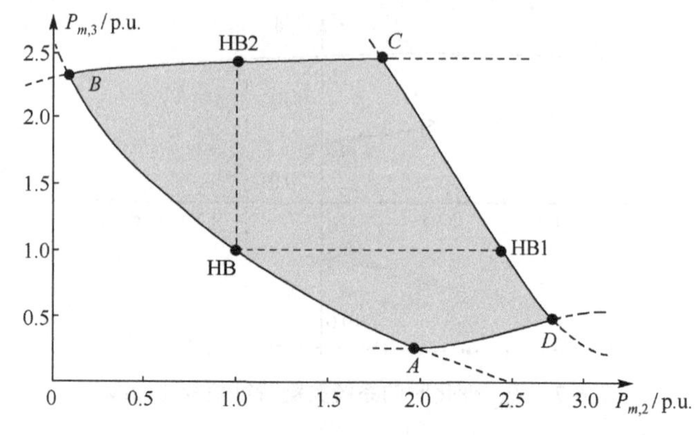

图 6-8　在 $P_{m,2}, P_{m,3}$ 空间中的系统小扰动稳定域

表 6-2　三机九节点系统小扰动稳定域边界上的交汇点（不含时滞）

编号	A 点	B 点	C 点	D 点
1	−45.8395	−45.9773	−46.6520	−46.0670
2	−37.9122	−40.1483	−41.6149	−39.4133
3	−11.8168+j1.3656	−11.2535+j6.4094	−9.7069+j5.5294	−12.0060
4	−11.8168−j1.3656	−11.2535−j6.4094	−9.7069−j5.5294	−9.9420
5	−5.8736	−4.5056	−5.8638	−6.5980
6	−3.8527	−3.6280	−3.1643	−4.0655
7	0+j5.3353	0+j5.5605	0+j7.2863	0+j7.0595
8	0−j5.3353	0−j5.5605	0−j7.2863	0−j7.0595
9	0+j10.6960	0+j12.1062	0+j12.3329	0+j10.2349
10	0−j10.6960	0−j12.1062	0−j12.3329	0−j10.2349

（2）以 HB1 点为起点，同样令 $P_{m,3}$ 为自变量和 $P_{m,2}$ 为因变量，并令 $P_{m,3}$ 在[0.0,2.6]变动，计算系统经过 HB1 点的局部边界，可得图 6-8 中的右侧边界，此时该局部边界上同样存在两个交汇后 C 和 D，其详细信息见表 6-2，它们同样都是由两个 Hopf 分岔点交汇后形成的。

（3）以 HB2 点为起点，令 $P_{m,2}$ 为自变量和 $P_{m,3}$ 为因变量，并令 $P_{m,2}$ 在[−0.1,3.0]变动，计算系统过 HB2 点的局部边界，可得图 6-8 中的上部边界。此时该局部边界同样存在两个交汇点，经仔细研究会发现，它们分别为表 6-2 的 B 点和 C 点，由此可知，系统小扰动稳定域的上部边界与左侧边界是相交于 B 点的，而与右侧边界则相交于 C 点。

（4）受第（3）步的启发，从图 6-8 的 A 点出发，采用另一对共轭特征值形成优化模型的约束条件，并令 $P_{m,2}$ 为自变量和 $P_{m,3}$ 为因变量，使 $P_{m,2}$ 在[1.7,3.0]变动，计算系统过 A 点的局部边界，可得图 6-8 中的下部边界。同样可发现，下部边界将与左侧边界交于 A 点，而与右侧边界交于 D 点。

通过以上四个步骤，我们得到了此时系统在$P_{m,2},P_{m,3}$空间中小扰动稳定域的全部边界，结果示于图6-8，从图中可以看出如下规律。

（1）该系统小扰动稳定域为一个封闭的区域（即图中灰色区域），它由四条Hopf分岔曲线包围并构成其边界。其中域内为系统的小扰动稳定运行点，而域外则为不稳定运行点，边界上的每一个运行点均为系统的一个Hopf分岔点。在边界上的四个交汇点处，系统降阶雅可比矩阵均存在两对共轭的虚根。

（2）进一步分析可以发现，与系统小扰动稳定域左侧边界密切相关的系统特征值为表6-2中A点和B点的第七和第八个特征值（虚部分别为5.3353和5.5605）；与右侧边界密切相关的系统特征值，是表6-2中C点和D点的第七和第八个特征值（虚部分别为7.2863和7.0595）；与下部边界密切相关的系统特征值，是表6-2中A点和D点的第九和第十个特征值（虚部分别为10.6960和10.2349）；而与上部边界密切相关的系统特征值，是表6-2中B点和C点的第九和第十个特征值（虚部分别为12.1062和12.3329）。不同的边界对应着系统不同的振荡模式，因此，当系统运行点从稳定域内经不同边界穿出时，会出现不同的失稳方式。

我们曾在其他文章和书中研究过系统负荷水平变化对小扰动稳定域及其边界的影响，这里不再赘述。

6.2.5 小结

作为研究时滞环节对电力系统小扰动稳定域影响的第一步，本节给出了不含时滞情况下电力系统小扰动稳定域边界的一种追踪方法，它采用预测-校正思路实现，通过求解一个优化模型来实现预测结果的校正。最后，通过WSCC三机九节点系统，示意讨论了其小扰动稳定域及边界的一些特点。

6.3 含时滞情况下的电力系统小扰动稳定域

本节将主要研究和讨论由式（6-7）所给电力系统时滞小扰动稳定域的求解方法，首先简单回顾时滞电力系统小扰动稳定性的特点，进一步给出这种时滞小扰动稳定域边界的求解方法。

6.3.1 电力系统时滞小扰动稳定域及其边界构成

我们在6.1节已分析了电力系统的两种时滞小扰动稳定域，本节主要针对式（6-7）所示的这类小扰动稳定域进行讨论，此时要求系统的时滞向量$\boldsymbol{\tau}=(\tau_1,\tau_2,\cdots,\tau_k)$已知且均为常数。为简单起见，暂不考虑系统代数方程雅可比矩阵奇异这一情况，即假设系统中不存在奇异诱导分岔（SIB）。此时，小扰动稳定域边界为

$$\partial\boldsymbol{\Omega}_{\text{SSSR}}^{\tau}=\left\{\boldsymbol{p}\left|\sigma_{\tau,r}^{\max}(\boldsymbol{p})=0,\boldsymbol{p}\in\boldsymbol{\Omega}_p\right.\right\} \tag{6-49}$$

此刻，系统必存在位于虚轴上的特征值，称其为系统的关键特征值，不妨将其记为 $s_c = s_{c,\mathrm{R}} + s_{c,\mathrm{I}} \cdot \mathrm{j}$，且此时 $s_{c,\mathrm{R}} = 0$。

前面已介绍过，式（6-6）所示时滞动态模型对应的特征方程为

$$\mathrm{CE}(s) = \det\left(s\boldsymbol{I} - \boldsymbol{A}(\boldsymbol{p}) - \sum_{i=1}^{k} \boldsymbol{A}_i(\boldsymbol{p})\mathrm{e}^{-s\tau_i} \right) = 0 \quad (6\text{-}50)$$

不难看到，此时特征方程中出现了超越项 $\mathrm{e}^{-s\tau_i}$，其中 s 为系统的待求特征值。它的存在使得系统特征方程理论上存在无穷多可能的特征值（电力系统将变为所谓的无穷维动力系统），这无疑增加了小扰动稳定域及其边界的求解难度。同时超越项的存在，也使得时滞系统具有很多非时滞系统所不具备的特性，其中一个就体现在系统的关键特征值上，为此我们首先分析 s_c 可能存在的形式。

1）情况一：$s_{c,\mathrm{I}} = 0$

此时系统的关键特征值位于复平面原点，即 $s_c = 0$。在系统参数变动时，满足这一条件的运行点对应于系统的 SNB。将其代入式（6-50）所示的特征方程，可得

$$\boldsymbol{A}(\boldsymbol{p}) + \sum_{i=1}^{k} \boldsymbol{A}_i(\boldsymbol{p})\mathrm{e}^{-s_c\tau_i} = \boldsymbol{A}(\boldsymbol{p}) + \sum_{i=1}^{k} \boldsymbol{A}_i(\boldsymbol{p}) = \boldsymbol{A}_r(\boldsymbol{p}) \quad (6\text{-}51)$$

式中，$\boldsymbol{A}_r(\boldsymbol{p})$ 由式（6-3）给出，为不含时滞时系统的降阶雅可比矩阵。此时，式（6-50）将变为

$$\mathrm{CE}(s_c) = \det\left(s_c\boldsymbol{I} - \boldsymbol{A}_r(\boldsymbol{p})\right) = 0 \quad (6\text{-}52)$$

由此可知，$s_c = 0$ 必然也是不含时滞（即 $\boldsymbol{\tau} = 0$）时系统的关键特征值，反之亦然。

上述情况表明，若时滞系统的小扰动稳定域边界上存在一个 SNB 点，则它一定也位于不含时滞时系统的小扰动稳定域边界上，或可认为含时滞和不含时滞两种情况下的小扰动稳定域边界，在 SNB 点处重合。同时还可以看出，时滞环节的出现不会为电力系统引入额外的 SNB 点，含时滞和不含时滞的电力系统，它们拥有的 SNB 点数量相同且一一对应。

2）情况二：$s_{c,\mathrm{I}} \neq 0$

此时，s_c 为一虚部不为零的复特征根，记 $\tilde{s}_c = -s_{c,\mathrm{I}} \cdot \mathrm{j}$ 为其共轭。将 s_c 代入式(6-50)，考虑系统特征值的性质，经推导可得

$$\begin{aligned}\mathrm{CE}(s_c) &= \det\left(s_c\boldsymbol{I} - \boldsymbol{A}(\boldsymbol{p}) - \sum_{i=1}^{k} \boldsymbol{A}_i(\boldsymbol{p})\mathrm{e}^{-s_c\tau_i} \right) = \sum_{i=1}^{n} a_i \cdot s_c^i + \sum_{i=1}^{k} c_i \cdot \mathrm{e}^{-s_c\tau_i} \\ &= (a_\mathrm{R} + c_\mathrm{R}) + \mathrm{j}(a_\mathrm{I} + c_\mathrm{I}) = 0\end{aligned} \quad (6\text{-}53)$$

式中，$a_i \in \mathbf{R}, i = 1,2,\cdots,n$ 和 $c_i \in \mathbf{R}, i = 1,2,\cdots,k$ 均为给定的常数。

$$a_{\mathrm{R}} = \mathrm{Re}\left(\sum_{i=1}^{n} a_i \cdot s_c^i\right) = \mathrm{Re}\left(\sum_{i=1}^{n} a_i \cdot \mathrm{j}s_{c,\mathrm{I}}\right) = 0 \tag{6-54}$$

$$a_{\mathrm{I}} = \mathrm{Im}\left(\sum_{i=1}^{n} a_i \cdot s_c^i\right) = \mathrm{Im}\left(\sum_{i=1}^{n} a_i \cdot \mathrm{j}s_{c,\mathrm{I}}\right) = \sum_{i=1}^{n} (a_i \cdot s_{c,\mathrm{I}}) \tag{6-55}$$

$$c_{\mathrm{R}} = \mathrm{Re}\left(\sum_{i=1}^{k} c_i \cdot \mathrm{e}^{-s_c \tau_i}\right) = \mathrm{Re}\left(\sum_{i=1}^{k} c_i \cdot \mathrm{e}^{-\mathrm{j}s_{c,\mathrm{I}} \tau_i}\right) = \sum_{i=1}^{k} [c_i \cdot \cos(s_{c,\mathrm{I}} \tau_i)] \tag{6-56}$$

$$c_{\mathrm{I}} = \mathrm{Im}\left(\sum_{i=1}^{k} c_i \cdot \mathrm{e}^{-s_c \tau_i}\right) = \mathrm{Im}\left(\sum_{i=1}^{k} c_i \cdot \mathrm{e}^{-\mathrm{j}s_{c,\mathrm{I}} \tau_i}\right) = -\sum_{i=1}^{k} [c_i \cdot \sin(s_{c,\mathrm{I}} \tau_i)] \tag{6-57}$$

由此可知，系统的特征方程对应于如下条件需要满足

$$a_{\mathrm{R}} + c_{\mathrm{R}} = \sum_{i=1}^{k} [c_i \cdot \cos(s_{c,\mathrm{I}} \tau_i)] = 0 \tag{6-58}$$

$$a_{\mathrm{I}} + c_{\mathrm{I}} = \sum_{i=1}^{n} (a_i \cdot s_{c,\mathrm{I}}) - \sum_{i=1}^{k} [c_i \cdot \sin(s_{c,\mathrm{I}} \tau_i)] = 0 \tag{6-59}$$

下面，我们将 $\tilde{s}_c$ 代入式（6-53），并观察其变化，此时，有

$$\sum_{i=1}^{n} a_i \cdot \tilde{s}_c^i = 0 - \mathrm{j} \cdot \sum_{i=1}^{n} (a_i \cdot s_{c,\mathrm{I}}) = a_{\mathrm{R}} - \mathrm{j}a_{\mathrm{I}} \tag{6-60}$$

对于第二部分，由于

$$c_i \cdot \mathrm{e}^{-\tilde{s}_c \tau_i} = c_i \cdot \mathrm{e}^{\mathrm{j}s_{c,\mathrm{I}} \tau_i} = c_i \cos(s_{c,\mathrm{I}} \tau_i) + \mathrm{j} \cdot c_i \sin(s_{c,\mathrm{I}} \tau_i) \tag{6-61}$$

则

$$\sum_{i=1}^{k} c_i \cdot \mathrm{e}^{-\tilde{s}_c \tau_i} = \sum_{i=1}^{k} [c_i \cos(s_{c,\mathrm{I}} \tau_i) + \mathrm{j} \cdot c_i \sin(s_{c,\mathrm{I}} \tau_i)] = c_{\mathrm{R}} - \mathrm{j}c_{\mathrm{I}} \tag{6-62}$$

进一步，将式（6-60）和式（6-62）代入式（6-53），可得

$$\mathrm{CE}(\tilde{s}_c) = \det\left(\tilde{s}_c \boldsymbol{I} - \boldsymbol{A}(\boldsymbol{p}) - \sum_{i=1}^{k} \boldsymbol{A}_i(\boldsymbol{p}) \mathrm{e}^{-\tilde{s}_c \tau_i}\right) = (a_{\mathrm{R}} + c_{\mathrm{R}}) - \mathrm{j}(a_{\mathrm{I}} + c_{\mathrm{I}}) \tag{6-63}$$

再将式（6-58）和式（6-59）代入式（6-63），可知此时 $\mathrm{CE}(\tilde{s}_c)=0$。由此可知，若 s_c 为时滞系统的一个关键特征值，则其共轭 $\tilde{s}_c$ 同样也为该系统的一个关键特征值，即系统的复特征值必是成对出现的。这一特性决定随着参数的变动，若系统的一对共轭特征值位于虚轴之上，而其他特征值均位于虚轴左侧，则系统将出现 HB 且系统将处于临界稳定状态，此时系统的运行点将位于小扰动稳定域边界上。

考虑到上述情况，且为简单起见，不考虑 SIB 的影响，时滞系统的小扰动稳定域边界将包含 HB 集合和 SNB 集合两部分，因此可表示为

$$\partial \boldsymbol{\Omega}_{\mathrm{SSSR}}^{\tau} = \overline{\mathrm{SNB}_s} \cup \overline{\mathrm{HB}_s} \tag{6-64}$$

6.3.2 电力系统时滞小扰动稳定域边界追踪算法

在进行时滞小扰动稳定域边界追踪时，仍采用 6.2 节中不含时滞时小扰动稳定域边界追踪算法的实现思路和计算流程，不同之处仅在于，其校正环节将采用不同的校正模型，以保证所得结果位于时滞小扰动稳定域边界上。

1. 校正过程

由于仅考虑 SNB 和 HB 两类分岔点，下边对它们分别予以讨论。为与不含时滞情况下的内容加以区分，令考虑时滞后，系统的校正方程变为

$$\min f^{\tau}(\boldsymbol{X}) \tag{6-65}$$

$$\text{s.t. } \boldsymbol{F}_e^{\tau}(\boldsymbol{X}) = 0 \tag{6-66}$$

$$\boldsymbol{F}_u^{\tau}(\boldsymbol{X}) \leqslant 0 \tag{6-67}$$

式中，$\boldsymbol{X} = (\boldsymbol{x}, \boldsymbol{y}, \boldsymbol{p})$ 为待求的时滞系统运行点；$f^{\tau}(\cdot), \boldsymbol{F}_e^{\tau}(\cdot), \boldsymbol{F}_u^{\tau}(\cdot)$ 分别为时滞系统校正模型的目标函数、等式约束和不等式约束。

1）SNB 点对应约束

由于含时滞和不含时滞系统的 SNB 是一致的，在进行 SNB 边界点追踪时，可直接采用式（6-27）～式（6-30）所给模型进行校正。为加以区分，将其重新表述为

$$\boldsymbol{F}_e^{\tau}:\quad \boldsymbol{f}(\boldsymbol{x}, \boldsymbol{y}, \boldsymbol{p}) = \boldsymbol{0} \tag{6-68}$$

$$\boldsymbol{g}(\boldsymbol{x}, \boldsymbol{y}, \boldsymbol{p}) = \boldsymbol{0} \tag{6-69}$$

$$\boldsymbol{A}_r(\boldsymbol{p}) \cdot \boldsymbol{v}^{\tau} = 0 \tag{6-70}$$

$$\left\| \boldsymbol{v}^{\tau} \right\| = 1 \tag{6-71}$$

式中，$\boldsymbol{v}^{\tau}$ 为时滞系统关键特征值对应的右特征向量，如前所述，它与不含时滞情况下系统关键特征值的右特征向量取值相同。

2）HB 点对应约束

对于时滞系统的 Hopf 分岔点，若令

$$\overline{\boldsymbol{A}}^{\tau}(\boldsymbol{p}) = \boldsymbol{A}(\boldsymbol{p}) + \sum_{i=1}^{k} \boldsymbol{A}_i(\boldsymbol{p}) \mathrm{e}^{-s_c \tau_i} \tag{6-72}$$

由于关键特征值 s_c 满足式（6-50）所示系统特征方程，将式（6-72）代入式（6-50）后可得

$$\mathrm{CE}(s) = \det\left(s_c \boldsymbol{I} - \overline{\boldsymbol{A}}^{\tau}(\boldsymbol{p})\right) = 0 \tag{6-73}$$

不难看出，s_c 是 $\overline{\boldsymbol{A}}^{\tau}(\boldsymbol{p})$ 矩阵的一个特征值。同样，设 $\boldsymbol{v}^{\tau} = \boldsymbol{v}_{\mathrm{R}}^{\tau} + \boldsymbol{v}_{\mathrm{I}}^{\tau} \cdot \mathrm{j}$ 为 s_c 对应的右特征向量，则

$$\overline{\boldsymbol{A}}^{\tau}(\boldsymbol{p}) \cdot \boldsymbol{v}^{\tau} - s_c \cdot \boldsymbol{v}^{\tau} = 0 \tag{6-74}$$

将式（6-74）的实部和虚部分别列出，可得

$$\overline{\boldsymbol{A}}_{\mathrm{R}}^{\tau}(\boldsymbol{p}) \cdot \boldsymbol{v}_{\mathrm{R}}^{\tau} - \overline{\boldsymbol{A}}_{\mathrm{I}}^{\tau}(\boldsymbol{p}) \cdot \boldsymbol{v}_{\mathrm{I}}^{\tau} + s_{c,\mathrm{I}} \cdot \boldsymbol{v}_{\mathrm{I}}^{\tau} = 0 \tag{6-75}$$

$$\overline{\boldsymbol{A}}_{\mathrm{R}}^{\tau}(\boldsymbol{p}) \cdot \boldsymbol{v}_{\mathrm{I}}^{\tau} + \overline{\boldsymbol{A}}_{\mathrm{I}}^{\tau}(\boldsymbol{p}) \cdot \boldsymbol{v}_{\mathrm{R}}^{\tau} - s_{c,\mathrm{I}} \cdot \boldsymbol{v}_{\mathrm{R}}^{\tau} = 0 \tag{6-76}$$

式中，$\overline{\boldsymbol{A}}^{\tau}(\boldsymbol{p}) = \overline{\boldsymbol{A}}_{\mathrm{R}}^{\tau}(\boldsymbol{p}) + \mathrm{j} \cdot \overline{\boldsymbol{A}}_{\mathrm{I}}^{\tau}(\boldsymbol{p})$，$\overline{\boldsymbol{A}}_{\mathrm{R}}^{\tau}(\boldsymbol{p})$ 和 $\overline{\boldsymbol{A}}_{\mathrm{I}}^{\tau}(\boldsymbol{p})$ 分别为矩阵 $\overline{\boldsymbol{A}}^{\tau}(\boldsymbol{p})$ 的实部和虚部。

不难看出，与不含时滞情况下的 $\boldsymbol{A}_r(\boldsymbol{p})$ 为实常数构成的矩阵不同，含时滞情况下的 $\overline{\boldsymbol{A}}^{\tau}(\boldsymbol{p})$ 将是一个复矩阵，因此在推导 HB 约束条件时，需要考虑其实部和虚部两部分。综上所述，当式（6-65）～式（6-67）所给优化模型用于求解含时滞电力系统 HB 点对应的小扰动稳定域边界时，其中的等式和不等式约束可表示为

$$\boldsymbol{F}_e^{\tau}:\ \boldsymbol{f}(\boldsymbol{x},\boldsymbol{y},\boldsymbol{p}) = \boldsymbol{0} \tag{6-77}$$

$$\boldsymbol{g}(\boldsymbol{x},\boldsymbol{y},\boldsymbol{p}) = \boldsymbol{0} \tag{6-78}$$

$$\overline{\boldsymbol{A}}_{\mathrm{R}}^{\tau}(\boldsymbol{p}) \cdot \boldsymbol{v}_{\mathrm{R}}^{\tau} - \overline{\boldsymbol{A}}_{\mathrm{I}}^{\tau}(\boldsymbol{p}) \cdot \boldsymbol{v}_{\mathrm{I}}^{\tau} + s_{c,\mathrm{I}} \cdot \boldsymbol{v}_{\mathrm{I}}^{\tau} = 0 \tag{6-79}$$

$$\overline{\boldsymbol{A}}_{\mathrm{R}}^{\tau}(\boldsymbol{p}) \cdot \boldsymbol{v}_{\mathrm{I}}^{\tau} + \overline{\boldsymbol{A}}_{\mathrm{I}}^{\tau}(\boldsymbol{p}) \cdot \boldsymbol{v}_{\mathrm{R}}^{\tau} - s_{c,\mathrm{I}} \cdot \boldsymbol{v}_{\mathrm{R}}^{\tau} = 0 \tag{6-80}$$

$$\left\|\boldsymbol{v}^{\tau}\right\| = 1 \tag{6-81}$$

$$\boldsymbol{F}_u^{\tau}:\ s_{c,\mathrm{I}} > 0 \tag{6-82}$$

式中，式（6-77）和式（6-78）保证所得结果为系统的一个平衡点；式（6-79）～式（6-81）为 HB 点对应的约束条件；式（6-82）保证特征值虚部不为零。

2. 稳定域边界初始点确定

在不含时滞情况下所确定的系统小扰动稳定域边界点，除 SNB 点外，一般不会同时是时滞系统的小扰动稳定域边界点，为此，需要进行时滞小扰动稳定域边界初始点的求解，步骤如下。

（1）令 $I_{OK} = 0$（计算成功标志，1 代表计算成功，0 代表计算失败），启动算法。

（2）求解不含时滞情况下系统小扰动稳定域边界上的一个点 $\boldsymbol{X}_0$，若 $\boldsymbol{X}_0$ 为一个 SNB 点，则令 $\boldsymbol{X}_0^{\tau} = \boldsymbol{X}_0, I_{OK} = 1$，转第（9）步。

（3）将 $\boldsymbol{X}_0$ 和系统时滞向量 $\boldsymbol{\tau}$ 直接代入式（6-65）～式（6-67）的校正方程进行求

解，若计算成功，则令所得结果为$\boldsymbol{X}_0^\tau$及$I_{OK}=1$，转第（9）步；否则，令$I_{OK}=0$，转第（4）步继续。

（4）设定计算步长$\Delta h^\tau=\Delta h_0^\tau$，步长的上下限$\Delta h_{\max}^\tau,\Delta h_{\min}^\tau$，并令$i=1,\tilde{\tau}_0=0$。

（5）设$\tilde{\tau}_i=\tilde{\tau}_{i-1}+\Delta h^\tau$，$\tau_i=\tilde{\tau}_i\cdot\vec{\gamma}$，其中$\vec{\gamma}$由式（3-3）给出，为$\boldsymbol{R}^k$空间中模值为1且与时滞向量$\boldsymbol{\tau}$相关的方向向量。利用式（6-83）预测$\boldsymbol{X}_i$取值。

$$
\tilde{\boldsymbol{X}}_i=\begin{cases}\boldsymbol{X}_{i-1}, & i=1\\ \boldsymbol{X}_{i-1}+\left.\dfrac{\partial\boldsymbol{X}}{\partial\tilde{\tau}}\right|_{\boldsymbol{X}_{i-1}}\cdot\Delta h^\tau, & i>1\end{cases}\tag{6-83}
$$

将$\tilde{\boldsymbol{X}}_i$和τ_i代入式（6-65）～式（6-67）的校正方程进行求解，若计算成功，则得到$\boldsymbol{X}_i$的计算结果，令$I_{OK}=1$，转第（6）步；否则，令$I_{OK}=0$，转第（8）步。

（6）判断$\tilde{\tau}_i>\|\boldsymbol{\tau}\|$？若是，则转第（7）步；否则，令$i=i+1$，转第（8）步。

（7）利用$\boldsymbol{X}_i$和$\boldsymbol{X}_{i-1}$的计算结果及插值算法，计算当$\tilde{\tau}_i=\|\boldsymbol{\tau}\|$时的系统平衡点$\tilde{\boldsymbol{X}}$，将其代入式（6-65）～式（6-67）的校正方程进行求解以确定$\boldsymbol{X}_0^\tau$，若计算成功，则令$I_{OK}=1$；否则，令$I_{OK}=0$，转第（9）步。

（8）按如下方式进行计算步长的修正。

若$I_{OK}=0$，则减小Δh^τ取值，并判断$\Delta h^\tau<\Delta h_{\min}^\tau$，若是则转第（9）步，否则转第（5）步继续。

若$I_{OK}=1$，则根据步长修正原则增大Δh^τ取值，并判断$\Delta h^\tau>\Delta h_{\max}^\tau$，若是则令$\Delta h^\tau=\Delta h_{\max}^\tau$，转第（5）步继续。

（9）若$I_{OK}=0$，则打印计算失败信息；若$I_{OK}=1$，则打印计算成功信息，并保存计算结果$\boldsymbol{X}_0^\tau$，算法结束。

3. 稳定域边界追踪流程

这里仍采用6.2节中所给的小扰动稳定域边界追踪算法，计算时滞系统的小扰动稳定域边界，不同之处仅在于其校正过程需采用时滞系统对应的校正模型，具体求解过程不再赘述。

6.3.3 算例分析

仍利用6.2节的WSCC三机九节点系统来进行示意和讨论，其时滞环节分别采用3.3.4节场景1和场景2的设置，下面来讨论τ_2,τ_3取不同值时系统小扰动稳定域的变化情况。

1. 场景1

1）典型场景

首先来研究系统的一个典型场景：令$\tau_2=\tau_3=80\text{ms}$，采用本节所给边界追踪算法，求解时滞系统的小扰动稳定域边界。

（1）暂不考虑时滞环节的影响，直接求解此时的系统小扰动稳定域边界，可得图 6-8 所示结果。

（2）保持系统负荷水平 $\lambda = 2.0432$p.u. 不变，分别以 HB, HB1, HB2 和 A 四个运行点作为算法求解过程的初始点 $\boldsymbol{X}_0$，采用 6.3.2 节第 2 部分的方法，计算时滞系统小扰动稳定域边界上对应的初始点 $\boldsymbol{X}_0^{\tau}$，所得结果示于表 6-3。从表中可以看到，含有时滞和不含时滞情况下的小扰动稳定域边界初始点存在一定差别。以 HB 点为例，在不含时滞时，在该点处 $P_{m,2} = P_{m,3} = 1.0000$p.u.，系统的关键特征值为 0±j4.8887；而在系统含有时滞后，$P_{m,2} = 1.0624$p.u., $P_{m,3} = 1.0000$p.u.，关键特征值变为 0±j5.1423。其他三个初始点也存在类似情况，不再赘述。

表 6-3　时滞小扰动稳定域初始点 $\boldsymbol{X}_0^{\tau}$ 关键信息

时滞	参数	HB 点	HB1 点	HB2 点	A 点
含时滞	$P_{m,2}$ /p.u.	1.0624	2.3293	1.0000	1.9572
	$P_{m,3}$ /p.u.	1.0000	1.0000	2.4350	0.4350
	$s_c, \tilde{s}_c$	0±j5.1423	0±j7.0028	0±j11.6558	0±10.3290
不含时滞	$P_{m,2}$ /p.u.	1.0000	2.4417	1.0000	1.9572
	$P_{m,3}$ /p.u.	1.0000	1.0000	2.4251	0.2684
	$s_c, \tilde{s}_c$	0±j4.8887	0±j7.1742	0±j12.3077	0±j10.6960

（3）采用本节所给边界追踪算法，分别从表 6-3 中的四个初始点出发，求解时滞小扰动稳定域边界，所得结果示于图 6-9。为便于比较，图中同时给出了含有时滞和不含时滞情况下的小扰动稳定域及其边界，其中四条实线是考虑了时滞影响后的小扰动稳定域边界，而虚线则是不含时滞时的稳定域边界。从图中可以看到以下结论。

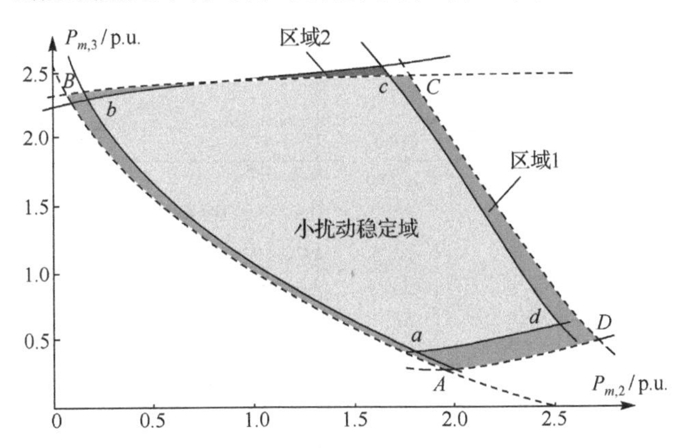

图 6-9　在 $P_{m,2}, P_{m,3}$ 空间中的时滞系统小扰动稳定域

① 考虑了时滞影响后的系统小扰动稳定域与不含时滞时的小扰动稳定域的形状

类似，但稳定的区域明显缩小。图中区域 1 是时滞小扰动稳定域缩小部分，区域 2 则是时滞小扰动稳定域增加部分，非常明显，区域 1 的面积要远大于区域 2。

② 考虑时滞影响后的系统小扰动稳定域，也是一个由四条 Hopf 分岔点曲线围绕形成的封闭区域，因此也存在四个明显的边界交汇点，为与不含时滞情况进行区别，将它们编号为 a, b, c 和 d 点，四个交汇点的信息示于表 6-4。与不含时滞情况类似，时滞小扰动稳定域左侧边界，与表 6-4 中 a, b 两点的第一对关键特征值相关；右侧边界则与 c, d 两点的第一对关键特征值相关；上部边界与 b, c 两点的第二对关键特征值相关；下部边界则与 a, d 两点的第二对关键特征值相关。

表 6-4　三机九节点系统小扰动稳定域边界上的交汇点（场景 1 存在时滞）

参数	a 点	b 点	c 点	d 点
$P_{m,2}$ /p.u.	1.8007	0.1728	1.6418	2.5238
$P_{m,3}$ /p.u.	0.4099	2.2950	2.5297	0.6071
$s_{c,1},\tilde{s}_{c,1}$	0±j5.4218	0±j5.7257	0±j7.1669	0±j6.9378
$s_{c,2},\tilde{s}_{c,2}$	0±j10.3105	0±j11.5660	0±j11.5383	0±j9.9100

2）时滞取不同值时的情况

为研究时滞取值大小对小扰动稳定域及其边界的影响，首先令 τ_2 和 τ_3 的取值相同，并令其取值在 0.02～0.2s 变动，计算系统的小扰动稳定域及其边界，所得结果示于图 6-10，图中虚线所围区域为不考虑时滞情况下的小扰动稳定域，而实线所围区域是考虑了时滞影响后的系统小扰动稳定域。不难看出，随着时滞的增大，系统小扰动稳定域左右两侧的边界向内收缩，同时上下两条边界向上运行。

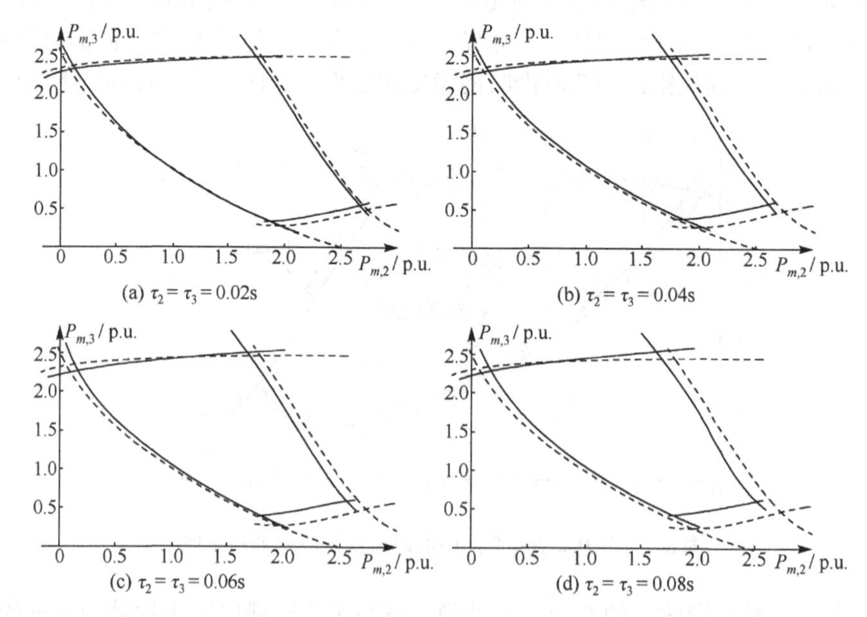

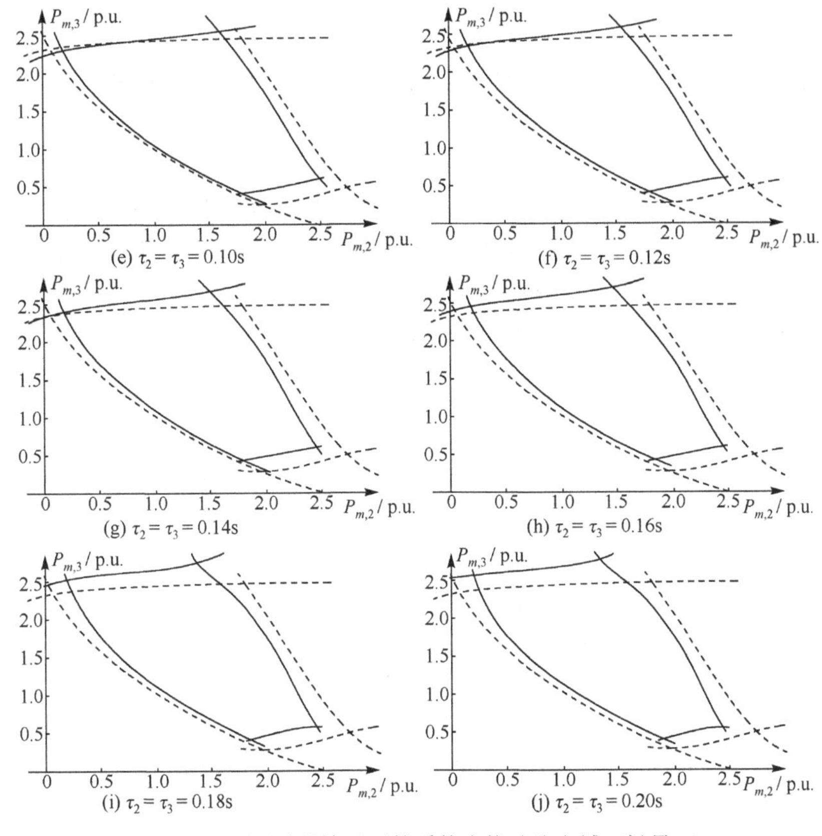

图 6-10　不同时滞情况下的系统小扰动稳定域（场景 1）

进一步，我们来研究$\tau_2 \neq \tau_3$时的情况。两个典型场景示于图 6-11，其中，图 6-11(a)对应于$\tau_2 = 0.02\text{s}, \tau_3 = 0.20\text{s}$的情形，图 6-11(b)则对应于$\tau_2 = 0.20\text{s}, \tau_3 = 0.02\text{s}$的情形。从图中不难看到，在$\tau_2$取值增大时，小扰动稳定域趋向于向内收缩；而在$\tau_3$的取值增大时，小扰动稳定域则更趋向于向上平移。由此可见，由于电力系统本身是一个复杂的非线性系统，不同的时滞环节会对其稳定性产生不同的影响。

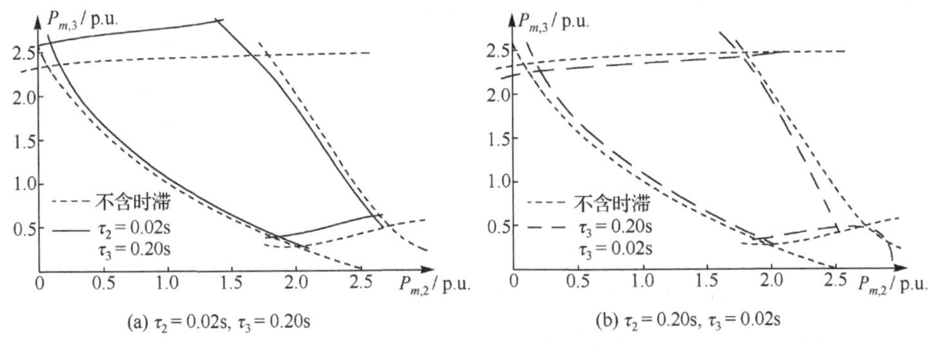

图 6-11　时滞环节取值不同时的系统小扰动稳定域（场景 1）

2. 场景 2

对场景 2 的分析过程与场景 1 是完全相同的，因此具体过程略去，这里只给出一些重要结果。

（1）令 $P_{m,2} = P_{m,3} = 1.0\text{p.u.}$ 不变，不断增加系统的负荷，在 $\lambda = 2.4394\text{p.u.}$ 时，系统出现 Hopf 分岔点，其后系统再出现鞍节点分岔，这与场景 1 情况是完全相同的。因此，在求解系统在场景 2 的小扰动稳定域时，也仅需考虑 HB 点构成的边界。

（2）采用和场景 1 相同的计算过程，同样在没有时滞的情况下，确定 HB, HB1, HB2 和 A 四个 HB 点，所得结果示于表 6-5。进一步，以它们为起点，采用本章 6.3.2 节第 2 部分的方法，确定含有时滞的系统小扰动稳定域边界上的对应初始点，结果同样示于表 6-5。

表 6-5　时滞小扰动稳定域初始点 X_0^τ 关键信息（场景 2，$\tau_2 = \tau_3 = 0.08\text{s}$）

时滞	参数	HB 点	HB1 点	HB2 点	A 点
含时滞	$P_{m,2}$ /p.u.	1.1931	3.9741	1.0000	2.9502
	$P_{m,3}$ /p.u.	1.0000	1.0000	3.1627	1.1423
	$s_c, \tilde{s}_c$	0±j7.0280	0±j8.6808	0±j17.1634	0±j16.2945
不含时滞	$P_{m,2}$ /p.u.	1.0000	3.9717	1.0000	2.9502
	$P_{m,3}$ /p.u.	1.0000	1.0000	3.6564	−0.6310
	$s_c, \tilde{s}_c$	0±j6.8497	0±j8.5760	0±j15.7880	0±j17.2811

（3）采用本节所给边界追踪算法，计算 τ_2, τ_3 在不同取值情况下的系统小扰动稳定域，部分结果示于图 6-12，其中虚线所围区域为不含时滞情况下的小扰动稳定域，实线所围区域则是含有时滞情况下的系统小扰动稳定域。从图中可以看出以下结论。

① 图 6-10（场景 1）和图 6-12（场景 2）中小扰动稳定域所对应的系统负荷水平不同，因此无法将场景 1 和场景 2 直接进行对比，但仍可以看出，当时滞取值较小时（如 $\tau_2 = \tau_3 = 0.02\text{s}$），场景 2 对应的系统小扰动稳定域的范围要大于场景 1；而在时滞增大过程中，场景 2 下的时滞小扰动稳定域拓扑结构更为复杂。

② 与场景 1 情况类似，在场景 2 中，系统小扰动稳定域的左右边界随着时滞的增大向内侧收缩，由此导致系统的小扰动稳定域面积随时滞的增加而缩小；但与场景 1 不同，随着时滞的增加，在场景 2 中，系统小扰动稳定域的上下边界也向内收缩，从而不断靠近，由此导致时滞系统的稳定区域也不断缩小，且上下边界收缩的速度明显要快于左右边界收缩速度。

③ 当 τ_2, τ_3 数值增大到 0.09244s 时，系统小扰动稳定域的上下两个边界近乎重合在一起，如图 6-12(f)所示；而当它们的数值再增大一点，如 $\tau_2 = \tau_3$=0.09245s 时，系统的小扰动稳定域区域将分裂为两部分，如图 6-12(g)所示；进一步，随着 τ_2, τ_3 数值的增大，系统的两个小扰动稳定区域的面积不断缩小，如图 6-12(h)所示。

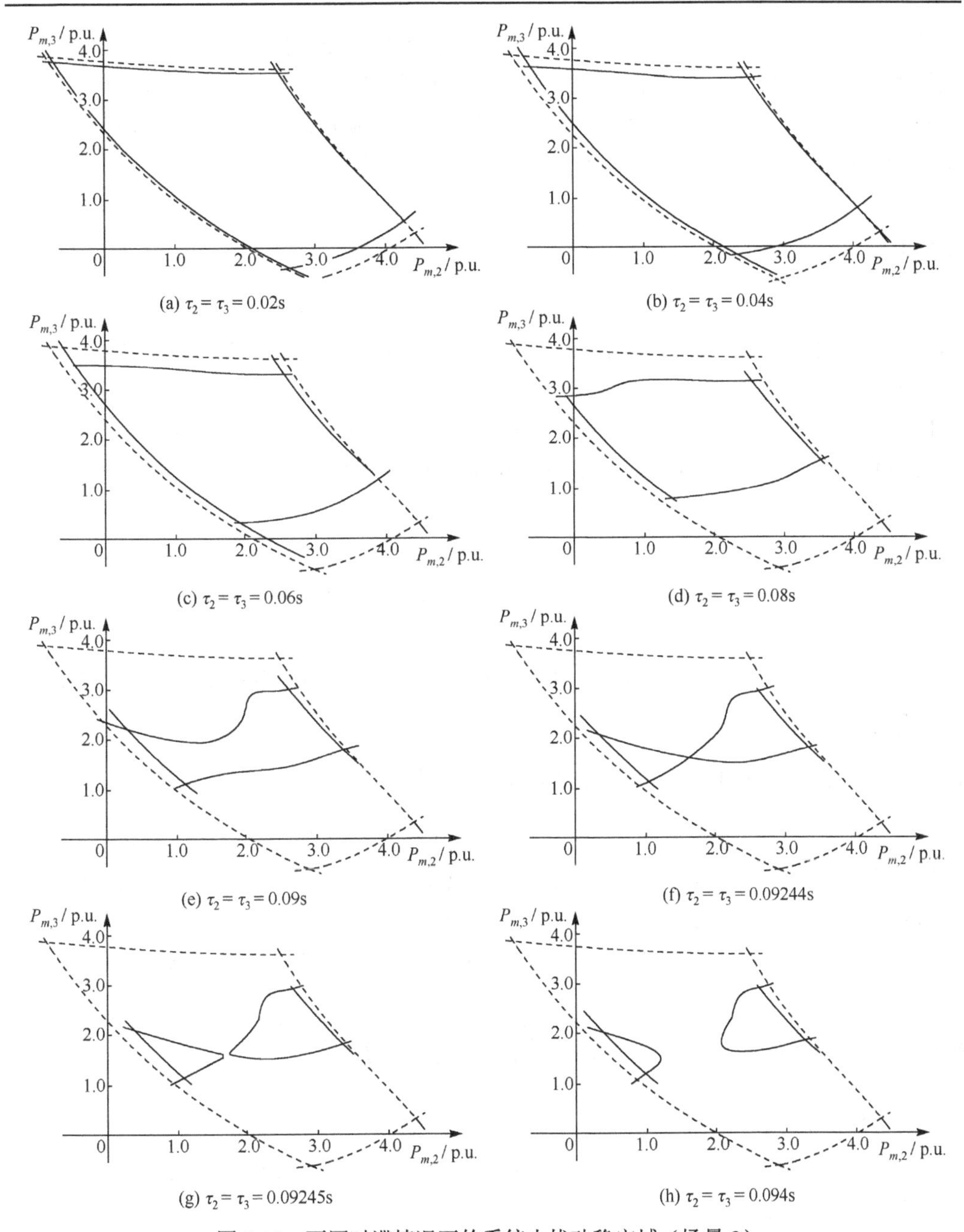

图 6-12　不同时滞情况下的系统小扰动稳定域（场景 2）

由场景 2 的上述分析，我们还可以看到，在电力系统动态环节存在时滞时，系统中会存在一些复杂的动态行为。例如，在图 6-12 中，当 τ_2,τ_3 的数值在 0.09244～0.09245s 时，实际上是系统小扰动稳定域上下边界出现相交，本质上它对应着时滞系统更高阶数的一种分岔行为。此外，我们还可以发现，在系统时滞小扰动稳定域上下边界不断接近的过程中，其 Hopf 分岔点对应的系统关键特征向量的虚部也不断接近，直至两者相交时，上下边界对应 Hopf 分岔点关键特征值虚部数值相等。因此，系统的时滞小扰动稳定域两条边界相交，可能与系统出现共振现象相关，而具体原因，感兴趣的读者可以自行挖掘。

6.3.4 小结

时滞环节的存在会对电力系统的小扰动稳定性产生显著影响，表现在时滞会导致小扰动稳定域的范围、边界及拓扑学性质均出现明显变化。为研究时滞对系统小扰动稳定域的影响，本节给出一种求解系统时滞小扰动稳定域边界的追踪算法，从不含时滞情形下的小扰动稳定域边界点出发，得到时滞小扰动稳定域边界上的初始点，进而通过预测-校正过程得到系统时滞小扰动稳定域的整个边界。利用 WSCC 三机九节点系统的两个场景数据，对所提方法进行了示意。

6.4 时滞空间中的电力系统小扰动稳定域

本节将研究和讨论由式（6-8）所定义的，位于时滞参数空间 $\boldsymbol{\Omega}_\tau$ 中的电力系统小扰动稳定域及其求解方法。

6.4.1 时滞参数空间中的小扰动稳定域及其边界

在 6.3 节中我们已分析过，时滞系统的 SNB 与不含时滞环节时系统的鞍节点分岔相同，因此涉及由 SNB 点构成的小扰动稳定域边界，均可由不含时滞时的系统模型直接求解得到；同时为简单起见，在本节也不考虑 SIB。考虑到上述情况，则时滞参数空间的小扰动稳定域将是由 HB 点曲线围成的区域，而小扰动稳定域的边界将由 HB 点集构成。

6.4.2 时滞参数空间中的小扰动稳定域边界求解算法

1. *求解原理*

由于仅考虑时滞参数空间中的系统小扰动稳定域，系统参数 $\boldsymbol{p}$ 考虑为已知常数，可将式（6-6）简化表示为

$$\Delta\dot{\boldsymbol{x}} = \boldsymbol{A}\Delta\boldsymbol{x} + \sum_{i=1}^{k}\boldsymbol{A}_i\Delta\boldsymbol{x}_{\tau i} \tag{6-84}$$

式中，$\boldsymbol{A}, \boldsymbol{A}_i, i=1,2,\cdots,k$ 为参数 $\boldsymbol{p}$ 固定后的已知常数矩阵。

设在系统（6-84）的一个 HB 点处，对应的关键特征值可表示为

$$s_c = s_{c,\mathrm{I}} \cdot \mathrm{j} \tag{6-85}$$

式中，$s_{c,\mathrm{I}} > 0$为一正实数。

在 6.3 节我们已分析过，时滞系统的关键复特征值必然与其共轭特征值成对出现，因此只需考虑虚部大于零的特征值。将式（6-85）代入式（6-50）可得

$$\mathrm{CE}(s_c) = \det\left(s_c \boldsymbol{I} - \boldsymbol{A}(\boldsymbol{p}) - \sum_{i=1}^{k} \boldsymbol{A}_i(\boldsymbol{p})\mathrm{e}^{-s_c\tau_i}\right) = 0 \tag{6-86}$$

进一步，我们定义

$$\mathrm{j}\xi_i \triangleq s_c \cdot \tau_i = \mathrm{j}s_{c,\mathrm{I}} \cdot \tau_i \tag{6-87}$$

$$\boldsymbol{M}(\xi_\tau) \triangleq \boldsymbol{A} + \sum_{i=1}^{k} \boldsymbol{A}_i \mathrm{e}^{-\mathrm{j}\xi_i} \tag{6-88}$$

式中，$\boldsymbol{\xi}_\tau = [\xi_1, \xi_2, \cdots, \xi_k]$；$\xi_i = s_{c,\mathrm{I}} \cdot \tau_i, i = 1,2,\cdots,k$。将上述两式代入式（6-86）后经整理可得

$$\mathrm{CE}(s_c) = \det(s_c \boldsymbol{I} - \boldsymbol{M}(\xi_\tau)) = 0 \tag{6-89}$$

由特征值的定义可知，理论上可由式（6-90）求解$\boldsymbol{M}(\xi_\tau)$的全部特征值，但由于式（6-89）仅关心位于虚轴上的系统关键特征值，若能利用式（6-90）求解$\boldsymbol{M}(\xi_\tau)$的全部特征值，则只需找到其中位于虚轴上的部分。

$$\mathrm{CE}(s) = \det\left(s\boldsymbol{I} - \boldsymbol{M}(\xi_\tau)\right) = 0 \tag{6-90}$$

根据$\boldsymbol{M}(\xi_\tau)$的定义可知，$\boldsymbol{M}(\xi_\tau)$是每一个参数$\xi_i (i = 1,2,\cdots,k)$周期为2π的矩阵函数，因此，当令每一个ξ_i在$[0, 2\pi)$变动时，就能得到$\boldsymbol{M}(\xi_\tau)$所有可能的取值，并可求解其全部特征值。具体而言，$\boldsymbol{M}(\xi_\tau)$在ξ_τ处和如下$\boldsymbol{\varepsilon}_\tau$处拥有完全相同的特征谱，即

$$\boldsymbol{\varepsilon}_\tau = [\varepsilon_1, \varepsilon_2, \cdots, \varepsilon_k] \tag{6-91}$$

$$\varepsilon_i = \xi_i + r_i \cdot 2\pi \tag{6-92}$$

式中，$r_i \in \mathbf{N}$为任意自然数，$i = 1,2,\cdots,k$。由此可知，若在ξ_τ^c处$\boldsymbol{M}(\xi_\tau)$存在一个位于虚轴上的关键特征值s_c，则在如下$\boldsymbol{\varepsilon}_\tau^c$处，$\boldsymbol{M}(\xi_\tau)$也存在完全相同的关键特征值，即

$$\boldsymbol{\varepsilon}_\tau^c = [\varepsilon_1^c, \varepsilon_2^c, \cdots, \varepsilon_k^c] \tag{6-93}$$

$$\varepsilon_i^c = \xi_i^c + r_i \cdot 2\pi \tag{6-94}$$

基于上述考虑，我们可按照如下思路，计算时滞参数空间中的电力系统小扰动稳定域边界：令每一个$\xi_i (i = 1,2,\cdots,k)$在$[0, 2\pi)$区间内变动，并监视$\boldsymbol{M}(\xi_\tau)$特征值的变化，设在$\xi_\tau^c = [\xi_1^c, \xi_2^c, \cdots, \xi_k^c]$时，$\boldsymbol{M}(\xi_\tau)$出现了纯虚特征值$s_c = s_{c,\mathrm{I}} \cdot \mathrm{j}$，则$\xi_\tau^c$为时滞小扰动稳定域的一个边界点；进而可通过式（6-95）得到此时对应的系统时滞变量取值，即

$$\tau_i^c = \xi_i^c / s_{c,\mathrm{I}}, \quad i = 1, 2, \cdots, k \tag{6-95}$$

进一步，利用 $\boldsymbol{M}(\xi_\tau)$ 周期性特点和式（6-94）所给关系式，可以按下式方便地得到在 $\boldsymbol{\Omega}_p$ 空间上系统与 s_c 相关的全部边界点，即

$$\boldsymbol{T}^c = [\boldsymbol{T}_1^c, \boldsymbol{T}_2^c, \cdots, \boldsymbol{T}_k^c] \tag{6-96}$$

$$\boldsymbol{T}_i^c = \left(\frac{\xi_i^c}{s_{c,\mathrm{I}}}, \frac{\xi_i^c \pm r_i \cdot 2\pi}{s_{c,\mathrm{I}}} \right), \quad i = 1, 2, \cdots, k \tag{6-97}$$

2. 具体求解算法

时滞稳定域边界求解算法的具体实现步骤如下。

（1）利用式（6-87）和式（6-88）形成矩阵 $\boldsymbol{M}(\xi_\tau)$。为便于描述，用 $R(\cdot)$ 表示矩阵 $\boldsymbol{M}(\xi_\tau)$ 拥有正实部特征值的个数，即

$$p^\tau = R(\boldsymbol{M}(\xi_\tau)) \tag{6-98}$$

（2）将每一个 ξ_i 对应的计算区间 $[0, 2\pi)$ 进行 m 等分，则计算步长为

$$h = 2\pi / m \tag{6-99}$$

（3）按式（6-100）所给方法，循环迭代进行 $\boldsymbol{M}(\xi_\tau)$ 矩阵特征值的求解，并跟踪确定在时滞参数空间中的系统小扰动稳定域边界临界点。

```
p0^τ = 0                                   #系统在不含时滞情况下为稳定
for i1 = 1 : 1 : m
  ξ1 = (i1 - 1)h
  for i2 = 1 : 1 : m
    ξ2 = (i2 - 1)h
    …
    for ik = 1 : 1 : m
      ξk = (ik - 1)h
      ξτ = [ξ1, ξ2, … , ξk]
      σ(ξτ) = eig(M(ξτ))                   #计算此时 M(ξτ) 的特征谱
      p^τ=R(M(ξτ))                         #正实特征值个数
      if(p^τ ≠ p0^τ)                       #存在特征值穿越虚轴情况
         计算 sc 和对应的 ξτ^c = [ξ1^c, ξ2^c, … , ξk^c]，并令 p0^τ = p^τ
      end if
    end for
    …
  end for
end for
```

（4）利用式（6-96）和式（6-97），计算在 $\boldsymbol{\Omega}_{\tau}$ 空间上系统小扰动稳定域的全部边界点。

（5）输出计算结果，程序结束。

3. 几点说明

尽管通过上述边界计算方法，理论上可以得到在 $\boldsymbol{\Omega}_{\tau}$ 空间上时滞系统的全部小扰动稳定域边界临界点，但如下几点需要补充说明。

（1）在上述边界计算算法中，相邻两个计算周期中得到的 $\boldsymbol{M}(\xi_{\tau})$ 正实特征值个数一旦变化，就表明一定存在特征值穿越了虚轴。设在当前和前一计算周期内得到的关键特征值及对应的 ξ_{τ} 向量分别如下所示。

前一计算周期：

$$s_a = s_{a,\mathrm{R}} + \mathrm{j}s_{a,\mathrm{I}}, \xi_{\tau}^{a} = [\xi_1^a, \xi_2^a, \cdots, \xi_k^a] \tag{6-100}$$

当前计算周期：

$$s_b = s_{b,\mathrm{R}} + \mathrm{j}s_{b,\mathrm{I}}, \xi_{\tau}^{b} = [\xi_1^b, \xi_2^b, \cdots, \xi_k^b] \tag{6-101}$$

此时可利用如下插值方法，求解得到对应的 s_c 以及 $\xi_{\tau}^{c} = [\xi_1^c, \xi_2^c, \cdots, \xi_k^c]$。

$$\xi_i^c = \frac{s_{a,\mathrm{R}}\xi_i^b - s_{b,\mathrm{R}}\xi_i^a}{s_{a,\mathrm{R}} - s_{b,\mathrm{R}}} \tag{6-102}$$

$$s_{c,\mathrm{I}} = \frac{s_{a,\mathrm{R}}s_{b,\mathrm{I}} - s_{b,\mathrm{R}}s_{a,\mathrm{I}}}{s_{a,\mathrm{R}} - s_{b,\mathrm{R}}} \tag{6-103}$$

（2）在确定了一个小扰动稳定域边界临界点后，尽管即可利用式（6-95）～式（6-97）得到与之相关的全部边界点集合，但在实际应用中，人们往往只关心 $\tau_i > 0, i = 1, 2, \cdots, k$ 时的情况，且在实际物理系统中，每个时滞环节均存在上限 $\tau_i^{\max} > 0, i = 1, 2, \cdots, k$，因此在计算中，我们往往实际关心的区域仅为

$$\tau_i \in (0, \tau_i^{\max}], \quad i = 1, 2, \cdots, k \tag{6-104}$$

由此，可通过式（6-105）确定式（6-97）中 r_i 的最大取值，即

$$r_i^{\max} = R_d\left(\frac{\tau_i^{\max} \cdot s_{c,\mathrm{I}} - \varepsilon_i^c}{2\pi}\right) + 1 \tag{6-105}$$

式中，$R_d(\cdot)$ 为取整函数。

（3）利用上述边界计算方法，仅得到了时滞参数空间中系统小扰动稳定域的边界，但稳定的区域是位于 τ_i^c 哪一侧？目前尚不清楚。为此，可利用如下的拉格朗日四点插值法来估算系统临界点在受到微小扰动后，其关键特征值的变化规律，进而掌握稳定域边界的局部性质，具体过程如下。

① 令时滞分量τ_i增加一个微小增量$\Delta\tau_i, i=1,2,\cdots,k$，利用如下插值公式求解此时对应的系统关键特征值：

$$y_1 = s_c \tag{6-106}$$

$$y_2 = s_c + d\cdot\exp(2/3\cdot\pi \mathrm{j}) \tag{6-107}$$

$$y_3 = s_c + d\cdot\exp(-2/3\cdot\pi \mathrm{j}) \tag{6-108}$$

$$y_4 = s_c + d \tag{6-109}$$

$$s_l = \det\left(y_l \boldsymbol{I} - \boldsymbol{A} - \sum_{i=1}^{k} \boldsymbol{A}_i \mathrm{e}^{-y_l(\tau_i+\Delta\tau_i)}\right),\quad l=1,2,3,4 \tag{6-110}$$

式中，d为一微增量，取值越小越好。进一步，可由式（6-111）估算微扰后的系统关键特征值s_i^+，即

$$s_i^+ = \sum_{l=1}^{4} y_l \prod_{\substack{1\leqslant j\leqslant 4\\ j\neq l}} \frac{-s_j}{s_l - s_j} \tag{6-111}$$

② 令τ_i减少同一微小增量$\Delta\tau_i, i=1,2,\cdots,k$，并利用上述过程，可得此时的系统关键特征值$s_i^-$，式（6-110）需改为

$$s_l = \det\left(y_l \boldsymbol{I} - \boldsymbol{A} - \sum_{i=1}^{k} \boldsymbol{A}_i \mathrm{e}^{-y_l(\tau_i-\Delta\tau_i)}\right),\quad l=1,2,3,4 \tag{6-112}$$

③ 利用s_c, s_i^+, s_i^-在复平面的分布情况，可得系统关键特征值沿τ_i方向的变化规律。

④ 对每一时滞$\tau_i, i=1,2,\cdots,k$，均采用上述过程判断对应的系统关键特征值随τ_i的变化规律，并利用s_i^+, s_i^-的实部变化情况，判断系统在s_c边界点附近的稳定性变化情况。

6.4.3　算例分析

这里仍采用 6.2 节和 6.3 节中用到的 WSCC 三机九节点系统的场景 1 来进行示意和讨论，场景 2 的小扰动稳定域的计算过程完全类似，只是所用参数不同，故不再赘述，读者可自行尝试。

利用本节所给方法，形成$\boldsymbol{M}(\xi_\tau)$矩阵，并令$\xi_i(i=2,3)$在$[0,2\pi)$变动，计算系统的稳定临界点ξ_τ^c，可得图 6-13 所示结果。不难看出，若将第三象限中的局部边界，向左和向上平移2π，则与第一象限的局部边界一起构成一个封闭的边界面。

进一步，利用式（6-96）和式（6-97），将图 6-13 中ξ_τ^c在更大范围内进行扩展，所得结果示于图 6-14；同时，计算在τ_2, τ_3空间中系统的小扰动稳定域边界，并通过 6.4.2 节的第 3 部分的方法，判断系统的稳定与不稳定区域，其中不稳定区域用灰色背

景表示，所得结果示于图 6-15。其中，图 6-15(a)示意了较大范围的稳定域及其边界分布情况，图 6-15(b)给出了靠近原点较小区域内的情况。从图中可以看出以下结论。

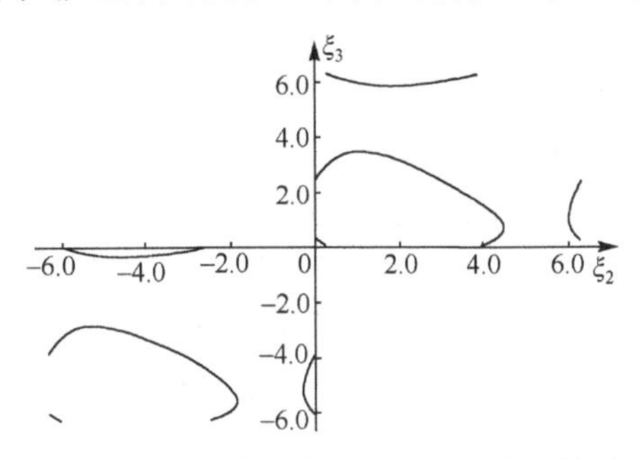

图 6-13　每一个 ξ_i 在 $[0,2\pi)$ 变动所得结果

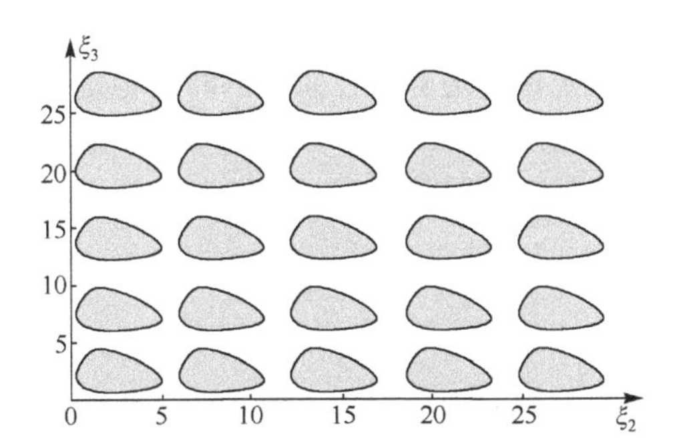

图 6-14　在 ξ_2,ξ_3 空间中的系统小扰动稳定域边界

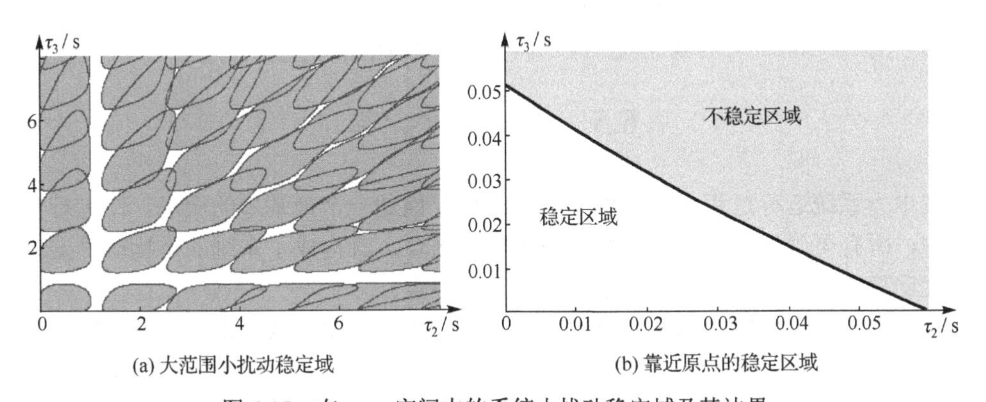

(a) 大范围小扰动稳定域　　(b) 靠近原点的稳定区域

图 6-15　在 τ_2,τ_3 空间中的系统小扰动稳定域及其边界

(1)在利用参数变换前，在 ξ_2,ξ_3 空间中系统小扰动稳定域的边界是一些相互孤立，类似于平躺橙子形状的封闭曲线构成的。同样利用 6.4.2 节的拉格朗日插值法可以判断，封闭曲线的内部是不稳定的，而外部是稳定的。此外，我们可以看到，ξ_2,ξ_3 空间中的任何一个点，在上下和左右两个方向上，都以 2π 为周期不断地重复出现。而本节

所给边界求解算法，恰恰利用了这一周期性规律，在每一个变换后的参数方向上，搜索空间本来应该是$(-\infty,+\infty)$，而本算法将其缩小在$[0,2\pi)$范围内，从而使计算量有效降低。

（2）系统在τ_2,τ_3空间中的小扰动稳定域是由一些互不连通的稳定分区共同构成的。传统的电力系统控制设备，因其中的量测环节时滞很小，只需关注时滞较小的稳定分区；但当通信环节出现阻滞而导致时滞变大时，则需要保证控制设备运行在图6-15所示的稳定分区内，因此需要知晓电力系统在较大时滞范围内小扰动稳定性状况。

（3）随着时滞τ_2,τ_3数值的增大，系统小扰动稳定分区不断变小直至完全消失，这表明控制回路中的时滞是系统不稳定的一个重要原因，时滞越大，对系统的稳定运行越不利。

（4）图6-15左下角邻近原点的稳定区域（时滞τ_2,τ_3的取值都较小），其右侧边界就对应于第3章所得的时滞稳定裕度曲线。由此可见，系统的时滞稳定裕度曲线，就对应于靠近原点的小扰动稳定域的边界。在系统的时滞稳定裕度之外，系统也可能存在稳定的区域。因此从这个角度看，时滞参数空间中的小扰动稳定域可提供有关系统小扰动稳定性更为丰富的信息，较时滞稳定裕度更利于揭示时滞系统的小扰动稳定性规律。

6.4.4　小结

本节主要研究了时滞参数空间中的电力系统小扰动稳定域，给出了一种有效的边界（临界）点计算方法，只需在有限个$[0, 2\pi)$空间中搜索系统的边界点，便可利用时滞系统内在的周期性规律，直接得到时滞系统的整个小扰动稳定域及其边界。最后用WSCC三机九节点时滞系统对所提方法进行了示意说明。

6.5　本章小结

在电力系统运行过程中，确保其小扰动稳定性是一个最基本的要求。在运行参数空间中，所有可确保系统小扰动稳定的运行点集合，就构成了系统的小扰动稳定域，而小扰动稳定域边界，则对应于系统的稳定临界点。

时滞的出现，为电力系统的小扰动稳定性和小扰动稳定域带来了一些新特征，本章借助小扰动稳定域这一概念，探讨了这些新出现的特征及由此带来的新变化，为此给出了两种电力系统的时滞小扰动稳定域，它们分别定义在系统的运行参数空间和时滞参数空间；进一步给出了两者的有效求解方法；最后，利用简单电力系统对相关方法进行了示意和讨论。

第 7 章　时滞电力系统的两类分岔

从事电力系统稳定性研究的学者都知道，电力系统是一个典型的非线性动力系统，在运行过程中存在诸多复杂的动力学行为。分岔分析理论是研究这些复杂动态行为的一种有效手段。时滞的存在为本已复杂的电力系统带来很多新的特征，因此也诱发了很多新的分岔现象。本章将仅借助动力系统分岔分析方法，对时滞电力系统中两类独特的分岔现象进行研究和讨论。

7.1　时滞动力系统的两类独特分岔现象

7.1.1　动力系统分岔概述

分岔是动力系统的一种独特现象，它反映了系统的运行特性与拓扑结构对参数的敏感程度。如下是国际大百科全书（Wikipedia）对分岔的描述：A bifurcation occurs when a small smooth change made to the parameter values （the bifurcation parameters）of a system causes a sudden 'qualitative' or topological change in its behavior。翻译过来就是：当系统参数（一般称为系统的分岔参数）发生微小变化，但导致系统的性态或拓扑结构发生明显改变时，就称系统出现了分岔现象。由于人们所关注的系统性态和拓扑性质各不同，也就出现了不同类型的分岔现象。

在第 2 章我们介绍了动力系统中几种常见的分岔现象，其中的鞍节点分岔、Hopf 分岔均与电力系统的稳定性存在密切联系，我们在第 6 章讨论电力系统小扰动稳定域时，已经用到这两类分岔点，因为电力系统小扰动稳定域的边界主要由它们构成。

时滞系统存在很多独特的现象，例如，我们熟知的一个事实就是，微分动力系统在不含任何时滞时，它在平衡点处的雅可比矩阵存在 n 个特征值，n 为系统状态变量的维数，且该系统在这一平衡点附近的小扰动稳定性完全由这些特征值所决定。但当这个系统存在了时滞环节时，它将变为一个无穷维系统，理论上它在一个平衡点处将存在无穷多个可能的特征值。同样，只要时滞系统所有的特征值均位于虚轴左侧，它在这一平衡点处才是小扰动稳定的。但问题是，动力系统是如何从一个只存在有限个特征值的情况，转为存在无限多个特征值情况的呢？是否可能是由于系统的某一个特征值出现了“裂变”，由一个变为两个或多个特征值，类似于在混沌研究领域中的倍周期分岔现象（图 7-1）呢？为寻求这些问题的答案，我们将在本章引入两类时滞系统独特的分岔形式——振荡诞生分岔（Oscillation Emergence Bifurcation，OEB）和振荡泯灭分岔（Oscillation Disappearance Bifurcation，ODB），在给出它们定义之后，进一步讨论它们的求解方法。

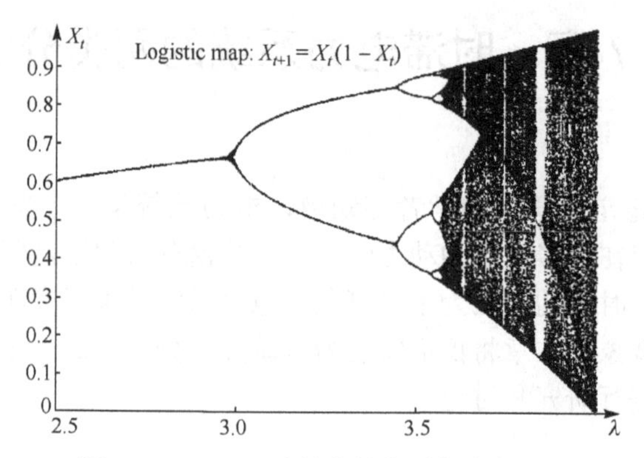

图 7-1　Logistic 映射中的倍周期分岔现象

7.1.2　OEB 和 ODB

为便于叙述，考虑如下的时滞微分方程，即

$$\dot{\boldsymbol{x}}=\boldsymbol{F}_\tau(\boldsymbol{x},\boldsymbol{x}_\tau) \tag{7-1}$$

式中，$\boldsymbol{x}\in\mathbf{R}^n$ 为系统的状态变量；$\boldsymbol{x}_\tau=(\boldsymbol{x}_{\tau 1},\cdots,\boldsymbol{x}_{\tau i},\cdots,\boldsymbol{x}_{\tau k})$ 为系统时滞状态变量构成的向量，$\boldsymbol{x}_{\tau i}=[x_1(t-\tau_i),\cdots,x_n(t-\tau_i)]^{\mathrm{T}}\in\mathbf{R}^n,\tau_i\in\mathbf{R},i=1,2,\cdots,k$ 为时滞系数。进一步，令

$$\boldsymbol{\tau}=[\gamma_1,\gamma_2,\cdots,\gamma_k]\cdot\|\boldsymbol{\tau}\|=[\gamma_1,\gamma_2,\cdots,\gamma_k]\cdot\tilde{\tau} \tag{7-2}$$

式中，$\tilde{\tau}\geqslant 0$，称其为时滞分岔参数。

当 $\tilde{\tau}=0$ 时，式（7-1）将退化为如下的常微分方程，即

$$\dot{\boldsymbol{x}}=\boldsymbol{F}_\tau(\boldsymbol{x}) \tag{7-3}$$

并设 $\boldsymbol{x}_e$ 是式（7-3）常微分系统的一个平衡点，则它同时也是式（7-1）所给时滞系统的一个平衡点。设 $\boldsymbol{\sigma}$ 为此时式（7-3）的特征谱，因为此时系统并不存在时滞环节，故在这一平衡点处系统特征值的个数为 n，即 $\boldsymbol{\sigma}\in\boldsymbol{C}^n$。

1. OEB

从 $\tilde{\tau}=0$ 逐步增大式（7-2）中参数 $\tilde{\tau}$ 的取值，利用相关技术可求得时滞系统对应的特征值谱 $\boldsymbol{\sigma}(\tilde{\tau})$ 曲线。进一步，若存在 $\tilde{\tau}_{cm}>0$，则对于时滞系统中的某一实特征值 $\lambda_i\in\boldsymbol{\sigma}(\tilde{\tau})$，当时滞分岔参数 $\tilde{\tau}\leqslant\tilde{\tau}_{cm}$ 时，$\mathrm{Im}(\lambda_i)=0$；而当 $\tilde{\tau}>\tilde{\tau}_{cm}$ 后，$\mathrm{Im}(\lambda_i)\neq 0$，且系统同时出现一个新的特征值 λ_j（$j\neq i$），满足：$\lambda_j=\lambda_i^*$，λ_i^* 为 λ_i 的共轭特征值，则称系统在 $\tilde{\tau}_{cm}$ 处出现了一个 OEB 点。称为 OEB，主要因为一对共轭特征值的虚部与系统的一个振荡模态密切相关，由一个实特征值诞生出一对共轭特征值，就会导致系统出现一个新的振荡模态。

若系统在 $\tilde{\tau}=\tilde{\tau}_{cm}$ 处出现了上述 OEB，并假设 $\tilde{\tau}\leqslant\tilde{\tau}_{cm}$ 时，系统的实特征值、复特征值和总特征值个数分别为 n_1^o,n_2^o,n_τ^o；而当 $\tilde{\tau}>\tilde{\tau}_{cm}$ 后，时滞系统的实特征值、复特征值和总特征值个数分别为 n_1^n,n_2^n,n_τ^n，则有如下关系存在，即

$$\begin{cases} n_1^n = n_1^o - 1 \\ n_2^n = n_2^o + 2 \\ n_\tau^n = n_\tau^o + 1 \end{cases} \tag{7-4}$$

不难看出，系统在出现上述 OEB 后，其特征值的个数将增加一个。

当然，在时滞系统中也可能出现两个相异实特征值，在某一点处相遇然后变为一对共轭特征值的情况，我们也称其为时滞系统的 OEB，只是此时系统的特征值数目并未发生变化。

2. ODB

与 OEB 类似，从 $\tilde{\tau}=0$ 开始，逐步增大式（7-2）中参数 $\tilde{\tau}$ 的取值，利用相关技术可求得时滞系统对应的特征值谱 $\sigma(\tilde{\tau})$ 曲线。进一步，若存在 $\tilde{\tau}_{cm}>0$，则对于时滞系统中的某一个特征值 $\lambda_i\in\sigma(\tilde{\tau})$，当时滞分岔参数 $\tilde{\tau}\leqslant\tilde{\tau}_{cm}$ 时，其虚部不为零，即 $\mathrm{Im}(\lambda_i)\neq 0$，且此时系统必存在其共轭特征值 λ_j（$j\neq i$），满足 $\lambda_j=\lambda_i^*$；而当 $\tilde{\tau}>\tilde{\tau}_{cm}$ 后，满足

$$\mathrm{Im}(\lambda_i)=\mathrm{Im}(\lambda_j)=0,\quad \lambda_i=\lambda_j \tag{7-5}$$

它们在相遇后变为一对相等的实特征值（此时，它们的数值完全相同，可认为是一个特征值，因此可认为是系统特征值的数目减少了一个）；或者，这对共轭特征值在相遇后，尽管它们的虚部消失（均变为实特征值），但除在相交点之外，它们的数值并不相等，则此时式（7-5）的条件将变为

$$\mathrm{Im}(\lambda_i)=\mathrm{Im}(\lambda_j)=0,\quad \lambda_i\neq\lambda_j \tag{7-6}$$

上述两种场景，我们均称系统出现了一个 ODB 点。因为一对共轭特征值在 ODB 点处相遇并泯灭为实特征值，会导致系统一个振荡模态随之泯灭。

为便于区别，我们将会导致时滞系统特征值数目增减的上述分岔，称为 I 型 OEB 或 I 型 ODB，图 7-2 给出了 I 型 OEB 和 I 型 ODB 两类分岔的示意，图中箭头指示了 $\tilde{\tau}$ 增大的方向。而将不会导致系统特征值数目增减的上述分岔，称为 II 型 OEB 或 II 型 ODB，II 型 ODB 类似于第 2 章介绍的 SIB，只是其分岔参数为时滞常数，且其变化过程类似于 SIB 的反过程。

从系统振荡模态变化的角度看，I 型 ODB 与 I 型 OEB，II 型 ODB 和 II 型 OEB 可相互视对方为自己的反过程。同时，随着变量 $\tilde{\tau}$ 取值的变化，系统可能会多次出现 OEB 或 ODB，对于某条特定的特征值轨迹，也可能交替出现 OEB 和 ODB。

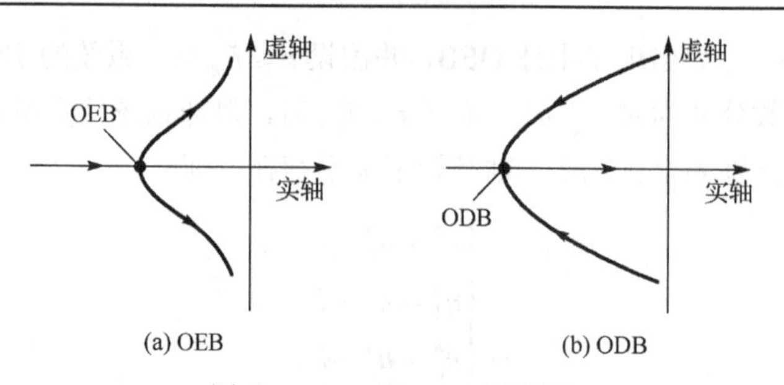

图 7-2 OEB 和 ODB 示意图

如前所述，常微分方程在不含时滞时，其特征值的数目与其动态方程的维数相同，但对于时滞系统，这一规律伴随着 I 型 OEB 或 I 型 ODB 的出现将可能被打破而不再成立，由此表明时滞系统的动态特性将更为复杂。

7.2 基于朗伯 W 函数的两类分岔机理分析

本节将借助朗伯 W（Lambert W）函数，分析 OEB 和 ODB 两类分岔出现的机理，为进一步寻求计算它们的方法提供借鉴。

7.2.1 朗伯 W 函数简介

朗伯 W 函数也称为欧米加函数或乘积对数函数，最先由 Lambert 在 1758 年提出，其后 Euler 在 1783 年对其性质进行了最早讨论。由于其自身具有很多独特性质，它已在数学分析与数值计算领域有了很多用途。

朗伯 W 函数是指满足 $W(z)\mathrm{e}^{W(z)}=z$ 的函数 $W(\cdot)$，其中，$W:C\to C$，即 $W(z)$ 是 $w\mathrm{e}^w=z$ 已知 z 情况下的解，是 $f(w)=w\mathrm{e}^w$ 的反函数，其中，$w\in C$ 为任意复数，$\mathrm{e}^{(\cdot)}$ 为指数函数。为便于描述，令

$$w\mathrm{e}^w=z \tag{7-7}$$

式中，$w,z\in C$。而用式（7-8）表示其反函数，即

$$w=W(z) \tag{7-8}$$

称式（7-8）中的函数 $W(\cdot)$ 为朗伯 W 函数。

在复数域内，除零点之外，朗伯 W 函数为一个多值函数，且存在着无穷多个分支，而对于每一个分支，它又都是一个单值函数，我们通常把它的分支记为 W_l，$l=0,\pm1,\pm2,\cdots$。本章希望利用它在实数域内的分支，来解释 OEB 和 ODB 两类分岔现象的出现机理，为此我们将讨论其在实数域内的一些重要性质。

7.2.2 朗伯 W 函数在实数域内的性质

如果令式（7-7）中的 $w,z\in\mathbf{R}$，则此时朗伯 W 函数仅存在两个分支 W_0 和 W_{-1}，

如图 7-3 所示，其中实线部分对应于 W_0 分支，虚线部分对应于 W_{-1} 分支。两个分支的定义域和值域分别为

$$W_0 : z \in [-\mathrm{e}^{-1}, +\infty),\ w \in [-1, +\infty) \tag{7-9}$$

$$W_{-1} : z \in [-\mathrm{e}^{-1}, 0),\ w \in [-1, -\infty) \tag{7-10}$$

两个分支在图 7-3 中的 P 点相交，该点的坐标为

$$P : (-\mathrm{e}^{-1}, -1) \tag{7-11}$$

从图 7-3 可以看出，当 z 位于 $[-\mathrm{e}^{-1}, 0)$ 区间时，$W(z)$ 是一个双值函数。对于这一区间内的任意一个 z 值，总存在两个 w 取值与之对应。数值较大的一个位于 W_0 分支上，其值大于 -1；数值较小的一个位于 W_{-1} 分支上，其值小于 -1。

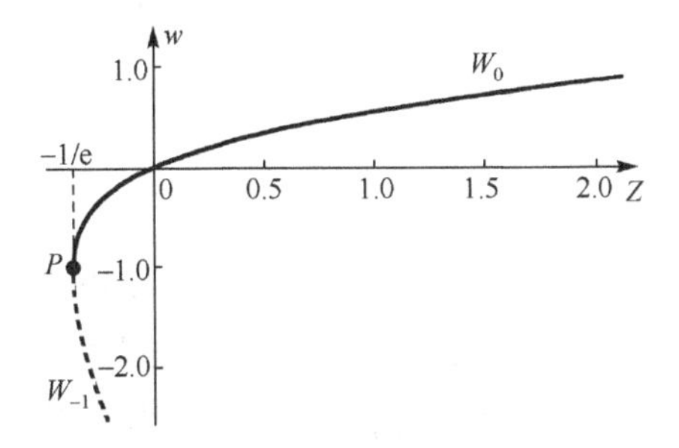

图 7-3　实数域朗伯 W 函数的 W_0 和 W_{-1} 分支

7.2.3　朗伯 W 函数与 OEB 和 ODB 的关系

由图 7-3 还可以看到，当 z 位于 P 点右侧，即 $z \geqslant -\mathrm{e}^{-1}$ 时，式（7-8）中的 w 存在实数解；而当 z 取值在 P 点左侧，即 $z < -\mathrm{e}^{-1}$ 时，w 仅存在复数解，而不存在任何实数解。这里不妨设式（7-8）中的参数 z 为某变量 u 的函数，且它们均在实数域内取值，有

$$z = f_z(u), \quad z, u \in \mathbf{R} \tag{7-12}$$

式（7-8）将变为

$$w = W(z) = W(f_z(u)) = W_z(u) \tag{7-13}$$

我们不妨设变量 u 在整个实数域内变化，并假设由此得到的 z 随 u 的变化曲线如图 7-4 所示，图中 z-u 曲线上的箭头示意了变量 u 增长的方向。图中的 z-u 曲线与 $z = -\mathrm{e}^{-1}$ 水平直线存在诸多交点。根据这些点的性质，可将其分为 M 和 N 两类，分别表示为 M_s 和 N_s，如

$$M_s = \{M_1, M_2, \cdots, M_i, \cdots\} \tag{7-14}$$

$$N_s = \{N_1, N_2, \cdots, N_i, \cdots\} \tag{7-15}$$

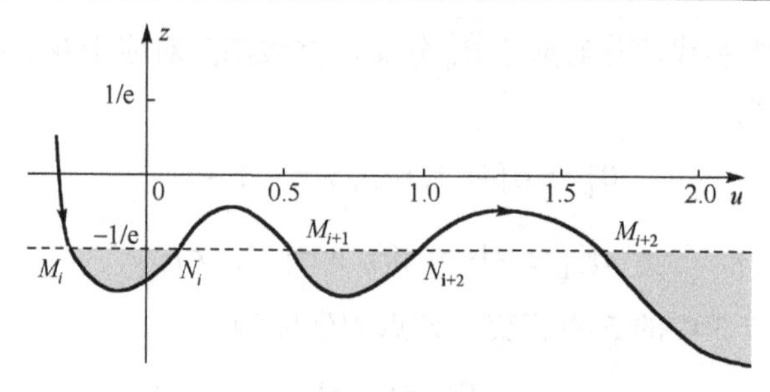

图 7-4　z-u 曲线及 M, N 类节点集

由图 7-4 可知，M_s 集合中的点，随着变量 u 的增长，z 的取值由大于 $-\mathrm{e}^{-1}$ 变为小于 $-\mathrm{e}^{-1}$，因此在图 7-4 中，z-u 曲线由上而下穿越 $z=-\mathrm{e}^{-1}$ 水平线；而 N_s 集合中的点则刚好相反，z-u 曲线由下而上穿越 $z=-\mathrm{e}^{-1}$ 水平线，即随着变量 u 的增长，z 的取值由小于 $-\mathrm{e}^{-1}$ 变为大于 $-\mathrm{e}^{-1}$。

我们进一步结合图 7-3 和式（7-8）来讨论 M_s 和 N_s 两类点集的内在规律。

1. M 类点集

不妨以 M_s 中的点 $M_i \in M_s$（$i=1,2,3,\cdots$）为例加以说明。由于在点 M_i 的左侧，z 大于 $-\mathrm{e}^{-1}$，结合图 7-3 可知，此时式（7-8）一定存在实数解；而在点 M_i 的右侧，由于 z 小于 $-\mathrm{e}^{-1}$，此时式（7-8）将没有实数解，而只存在复数解；点 M_i 刚好位于式（7-8）的实数解向复数解变换的临界点上。在点 M_i 处，式（7-12）所给函数要求满足

$$\begin{cases} f_z(u)\big|_{M_i} = -\mathrm{e}^{-1}, M_i \in M_s \\ \left.\dfrac{\mathrm{d}z}{\mathrm{d}u}\right|_{M_i} = \left.\dfrac{f_z(u)}{du}\right|_{M_i} < 0 \end{cases} \tag{7-16}$$

进一步，M_s 集合内的点可细分为如图 7-5 所示的三种情形。

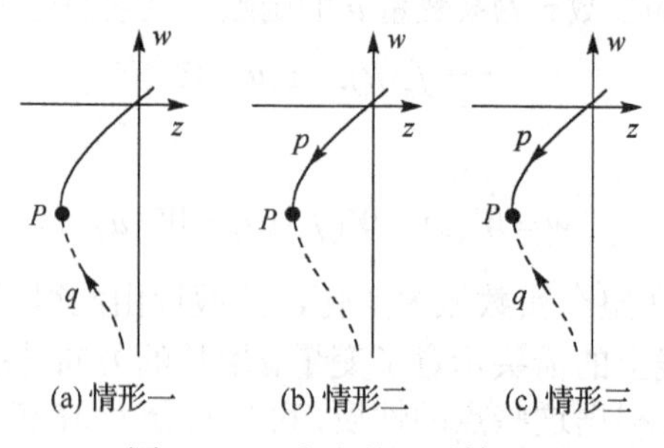

图 7-5　M 类点的三种情形

（1）情形一：随着参数 u 的增加，W_{-1} 分支上的点 q 不断靠近点 P，并在点 M_i 与其相遇，结合图 7-4 可知，此时对应于式（7-13）的一个实数解轨迹在点 M_i 处裂变为一对共轭复数解，系统解的数目将增加一个。

（2）情形二：场景二与场景一类似，W_0 分支上的点 p 不断靠近点 P 并在 M_i 处与其相遇，也会导致式（7-13）的一个实数解轨迹在点 M_i 处裂变为一对共轭复数解，系统解的数目增加一个。

（3）情形三：随着参数 u 的增加，W_0 分支上的点 p 和 W_{-1} 分支上的点 q 不断靠近，最终在 P 点相遇，结合图7-4可知，此时对应于式（7-13）的两个实数解轨迹在点 M_i 处相遇后，变为一对共轭复数解。这一过程类似于奇异诱导分岔（SIB）的反过程，在 M_i 点前后，式（7-13）解的个数没有出现任何变化，仅是出现了实数解向复数解的改变。

2. *N* 类点集

同样以点 $N_j \in N_s$（$j=1,2,3,\cdots$）为例进行分析。由于在点 N_j 左侧，z 小于 $-\mathrm{e}^{-1}$，则此时式（7-8）只存在复数解（即虚部不为零）。不难验证，若 w_c 为此时式（7-8）的一个复数解，则其共轭 $\tilde{w}_c$ 也一定是式（7-8）的解，因此，在点 N_j 左侧，式（7-8）至少存在一对共轭复数解。而在点 N_j 的右侧，由于 z 大于 $-\mathrm{e}^{-1}$，此时式（7-8）将存在实数解，既可能位于 W_0 分支上，又可能位于 W_{-1} 分支上。点 N_j 刚好位于式（7-8）的复数解向实数解变换的临界点上，不难看出，在点 N_j 处，式（7-12）所给函数应满足

$$\begin{cases} f_z(u)\big|_{N_j} = -\mathrm{e}^{-1}, N_j \in N_s \\ \dfrac{\mathrm{d}z}{\mathrm{d}u}\bigg|_{N_j} > 0 \end{cases} \tag{7-17}$$

进一步，将图7-5中 W_0 和 W_{-1} 分支上的箭头更换一下方向，即可用于描述 N_s 点集的三种可能场景。

（1）场景一和场景二是前面介绍 M_s 场景一和场景二的反过程，系统的一对共轭复数解在点 P 相遇，收缩为一个实数解，或者沿 W_0 向右侧运动，或者沿 W_{-1} 分支向右侧运动，式（7-13）解的数目在点 P 之后减少了一个。

（2）场景三，类似于SIB，式（7-13）的一对共轭复数解在点 P 相遇，然后变为一对数值不同的实数解（即图7-5中的 p 和 q），此后两个实数解随着 u 的增大，分别沿 W_0 和 W_{-1} 两个分支向右侧运动，式（7-13）解的数目在点 P 前后没有发生任何变化。

若式（7-13）求解的就是一个时滞系统的特征值，对于 M_s 中的任意一个点，当出现的是图7-5中的场景一或场景二时，则表明系统产生了I型OEB；而出现的是场景三时，则表明系统产生了II型OEB。同样，对于 N_s 中的任意一个点，场景一和场景二对应于系统的I型ODB，场景三对应于系统的II型ODB。我们在7.3节，将利用朗伯W函数的 M_s 和 N_s 两类点集的上述规律，来推导一种对时滞系统OEB和ODB的判断方法。

系统在出现 I 型 OEB 或 I 型 ODB 时，会导致系统特征值数目的增减，故它们将是我们研究和讨论的重点，因此在后面分析中，若不特别强调，则我们的研究均针对时滞系统的 I 型 OEB 和 I 型 ODB。

7.3 一阶单时滞系统的 OEB 和 ODB

本节将以一个简单的一阶单时滞系统为例，来示意利用 7.2 节所介绍的朗伯 W 函数的 M_s 和 N_s 两类点集，确定系统 OEB 和 ODB 的方法，后面章节再将相关方法推广至高阶时滞系统。

7.3.1 用朗伯 W 函数表示的一阶单时滞系统特征方程

这里首先考虑形如式（7-18）所示的简单一阶单时滞系统，即

$$\dot{x} = ax + bx(t-\tau) \tag{7-18}$$

式中，$a,b \in \mathbf{R}$，系统的特征方程为

$$s - a - b\mathrm{e}^{-s\tau} = 0 \tag{7-19}$$

可将式（7-19）改写为

$$\mathrm{e}^{-\tau s} = \frac{1}{b}(s-a) \tag{7-20}$$

下面对式（7-20）进行相应变形，以便利用朗伯 W 函数对系统特征值进行求解，为此将其表示为如下标准形式，即

$$\mathrm{e}^{-\tau s} = a_0(s-r)$$

式中，

$$a_0 = 1/b; \quad r = a \tag{7-21}$$

进一步，可将式（7-21）变换为

$$\mathrm{e}^{\tau s} = \frac{1}{a_0(s-r)} \tag{7-22}$$

将式（7-22）等号的两端同时乘以 $\tau(s-r)\mathrm{e}^{-\tau r}$，再经变形可得

$$(\tau s - \tau r)\mathrm{e}^{\tau s - \tau r} = \frac{\tau \mathrm{e}^{-\tau r}}{a_0} \tag{7-23}$$

即

$$\tau s - \tau r = W\left(\frac{\tau \mathrm{e}^{-\tau r}}{a_0}\right) \tag{7-24}$$

进一步，利用式（7-7）和式（7-8）可得

$$s = r + \frac{1}{\tau} W\left(\frac{\tau \mathrm{e}^{-\tau r}}{a_0}\right) \tag{7-25}$$

再利用式（7-20）和式（7-21）的对应关系，可得到用朗伯 W 函数表示的式（7-18）的特征方程的解，即

$$s = a + \frac{W(z)}{\tau} \tag{7-26}$$

式中

$$z = f_z(\tau) = b \cdot \tau \cdot \mathrm{e}^{-\tau a} \tag{7-27}$$

考虑到式（7-27）中的变量τ, a均为实数，因此，若将图 7-5 中的横轴换为τ，纵轴换为z，则图中的M类和N类点集合就分别对应于系统（7-18）的 OEB 点和 ODB 点。

7.3.2　基于朗伯 W 函数的一阶单时滞系统分岔分析

由 7.2 节的分析可知，若式（7-18）的时滞系统出现 OEB 或 ODB，则此时式（7-27）应满足

$$z_c = b\tau_c \mathrm{e}^{-a\tau_c} = -\mathrm{e}^{-1} \tag{7-28}$$

再次利用朗伯 W 函数，由式（7-28）可推导出系统发生 OEB 或 ODB 点时，时滞变量τ_c的取值，如

$$\tau_c = -\frac{1}{a} W(y) = -\frac{1}{a} W\left(\frac{a}{b}\mathrm{e}^{-1}\right) \tag{7-29}$$

式中，$y = \frac{a}{b}\mathrm{e}^{-1}$。下面分$a > 0$和$a < 0$两种情况来讨论。

1. $a > 0$时的情况

考虑到电力系统中的时滞常数取值均应大于 0，因此若$\tau_c > 0$，则式（7-29）中的y需满足

$$-\mathrm{e}^{-1} < y < 0 \tag{7-30}$$

由此可得

$$b < -a < 0 \tag{7-31}$$

由图 7-3 可知，此时式（7-29）存在两个解：τ_c^0, τ_c^{-1}，前者对应W_0分支解，后者则对应W_{-1}分支解，且满足

$$\begin{cases} W_0(y) > -1 \\ W_{-1}(y) < -1 \end{cases} \tag{7-32}$$

将 y 代入式（7-29），并考虑上述条件后可推得

$$\begin{cases} \tau_c^0 < 1/a \\ \tau_c^{-1} > 1/a \end{cases} \tag{7-33}$$

进一步，我们分别来求 τ_c^0 和 τ_c^{-1} 两处 z 对 τ 的导数，即

$$K = \mathrm{d}z/\mathrm{d}\tau = b(1-a\tau)\mathrm{e}^{-a\tau} \tag{7-34}$$

将 τ_c^0, τ_c^{-1} 两个解代入式（7-34）可得

$$\begin{cases} K(\tau_c^0) = \mathrm{d}z/\mathrm{d}\tau\big|_{\tau=\tau_c^0} < 0 \\ K(\tau_c^{-1}) = \mathrm{d}z/\mathrm{d}\tau\big|_{\tau=\tau_c^{-1}} > 0 \end{cases} \tag{7-35}$$

结合 7.2 节介绍的内容可知，在上述两点处系统将分别出现 OEB（$\tau = \tau_c^0$）和 ODB（$\tau = \tau_c^{-1}$）。

2.　$a<0$ 时的情况

同样，考虑到 $\tau_c > 0$，则此时要求

$$y > 0 \tag{7-36}$$

根据 y 的定义可知，此时有 $b<0$。结合图 7-3 不难知道，此时系统仅存在一个对应于 W_0 分支的解 τ_c^0，且满足

$$K(\tau_c^0) = \mathrm{d}z/\mathrm{d}\tau\big|_{\tau=\tau_c^0} = b(1-a\tau_c^0)\mathrm{e}^{-a\tau_c^0} < 0 \tag{7-37}$$

由此可知，随着 τ 的增加，系统此时仅出现了一个 OEB，而不会出现 ODB。

综合上述两种情况，若分别以参数 a 和 b 作为横纵坐标，在（a, b）平面上根据式（7-18）所给单时滞系统的分岔情况，可将平面分为 A、B、C 三个区域，如图 7-6 所示，在区域 A（$b<-a<0$），随着 τ 的增加，系统将可能先后出现 OEB 和 ODB；而在区域 B（$a<0, b<0$），系统仅可能出现 OEB；在区域 C，系统既不出现 OEB，又不出现 ODB。

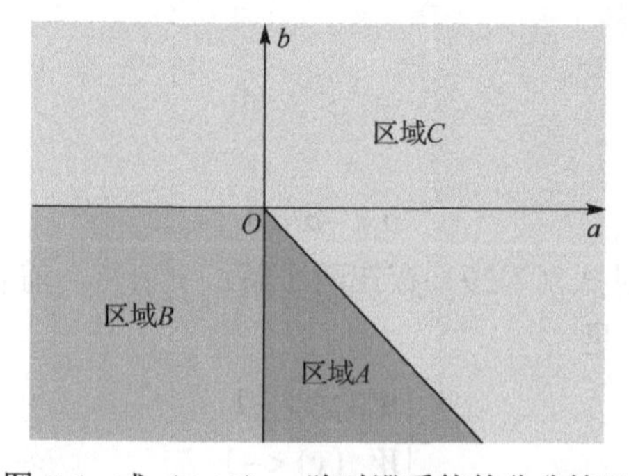

图 7-6　式（7-18）一阶时滞系统的分岔情况

7.3.3 示例分析

1. 不同区域的典型场景示意

1）区域 A 的典型场景

取 $a=2,b=-3$ 这一典型场景加以讨论，此时系统位于图 7-6 中的区域 A，即系统在时滞增大过程中，同时存在 OEB 和 ODB，此时式（7-18）变为

$$\dot{x}=2x-3x(t-\tau) \tag{7-38}$$

利用式（7-27），我们可得到系统（7-38）所对应的 z-τ 曲线，如图 7-7 所示。从图中可以看到，z-τ 曲线和 $z=-\mathrm{e}^{-1}$ 水平线存在两个交点。进一步，利用式（7-29）可以得到它们的具体取值为

$$\tau_c^0=0.1735\mathrm{s} \tag{7-39}$$

$$\tau_c^{-1}=1.0944\mathrm{s} \tag{7-40}$$

不难判断，前者为系统的一个 OEB 点，后者为一个 ODB 点。

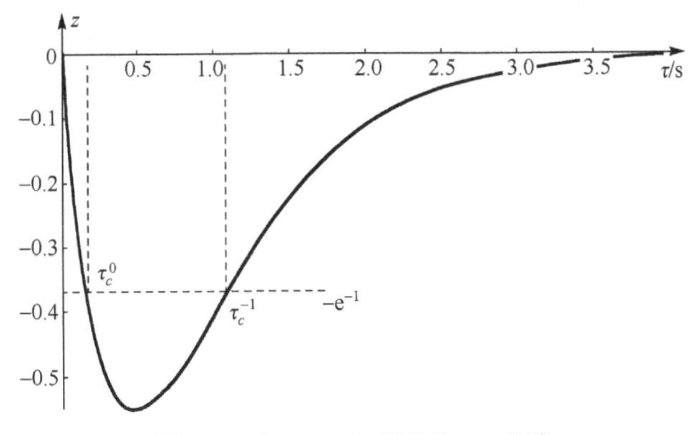

图 7-7　式（7-38）系统的 z-τ 曲线

图 7-8 示意了采用特征值追踪算法，求得的该时滞系统与两个分岔相关的特征值轨迹（图中箭头指示了 τ 取值增大的方向。若系统存在一对共轭复特征值，则只绘出实轴以上的分支，下同）。我们不难看到，系统的确在 τ_c^0 和 τ_c^{-1} 两点处，分别出现了 OEB 和 ODB。OEB 属于 I 型分岔，它会导致系统特征值数目增加一个；ODB 属于 II 型分岔，不会导致系统特征值数目的增减。两个分岔点在复平面的具体坐标为

$$s_{\mathrm{OEB}}=-3.7640 \tag{7-41}$$

$$s_{\mathrm{ODB}}=1.0863 \tag{7-42}$$

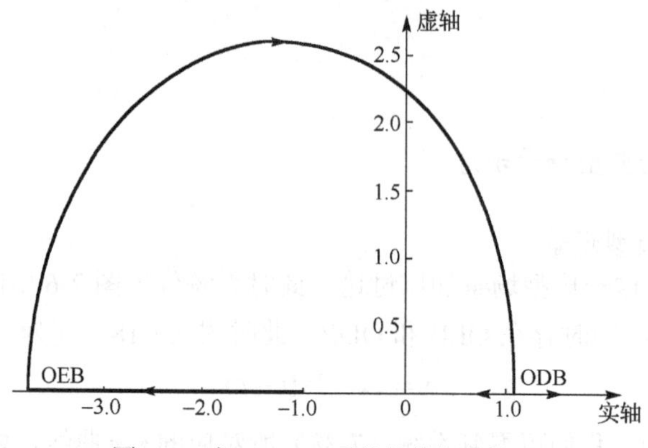

图 7-8　式（7-38）系统的特征值轨迹

2）区域 B 的典型场景

取 $a=-2, b=-3$ 这一典型场景加以研究，此时系统位于图 7-6 中的区域 B，即系统在时滞增大过程中，只会出现一个 OEB，而不会出现 ODB，此时式（7-18）变为

$$\dot{x}=-2x-3x(t-\tau) \tag{7-43}$$

利用式（7-27），我们可得到系统（7-43）所对应的 z-τ 曲线，如图 7-9 所示。不难看出，随着 τ 取值的增大，z 的取值呈现单调递减的变化，因此，z-τ 曲线和 $z=-\mathrm{e}^{-1}$ 水平线只存在一个交点（图 7-10 给出了图 7-9 的局部放大图）。进一步，我们利用式（7-29），可以得到它的具体取值为

$$\tau_c^0=0.1003\mathrm{s} \tag{7-44}$$

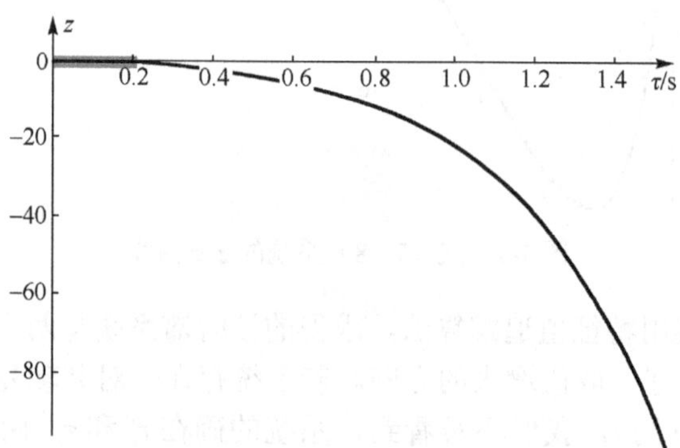

图 7-9　式（7-43）系统的 z-τ 曲线

图 7-11 示意了系统特征值轨迹随时滞增加的变化曲线，不难看到，系统只存在一个 I 型 OEB，一个实特征值在此处裂变为一对共轭特征值。此后，系统特征值不断向右靠近虚轴，但始终无法到达。OEB 点在复平面的具体坐标为

$$s_{\mathrm{OEB}}=-11.9670 \tag{7-45}$$

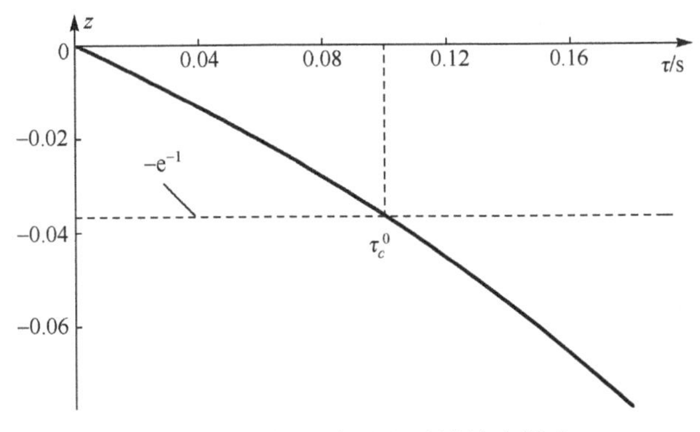

图 7-10　图 7-9 中阴影区域放大图形

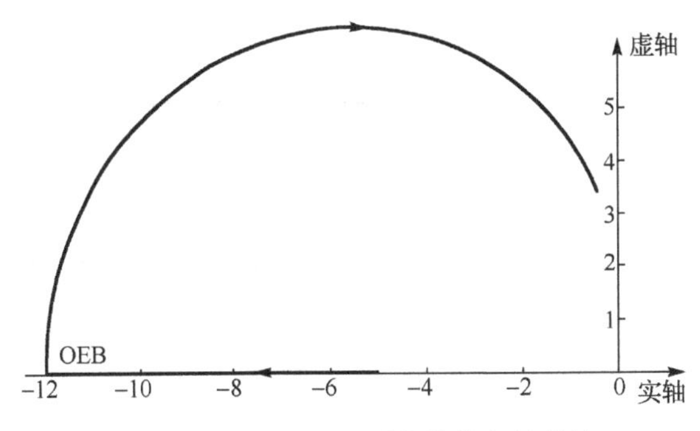

图 7-11　式（7-43）系统的特征值轨迹

3）区域 C 的两个典型场景

下面来考虑如下两个单时滞系统场景，它们均位于图 7-6 所示的区域 C 内，理论上此时系统在时滞增大过程中，将既不存在 OEB 又不存在 ODB。

$$\dot{x} = 2x + 3x(t-\tau) \tag{7-46}$$

$$\dot{x} = -2x + 3x(t-\tau) \tag{7-47}$$

图 7-12(a)给出了式（7-46）所示时滞系统的 z-τ 曲线和对应的特征值轨迹变化曲线，可以看出，随着时滞的增大，z 的取值始终大于 0，由朗伯 W 函数的性质可知，系统始终存在与其相对应的实特征值，相关结果示于图 7-12(b)中，即系统特征值自 $\tau = 0\text{s}$ 的 $s = 5.0$ 出发，一直向虚轴靠近，但一直无法达到。因此，系统中既不存在 OEB 又不存在 ODB。

图 7-13 给出了式（7-47）所示时滞系统的 z-τ 曲线和对应的特征值变化曲线，可以看出，随着时滞的增大，z-τ 曲线单调增加，由于始终位于横轴之上，取值始终大于 0。由朗伯 W 函数的性质可知，此时系统始终存在与其相对应的实特征值，相关结果示于图 7-13(b)。系统特征值自 $\tau = 0\text{s}$ 的 $s = 1.0$ 出发，一直向虚轴靠近，但一直无法达到，因此，系统中既不存在 OEB 又不存在 ODB。

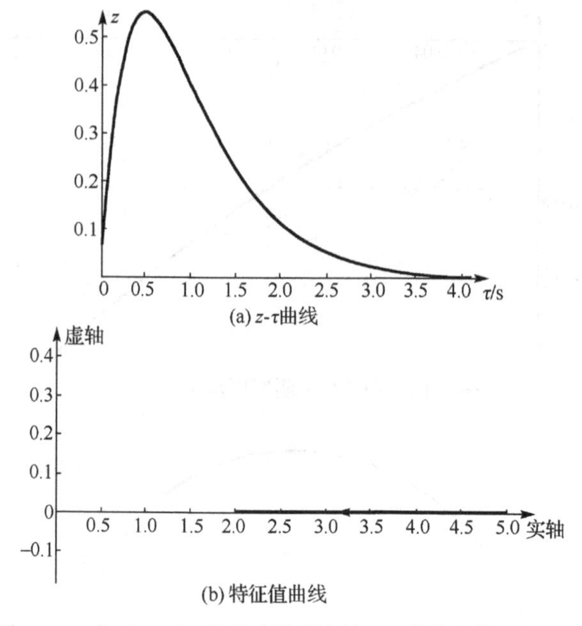

(a) z-τ曲线

(b) 特征值曲线

图 7-12　式（7-46）所示时滞系统的 z-τ 曲线和特征值轨迹

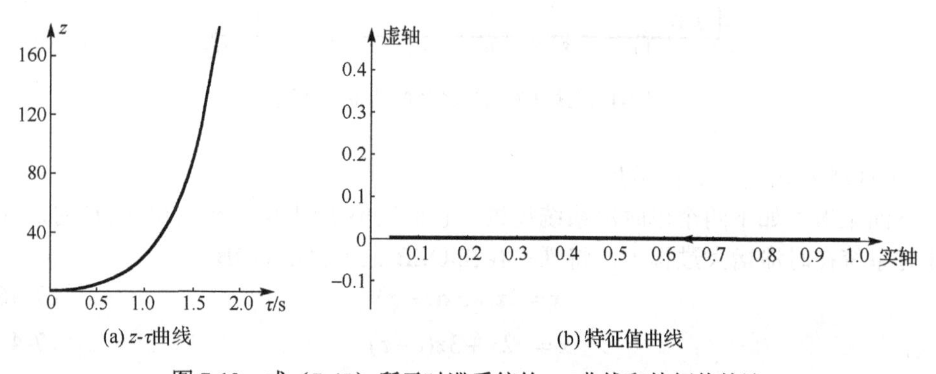

(a) z-τ曲线

(b) 特征值曲线

图 7-13　式（7-47）所示时滞系统的 z-τ 曲线和特征值轨迹

图 7-8、图 7-11、图 7-12 和图 7-13 的结果，直观证明了图 7-6 中所划分区域内时滞系统的分岔规律。

2. 单时滞系统的分岔规律

对式（7-18）所示的单时滞系统的分岔规律做进一步分析，我们还可发现如下一些规律。

1）关于 OEB 类型的考虑

在前面的分析中，我们看到对于图 7-6 中的区域 A 和区域 B 均存在 OEB，且在前面分析中，我们提到它们均属于 I 型分岔点。而事实上，由于时滞系统的特殊性，实际情况要更为复杂，我们以式（7-43）所示系统为例来加以说明。

从图 7-9 中的 z-τ 曲线，我们可以看到，在 OEB 的左侧（即 $\tau < \tau_c^0$），z 的取值位于区间 $(-\mathrm{e}^{-1},0)$ 内，从图 7-3 可以看到，在这一区间内，朗伯 W 函数存在两个可能的实数解，分别位于其 W_0 和 W_{-1} 分支上。我们在前面典型场景分析时，用到了其 W_0 分支对应的解，事实上在 OEB 附近，由 W_{-1} 分支也可得到时滞系统的一个实特征值。为此，我们在图 7-14 中绘出 τ 在 $[\tau_c^0 - 0.1, \tau_c^0 + 0.01]$ 变动时，系统由朗伯 W 函数的 W_0 和 W_{-1} 分支对应特征值的变化轨迹。从图中可以看到，理论上，在 OEB 点周围，确实存在两个实特征值，它们的轨迹在 OEB 点处相交后变为了一对共轭特征值。

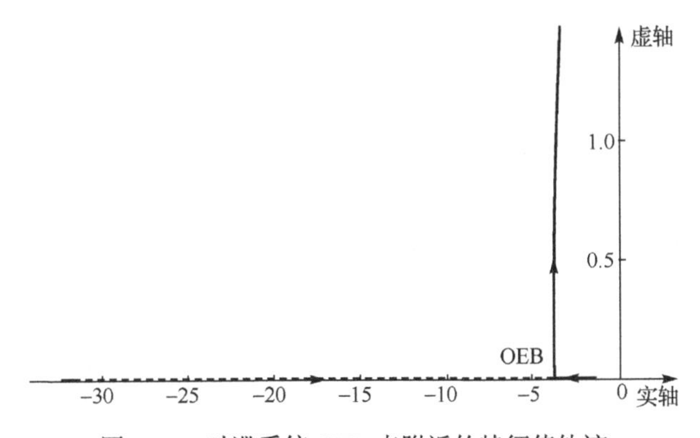

图 7-14　时滞系统 OEB 点附近的特征值轨迹

但若将式（7-43）模型视为对一个真实物理系统的刻画，其特征值在系统参数变动过程中，将表现为一个连续变动的曲线。由于在 $\tau = 0$ 时，系统退化为非时滞系统，此时系统将仅有一个特征值 $s_0 = -1.0$。而在 τ 增加一个很小数值时，系统特征值不会发生突变，因此实际物理系统的特征值轨迹应从 s_0 点出发。而我们可以看到，图 7-14 左侧的实特征值轨迹，尽管理论上其上每一个点都对应着时滞系统可能的特征值，但它从 $-\infty$ 开始，仅是一个理论解而缺乏实际的物理意义，因此在研究实际物理系统时需要将其剔除。

我们在前面将单时滞系统的 OEB 归为 I 型，原因在于我们考虑了实际物理系统的内在需求，左侧理论上存在的特征值应不予考虑。

2）分岔的相似性

为说明这一特性，我们首先在表 7-1 中给出了几个典型时滞系统的分岔情况。不难看出，表中的第 3 和第 8 行，就是前面我们讨论的区域 A 和区域 B 的两个典型场景，而其他行则是在这两个系统的基础上，通过乘以某一系数后变换得到的，满足

$$\dot{x} = a_k x + b_k x(t - \tau) \tag{7-48}$$

$$\begin{cases} a_k = k \cdot a \\ b_k = k \cdot b \end{cases} \tag{7-49}$$

式中，$k \in \mathbf{R}^+$。我们可以看到，在乘以某一系数后得到的新时滞系统（7-48）中，其OEB和ODB点与原系统存在如下明显规律，即

$$\begin{cases} \tau_{c,k}^0 = \tau_c^0 / k \\ s_{\text{OEB},k} = s_{\text{OEB}} \cdot k \end{cases} \tag{7-50}$$

$$\begin{cases} \tau_{c,k}^{-1} = \tau_c^{-1} / k \\ s_{\text{ODB},k} = s_{\text{ODB}} \cdot k \end{cases} \tag{7-51}$$

事实上，从前面OEB和ODB的理论分析过程，我们也可以得到这一个规律：将式（7-49）中的a_k, b_k代入式（7-29）可得

$$\tau_{c,k} = -\frac{1}{a_k} W\left(\frac{a_k}{b_k}\mathrm{e}^{-1}\right) = -\frac{1}{a \cdot k} W\left(\frac{a \cdot k}{b \cdot k}\mathrm{e}^{-1}\right) = \frac{1}{k}\tau_c \tag{7-52}$$

式（7-52）的W_0和W_{-1}分支解，就对应于$\tau_{c,k}^0$和$\tau_{c,k}^{-1}$，将其分别写出，即为式（7-50）和式（7-51）中的第一式。

表 7-1　几个典型单时滞系统的OEB和ODB信息

编号	a	b	分岔点信息		
			τ_c/s	s_c	类型
1	0.2	−0.3	1.7349	−0.3764	OEB
			10.9442	0.1086	ODB
2	1.0	−1.5	0.3470	−1.8820	OEB
			2.1888	0.5431	ODB
3	2.0	−3.0	0.1735	−3.7640	OEB
			1.0944	1.0863	ODB
4	1.0	−15	0.0347	−18.8200	OEB
			0.2189	5.4314	ODB
5	20	−30	0.0173	−37.6399	OEB
			0.1094	10.8627	ODB
6	−0.2	−0.3	1.0033	−1.1967	OEB
7	−1.0	−1.5	0.2007	−5.9835	OEB
8	−2.0	−3.0	0.1003	−11.9670	OEB
9	−10	−15	0.0201	−59.8348	OEB
10	−20	−30	0.0100	−119.6696	OEB

我们进一步分析新系统特征值的变化规律，将式（7-52）重写为

$$s_k = a_k + \frac{W(z_k)}{\tau_k} \tag{7-53}$$

式中

$$z_k = b_k \cdot \tau_k \cdot \mathrm{e}^{-\tau_k a_k} = kb \cdot \frac{\tau}{k} \cdot \mathrm{e}^{-\frac{\tau}{k}ka} = b\tau \cdot \mathrm{e}^{-\tau a} = f_z(\tau) = z \tag{7-54}$$

考虑到在分岔点处，$z_c = z_{k,c} = -\mathrm{e}^{-1}$，将其代入式（7-53）可得

$$s_{k,c}^p = a_k + \frac{W(-\mathrm{e}^{-1})}{\tau_{k,c}^p} = a_k + \frac{-1}{\tau_{k,c}^p} = ak - \frac{k}{\tau_c^p} = k\left(a - \frac{1}{\tau_c^p}\right) = ks_c^p \tag{7-55}$$

式中，$p = 0,-1$，分别代表W_0和W_{-1}分支。

由上面的分析不难看出，在图 7-6 的区域 A 和区域 B 中，对于任何一个点(a,b)，一旦得到其分岔规律，则其他任何一个点(a_k, b_k)，其分岔规律利用式（7-50）和式（7-51）的结果，即可直接推得。

7.3.4　小结

本节利用朗伯 W 函数，分析讨论了式（7-18）所示简单的一阶单时滞系统的 OEB 和 ODB 的规律。相关内容是后续进行多时滞系统分岔分析的基础，在 7.4 节，我们就希望将本节的方法推广应用到高维时滞系统中，分析其 OEB 和 ODB 的内在规律。

7.4　二阶单时滞系统的 OEB 判断方法

由 7.3 节内容可知，时滞系统的 OEB 和 ODB 可看成互为相反的两个过程，为此从本节开始，将仅考虑 OEB 情况。在推导高阶系统 OEB 判别方法过程中，本节首先讨论二阶系统的情况。

7.4.1　OEB 分岔判别方法

在讨论高维复杂时滞系统的 OEB 前，我们先讨论如下二维时滞系统，即

$$\begin{bmatrix} \dot{x}_1 \\ \dot{x}_2 \end{bmatrix} = \begin{bmatrix} a_1 & a_2 \\ a_3 & a_4 \end{bmatrix} \begin{bmatrix} x_1 \\ x_2 \end{bmatrix} + \begin{bmatrix} b_1 & b_2 \\ b_3 & b_4 \end{bmatrix} \begin{bmatrix} x_1(t-\tau) \\ x_2(t-\tau) \end{bmatrix} \tag{7-56}$$

式中，$\boldsymbol{x} = [x_1, x_2]^{\mathrm{T}} \in \mathbf{R}^2$ 为系统状态变量；$a_i, b_i \in \mathbf{R}, i = 1,2,3,4$ 为任意系数；$\tau > 0$ 为系统的时滞常数。

当$\tau = 0$，即不考虑时滞时，式（7-56）系统退化为如下的线性常微分方程，即

$$\begin{bmatrix} \dot{x}_1 \\ \dot{x}_2 \end{bmatrix} = \bar{\boldsymbol{A}} \begin{bmatrix} x_1 \\ x_2 \end{bmatrix} \tag{7-57}$$

式中

$$\bar{A}=\begin{bmatrix} a_1+b_1 & a_2+b_2 \\ a_3+b_3 & a_4+b_4 \end{bmatrix} \tag{7-58}$$

由线性微分动力系统的特性可知，对于式（7-57）所示系统，其特征值存在两种情况：两个实特征值或一对共轭特征值。我们仅考虑系统的 OEB，它指示了系统的实特征值变为共轭特征值的过程，因此这里仅考虑系统（7-57）存在两个实特征值的情况。设两特征值为$s_1, s_2 \in \mathbf{R}$，并假设系统在不含时滞时处于稳定状态，可知此时s_1, s_2为两个负实数，为此令

$$s_1 < s_2 < 0 \tag{7-59}$$

当$\tau > 0$时，式（7-56）系统的特征方程可表示为

$$\det\left\{\begin{bmatrix} s-a_1 & -a_2 \\ -a_3 & s-a_4 \end{bmatrix} - \begin{bmatrix} b_1 & b_2 \\ b_3 & b_4 \end{bmatrix}\mathrm{e}^{-\tau s}\right\}=0 \tag{7-60}$$

经简单推导，可将式（7-60）表示为如下特征根s的多项式形式，即

$$s^2+c_1 s+c_2+c_3\mathrm{e}^{-\tau s}s+c_4\mathrm{e}^{-\tau s}+c_5(\mathrm{e}^{-\tau s})^2=0 \tag{7-61}$$

式中，$c_1=-(a_1+a_4)$；$c_2=a_1a_4-a_2a_3$；$c_3=-(b_1+b_4)$；$c_4=a_1b_4+a_4b_1-(a_2b_3+a_3b_2)$；$c_5=b_1b_4-b_2b_3$。

为简化公式推导，令式（7-61）中的$\mathrm{e}^{-\tau s}=D$，则其可以表示为

$$\mathrm{CE}(s,D)=s^2+c_1s+c_2+c_3Ds+c_4D+c_5D^2=0 \tag{7-62}$$

进一步，我们希望将式（7-62）变换为

$$\mathrm{CE}(s,D)=(s+x+wD)(s+z+yD)-v=0 \tag{7-63}$$

为此，将式（7-63）展开可得

$$\mathrm{CE}(s,D)=s^2+(x+z)s+(xz\text{-}v)+(w+y)Ds+(wz+xy)D+wyD^2=0 \tag{7-64}$$

将式（7-64）和式（7-62）联立，可得

$$\begin{cases} x+z=c_1 \\ xz-v=c_2 \\ w+y=c_3 \\ wz+xy=c_4 \\ wy=c_5 \end{cases} \tag{7-65}$$

经简单推导，可得

$$w=\frac{c_3\pm\sqrt{c_3^2-4c_5}}{2} \tag{7-66}$$

$$y = c_3 - w \tag{7-67}$$

$$z = (yc_1 - c_4)/(y - w) \tag{7-68}$$

$$x = c_1 - z \tag{7-69}$$

$$v = xz - c_2 \tag{7-70}$$

进一步，我们分两种情况来讨论，情况一：$c_3^2 - 4c_5 \geqslant 0$；情况二：$c_3^2 - 4c_5 < 0$。

1. 情况一

对于情况一，由式（7-66）可知，无论式中的符号取加号还是减号，w 均为实数，由于其他系数 y,z,x,v 均与 w 直接相关，它们也全部为实数。此时，我们可以按如下方式，对特征方程（7-63）进行变换，即

$$(s + x + wD)(s + z + yD) = v \tag{7-71}$$

$$\Leftrightarrow \frac{s + x + wD}{v} = \frac{1}{s + z + yD} := K \tag{7-72}$$

$$\Leftrightarrow \begin{cases} s + x + wD = Kv \\ s + z + yD = 1/K \end{cases} \tag{7-73}$$

式中，K 是在推导过程中引入的临时变量，由式（7-72）给出其定义。不难看到，当系统的时滞为零（$\tau = 0$）时，$D = 1$，不难看到此时参数 K 也为一个实数。

由式（7-73）的第一式，我们可解得

$$D = \mathrm{e}^{-\tau s} = -\frac{1}{w}(s + x - Kv) \tag{7-74}$$

进一步，令 $a_{0,1} = -\frac{1}{w}, r_1 = Kv - x, c_1 = \tau$，并利用式（7-21）和其对应的解（7-26）可得

$$s = S_1(s) = r_1 + \frac{1}{c_1} W\left(\frac{c_1 \mathrm{e}^{-c_1 r_1}}{a_{0,1}}\right) \tag{7-75}$$

由式（7-73）的第二式，我们可解得

$$D = \mathrm{e}^{-\tau s} = -\frac{1}{y}(s + z - 1/K) \tag{7-76}$$

类似地，令 $a_{0,2} = -\frac{1}{y}, r_2 = 1/K - z, c_2 = \tau$，并利用式（7-21）和其对应的解（7-26）可得

$$s = S_2(s) = r_2 + \frac{1}{c_2} W\left(\frac{c_2 \mathrm{e}^{-c_2 r_2}}{a_{0,2}}\right) \tag{7-77}$$

至此，我们可以看到，一旦系统的时滞τ数值给定，则我们直接联立式（7-75）和式（7-77）即可求解得到此时的系统特征值s和对应的参数K。当然，我们也可通过其他途径得到时滞系统的特征值，然后利用式（7-72）的定义，推导得到此时对应的参数K的取值。利用式（7-27）的参数定义，由式（7-75）和式（7-77）可得

$$z_1 = \frac{c_1 \mathrm{e}^{-c_1 r_1}}{a_{0,1}} = f_1(\tau) \tag{7-78}$$

$$z_2 = \frac{c_2 \mathrm{e}^{-c_2 r_2}}{a_{0,2}} = f_2(\tau) \tag{7-79}$$

进一步，我们就可以直接利用 7.3 节中所给 OEB 判别方法，通过z_1, z_2随时滞τ的变化规律来判断系统是否出现 OEB 了。

2. 情况二

对于情况二，由式（7-66）可知，此时无论式中的符号取加号还是减号，w均为复数（虚部不为零），且导致其他与之相关的系数y,z,x,v均为复数，因此无法直接利用 7.3 节中的判别方法进行 OEB 的判别。为此，我们首先将式（7-62）变换为

$$\mathrm{CE}(s,D) = (s+x+wD)(s+z+yD) - qDs - v = 0 \tag{7-80}$$

式中，x,y,z,w,v为待求参数，而q为引入的一个任意常数。将式（7-80）展开后可得

$$\mathrm{CE}(s,D) = s^2 + (x+z)s + (xz\text{-}v) + (w+y-q)Ds + (wz+xy)D + wyD^2 = 0 \tag{7-81}$$

由此可得

$$\begin{cases} x+z=c_1 \\ xz-v=c_2 \\ w+y=c_3+q \\ wz+xy=c_4 \\ wy=c_5 \end{cases} \tag{7-82}$$

对式（7-82）进行简单求解，可得

$$w = \frac{c_3+q \pm \sqrt{(c_3+q)^2-4c_5}}{2} \tag{7-83}$$

$$y = c_3+q-w = \frac{c_3+q \mp \sqrt{(c_3+q)^2-4c_5}}{2} \tag{7-84}$$

$$z = (yc_1-c_4)/(y-w) \tag{7-85}$$

$$x = c_1 - z \tag{7-86}$$

$$v = xz - c_2 \tag{7-87}$$

q 是为推导方便引入的中间变量，可任意取值，为避免上述参数再次出现复数情况，需要保证

$$(c_3 + q)^2 - 4c_5 \geqslant 0 \tag{7-88}$$

由此可得

$$q \geqslant -c_3 + 2\sqrt{c_5} \quad 或 \quad q \leqslant -c_3 - 2\sqrt{c_5} \tag{7-89}$$

为简单起见，不妨设

$$(q+c_3)^2 = 5c_5 \Rightarrow q = -c_3 + \sqrt{5c_5} \tag{7-90}$$

将其代入式（7-83）和式（7-84）可得

$$w = \frac{c_3 + q \pm \sqrt{(c_3 + q)^2 - 4c_5}}{2} = \frac{(\sqrt{5} \pm 1)\sqrt{c_5}}{2} \tag{7-91}$$

$$y = c_3 + q - w = \frac{(\sqrt{5} \mp 1)\sqrt{c_5}}{2} \tag{7-92}$$

由于此时系统满足 $c_3^2 < 4c_5$，不难看出 w, y 均为实数，再由式（7-85）～式（7-87）所给各待求系数之间的关系可知，x, y, z, w, v, q 此时也都为实数。进一步，在式（7-80）的基础上做如下变换，即

$$(s + x + wD)(s + z + yD) = v + qDs := M \tag{7-93}$$

$$\Leftrightarrow \begin{cases} (s + x + wD)(s + z + yD) = M \\ v + qDs = M \end{cases} \tag{7-94}$$

式（7-94）的 M 与第一种情况类似，是在推导过程中引入的待求系数。对于式（7-94）的第一式，我们可以直接利用情况一推导过程，得到式（7-75）和式（7-77）所示结果，在此过程中，只需将式中的 v 换为 M，这里不再赘述。

对于式（7-94）的第二式，采用如下方式进行变换，即

$$Ds = (M - v) / q \tag{7-95}$$

$$\Leftrightarrow \mathrm{e}^{-\tau s} s = (M - v) / q \tag{7-96}$$

$$\Leftrightarrow \mathrm{e}^{-\tau s}(-\tau s) = \tau(v - M) / q \tag{7-97}$$

$$\Leftrightarrow s = \frac{W(z_3)}{-\tau} \tag{7-98}$$

式中

$$z_3 = \tau(v - M) / q \tag{7-99}$$

最后，与第一种情况类似，将式（7-75）、式（7-77）和式（7-98）联立，即可求解时滞系统的特征值s，同时还能求得中间变量K,M；进一步，可利用式（7-78）、式（7-79）和式（7-99）进行OEB的判别。当然，也可以通过其他方式，求得系统的特征值s，进而求得特征方程相关系数以及K,M取值，并利用式（7-78）、式（7-79）和式（7-99）进行OEB的判别。

7.4.2　系统示例

考虑如下二阶单时滞系统，即

$$\begin{bmatrix}\dot{x}_1\\ \dot{x}_2\end{bmatrix}=\boldsymbol{A}\begin{bmatrix}x_1\\ x_2\end{bmatrix}+\boldsymbol{A}_1\begin{bmatrix}x_1(t-\tau)\\ x_2(t-\tau)\end{bmatrix} \tag{7-100}$$

式中，$\boldsymbol{A},\boldsymbol{A}_1\in\mathbf{R}^{2\times2}$；$x_1,x_2\in\mathbf{R};\tau\geqslant 0$。

1. 算例一

对于式（7-100）所示系统，令其中矩阵$\boldsymbol{A},\boldsymbol{A}_1$的取值为

$$\boldsymbol{A}=\begin{bmatrix}1 & -3\\ 5 & -6\end{bmatrix} \tag{7-101}$$

$$\boldsymbol{A}_1=\begin{bmatrix}-4 & 4\\ 2 & -3\end{bmatrix} \tag{7-102}$$

当系统不存在时滞，即$\tau=0$时，有

$$\bar{\boldsymbol{A}}=\boldsymbol{A}+\boldsymbol{A}_1=\begin{bmatrix}-3 & 1\\ 7 & -9\end{bmatrix} \tag{7-103}$$

$$\mathrm{eig}(\bar{\boldsymbol{A}})=[s_1,s_2]=[-2.0,-10.0] \tag{7-104}$$

进一步，我们可以判断，$c_3^2-4c_5=33.0>0$，因此该系统对应于上述提到的第一种情况，因此可以利用对应方法进行OEB的判别。

由于待研究系统较为简单，我们让时滞τ从零缓慢增长，采用数值方法可直接求解系统特征值随时滞变化的轨迹，所得结果绘于图7-15。由前面分析可知，系统在$\tau=0$时存在两个实特征值：$s_1=-2.0$和$s_2=-10.0$。在τ从零开始的增长过程中，自s_1出发的特征值轨迹始终在实轴上运动，运动范围很小且性质未发生任何变化。而自s_2出发的系统特征值轨迹，随着τ取值的增大，首先向右侧运动（图中箭头指示了时滞增大的方向），然后至A点处，系统的实特征值变为一对共轭特征值（图中共轭特征值只绘出实轴以上部分，下同），系统在此处发生了I型OEB。进一步，图7-16绘出了系统特征值虚部随τ取值增大的变化情况，我们可以清晰地看到，τ取值在0.0476s出现了OEB，与s_2对应的系统实数特征值轨迹在分岔点处裂变为一对共轭特征值。

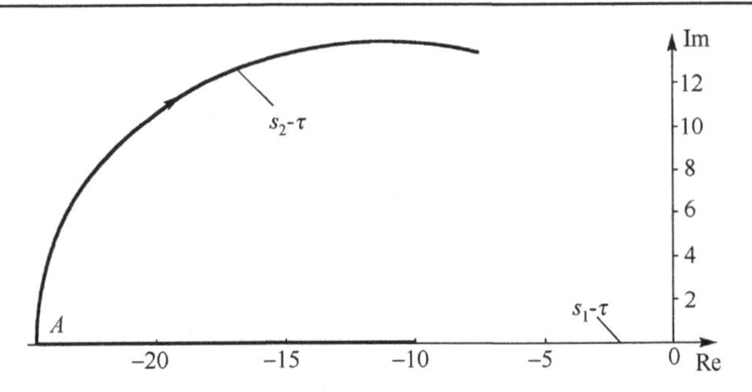

图 7-15　时滞系统特征值随时滞增加的变化曲线

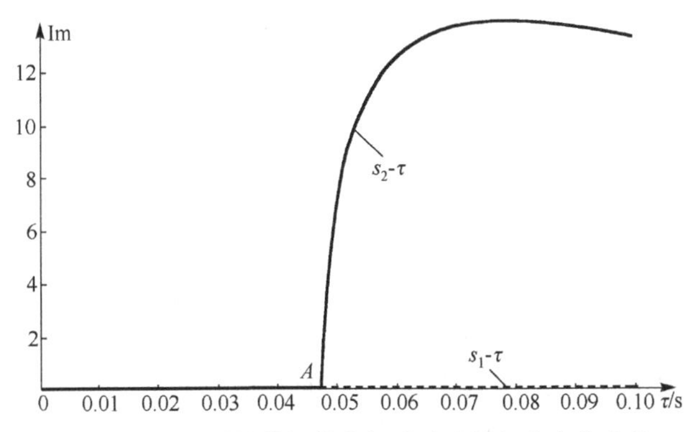

图 7-16　时滞系统特征值虚部随时滞增加的变化曲线

进一步，利用本节所介绍的方法，计算系统对应 z_1-τ 和 z_2-τ 曲线，所得结果示于图 7-17。其中，实线和虚线分别对应于 z_1, z_2 取值为实数和复数的情况。从图中不难看出以下几点。

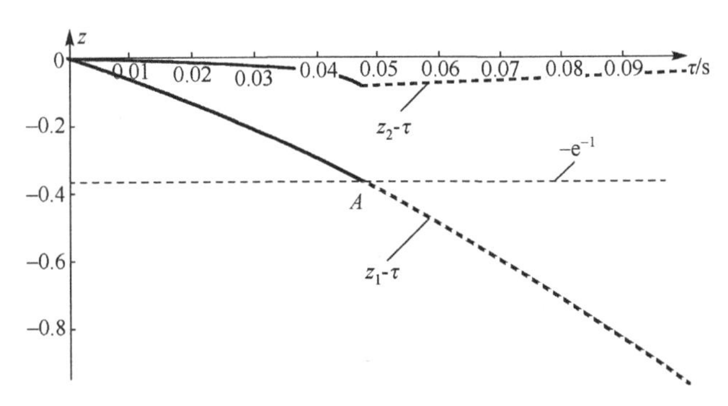

图 7-17　时滞系统的 z_1-τ 和 z_2-τ 曲线

（1）系统的 OEB 是由 z_1-τ 曲线所决定的，即在图 7-17 的 A 点处，z_1-τ 曲线穿越了 $z_i = -\mathrm{e}^{-1}$ 水平线，其中 A 点的坐标为：$(0.0476\mathrm{s}, -1/\mathrm{e})$。同时我们知道，当 τ 的取值大于了 OEB 处的取值后，系统对应特征值将变为复数，而根据 z_1, z_2 的定义可知，此

时它们也同时由实数变为复数。表现在图 7-17 中，我们可以看到，从左至右，z_1, z_2 两条曲线在 A 点处同时由实线变为虚线。这一情况在后续算例中均会遇到，此处不再赘述。

（2）本节所给 OEB 判别方法，可以准确地指示系统出现的 I 型 OEB 点。

2. 算例二

对于式（7-100）所示系统，令其中矩阵 $\boldsymbol{A}, \boldsymbol{A}_1$ 的取值为

$$\boldsymbol{A}=\begin{bmatrix}1 & 2\\5 & -6\end{bmatrix} \tag{7-105}$$

$$\boldsymbol{A}_1=\begin{bmatrix}-4 & -1\\2 & -3\end{bmatrix} \tag{7-106}$$

当系统不存在时滞，即 $\tau=0$ 时，有

$$\bar{\boldsymbol{A}}=\boldsymbol{A}+\boldsymbol{A}_1=\begin{bmatrix}-3 & 1\\7 & -9\end{bmatrix} \tag{7-107}$$

$$\mathrm{eig}(\bar{\boldsymbol{A}})=[s_1, s_2]=[-2.0, -10.0] \tag{7-108}$$

进一步，我们可以判断，$c_3^2-4c_5=-7.0<0$，因此可知该系统属于上述提到的第二种情况，因此可以利用对应的方法进行 OEB 的判别和分析。

图 7-18 绘出了系统的特征值随时滞增加的变化轨迹。我们从中可以看到，随着时滞 τ 的增大，系统的两个初始特征值 $s_1=-2.0$ 和 $s_2=-10.0$，在实轴上彼此靠近，最后在 B 点相遇，随后它们变为一对共轭复特征值，并向右侧进一步运动。毫无疑问，在 B 点处，系统出现了一个 OEB。同时由于在分岔前后，系统并未出现特征值个数的变化，该分岔属于 II 型 OEB。

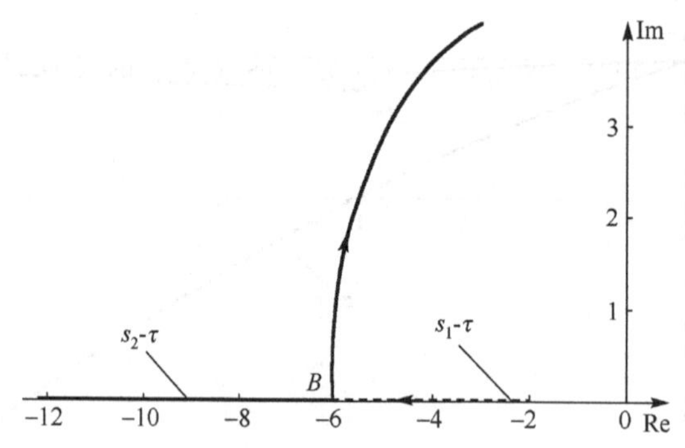

图 7-18　时滞系统特征值随时滞增加的变化曲线

事实上，特征值 s_2 在 τ 增大过程中的变化规律较为复杂，它首先向左侧运动，在到达最左侧后掉头向右，并在 B 点处与 s_1 相遇。这一过程可通过图 7-19 看到，该图绘出了随着 τ 的增大，系统两个特征值对应实部的变化轨迹。

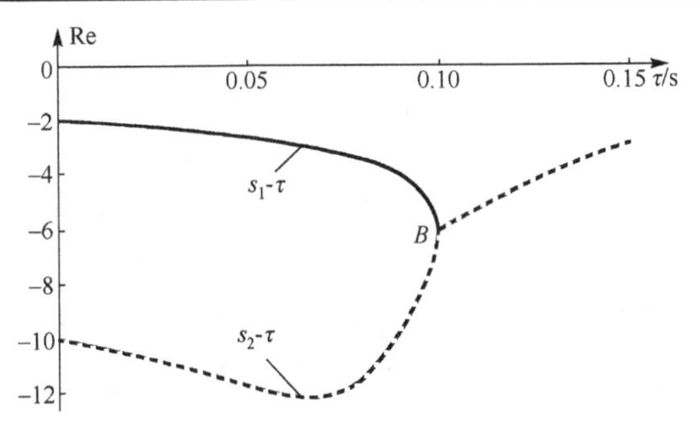

图 7-19　时滞系统特征值实部随时滞增加的变化曲线

图 7-20 和图 7-21 绘制了在 τ 增大过程中，z_1-τ,z_2-τ 和 z_3-τ 的变化曲线。需要指出的是，在 τ 增大过程中，s_1,s_2 均与 OEB 相关，因此会得到两组与它们对应的 $z_i-\tau, i=1,2,3$ 曲线，分别由两图绘出。我们可以看到，无论利用 s_1 还是 s_2 特征值对应的 z_i-τ 曲线，本章所给方法均能在 B 点处准确指示系统发生了 OEB，且都是由 z_1-τ 曲线指示的分岔点。

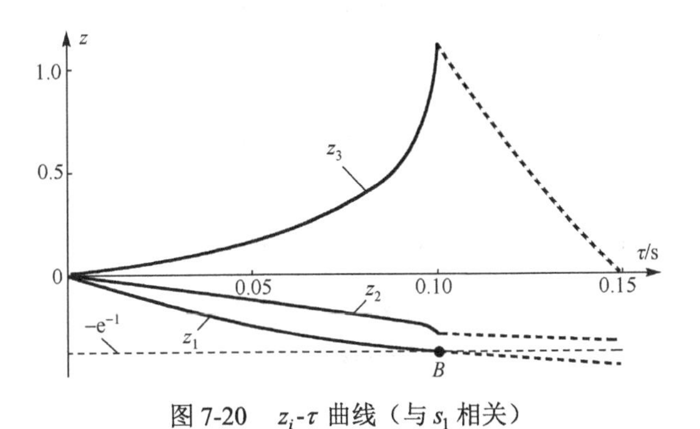

图 7-20　z_i-τ 曲线（与 s_1 相关）

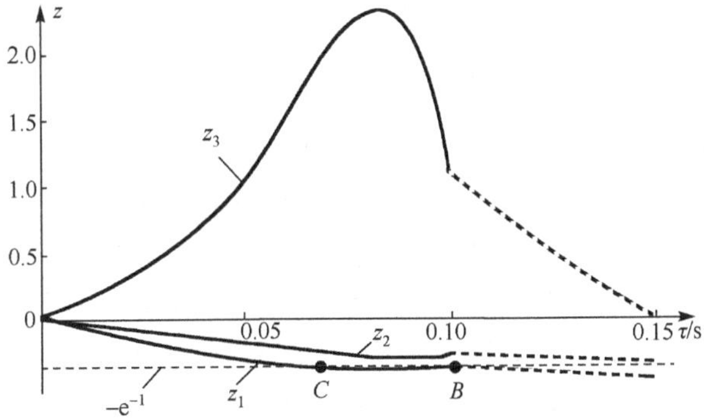

图 7-21　z_i-τ 曲线（与 s_2 相关）

进一步观察，我们会发现，图 7-20 中的 z_1-τ 曲线呈现单调递减的变化趋势，在 B 点处 $(0.10068, -1/\mathrm{e})$ 它穿越了 $z_i = -\mathrm{e}^{-1}$ 水平线，由式（7-16）所给条件，可知系统在交点处发生了 OEB。与之相比，图 7-21 中 z_1-τ 曲线的变化轨迹要复杂一些，图 7-22 给出了图 7-21 中两个黑点区域的局部放大图。从图 7-22(a)可以观察到，z_1-τ 曲线在左侧的 C 点 $(0.07032, -1/\mathrm{e})$ 处与 $z_i = -\mathrm{e}^{-1}$ 水平线出现了相切的情况，但它并未穿越该水平线，由式（7-16）所给条件可知，此时系统并未出现 OEB；而在图 7-22(b)的 B 点处，z_1-τ 曲线穿越了 $z_i = -\mathrm{e}^{-1}$ 水平线，从而诱发系统出现了 OEB。

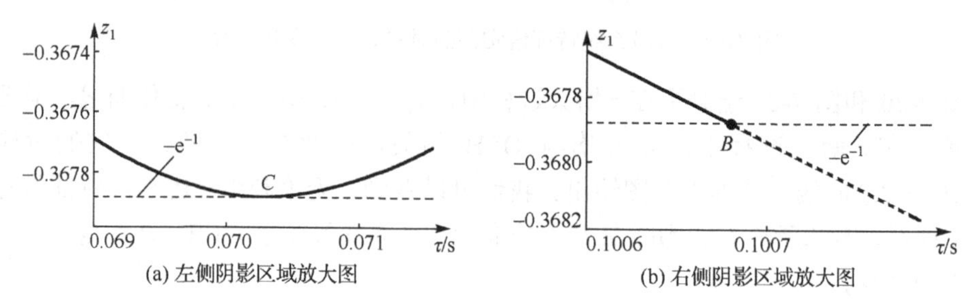

图 7-22　图 7-21 的两个阴影区域局部放大图

3. 算例三

对于式（7-100）所示系统，考虑如下矩阵 $\boldsymbol{A}, \boldsymbol{A}_1$，即

$$\boldsymbol{A} = \begin{bmatrix} -0.6324 & -0.2785 \\ -0.0975 & -0.5469 \end{bmatrix} \tag{7-109}$$

$$\boldsymbol{A}_1 = \begin{bmatrix} -0.9575 & -0.1576 \\ -0.9649 & -0.9706 \end{bmatrix} \tag{7-110}$$

当系统不存在时滞，即 $\tau = 0$ 时，有

$$\overline{\boldsymbol{A}} = \boldsymbol{A} + \boldsymbol{A}_1 = \begin{bmatrix} -1.5899 & -0.4361 \\ -1.0624 & -1.5175 \end{bmatrix} \tag{7-111}$$

$$\mathrm{eig}(\overline{\boldsymbol{A}}) = [s_1, s_2] = [-0.8721, -2.2353] \tag{7-112}$$

进一步，我们可以判断，$c_3^2 - 4c_5 = 0.6084 > 0$，因此该系统属于上述提到的第一种情况，因此可以利用对应的方法进行 OEB 的判别和分析。

图 7-23 绘出了该系统的两个特征值随时滞增加的变化轨迹。从图中可以看到，随着时滞 τ 的增大，系统的两个初始特征值 $s_1 = -0.8721$ 和 $s_2 = -2.2353$ 变化规律基本相同，都是首先沿着实轴向左侧运动，在到达最左侧后（分别对应于图 7-23 中的 A 点和 B 点），每一个特征值均分裂为一对共轭特征值（系统在到达 A 点和 B 点时，对应的 τ 的取值不同），不难看出，系统在此过程中发生了两次 OEB 且均为 I 型 OEB。

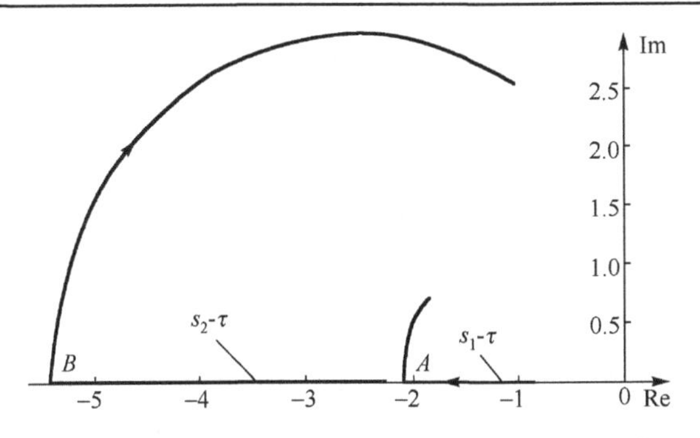

图 7-23　时滞系统特征值随时滞增加的变化曲线

采用本节所给方法，求解在时滞 τ 取值增大过程中，与 s_1,s_2 两个特征值对应的 z_1-τ 和 z_2-τ 曲线，所得结果分别示于图 7-24 和图 7-25，其中，图(a)绘出了系统对应的特征值虚部，在此过程中的变化曲线；图(b)则是相应的 z_i-$\tau,i=1,2$ 曲线。从两图可以看出，本节所给方法都能精确地指示系统出现的两个 OEB 点，A 点对应的 OEB，与 z_2-τ 曲线穿越 $z_i=-\mathrm{e}^{-1}$ 水平线相关；而 B 点对应的 OEB，则与 z_1-τ 曲线穿越 $z_i=-\mathrm{e}^{-1}$ 水平线相关。

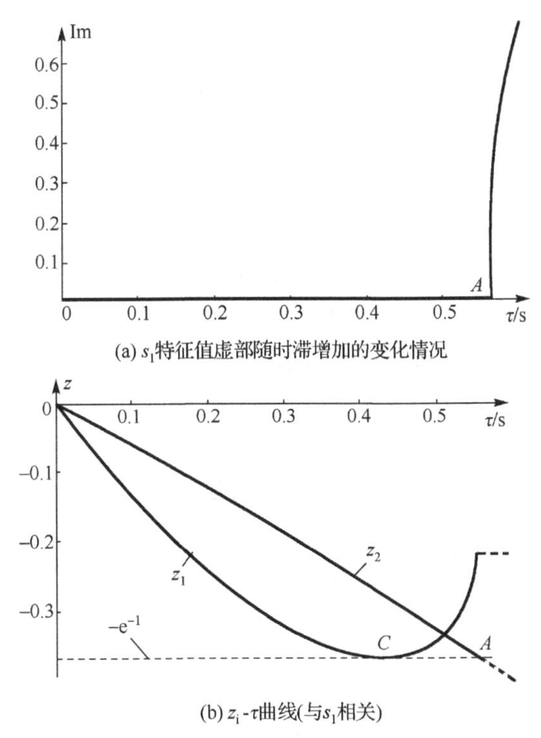

图 7-24　s_1 特征值虚部 z_i-τ 曲线（与 s_1 相关）

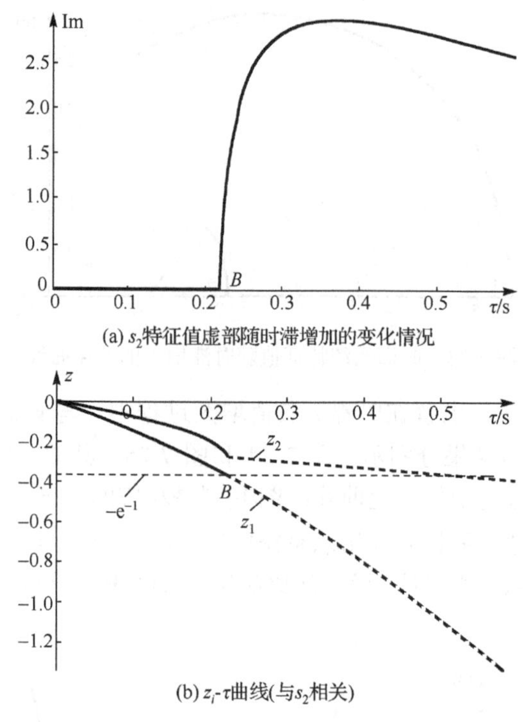

(a) s_2特征值虚部随时滞增加的变化情况

(b) z_i-τ曲线(与s_2相关)

图 7-25　s_2 特征值虚部及 z_i-τ 曲线（与 s_2 相关）

7.4.3　小结

本节针对二阶线性单时滞系统，首先推导了 OEB 的判别方法，进一步通过三个典型算例，示意分析了二阶单时滞系统 OEB 可能存在的三种场景，计算结果表明，所给方法均能很好地指示系统出现的 OEB 点。

同时通过上述算例分析，我们还可以看到，由于时滞系统的非线性特征非常明显，z_i-τ 曲线的变化规律较为复杂，如在算例二的图 7-21 和算例三的图 7-24(b)中，均出现了 z_i-τ 曲线与 $z_i=-\mathrm{e}^{-1}$ 水平线相切的情况，是什么导致这一情况的出现，是否通过更为有效的变换方法，可避免这一情况的出现还需要进一步加以研究。

7.5　高阶单时滞系统的 OEB 判断方法

有了前面两节的基础，我们就可以利用其结果进一步研究高阶单时滞系统中的 OEB 了，而所给判别方法的基本原理，就是将高阶时滞系统的特征方程，变换为多个一阶单时滞系统特征方程或二阶单时滞系统特征方程相乘的形式，则对于每一个乘子项，就可以直接利用前面两节的方法来进行分析。同时对高阶系统的判别结果进行验证，本节同时给出适用于高阶时滞系统特征值轨迹的追踪方法。

7.5.1 OEB 分岔判别方法

考虑如下高阶单时滞系统，即

$$\dot{\boldsymbol{x}} = \boldsymbol{A}\boldsymbol{x} + \boldsymbol{A}_1\boldsymbol{x}(t-\tau) \tag{7-113}$$

式中，$\boldsymbol{A}, \boldsymbol{A}_1 \in \mathbf{R}^{n\times n}$；$\boldsymbol{x} \in \mathbf{R}^n$；$\tau \geqslant 0$。其特征方程可以表示为

$$\mathrm{CE}(s,D) = \sum_{i=0}^{n}[p_{n-i}(s)D^i] = 0 \tag{7-114}$$

式中，$D := \mathrm{e}^{-\tau s}$，$p_{n-i}(s)$ 为如下形式的 s 多项式，即

$$p_{n-i}(s) = \sum_{j=0}^{n-i} a_j s^j \tag{7-115}$$

当式（7-113）所给系统的阶数 n 在 1～5 取值时，其特征方程的通用表达式列于表 7-2。除最高幂 s^n 系数为 1 外，其他 s 幂的系数依次定义为 $a_1, a_2, \cdots, a_{N_S}$，系数总的数目 N_S 为

$$N_S = \sum_{i=1}^{n}(i+1) \tag{7-116}$$

需要指出的是，表 7-2 给出的特征值表达式是最复杂的情况，因为在某些情况下，式中的一些系数可能为零，从而形式较为简单。

表 7-2　1～5 阶单时滞系统特征方程通用表达式

n	特征方程	N_S
1	$s + a_1 + a_2 D = 0$	2
2	$s^2 + a_1 s + a_2 + (a_3 s + a_4)D + a_5 D^2 = 0$	5
3	$s^3 + a_1 s^2 + a_2 s + a_3 + (a_4 s^2 + a_5 s + a_6)D + (a_7 s + a_8)D^2 + a_9 D^3 = 0$	9
4	$s^4 + a_1 s^3 + a_2 s^2 + a_3 s + a_4 + (a_5 s^3 + a_6 s^2 + a_7 s + a_8)D + (a_9 s^2 + a_{10} s + a_{11})D^2 + (a_{12} s + a_{13})D^3 + a_{14} D^3 = 0$	14
5	$s^5 + a_1 s^4 + a_2 s^3 + a_3 s^2 + a_4 s + a_5 + (a_6 s^4 + a_7 s^3 + a_8 s^2 + a_9 s + a_{10})D + (a_{11} s^3 + a_{12} s^2 + a_{13} s + a_{14})D^2 + (a_{15} s^2 + a_{16} s + a_{17})D^3 + (a_{18} s + a_{19})D^4 + a_{20} D^5 = 0$	20

前面已提到，在进行高阶时滞系统 OEB 判别时，我们希望能够利用前面得到的一阶和二阶时滞系统已有结果。为此，我们的目的就是将高维系统的特征方程，转化为一阶或二阶时滞系统特征方程相乘的形式，然后再利用前面已有的研究结果，实现对高阶系统 OEB 的分析判断。为此，我们首先回顾一下二阶系统的情形。当 $n=2$ 时，系统的特征方程通用表达式为

$$\mathrm{CE}_2(s,D) = s^2 + a_1 s + a_2 + (a_3 s + a_4)D + a_5 D^2 \tag{7-117}$$

通过变换，我们希望得到的是如下结果，即

$$\mathrm{CE}_2(s,D) = (s + b_1 + b_2 D)(s + b_3 + b_4 D) - b_5 \tag{7-118}$$

或者

$$\mathrm{CE}_2(s,D)=(s+b_1+b_2D)(s+b_3+b_4D)-b_sDs-b_5 \tag{7-119}$$

当式（7-117）中 $a_i,i=1,2,\cdots,5$ 已知时，一种情况（二阶系统的情况一）是可以直接联立式（7-117）和式（7-118），从而解得系数 $b_i,i=1,2,\cdots,5$；另一种情况是在实数域无法得到式（7-118）中的系数（二阶系统的情况二），则可引入一个预先设定的系数 $b_s\in\mathbf{R}$，从而通过联立式（7-117）和式（7-119），求得相关系数 $b_i,i=1,2,\cdots,5$。进一步就可利用 7.4 方法进行 OEB 的判别了。

与这一过程类似，我们来考虑三阶系统的情况，当 $n=3$ 时，系统的特征方程通用表达式为

$$\mathrm{CE}_3(s,D)=s^3+a_1s^2+a_2s+a_3+(a_4s^2+a_5s+a_6)D+(a_7s+a_8)D^2+a_9D^3=0 \tag{7-120}$$

为利用 $n=2$ 的结果，我们希望将式（7-120）转换为如下形式，即

$$\mathrm{CE}_3'(s,D)=\mathrm{CE}_2'(s,D)\cdot(s+b_6+b_7D)-(b_8s+b_9)=0 \tag{7-121}$$

通过式（7-120）和式（7-121）联立求解，可得式（7-121）中的系数 $b_i,i=1,2,\cdots,9$。进一步，令

$$\mathrm{CE}_2'(s,D)=(s+b_1+b_2D)(s+b_3+b_4D)-b_5=K \tag{7-122}$$

则式（7-122）可变换为

$$\frac{s+b_6+b_7D}{b_8s+b_9}=\frac{1}{K} \tag{7-123}$$

对式（7-122）可直接利用 7.4 节二阶系统的处理方法，而式（7-123）则经简单处理后，即可变换为一阶时滞系统特征的表达式，因此可利用相关判据进行分析。这样对于三阶系统 OEB 的判别，就转化为对一个二阶和一阶系统特征方程的判别了。

当系统维数增大后，仍可以采用类似的处理方法，如 $n=4$ 时，变换后的特征方程表达式为

$$\mathrm{CE}_4'(s,D)=\mathrm{CE}_3'(s,D)\cdot(s+b_{10}+b_{11}D)-(b_{14}s^2+b_{13}s+b_{14})=0 \tag{7-124}$$

再如，$n=5$ 时，变换后的特征方程表达式为

$$\mathrm{CE}_5'(s,D)=\mathrm{CE}_4'(s,D)\cdot(s+b_{15}+b_{16}D)-(b_{17}s^3+b_{18}s^2+b_{19}s+b_{20})=0 \tag{7-125}$$

然后再采用类似方式将上述的 s,D 的各个多项式转化为二阶和一阶的组合形式，从而实现 OEB 的判别。其他高维情况与之类似，不再赘述。

7.5.2 高阶时滞系统特征值追踪算法

从 7.5.1 节推导高阶时滞系统 OEB 判别方法的过程中，我们可以看到，高阶时滞系统的判别过程非常复杂。在这一过程中，尽管我们仍可以利用朗伯函数来求解时滞

系统的特征值（如对于二阶时滞系统，可通过式（7-75）、式（7-77）和式（7-98）联立求解其特征值），但系统维数较高时，该方法的计算效率较低。为了对所给 OEB 判别方法进行校验，本节将推导一种求解时滞系统特征值的有效方法。

考虑式（7-126）所示的高阶多时滞系统，即

$$\dot{\boldsymbol{x}} = \boldsymbol{A}\boldsymbol{x} + \sum_{i=1}^{k} \boldsymbol{A}_i \boldsymbol{x}(t - \tau_i) \tag{7-126}$$

式中，$\boldsymbol{x} \in \mathbf{R}^n$ 为系统状态变量；$\boldsymbol{x}(t-\tau_i) \in \mathbf{R}^n$ 为系统时滞状态变量；$\tau_i > 0, i = 1, 2, \cdots, k$ 为时滞常数；$\boldsymbol{\tau} = [\tau_1, \tau_2, \cdots, \tau_k]$ 为时滞向量；$\boldsymbol{A}, \boldsymbol{A}_i \in \mathbf{R}^{n\times n}, i = 1, 2, \cdots, k$ 为实数矩阵。

式（7-126）的特征方程为

$$\det\left[s\boldsymbol{I} - \boldsymbol{A} - \sum_{i=1}^{k} \boldsymbol{A}_i \mathrm{e}^{-s\tau_i} \right] = 0 \tag{7-127}$$

式中，$\boldsymbol{I} \in \mathbf{R}^{n\times n}$ 为单位矩阵；s 为时滞系统特征值。

为便于描述，不妨假设

$$\overline{\boldsymbol{A}} = \boldsymbol{A} + \sum_{i=1}^{k} \boldsymbol{A}_i \mathrm{e}^{-s\tau_i} \tag{7-128}$$

不难看出，矩阵 $\overline{\boldsymbol{A}}$ 将是系统特征值 s 和时滞向量 $\boldsymbol{\tau}$ 的函数，一般为一个复矩阵。根据特征值的定义，若 s 为时滞系统的一个特征值，则有如下关系存在，即

$$\overline{\boldsymbol{A}}\boldsymbol{v} = s\boldsymbol{v} \tag{7-129}$$

式中，$\boldsymbol{v}$ 为与特征值 s 相对应的右特征向量。

进一步，将 $s, \boldsymbol{v}$ 和矩阵 $\overline{\boldsymbol{A}}$ 表示为实部和虚部相加形式，即

$$s = s_{\mathrm{R}} + \mathrm{j}s_{\mathrm{I}} \tag{7-130}$$

$$\boldsymbol{v} = \boldsymbol{v}_{\mathrm{R}} + \mathrm{j}\boldsymbol{v}_{\mathrm{I}} \tag{7-131}$$

$$\overline{\boldsymbol{A}} = \overline{\boldsymbol{A}}_{\mathrm{R}} + \mathrm{j}\overline{\boldsymbol{A}}_{\mathrm{I}} \tag{7-132}$$

式中，$s_{\mathrm{R}}, s_{\mathrm{I}}$ 为特征值 s 的实部和虚部；$\boldsymbol{v}_{\mathrm{R}}, \boldsymbol{v}_{\mathrm{I}}$ 为特征向量 $\boldsymbol{v}$ 的实部和虚部；$\overline{\boldsymbol{A}}_{\mathrm{R}}, \overline{\boldsymbol{A}}_{\mathrm{I}}$ 为矩阵 $\overline{\boldsymbol{A}}$ 的实部和虚部。将式（7-130）～式（7-132）代入式（7-128），经推导可得

$$\overline{\boldsymbol{A}}_{\mathrm{R}} = \mathrm{Re}(\overline{\boldsymbol{A}}) = \boldsymbol{A} + \sum_{i=1}^{k} \boldsymbol{A}_i \mathrm{e}^{-s_{\mathrm{R}}\cdot\tau_i} \cos(s_{\mathrm{I}} \cdot \tau_i) \tag{7-133}$$

$$\overline{\boldsymbol{A}}_{\mathrm{I}} = \mathrm{Im}(\overline{\boldsymbol{A}}) = -\sum_{i=1}^{k} \overline{\boldsymbol{A}}_i \mathrm{e}^{-s_{\mathrm{R}}\cdot\tau_i} \sin(s_{\mathrm{I}} \cdot \tau_i) \tag{7-134}$$

进一步，我们可以知道，若 s 为时滞系统的一个特征值，$\boldsymbol{v}$ 为其对应的特征向量，则它们必为如下优化模型的最优解，即

$$\min\ f(s) \tag{7-135}$$

$$\text{s.t. } \bar{\boldsymbol{A}}_{\text{R}}\boldsymbol{\nu}_{\text{R}} - \bar{\boldsymbol{A}}_{\text{I}}\boldsymbol{\nu}_{\text{I}} = s_{\text{R}}\boldsymbol{\nu}_{\text{R}} - s_{\text{I}}\boldsymbol{\nu}_{\text{I}} \tag{7-136}$$

$$\bar{\boldsymbol{A}}_{\text{R}}\boldsymbol{\nu}_{\text{I}} + \bar{\boldsymbol{A}}_{\text{I}}\boldsymbol{\nu}_{\text{R}} = s_{\text{R}}\boldsymbol{\nu}_{\text{I}} + s_{\text{I}}\boldsymbol{\nu}_{\text{R}} \tag{7-137}$$

$$(\boldsymbol{\nu}_{\text{R}})^{\text{T}}\boldsymbol{\nu}_{\text{R}} + (\boldsymbol{\nu}_{\text{I}})^{\text{T}}\boldsymbol{\nu}_{\text{I}} = 1.0 \tag{7-138}$$

式中，$f(\cdot)$是与特征值s相关的任意标量函数，可直接取为固定常数以简化计算。

为便于描述和方法推导，令

$$\boldsymbol{\tau} = [\tau_1, \tau_2, \cdots, \tau_k] = [\gamma_1, \gamma_2, \cdots, \gamma_k] \cdot \|\boldsymbol{\tau}\| = [\gamma_1, \gamma_2, \cdots, \gamma_k] \cdot \tilde{\tau} \tag{7-139}$$

式中，$\boldsymbol{\gamma} = [\gamma_1, \gamma_2, \cdots, \gamma_k]^{\text{T}}$为归一化向量且满足其范数为 1，即$\|\boldsymbol{\gamma}\| = 1.0$，式中的系数定义为

$$\gamma_i = \frac{\tau_i}{\tilde{\tau}} = \frac{\tau_i}{\|\boldsymbol{\tau}\|}, \quad i = 1, 2, \cdots, k \tag{7-140}$$

称其为时滞变量τ_i对应的归一化系数；$\tilde{\tau} \geqslant 0$为一标量，代表时滞向量的模值。

在第 6 章中，我们曾采用预测-校正思路，实现对时滞小扰动稳定域边界的求解，这里仍借鉴这一思路，实现对时滞系统特征值（谱）的追踪求解。为此做如下约定，对于式（7-126）所表示的时滞系统，当时滞为零（$\tilde{\tau} = 0$）时，其特征值数目为N_s。对于由s_l（系统的第l个特征值）开始的系统特征值轨迹，当追踪算法迭代到第i步时，系统的时滞模值记为$\tilde{\tau}_i$，对应的特征值记为s_l^i，此时的时滞增长步长为h^i，$h_{\min}$和$h_{\max}$为预先设定的最小和最大计算步长，$\tilde{\tau}_{\max}$为系统时滞模值上限，则特征值轨迹追踪算法流程如下。

（1）迭代初值设置：$i = 0,\ \tilde{\tau}^i = 0,\ h^i = h_0,\ h_0$追踪算法的初始计算步长。因在初始点处时滞为零（$\tilde{\tau} = 0$），时滞系统（7-126）退化为如下线性微分方程，系统特征值数目等于矩阵$\bar{\boldsymbol{A}}$的维数，即$N_s = n$，有

$$\dot{\boldsymbol{x}} = \left(\boldsymbol{A} + \sum_{i=1}^{k} \boldsymbol{A}_i\right)\boldsymbol{x} = \bar{\boldsymbol{A}} \cdot \boldsymbol{x} \tag{7-141}$$

计此时矩阵$\bar{\boldsymbol{A}}$的特征谱和对应右特征向量分别为

$$\boldsymbol{s}^0 = [s^{0,1}, s^{0,2}, \cdots, s^{0,n}] \tag{7-142}$$

$$\boldsymbol{V}^0 = [\boldsymbol{\nu}^{0,1}, \boldsymbol{\nu}^{0,2}, \cdots, \boldsymbol{\nu}^{0,n}] \tag{7-143}$$

进一步，令

$$\boldsymbol{X}_l^i = [s_{\text{R}}^{i,l}, s_{\text{I}}^{i,l}, (\boldsymbol{\nu}_{\text{R}}^{i,l})^{\text{T}}, (\boldsymbol{\nu}_{\text{I}}^{i,l})^{\text{T}}], \quad l = 1, 2, \cdots, N_s \tag{7-144}$$

$$\boldsymbol{X}^i = [\boldsymbol{X}_1^i, \boldsymbol{X}_2^i, \cdots, \boldsymbol{X}_{N_s}^i] \tag{7-145}$$

$$\boldsymbol{T}^i = [\tilde{\tau}_1^i, \tilde{\tau}_2^i, \cdots, \tilde{\tau}_{N_s}^i] \tag{7-146}$$

式中，$s_{\text{R}}^{i,l}, s_{\text{I}}^{i,l}$分别为$s^{i,l}$的实部和虚部；$\boldsymbol{\nu}_{\text{R}}^{i,l}, \boldsymbol{\nu}_{\text{I}}^{i,l}$分别为$\boldsymbol{\nu}^{i,l}$的实部和虚部，$i = 0$。

（2）取$l=1$并按如下方式，循环调用前述式（7-135）～式（7-138）所给优化模型，并逐一求解$\boldsymbol{X}_l^{i+1}$。

① 判断$s^{i,l}$是否为已计算特征值的重根或共轭特征值？若是，则直接利用已得计算结果更新$\boldsymbol{X}_l^{i+1}$后转第⑦步；若否，则转第③步继续。

② 令$\tilde{\tau}_l^{i+1}=\tilde{\tau}_l^i+h_l^i$，并按如下方式对下一步待求结果进行预测，即

$$\begin{cases}\tilde{\boldsymbol{X}}_l^{i+1}=\boldsymbol{X}_l^i, & i=0\\ \tilde{\boldsymbol{X}}_l^{i+1}=\dfrac{(h_l^i+h_l^{i-1})\boldsymbol{X}_l^i-\boldsymbol{X}_l^{i-1}h_l^i}{h_l^{i-1}}, & i>0\end{cases} \tag{7-147}$$

③ 以$\tilde{\tau}_l^{i+1},\tilde{\boldsymbol{X}}_l^{i+1}$为初值，调用式（7-138）所给优化模型，若收敛，则得$\tilde{\tau}_l^{i+1}$对应的$\boldsymbol{X}_l^{i+1}$，转第⑤步；否则，转第④步对计算步长进行修正。

④ 判断$h_l^i<h_{\min}$，若是，则转第⑥步；否则，按式（7-148）修正h_l^i后转第②步重试，即

$$h_l^i=\max(h_l^i\cdot\beta,h_{\min}) \tag{7-148}$$

式中，β为小于1.0的步长修正系数。

⑤ 判断是否需增加计算步长，若否，则直接转第⑦步；若需增加，则按式（7-149）对其修正，后转第⑦步，如

$$h_l^{i+1}=\min(h_l^i\cdot\alpha,h_{\max}) \tag{7-149}$$

式中，α为大于1.0的步长修正系数。

⑥ 判断$\tilde{s}_{\mathrm{I}}^{i+1,l}$（特征值虚部）是否为零，若否，则终止第$l$个特征值轨迹的计算，标记后转第⑦步；若$\tilde{s}_{\mathrm{I}}^{i+1,l}$为零，则按式（7-150）对$\tilde{\boldsymbol{X}}_l^{i+1}$的初值进行微扰，即

$$\tilde{s}_{\mathrm{I}}^{i+1,l}=\tilde{s}_{\mathrm{I}}^{i+1,l}+\varDelta \tag{7-150}$$

再次调用式（7-138）所给优化模型计算，若收敛，且虚部结果不为零，则表明系统在此刻出现了OEB，标记后转第⑦步继续；否则，终止第l个特征值轨迹的计算，标记后转第⑦步。式（7-150）中的$\tilde{s}_{\mathrm{I}}^{i+1,l}$为$\tilde{\boldsymbol{X}}_l^{i+1}$中对应特征值虚部的预测值，$\varDelta$为一个微小的扰动量。

⑦ 判断$l\geqslant N_s$？若是，则转第③步继续；否则，令$l=l+1$后转第①步继续下一特征值的计算。

（3）根据$\boldsymbol{X}_l^{i+1},l=1,2,\cdots,N_s$的计算结果，判断系统的特征值数目是否发生改变，若是，则对N_s取值及特征值计算序列进行调整。

（4）判断$\tilde{\tau}_l^{i+1}\geqslant\tilde{\tau}_{\max}$，若是，则转第⑤步；若否，则令$i=i+1$，转第②步继续。

（5）算法终止，打印及存储计算结果。

针对上述特征值轨迹追踪算法，有如下几点需要说明。

（1）算法采用预测-校正思路来实现对特征值轨迹的追踪，同时采用了变步长算

法来提高轨迹追踪的求解效率，其原理是在优化过程不收敛时，减小步长重试，见第④步；当连续几次优化过程均收敛时，计算步长自动增加，见第⑤步。

（2）由于时滞系统中可能存在共轭特征值或重根（相同的特征值）情况，对于前者仅需计算一个，其共轭部分由于成对出现，则可直接获得而不需要重新进行计算；对于后者，则只需计算其中一个特征值，这一过程由上述算法中的第①步实现。

（3）当时滞系统出现 OEB 时，原有的实特征值将裂变为一对共轭特征值，原特征值虚部为零，分岔后将变为非零；同时对应的特征向量也会发生相应变化，可能会对算法收敛性产生一定影响。因此，当采用最小步长追踪实特征值仍无法收敛时，则对其虚部进行微小扰动，以提高算法在 OEB 点前后的收敛性，具体由算法的第⑥步实现。在 OEB 出现后，系统特征值的数目将出现增加，此时需对 N_s 进行相应调整，并增加相应的计算序列。

（4）当系统出现 ODB 时，系统特征值的数目将出现减少，此时可将需要缩减的特征值轨迹考虑为重根情况，以简化算法求解过程。

7.5.3　三阶单时滞系统算例

考虑如下三阶单时滞系统，即

$$\dot{\boldsymbol{x}} = \boldsymbol{A}\boldsymbol{x} + \boldsymbol{A}_1\boldsymbol{x}(t-\tau) = \begin{bmatrix} -5 & 1 & -1 \\ 1 & -4 & 2 \\ 0 & 0 & -2 \end{bmatrix}\boldsymbol{x} + \begin{bmatrix} 2 & 1 & 0 \\ 1 & -1 & -1 \\ 1 & 3 & -8 \end{bmatrix}\boldsymbol{x}(t-\tau) \tag{7-151}$$

当时滞为零（$\tau = 0$）时，可得系统的特征值为

$$\mathrm{eig}(\boldsymbol{A}+\boldsymbol{A}_1) = [s_1, s_2, s_3] = [-1.8692, -5.5749, -10.5559] \tag{7-152}$$

将 τ 在 0～0.06s 缓慢变动，利用前面介绍的特征值轨迹追踪算法，可得图 7-26 所示时滞系统特征值轨迹。从图中可以看到，系统的第三个特征值 s_3 随着 τ 的增大，在 A 点处发生了 I 型 OEB。进一步，图 7-27 绘出了系统特征值的实部和虚部随 τ 取值增大时的变化曲线，我们可以清晰地看到，系统在 $\tau = 0.04315$s 时发生了 OEB。

下面分步骤来详细介绍如何采用本节方法进行 OEB 的判别。

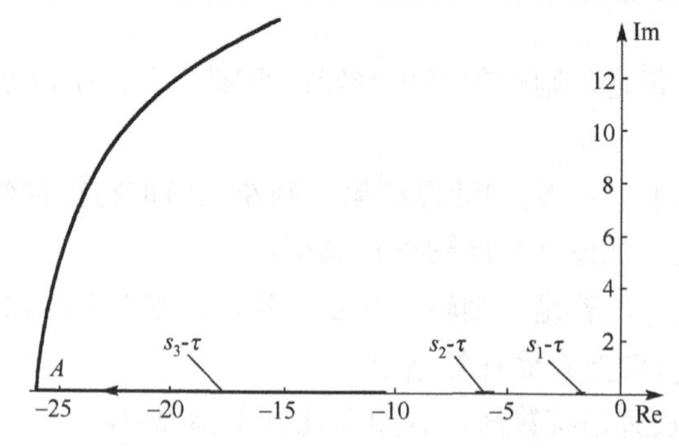

图 7-26　时滞系统的特征值轨迹

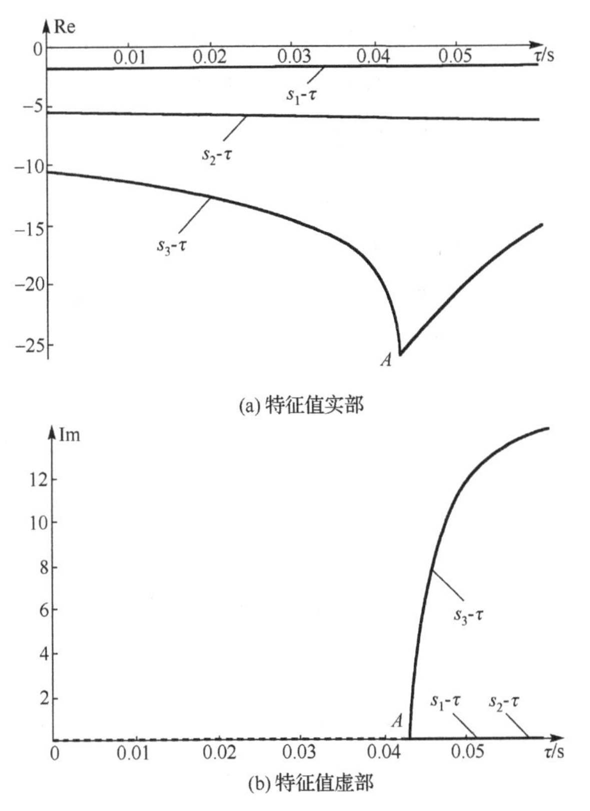

图 7-27　系统特征值实部和虚部随 τ 增加时的变化曲线

1. 确定系统的特征方程

时滞系统的特征方程为

$$\mathrm{CE}(s,D)=\det\left\{s\boldsymbol{I}-(\boldsymbol{A}+\boldsymbol{A}_1\cdot D)\right\}=0 \tag{7-153}$$

式中，$D=\mathrm{e}^{-\tau s}$。将式（7-153）展开，并依表 7-2 方式进行整理可得

$$\mathrm{CE}(s,D)=s^3+a_1s^2+a_2s+a_3+(a_4s^2+a_5s+a_6)D+(a_7s+a_8)D^2+a_9D^3=0 \tag{7-154}$$

式中，$a_1=11$；$a_2=37$；$a_3=38$；$a_4=7$；$a_5=60$；$a_6=117$；$a_7=-8$；$a_8=-16$；$a_9=-29$。

2. 对特征方程进行形式变换

利用前面所介绍的变换思路，将式（7-154）经过变换，可得

$$\mathrm{CE}(s,D)=\mathrm{CE}_2'(s,D)(s+b_6+b_7D)-(b_8s+b_9)=0 \tag{7-155}$$

式中

$$\mathrm{CE}_2'(s,D)=s^2+b_1s+b_2+(b_3s+b_4)D+b_5D^2 \tag{7-156}$$

经运算可得：$b_1 = 6.4863$，$b_2 = 13.8753$，$b_3 = 9.2544$，$b_4 = 32.8516$，$b_5 = 12.8635$，$b_6 = 4.5137$，$b_7 = -2.2544$，$b_8 = 6.1524$，$b_9 = 24.6286$。

3. 定义 z_i-τ 曲线并进行 OEB 判别

在式（7-156）所给 $\mathrm{CE}_2'(s,D)$ 的基础上，可令

$$\mathrm{CE}_2(s,D) = \mathrm{CE}_2'(s,D) - K = 0 \tag{7-157}$$

则式（7-157）所给 $\mathrm{CE}_2(s,D)$ 就是在 7.4 节中讨论的二阶单时滞系统特征方程的标准表达式，因此可利用本节方法，得到 z_1-τ 和 z_2-τ 两条曲线。

将式（7-157）的结果代入式（7-155）可得

$$\mathrm{CE}(s,D) = K(s + b_6 + b_7 D) - (b_8 s + b_9) = (K - b_8)s + (Kb_6 - b_9) + Kb_7 D = 0 \tag{7-158}$$

可以看到，此时 $\mathrm{CE}(s,D)$ 变换为一个典型的一阶时滞系统特征方程表达式，因此可以利用 7.3 节的方法，定义 z_3-τ 曲线。

图 7-28 绘出了前面定义的 z_i-$\tau, i = 1,2,3$ 曲线，从图中可以看到，在时滞 τ 不断增大过程中，由于 z_1-τ 和 z_3-τ 曲线均在 $\tau = 0.04315\mathrm{s}$ 时穿越了 $z_i = -\mathrm{e}^{-1}$ 水平线，诱发系统出现了 OEB。

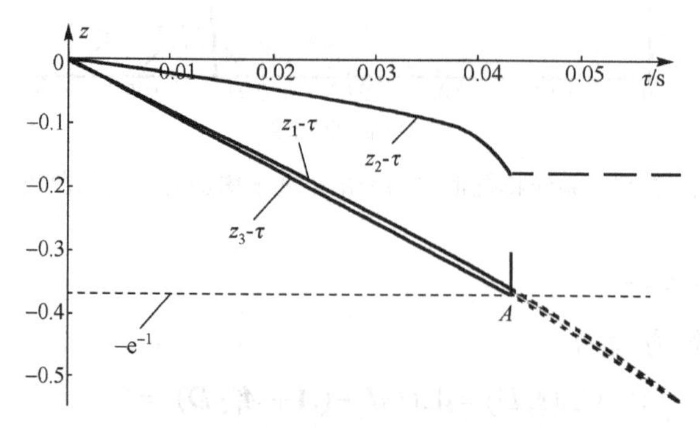

图 7-28　特征值虚部及 z_i-τ 曲线（与 s_3 相关）

4. 判据的多解性

需要指出的是，由式（7-154）向式（7-155）变换的过程中，可能存在多种变换结果，表 7-3 给出了三种不同的取值方案，因此也就对应三种不同的变化方式和三种不同的 z_i-$\tau, i = 1,2,3$ 曲线定义。我们在前面详细推导过程中，用到的就是表中的第一种取值方案。

表 7-3　三种 $b_i, i = 1,2,\cdots,9$ 系数取值

方案	b_1	b_2	b_3	b_4	b_5	b_6	b_7	b_8	b_9
1	6.4863	13.8753	9.2544	32.8516	12.8635	4.5137	−2.2544	6.1525	24.6287
2	7.2715	7.6935	5.2964	27.8647	−17.0229	3.7285	1.7036	−2.1947	−9.3149
3	8.2422	15.7565	−0.5508	−0.7162	−3.8406	2.7578	7.5508	1.4870	5.4538

图 7-29 和图 7-30 给出了分别采用表 7-3 的第二和第三种方案对应的 z_i-τ 曲线，我们可以看到，尽管三套方案所得的 z_i-τ 曲线各不相同，但均能正确地指示系统出现了 OEB，这表明本节所提方法是可行的，且与变换过程中的多解性无关。

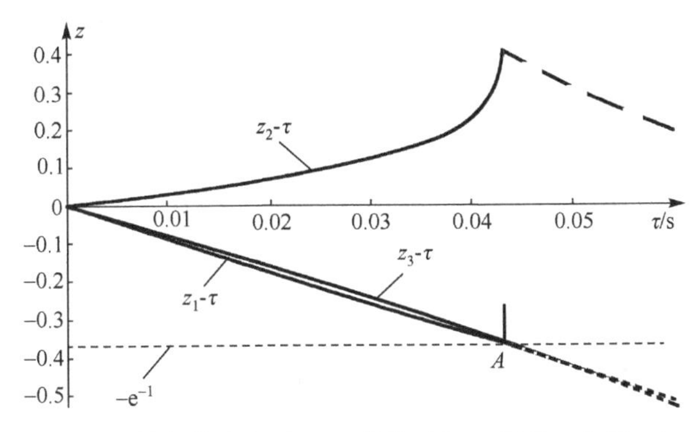

图 7-29　特征值虚部及 z_i-τ 曲线（与 s_3 相关，方案二）

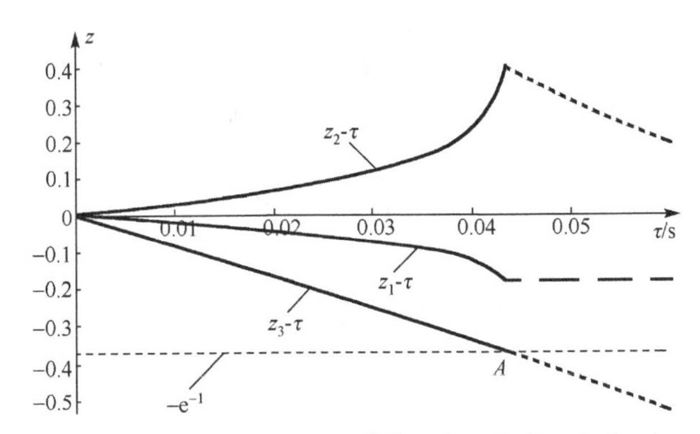

图 7-30　特征值虚部及 z_i-τ 曲线（与 s_3 相关，方案三）

同时，我们从图 7-28～图 7-30 三幅图中还可以看到如下规律：① z_3-τ 在三种方案中的变化规律非常接近，均在 OEB 点处穿越了 $z_i=-\mathrm{e}^{-1}$ 水平线。②方案一（图 7-28）和方案二（图 7-29）中的 z_1-τ 曲线变化规律基本相同，也是在 OEB 点处穿越了 $z_i=-\mathrm{e}^{-1}$ 水平线；而方案二和方案三中的 z_2-τ 曲线的变化规律基本相同，但与方案一中的 z_2-τ 变化曲线存在显著差异。③采用方案一和方案二时，z_i-τ 曲线在 OEB 点附近有一些跳变，表现在图中存在一些毛刺；而在方案三中，z_i-τ 曲线并未出现跳变情况。

7.5.4　WSCC 三机九节点时滞系统算例

采用 3.3.4 节中 WSCC 三机九节点算例的场景 1 来进行分析和示意，唯一不同之处在于取 $\tau=\tau_2=\tau_3$，从而将系统变换为一个高阶单时滞系统，且此时模型中的 $\boldsymbol{A}_1$ 矩阵，将包含原有模型的 $\boldsymbol{A}_1$ 和 $\boldsymbol{A}_2$ 两个矩阵的取值。

采用前述特征值追踪方法，计算在τ取值增大过程中系统特征值的轨迹，部分结果绘于图 7-31，图中箭头方向示意了τ数值增大的方向。由图可知，系统在A点处出现了一个 I 型 OEB，该分岔与时滞系统的特征值s_1密切相关（表 3-3）。

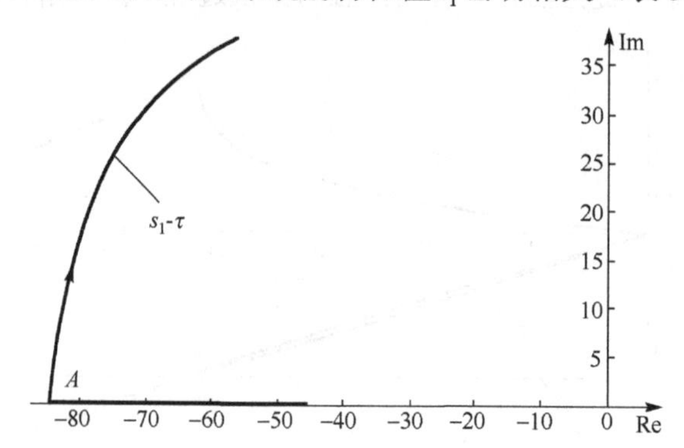

图 7-31　WSCC 三机九节点单时滞系统的特征值随时滞变化的轨迹

WSCC 三机九节点系统在含时滞情况下的特征方程为

$$\mathrm{CE}(s,D)=\det(s\boldsymbol{I}-\boldsymbol{A}-\boldsymbol{A}_1\cdot D)=F_1(s)\cdot D^2+F_2(s)\cdot D+F_3(s)=0 \tag{7-159}$$

式中，$\boldsymbol{I},\boldsymbol{A},\boldsymbol{A}_1\in\mathbf{R}^{10\times10}$；$\boldsymbol{I}$为单位矩阵；$F_1(s),F_2(s),F_3(s)$为

$$F_1(s)=a_{1,0}\sum_{i=1}^{6}(s-a_{1,i}) \tag{7-160}$$

$$F_2(s)=a_{2,0}\sum_{i=1}^{8}(s-a_{2,i}) \tag{7-161}$$

$$F_3(s)=a_{3,0}\sum_{i=1}^{10}(s-a_{3,i}) \tag{7-162}$$

上述三式中的系数由表 7-4 给出。

表 7-4　WSCC 系统 $F_1(s),F_2(s),F_3(s)$ 方程中的系数

i	$a_{1,i}$	$a_{2,i}$	$a_{3,i}$
0	−18778.5445	−21.4798	1.0
1	−11.4536	14.9580	−43.1657
2	−3.3935	−44.4738	−40.3892
3	−1.8344+10.9312i	−9.8439+8.3356i	−12.7616
4	−1.8344−10.9312i	−9.8439−8.3356i	−9.5289
5	−0.5548+6.1495i	−7.1051	−6.8974
6	−0.5548−6.1495i	−2.8688	−3.5201
7		−2.1132+8.9328i	−1.5243+11.5743i
8		−2.1132−8.9328i	−1.5243−11.5743i
9			−0.1568+4.5134i
10			−0.1568−4.5134i

不难看出，由于在 WSCC 三机九节点系统中，与时滞相关的系数矩阵 $\boldsymbol{A}_1$ 为稀疏矩阵，导致式（7-159）中 D 的阶数只有二阶，因此可采用如下的简化处理方式进行 OEB 的判别。首先，将式（7-159）变换为

$$CE(s,D)=F_1(s)(D+s-B_1(s))(D+s-B_2(s))=0 \tag{7-163}$$

式中，B_1,B_2 为两个待求系数，且为系统特征值 s 的函数。

通过简单分析不难知道，当系统的特征值为实数（即 $s\in\mathbf{R}$）时，式（7-159）中的 s 多项式 $F_1(s),F_2(s),F_3(s)$ 也均为实数，且 $D=\mathrm{e}^{-\tau s}\in\mathbf{R}$，则式（7-163）的变换形式一定存在，且 B_1,B_2 两个参数也均为实数。进一步，式（7-163）等效为

$$D+s-B_1(s)=0 \quad 或 \quad D+s-B_2(s)=0 \tag{7-164}$$

不难看出，此时将系统的特征方程变换为式（7-164）所示的两个含有一阶超越项的形式。对于式（7-164）的每一个可能情况，均可利用前述一阶时滞系统的判别方法，对 OEB 进行判别。但有一点需要指出，尽管 s 为实数时，式（7-163）一定可推导得到，但由于此时 $D>0$，式（7-164）中的两式可能只有一个成立。

假设利用前面给出的一阶时滞系统 OEB 判别方法，可以分别得到式（7-164）中两式对应的判别系数 z_1,z_2。图 7-32 给出了它们随时滞 τ 取值增大时的变化曲线，同时也绘出了系统特征值 s_1 的虚部在此过程中的变化曲线。不难看出，z_2-τ 曲线准确地指示了系统发生的 OEB 点。此外，我们还可以看到，图 7-32 中的 z_1-τ 仅绘出了 s_1 为复特征值的部分（在实数域时 z_1-τ 并不存在），当 s_1 在实数域取值时，仅有式（7-164）的第二式成立。

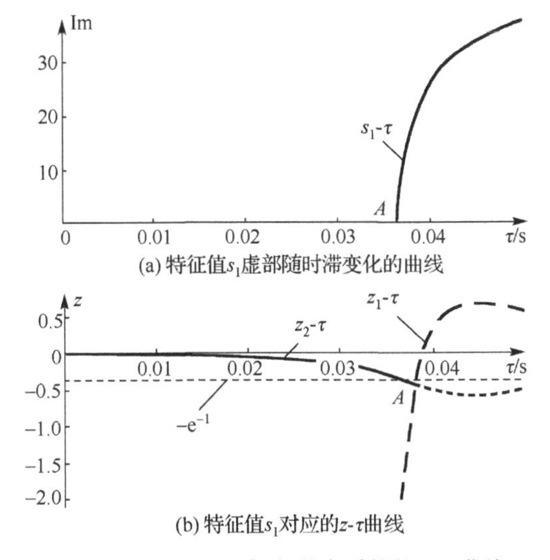

(a) 特征值 s_1 虚部随时滞变化的曲线

(b) 特征值 s_1 对应的 z-τ 曲线

图 7-32　WSCC 三机九节点系统的 z-τ 曲线

7.5.5 小结

本节讨论了高阶单时滞系统 OEB 的判别方法，实现思路是将高阶时滞系统的特征方程，变换为多个一阶或二阶时滞系统特征方程相乘的形式，然后利用前面已得到的低阶时滞系统判别方法，实现对高阶系统 OEB 的判别。利用典型的三阶单时滞系统和 WSCC 三机九节点系统，对所提方法进行了验证。

7.6 本章小结

本章介绍了时滞系统两类特有的分岔形式——振荡泯灭分岔（ODB）和振荡诞生分岔（OEB），这两类分岔可能会导致系统特征值数目的增减，在非时滞系统中并不存在。进一步，利用朗伯函数，推导了一阶、二阶和高阶时滞系统 OEB 的判别方法，并用不同的算例进行了示意说明。

由于时间有限，本书对这两类分岔的研究还非常初步。所给判别方法仅讨论了系统存在单一时滞的场景，且仅给出了 OEB 的判别方法。对于多时滞系统，如何同时判别 OEB 和 ODB，还需后期更深入的研究。此外，本书所给 OEB 判别方法，尽管可以准确指示这一分岔点的出现时刻，但该方法是基于时滞系统特征方程解析式实现的。在高维时滞系统应用时，由于推导系统特征方程解析式的过程非常复杂，所给方法在实际应用时会存在一定的局限性，未来仍需要不断加以改进。

参 考 文 献

安海云. 2011. 基于自由权矩阵理论的电力系统时滞稳定性研究[D]. 天津: 天津大学.

安海云, 贾宏杰, 余晓丹. 2010. 基于LMI理论的时滞电力系统无记忆状态反馈控制器设计[J]. 电力系统自动化, 34(19): 6-10.

董朝宇, 贾宏杰, 姜懿郎. 2015. 含积分二次型的电力系统改进时滞稳定判据[J]. 电力系统自动化, 39(24): 35-40.

董存, 余晓丹, 贾宏杰. 2008. 一种电力系统时滞稳定裕度的简便求解方法[J]. 电力系统自动化, 32(1): 6-10.

房大中, 贾宏杰. 2010. 电力系统分析[M]. 北京: 科学出版社.

胡志祥, 谢小荣, 童陆园. 2005. 广域阻尼控制延迟特性分析及多项式拟合补偿[J]. 电力系统自动化, 29(20): 29-34.

贾宏杰. 2001. 电力系统小扰动稳定域的研究[D]. 天津: 天津大学.

贾宏杰, 安海云, 余晓丹. 2008. 电力系统改进时滞依赖型稳定判据[J]. 电力系统自动化, 32(19): 15-19, 24.

贾宏杰, 安海云, 余晓丹. 2010a. 电力系统时滞依赖型鲁棒稳定判据及其应用[J]. 电力系统自动化, 34(3): 6-11.

贾宏杰, 卞海波, 李鹏. 2006a. 调度方式和负荷水平对小扰动稳定域的影响[J]. 电网技术, 30(14): 19-23.

贾宏杰, 陈建华, 余晓丹. 2006b. 时滞环节对电力系统小扰动稳定性的影响[J]. 电力系统自动化, 30(5): 5-8, 17.

贾宏杰, 姜涛, 姜懿郎, 等. 2013. 电力系统时滞稳定域临界点的快速搜索新方法[J]. 电力系统自动化, 37(6): 30-36.

贾宏杰, 姜懿郎, 穆云飞. 2010b. 电力系统大范围时滞稳定域求解方法[J]. 电力系统自动化, 34(14): 43-47.

贾宏杰, 尚蕊, 张宝贵. 2007. 电力系统时滞稳定裕度求解方法[J]. 电力系统自动化, 31(2): 5-11.

贾宏杰, 宋婷婷, 余晓丹. 2009. 一种电力系统实用时滞稳定裕度曲线追踪方法[J]. 电力系统自动化, 33(4): 1-5.

贾宏杰, 王伟, 余晓丹, 等. 2005. 小扰动稳定域微分拓扑学性质初探: (一) 小扰动稳定域非凸边界和空洞现象示例[J]. 电力系统自动化, 29(20): 20-23.

贾宏杰, 谢星星, 余晓丹. 2006. 考虑时滞影响的电力系统小扰动稳定域[J]. 电力系统自动化, 30(21): 1-5.

贾宏杰, 余晓丹. 2005. 小扰动稳定域微分拓扑学性质初探: (二) 小扰动稳定域内部空洞出现机理分析[J]. 电力系统自动化, 29(21): 15-18, 38.

贾宏杰, 余晓丹. 2008. 两种实际约束下的电力系统时滞稳定裕度[J]. 电力系统自动化, 32(9): 7-10, 19.

江全元, 邹振宇, 曹一家, 等. 2005. 考虑时滞影响的电力系统分析和时滞控制研究进展[J]. 电力系统自动化, 29(3): 2-7.

姜懿郎. 2014. 包含时滞环节的电力系统小扰动稳定性分析[D]. 天津: 天津大学.

姜懿郎, 贾宏杰, 姜涛, 等. 2014. 电力系统单时滞稳定裕度求解模型简化方法[J]. 电力系统自动化, 38(2): 46-52.

廖晓昕. 2000. 动力系统的稳定性理论和应用[M]. 北京: 国防工业出版社.

罗建裕, 王小英, 鲁庭瑞, 等. 2003. 基于广域测量技术的电网实时动态监测系统应用[J]. 电力系统自动化, 27(24): 78-80.

索江镭, 胡志坚, 张子泳, 等. 2014. 含风电场的互联电力系统辨识与广域时滞阻尼控制器设计[J]. 电力系统自动化, 38(22): 17-25.

王成山, 王守相. 2008. 分布式发电供能系统若干问题研究[J]. 电力系统自动化, 32(20): 1-4, 31.

吴敏, 何勇. 2008. 时滞系统鲁棒控制: 自由权矩阵方法[M]. 北京: 科学出版社.

余晓丹. 2013. 时滞电力系统小扰动稳定性研究[D]. 天津: 天津大学.

余晓丹, 董晓红, 贾宏杰. 2014. 基于朗伯函数的时滞电力系统ODB与OEB判别方法[J]. 电力系统及自动化, 38(6): 33-37, 111.

余晓丹, 贾宏杰, 王成山. 2012. 时滞电力系统全特征谱追踪算法及其应用[J]. 电力系统自动化, 36(24): 10-14, 38.

余贻鑫, 陈礼义. 1988. 电力系统的安全性与稳定性[M]. 北京: 科学出版社.

余贻鑫, 栾文鹏. 2009. 智能电网述评[J]. 中国电机工程学报, 29(34): 1-8.

余贻鑫, 王成山. 1999. 电力系统稳定性的理论与方法[M]. 北京: 科学出版社.

俞立. 2002. 鲁棒控制——线性矩阵不等式处理方法[M]. 北京: 清华大学出版社.

An H Y, Jia H J, Zeng Y, et al. 2010. Equivalence of stability criteria for time- delay systems[J]. Frontiers of Electrical and Electronic Engineering in China, 5(2): 207-217.

Bai E W, Chyung D H. 1991. Improving delay estimation using the Pade approximation[C]. Proc. of the IEEE Conference on Decision and Control, Brighton: 2028-2029.

Boyd S, Ghaoui L E, Feron E, et al. 1994. Linear Matrix Inequalities in System and Control Theory[M]. Philadelphia: SIAM.

Chaudhuri B, Majumder R, Pal B. 2005. Wide area measurement based stabilizing control of power system considering signal transmission delay[C]. Proc. of IEEE PES General Meeting, San Francisco, 2: 1447-1452.

Chen J, Gu G X, Nett C N. 1995. A new method for computing delay margins for stability of linear delay systems[J]. Systems & Control Letters, 26(2): 107-117.

Chiang H D, Luis F C A. 2015. Stability Regions of Nonlinear Dynamical Systems: Theory, Estimation, and Applications[M]. Cambridge: Cambridge University Press.

Chiang H D. 2011. Direct Methods for Stability Analysis of Electric Power Systems: Theoretical Foundation, BCU Methodologies, and Applications[M]. New York: John Wiley & Sons.

Christian E, Frank A. 2006. Stability analysis for time-delay systems using Rekasius's substitution and sum of squares[C]. Proc. of the IEEE Conference on Decision and Control, San Diego: 5376-5381.

Coalton B, Wicker S B. 2010. Decreased time delay and security enhancement recommendations for AMI smart meter networks[C]. Proc. of Innovative Smart Grid Technologies Conference (ISGT-2010), Gaithersburg: 5434780.

Corless R, Gonnet G H, Hare D E G, et al. 1996. On the Lambert W function[J]. Advances in Computational Mathematics, 5(1): 329-359.

Dugard L, Verriest E I. 1997. Stability and Robust Control of Time Delay Systems[M]. New York: Springer-Verlag.

Elias J, Tobias D. 2007. The Lambert W function and the spectrum of some multi- dimensional time-delay systems[J]. Automatica, 43(12): 2124-2128.

Esfanjani R M, Nikravesh S K Y. 2009. Stabilising predictive control of non-linear time-delay systems using control Lyapunov-Krasovskii functionals[J]. IET-Control Theory & Applications, 3(10): 1395-1400.

Fridman E, Gil M. 2007. Stability of linear systems with time-varying delays: a direct frequency domain approach[J]. Journal of Computational and Applied Mathematics, 200(1): 61-66.

Gu K Q, Vladimir L, Chen J. 2003. Stability of Time-delay Systems[M]. Boston: Birkhäuser.

Hale J K, Lunel S M V. 1993. Introduction to Functional Differential Equations[M]. New York: Springer-Verlag.

Hale J K. 1977. Theory of Functional Differential Equations[M]. New York: Springer-Verlag.

He Y, Wu M, She J H. 2006. Delay-dependent exponential stability of delayed neural networks with time-varying delay[J]. IEEE Transactions on Circuits and Systems-II, 53(7): 553-557.

Horisberger H P, Belanger P R. 1976. Regulators for linear, time invariant plants with uncertain parameters[J]. IEEE Transactions on Automatic Control, AC-21: 705-708.

Hwang C, Cheng Y C. 2005. A note on the use of the Lambert W function in the stability analysis of time-delay systems[J]. Automatica, 41(11): 1979-1985.

Jeffrey D, Hare D E G, Corless R. 1996. Unwinding the branches of the Lambert W function[J]. Mathematical Scientist, 21(8): 1-7.

Jia H J, Yu X D, Yu Y X, et al. 2008. Power system small signal stability region with time delay[J]. International Journal of Electrical Power and Energy Systems, 30(1): 16-22.

Jiang Y L, Jiang T, Jia H J, et al. 2014. A novel LMI criterion for power system stability with multiple time-delays[J]. Science China Technological Sciences, 57(7): 1392-1400.

Kempton W, Tomic J. 2005. Vehicle-to-grid power fundamentals: Calculating capacity and net revenue[J]. Journal of Power Sources, 144(1): 268-279.

Krasovskii N N. 1963. Stability of Motion: Applications of Lyapunov's Second Method to Differential Systems and Equations with Delay[M]. Polo Alto: Stanford University Press.

Lakshmanan M, Senthilkumar D V. 2011. Dynamics of Nonlinear Time-delay Systems[M]. London: Springer.

Lee S, Jeon M, Shin V. 2012. Distributed estimation fusion with application to a multisensory vehicle suspension system with time delays[J]. IEEE Transactions on Industrial Electronics, 59(11): 4475-4482.

Liu H L, Chen G H. 2007. Delay-dependent stability for neural networks with time-varying delay[J]. Chaos, Solitons & Fractals, 33(1): 171-177.

Liu S C, Wang X Y, Liu P. 2015. Impact of communication delays on secondary frequency control in an islanded microgrid[J]. IEEE Transactions on Industrial Electronics, 62(4): 2021-2031.

Lur'e A I. 1957. Some Nonlinear Problems in the Theory of Automatic Control[M]. London: H M Stationery Office.

Mai N T, Yamada K, Suzuki T, et al. 2016. A design method for stabilizing modified smith predictor for non-square multiple time-delay plants[J]. ICIC Express Letters, 10(1): 205-209.

Martin K E, Hauer J F, Faris T J. 2007. PMU testing and installation considerations at the bonneville power administration[C]. Proc. of IEEE PES General Meeting, Tampa: pp. 1-6.

Medvedeva I V, Zhabko A P. 2015. Synthesis of Razumikhin and Lyapunov-Krasovskii approaches to stability analysis of time-delay systems[J]. Automatica, 51: 372-377.

Nader J, Ebrahim E. 2000. Stability analysis of optimal time-delayed vehicle suspension systems[C]. Proc. of the American Control Conference, Chicago, Illinois: 4025-4029.

Ning C Y, He Y, Wu M, et al. 2014. Improved Razumikhin-type theorem for input-to-state stability of nonlinear time-delay systems[J]. IEEE Transactions on Automatic Control, 59(7): 1983-1988.

Pacific Northwest National Laboratory(PNNL). Smart charger controller[B/L]. http: //availabletechnologies. pnnl. gov/media/284_128200911203. pdf.

Park P. 1999. A delay-dependent stability criterion for systems with uncertain time-invariant delays[J]. IEEE Transactions on Automatic Control, 44(4): 876-877.

Pyatnitskii E S, Skorodinskii V I. 1982. Numerical methods of Lyapunov function construction and their application to the absolute stability problem[J]. System Control Letters, 2(2): 130-135.

Rekasius Z V. 1980. A stability test for systems with delays[C]. Proc. of the Joint Automatic Control Conference, San Francisco: TP9-A.

Rifat S, Nejat O. 2004. A novel stability study on multiple time-delay systems (MTDS) using the root clustering paradigm[C]. Proc. of the American Control Conference, Boston, 6: 5422-5427.

Schultz D G, Smith F T, Hsieh H C, et al. 1965. The generation of Lyapunov functions[J]. Advances in

Control Systems, 2: 1-64.

Smith O J. 1959. A controller to overcome dead time[J]. Journal of Instrument Society of America, 6(2): 28-33.

Sun Y, Sangseok Y, Kim J H. 2011. Analysis of neural networks with time-delays using the Lambert W function[C]. Proc. of the American Control Conference, San Francisco: 3221-3226.

Sun Y, Ulsoy A G. 2006. Solution of a system of linear delay differential equations using the matrix Lambert W function[C]. Proc. of the 26th American Control Conference, Minneapolis: 2433-2438.

Willems J C. 1971. Least squares stationary optimal control and the algebraic Riccati equation[J]. IEEE Transactions on Automatic Control, AC-16(6): 621-634.

Wu H X, Tsakalis K S, Heydt G T. 2004. Evaluation of time delay effects to wide-area power system stabilizer design[J]. IEEE Transactions on Power Systems, 19(4): 1935-1941.

Wu M, He Y, She J H, et al. 2004. Delay-dependent criteria for robust stability of time-varying delay systems[J]. Automatica, 40(8): 1435-1439.

Xu S Y, James L. 2005. Improved delay-dependent stability criteria for time-delay systems[J]. IEEE Transactions on Automatic Control, 50(3): 384-387.

Yakubovich V A. 1962. The solution of certain matrix inequalities in automatic control theory[J]. Soviet Math Dokl, 3: 620-623.

Yu X D, Jia H J, Wang C S, et al. 2014. A method to determinate oscillation emergence bifurcation in time-delayed LTI system with single lag[J]. Journal of Applied Mathematics, Article ID: 823937.

Yu X D, Jia H J, Wang C S. 2013. CTDAE&CTODE models and their applications to power system stability analysis with time delays[J]. Science China E-Technological Sciences, 56(5): 1213-1223.

后　记

作为人类社会不可或缺的一种能源形式，电能已渗透至人类社会生产生活的每一个环节，电力系统作为电能生产、传输和分配的物理载体，已成为人类社会最重要的基础设施，保障其安全稳定运行事关国计民生和国家安全。因此，自电力系统产生后，有关其安全性与稳定性的研究就始终是该领域的一个研究热点，作为最复杂的人造系统之一，现代电力系统往往包含了成千上万的不同设备，电力网络可能覆盖数千千米，且其中电能的产生、传输和消纳需要瞬间完成，所有这些都大大增加了电力系统安全运行的难度。

电网广域互联和智能电网已成为电力系统领域近期的两大研究热点，对电力系统安全性与稳定性有着重要影响。电网广域互联可有效实现能源的大范围传输互济，但需借助 PMU/WAMS 技术构建适用的广域协调监控系统，以保证整个广域互联电力系统的运行安全。广域监控系统中存在明显的数据量测时滞，对系统稳定运行会产生直接影响。智能电网的一个核心理念，是将现代通信技术与传统电网实现深度融合，以实现电网更为智能高效的运行。但考虑到电力用户数量极其庞大，为降低通信环节的投入和运行成本，用户侧通信系统只能采用异构式架构并综合运用各种通信手段，其复杂的时滞特性也需科学地加以考虑。

传统意义上的电力系统，其动态往往由非线性的常微分方程（ODE）或微分-代数方程（DAE）两类模型来描述。已有的电力系统安全性与稳定性研究工作，也多基于这两类模型来开展。但当电力系统模型中出现了时滞环节后，整个系统的动态特性、稳定性特征将有很大变化，因此亟需适用于电力系统的时滞稳定性分析理论与分析方法。本书基于上述考虑，重点就电力系统时滞稳定性的一些基本理念和问题进行了探讨。

（1）在时滞电力系统建模方面。本书给出了用于描述时滞电力系统动态过程的几类模型，包括时滞微分-代数方程（TDAE）模型、时滞微分方程（TODE）模型、带约束时滞微分-代数方程（CTDAE）模型和带约束时滞微分方程（CTODE）模型。在这些模型推导过程中，电力系统自身的一些特点被考虑在内，如时滞既可能存在于微分环节，又可能存在于代数环节；电力系统绝大多数的控制系统是基于局部量测信息设计的，需要考虑时滞影响的环节相对较少等。在保证所给模型科学性和通用性的前提下，也充分体现了电力系统的行业特色。

（2）在时滞稳定裕度研究方面。电力系统时滞稳定性的一个重要工作，就是要确定系统在稳定运行情况下可以承受的最大时滞——时滞稳定裕度。本书分别从频域分析和时域分析两个角度，探讨了时滞稳定裕度的求解技术。频域分析基于特征值求解技术，可精确计算系统的时滞稳定裕度，但前提是确切知道时滞系统的模型和参数，一旦系统存在了随机环节，则这类方法将难以奏效。后者一般基于 Lyapunov 稳定性理论来实现，需要构建适合的 Lyapunov 泛函并推导相应的稳定判据。尽管这类方法应用范围更广，具有更好的灵活性，且能应用于鲁棒稳定性分析场景，但却具有计算效率低、保守性大两个突出缺点。因此，如何提高算法计算效率和降低判据的保守性，始终是时域类分析方法的重要关注点。本书也不例外，所给方法也重点关注了这两方面的改进技术。鉴于动力系统模型维数是影响其时滞稳定性分析计算效率的一个重要因素，因此在书中特别探讨了适用于时滞电力系统的模型降维方法。

（3）在时滞电力系统小扰动稳定域和分岔分析方面。电力系统的小扰动稳定域被定义为，在经受微小扰动之后，系统可保证稳定运行的全部平衡点的集合。小扰动稳定域在传统电力系统小扰动稳定性研究中扮演着重要角色，而其边界又与电力系统的各类分岔现象密切相关。本书讨论了时滞电力系统中两类小扰动稳定域的求解技术，前者定义在系统运行参数空间上，后者则定义在时滞参数空间上，这两类小扰动稳定域对于控制器参数的整定和优化具有借鉴意义。由于电力系统是典型的非线性动力系统，其内存在的很多分岔现象与电力系统的稳定性密切相关。本书讨论了时滞电力系统中两类独特的分岔现象，即振荡泯灭分岔（ODB）和振荡诞生分岔（OEB），它们与时滞系统振荡模态的产生和消亡存在密切联系，有时还会导致系统特征值数目的增减。

时滞稳定性是动力系统研究领域的一个热点，涉及众多研究内容，受限于作者水平和时间，很多内容书中并未涉及。例如，进行电力系统稳定性研究的一个重要目的，是寻求更好的控制手段，以保证电力系统更安全和稳定运行，这就涉及电力系统时滞稳定控制器或广域控制系统的优化设计理论，这部分内容，本书中就没有涉及；再如，本书在讨论时滞环节时，均假设时滞参数取值固定或在一定范围内连续变化，而未涉及时滞参数取值存在跳变和不连贯等现象，这些情况在真实电力系统的时滞环节是可能存在的。所有这些未涉及的内容，希望未来再做补充。